"十二五"普通高等教育本科国家级规划教材
高等教育住房和城乡建设领域学科专业"十四五"规划教材

房屋建筑学

(第三版)

主　编　黄　锰　金　虹
副主编　金雨蒙　安艳华
参　编　周春艳　丁建华　孙伟斌

科学出版社
北　京

内 容 简 介

本书密切结合相关的现行国家标准、政策法规与城乡建筑的建设热点，反映了我国近年来的建筑科技成就，并吸收了国外的有益经验。

本书系统讲解了民用建筑的总平面与平面、立面、剖面的设计方法，详细介绍了建筑构造及绿色建筑的基本原理、设计方法与工程应用。

本书可作为高等学校工业与民用建筑、建筑管理、建筑材料、供热工程、给排水、电气等专业的本科生、专科生的教材，也可供土木工程技术人员参考。

图书在版编目（CIP）数据

房屋建筑学 / 黄锰，金虹主编. -- 3版. -- 北京 : 科学出版社，2025. 6. --（“十二五”普通高等教育本科国家级规划教材）（高等教育住房和城乡建设领域学科专业“十四五”规划教材）. -- ISBN 978-7-03-082333-5

Ⅰ. TU22

中国国家版本馆 CIP 数据核字第 20253ET878 号

责任编辑：余 江 张丽花 / 责任校对：王 瑞
责任印制：师艳茹 / 封面设计：马晓敏

科学出版社 出版
北京东黄城根北街 16 号
邮政编码：100717
http://www.sciencep.com

三河市骏杰印刷有限公司 印刷

科学出版社发行 各地新华书店经销

*

2002 年 8 月第 一 版 开本：787×1092 1/16
2010 年 12 月第 二 版 印张：20
2025 年 6 月第 三 版 字数：480 000
2025 年 6 月第 19 次印刷

定价：88.00 元

（如有印装质量问题，我社负责调换）

前　言

《房屋建筑学》自 2002 年第一版出版以来，受到了广大师生的好评以及业内专家的肯定，并获得了黑龙江省高等学校优秀教学成果奖一等奖，先后被列入普通高等教育“十一五”国家级规划教材、“十二五”普通高等教育本科国家级规划教材、高等教育住房和城乡建设领域学科专业“十四五”规划教材。20 多年来，编写组成员在房屋建筑学教材及系列课程的教学改革方面取得了一系列成果，并将教研成果融入教材中。其间，许多师生和专家给本书提出了很多的宝贵意见。为了更好地为广大师生及工程技术人员提供帮助和服务，编写组对教材进行了全面的修编工作，进一步完善了本书内容。

《房屋建筑学》(第三版) 是在前两版基础上进行修订的，详细介绍了民用建筑的总平面与平面、立面、剖面的设计方法，同时对于基础与地下室、墙、楼地层、屋顶、门窗、楼梯等建筑物的基本组成及其构造进行了系统讲解。在内容上依据我国建筑技术的发展水平以及国家重大需求和城乡建筑的建设热点，进行了适当的删减与补充，增加了有关绿色建筑方面的内容。本书密切结合相关的现行国家标准、政策法规，反映了我国近年来的建筑科技成就，并吸收了国外的有益经验。

本书融入编写组多年的教学成果和教学理念，编排吸收了前两版的优点，有利于启发学生的思维，方便学生学习。编者衷心地希望本书能成为广大师生的好助手。

本书编写分工如下：绪论、第 5 章由金虹、孙伟斌编写；第 1、8 章由周春艳编写；第 2、7、11 章由黄锰编写；第 3、4、13 章由金雨蒙编写；第 6、12 章由安艳华编写；第 9、10 章由丁建华编写。全书由康健院士和清华大学宋晔皓教授主审。

由于编者水平有限，若书中有不足之处，恳请广大读者提出宝贵意见。

编　者

2024 年 8 月

目　　录

绪　　论

房屋建筑学是研究建筑设计、内容广泛的综合性科学。它涉及建筑功能、建筑艺术、工程技术、建筑经济、生态环境等多方面的问题，具体的研究内容是建筑总体布置、建筑空间布局、建筑造型艺术，以及建筑构造等系列设计问题。

0.1　影响建筑设计的主要因素

> **学习重点**
>
> **重点关注：**
>
> 1. 影响建筑设计的主要因素。
> 2. 我国的建筑方针。

建筑物是供人们进行生活、生产、娱乐等活动的场所。由于它处于自然与人为的较为复杂的环境之中，因此要受到来自各方面因素的限制。在设计过程中，设计者必须综合分析这些因素的影响，方能获得较为完美的设计。影响建筑设计的因素有很多，综合起来可以归纳为以下几方面。

1) 建筑功能

建筑功能又分为基本功能和使用功能。建筑物是人类为了避风雨、御寒暑和防备野兽或其他自然现象侵袭而建造的。因此它首先要具有保温隔热、隔声防噪、防风、防雨雪、防火等性能，这是人们对建筑物最基本的要求，亦即建筑物的基本功能。其次，任何建筑物都是人们为了一定目的、满足某种具体的使用需求而建造的，因此它具有各自不同的性能要求，又称为建筑物的使用功能。例如，住宅是人们为了居住与生活而建造的；商场是人们为了买卖交易而建造的；厂房是人们为了生产某些产品而建造的等。各类建筑的基本功能是相近的，但其使用功能是多种多样的，由此产生了不同的建筑类型。

不论何种建筑，其设计必须满足建筑的基本功能和使用功能的要求，建筑功能是决定建筑设计的第一重要因素。

2) 物质技术条件

物质技术条件是实现建筑设计的物质基础和技术手段，是使建筑物由图纸付诸实施的根本保证。在一定程度上能否获得某种形式和要求的空间，主要取决于工程结构和技术手段的发展水平。正是由于新材料、新结构形式的不断出现，才得以使高层、超高层、大空间等多种复杂建筑类型成为可能，使建筑设计进入一个崭新的阶段。

3) 环境

我国幅员辽阔，各地区气候悬殊，建筑设计必须与各地的气候特点相适应。对于寒冷地区，建筑设计应以满足冬季保温、防止冷风渗透等要求为主，其平面形式宜采用有利于保温防寒的集中式布置，且外窗的大小、层数及墙体的材料与厚度等均受到一定的限制；而炎热地区的建筑，应以夏季通风、隔热等要求为主，建筑的平面布局常采用分散式布置，构造设计也应采取相应的措施。

此外，建筑设计还应考虑建筑物周围的自然与人为的环境因素，如周围建筑、绿化、道路等，使拟建建筑与周围环境有机结合在一起，达到与环境的完美统一。

4) 经济条件

基本建设的投资相当大，建造一幢建筑物需要耗费大量的人力、物力和财力，因此经济因素始终是影响建筑设计的重要因素。建筑设计应根据建筑物的等级与国家制定的相应的经济指标及建造者本身的经济能力来进行，脱离经济因素的建筑设计只能是纸上谈兵。由于建筑的地区特点、质量标准、功能要求、民族风格等差异，在考虑经济问题时应区别对待。例如，大量性建造的建筑，标准一般可以低一些；而重点建造的某些重要建筑，标准则可以高一些。设计时既要防止浪费，也要防止片面追求低标准、低造价而影响建筑质量。

5) 城市规划的要求

城市总体规划是带有整体性、全局性的城市功能布局，它对建筑设计具有控制和指导作用。单体建筑的设计不能脱离总体规划而孤立进行，单体建筑形式要受到群体建筑风格的制约，它必须在满足城市规划要求的基础上来设计。

6) 有关方针政策及法规

2016 年中共中央、国务院在《关于进一步加强城市规划建设管理工作的若干意见》中提出：依法规划、建设和管理城市，贯彻"适用、经济、绿色、美观"的建筑方针。该方针与 1952 年我国首次提出的"适用、经济、在可能的条件下注意美观"的建筑方针相比，内涵更为丰富，适应时代变化的发展，体现了我国政府对人类发展以及自然环境的重视和对社会负责任的态度。

"适用"为符合客观条件的要求，旨在突出建筑的使用功能，防止片面贪图排场与追求建筑外观形象。随着经济的发展、人民生活水平的提高，对建筑性能提高和使用功能便捷性提出了更高的要求。要在满足建筑使用需求、建筑可持续发展需求的基础上，更好地满足人类生活的功能需求、心理需求、生理需求及舒适度需求，还要满足使用者与自然和谐互动的需求。

"经济"是指建筑全生命周期的成本和效益。它包括节约建筑造价、降低能源消耗、缩短建设周期、降低运行维修和管理费用等。经济短缺时代"少花钱多建房"的需求已发生变化，今天的经济性不只局限于造价，要看近期投入与长远运营的综合平衡指标，从建筑全生命周期来看待经济合理性。更要关注建筑本身经济效益和品质，以及社会效益和环境效益。一个好的建筑设计，要体现节约高效，处理好成本和效益的关系，应力戒不计成本、无视效益的"烧钱"建筑。

"绿色"是新增加的内容，强调建筑的绿色性，是新时代对建筑提出的新要求。"绿色"倡导尊重自然、保护自然，因地制宜地应用绿色技术，在建筑全生命周期内，节约资源、保护环境、减少污染，为人们提供健康、适用、高效的使用空间，最大限度地实现人与自然的和谐共生，满足人、建筑、环境相互协调的需求。

"美观"是指和谐之美、融洽之美、人文之美、大众欣赏共鸣之美，能经得起历史检验。建筑艺术的形式美应与自然环境相融合，并与自然生态和谐共生。要满足建筑对本土文化的创新传承，既体现本土文化特征，又具有时代感。

这一建筑方针是在新时代背景下提出的，体现了我国在城市规划和建筑管理中对适用性、经济性、绿色发展和美观性的综合考量，这四个方面是有机统一的整体，相互促进，彼此兼容，不能割裂，不可或缺，设计者在设计过程中应区别不同的建筑，处理好"适用、经济、绿色、美观”的关系。

7) 风俗、文化与审美

建筑不仅仅是供人们使用，它又具有一定的欣赏价值，对于一些特殊建筑来说，它在审美方面的需求占有重要的地位。同时，由于不同地域的风俗、文化存在着很大的差异，因此人们对建筑的使用与审美需求也不尽相同。建筑设计只有遵循当地的风俗、文化，满足使用者的审美需求，才能获得具有地方特色的、令使用者满意的效果。由此也体现出各地建筑形式与风格上的差异。

0.2 建筑的分类

1. 按建筑的使用功能分类

1) 民用建筑

民用建筑即非生产性建筑，可分为居住建筑和公共建筑两大类。

(1) 居住建筑：是供人们生活起居用的建筑物，如住宅、公寓、宿舍等。

(2) 公共建筑：是供人们政治文化活动、行政办公、商业、生活服务等公共事业所需要的建筑物，如行政办公建筑、文教建筑、科研建筑、托幼建筑、医疗建筑、商业建筑、生活服务建筑、旅游建筑、观演建筑、体育建筑、展览建筑、交通建筑等。

> **学习重点**
>
> **分析与思考：**
>
> 1. 建筑按使用功能通常分为哪几类？
> 2. 建筑按层数通常分为哪几类？
> 3. 建筑按其主要承重材料通常分为哪几类？
> 4. 建筑按设计使用年限通常分为哪几类？

2) 工业建筑

工业建筑即生产性建筑，如主要生产厂房、辅助生产厂房、动力建筑等。

3) 农业建筑

农业建筑即农副业生产建筑，如温室、畜禽饲养场、水产品养殖场、农副产品加工厂、粮仓等。

2. 按建筑的层数分类

建筑根据其高度和层数又可分为低层建筑、多层建筑、高层建筑和超高层建筑。具体划分如下。

(1) 建筑高度不大于 27m 的住宅建筑、建筑高度不大于 24m 的公共建筑及建筑高度大于 24m 的单层公共建筑，为低层或多层民用建筑。

(2) 建筑高度大于 27m 且不大于 100m 的住宅建筑和建筑高度大于 24m 且不大于 100m 的非单层公共建筑，为高层民用建筑。

(3) 建筑高度超过 100m 时，不论住宅或公共建筑均为超高层建筑。

(4) 工业建筑(厂房)分为单层厂房、多层厂房、混合层数的厂房。

3. 按建筑的主要承重材料分类

(1) 钢筋混凝土结构：是我国目前房屋建筑中应用最为广泛的一种结构形式，如钢筋混凝土的高层、大跨、大空间结构的建筑，以及装配式大板、大模板、滑模等工业化建筑等。

(2) 块材砌筑结构：是砖砌体、砌块砌体、石砌体建造的结构统称，一般用于多层建筑。

(3) 钢结构：是一种强度高、塑性好、韧性好的结构，它适用于高层、大跨度或荷载较大的建筑。

(4) 木结构：是大部分用木材建造或以木材作为主要受力构件的建筑物，适用于低层、规模较小的建筑物，如别墅、旅游性木质建筑等。

(5) 其他结构建筑，如生土建筑、充气建筑、塑料建筑等。

4. 按建筑的设计使用年限分类

建筑的设计使用年限主要是根据建筑的重要性和建筑的质量标准而定，它是建筑投资、建筑设计和选用材料的重要依据。我国《民用建筑设计统一标准》GB 50352—2019 对于设计使用年限的分类有如下规定，见表 0.1。

表 0.1　设计使用年限分类

类别	设计使用年限/年	示例
1	5	临时性建筑
2	25	易于替换结构构件的建筑
3	50	普通建筑和构筑物
4	100	纪念性建筑和特别重要的建筑

注：此表依据《建筑结构可靠性设计统一标准》GB 50068—2018，并与其协调一致。

此外，按建筑的结构体系又可分为混合结构、框架结构、空间结构、现浇剪力墙结构、框架-剪力墙结构、框架-筒体结构、筒中筒及成束筒结构等。建筑等级划分还应符合有关标准或行业主管部门的有关规定。

0.3　建筑设计的内容、程序和依据

0.3.1　建筑设计的内容和程序

> **学习重点**
>
> **重点关注：**
>
> 1. 建筑设计的依据。
>
> **分析与思考：**
>
> 1. 初步设计内容及设计文件有哪些?
> 2. 简述建筑专业施工图设计内容与设计文件。
> 3. 我国规定的基本模数是什么?

一幢建筑物的建成，一般要经过以下各阶段：提出拟建项目建议书、编制可行性研究报告，进行项目评估，编制设计文件，施工前准备工作，组织施工，竣工验收，交付使用。其中，编制设计文件是工程建设中不可缺少的重要一环。设计工作阶段包括建筑设计、结构设计和设备设计等几部分，各部分之间既有分工又密切配合。其中，建筑设计是龙头，它必须综合分析总体规划、地段及环境、气候、材料、施工技术水平、建筑功能、建筑艺术，以及建筑经济等多方面因素，与结构、设备等各工种协调配合，贯彻国家和地方的有关政策、法规，才能获得完善的设计方案。建筑设计不是依靠某些公式简单地套用、计算而来，而是一种创作活动。

建筑设计一般又分为初步设计和施工图设计两个阶段。对于较复杂的建筑，则需要在初步设计完成后进行扩大初步设计或技术设计，然后进行施工图设计。

设计内容及程序分述如下。

1. 设计前的准备工作

1)熟悉设计任务书

设计任务书的内容主要有以下几点。

(1)拟建项目的建造目的与建造要求、建筑面积、房间组成与面积分配。

(2)建设基地范围、周围环境、道路、原有建筑、城市规划的要求和地形图。

(3)供电、给排水、采暖和空调等设备方面的要求，水源、电源等工程管网的接用许可文件。

(4)建设项目的总投资和单方造价。

(5)设计期限和项目建设进程要求等。

2)收集设计基础资料

在房屋进行设计之前，还需收集下列原始数据和设计资料。

(1)气象资料，即所在地区的气温、日照、降水量、积雪深度、风向、风速及土壤冻结深度等。

(2)地形、地质、水文资料，即基地地形及标高、土壤种类及承载力、地下水位及地震裂度等。

(3)设备管线资料，即基地地下的给水、排水、供热、煤气、电缆、通信等管线布置以及基地地上的架空供电线路等。

(4)定额指标，即国家和所在地区有关本设计项目的定额指标。

(5)有关的政策、法规与标准。

3)设计前的调查研究

设计前需调查研究的内容很多，大体可归纳为以下几个方面。

(1)了解建设单位的使用要求。

(2)建设地段的现场勘察，以便了解基地和周围环境的现状，如地形、方位、面积以及原有建筑、道路、绿化等。

(3)了解当地建筑材料及构配件的供应情况和施工技术条件。

(4)了解当地的生活习惯、民俗以及建筑风格。

2. 初步设计阶段

初步设计阶段是建筑设计的第一阶段，其主要任务是根据已有的资料、数据，综合分析功能、技术、经济、美观等多方面因素，提出最优设计方案。

初步设计内容及设计文件包括以下几个方面。

1)设计说明书

设计说明书包括：建筑设计的依据、规模、性质、设计指导思想和设计特点；有关国家与地方性法规的执行说明；方案的整体构思及在平面、立面、剖面、构造及结构方案等方面的特点；建筑物的面积构成及主要技术经济指标等。

2）设计图纸

⑴建筑总平面图。在城市建设部门所划定的建筑红线内布置建筑物、场地、道路、绿化及各种室外设施，并标明其位置与尺寸，以及周围建筑物、道路、绿化的位置和它们与拟建建筑物之间的尺寸等，标注指北针或风玫瑰图。总平面图常用比例为1：500～1：2000。

⑵各层平面图、主要方向立面图、主要部位的剖面图。这部分是初步设计的主要内容，包括建筑物的平面和空间的组合方式、部分室内家具和设备的布置、结构方案与立面造型等。通常应标出建筑物各部分的主要尺寸、门窗位置、房间面积及名称等。常用比例为1：100～1：200。

⑶根据设计任务的需要，可能辅以建筑透视图或建筑模型。

3）工程概算书

工程概算书可用来进行技术经济分析、比较设计方案经济合理性，并可作为主要设备和材料的订货依据，并为施工图设计和施工准备提供参考依据。

3. 技术设计阶段

对于大型的较复杂的建筑，为了进一步确定房屋各专业之间的技术问题、解决各专业之间的矛盾、为施工图设计做准备，需要在初步设计的基础上进行技术设计或扩大初步设计。在这一阶段，各工种相互提供资料、要求，并共同研究和协调编制各专业的图纸和说明书，为进一步编制施工图打下基础。对于技术设计的图纸和设计文件，要求建筑专业的图纸标明与其他技术专业有关的详细尺寸，并编制建筑部分的技术说明书；结构专业应有结构布置方案图，并附初步计算说明；设备专业也提供相应的设备图纸及说明书。经有关部门批准的技术设计文件，是编制施工图、主要材料设备订货，以及基建拨款的依据文件。

4. 建筑施工图设计阶段

建筑施工图设计应根据已批准的初步设计或技术设计文件编制。它是在初步设计或技术设计的基础上，通过各专业的不断协调，进一步完善全部细部尺寸和标高、细部节点构造做法及所用材料并配有详细的设计说明。此外，在施工图阶段，结构、水、暖、电等专业均应完成相应的全部施工图纸和设计说明。建筑专业施工图设计内容与文件如下。

⑴设计说明。设计说明包括建筑性质、设计依据、设计规模、建筑面积，有关建筑各部位、室内外装修等的材料、做法和说明，以及消防、结构、设备等必要的说明。

⑵建筑总平面图。总平面图上应标明城市坐标网、场地坐标网、建筑红线内拟建建筑物、道路、场地、绿化、设施等的位置、尺寸和标高，拟建建筑物与周围其他建筑物、道路及设施之间的尺寸，并注明指北针或风玫瑰图等。常用比例为1：500～1：2000。

⑶各层平面图。在初步设计的基础上，应标明各部分的详细尺寸、定位轴线及编号、门窗编号、部分家具及设备布置、剖面图及节点详图的位置与索引编号，楼梯、台阶、踏步等位置及上下行走方向，散水、坡道的位置及坡道坡度等。常用比例为1：100～1：200。

⑷各个方向的立面图。在立面图上应标注详细尺寸与必要的标高，注明外装修材料、做法、尺寸及颜色，以及立面细部详图索引和必要的定位轴线等。常用比例为1：100～1：200。

⑸剖面图。剖面图应选择楼梯、门厅、层高及层数不同等内外空间变化复杂、最有代

表性的位置绘制，并注明建筑各部分标高及必要的尺寸与定位轴线、节点详图索引等。常用比例为 1∶100～1∶200。

(6)构造节点详图。构造节点详图是指在平面、立面、剖面中未能清楚表示出来而需要放大绘制的建筑细部详图，它要求注明做法、尺寸及材料。需要画节点详图的部位主要为檐口、墙身、墙脚、楼梯、门窗、楼地层、屋面等构件的连接点，以及室内外墙面、地面、顶棚的表面装修等。

(7)计算书。建筑设计专业的计算书主要包括建筑节能计算报告书，以及热工、采光与日照、隔声与音质设计等建筑物理方面的内容。

上面讲述的设计内容和程序，是需要在具体设计过程中深入了解和掌握的，在此仅作为参考。目前只要求掌握其主要内容和基本程序。

0.3.2 建筑设计的依据

1. 人体尺寸及其活动所需的空间尺度

人体所需空间包括人体自然所占空间、动作域空间和心理空间。建筑是为满足人们的使用要求而建造的，因此建筑物中的家具和设备的尺度以及踏步、窗台、栏杆、门洞、楼梯等的细部尺寸都应以人体尺寸及人体活动所需要的空间为主要依据，各房间的尺度则应考虑人体的心理空间及精神上的需求。我国人体基本尺寸和人体基本动作尺度如图 0.1 所示。

2. 家具、设备所需要的空间

人们在建筑物中的生活、学习和工作都伴有必要的家具和设备，因此家具和设备的尺寸，以及人们在使用家具和设备时的活动空间，是考虑房间内部使用面积的重要依据。常用家具及其尺寸如图 0.2 所示。

3. 自然与环境

建筑物的平面形状、体形及墙体、门窗、屋顶、地面等围护结构都要受到自然条件包括温湿度、日照、雨雪、风速、风向等气候条件及地形、地质条件以及地震烈度等的限制和制约，同时建筑物的平面布局、体形与立面、场地布置等还要受到其周围环境的限制，脱离自然与环境来进行设计是难以想象的。由于我国幅员辽阔，各地区气候悬殊，各地区的建筑设计应根据其气候特点来进行。表 0.2 是按照气温划分的建筑热工设计分区及其建筑设计要求，表 0.3 是我国北方部分城市的降水量、积雪与冻土深度。图 0.3 是我国部分城市的风向频率玫瑰图①。

4. 材料与施工技术

建筑师应根据当地的施工技术水平、建筑材料等来确定建筑方案，尽量做到因地制宜、就地取材，减少建造费用。除有特殊要求和特殊意义的建筑外，超越现有技术水平的设计方案再完美也是脱离实际的。

① 摘自《建筑设计资料集》(第三版)，2017 年。

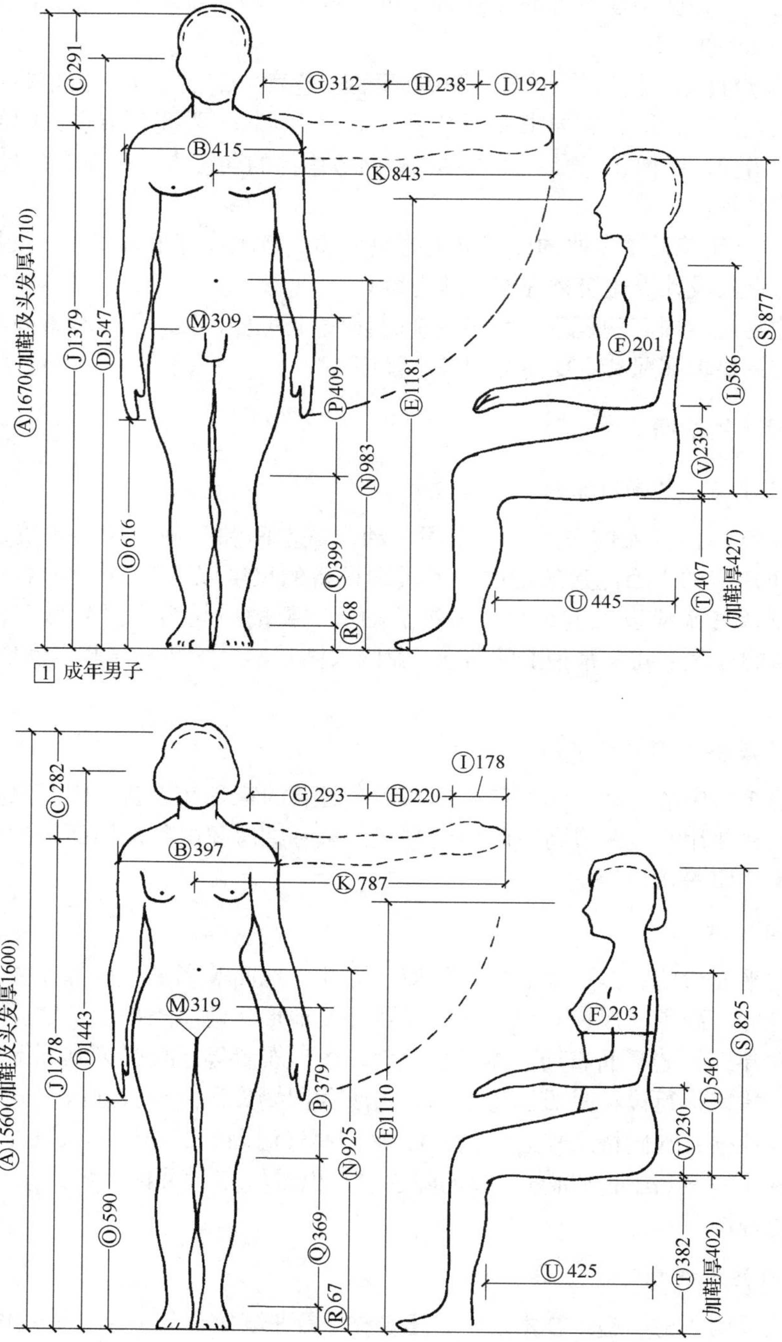

(a) 中等人体地区(长江三角洲)的人体各部分平均尺寸

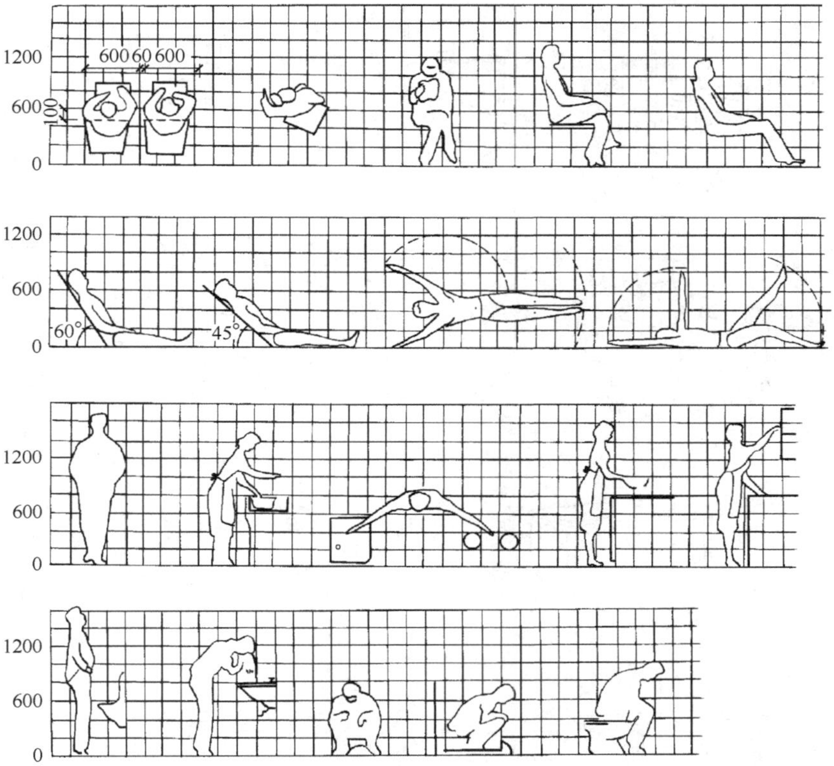

(b) 人体基本动作尺度

图 0.1　人体基本尺寸和人体基本动作尺度(单位：mm)

表 0.2　建筑热工设计分区及其建筑设计要求

分区名称		严寒地区	寒冷地区	夏热冬冷地区	夏热冬暖地区	温和地区
分区指标	主要指标	最冷月平均温度≤-10℃	最冷月平均温度为-10～0℃	最冷月平均温度为0～10℃，最热月平均温度为25～30℃	最冷月平均温度>10℃，最热月平均温度为25～29℃	最冷月平均温度为0～13℃，最热月平均温度为18～25℃
	辅助指标	日平均温度≤5℃的天数>145d	日平均温度≤5℃的天数为90～145d	日平均温度≤5℃的天数为 0～90d，日平均温度≥25℃为40～110d	日平均温度≥25℃的天数为100～200d	日平均温度≤5℃的天数为0～90d
设计要求		必须充分满足冬季保温要求，一般可不考虑夏季防热	应满足冬季保温要求，部分地区兼顾夏季防热	必须满足夏季防热要求，适当兼顾冬季保温	必须充分满足夏季防热要求，一般可不考虑冬季保温	部分地区应注意冬季保温，一般可不考虑夏季防热

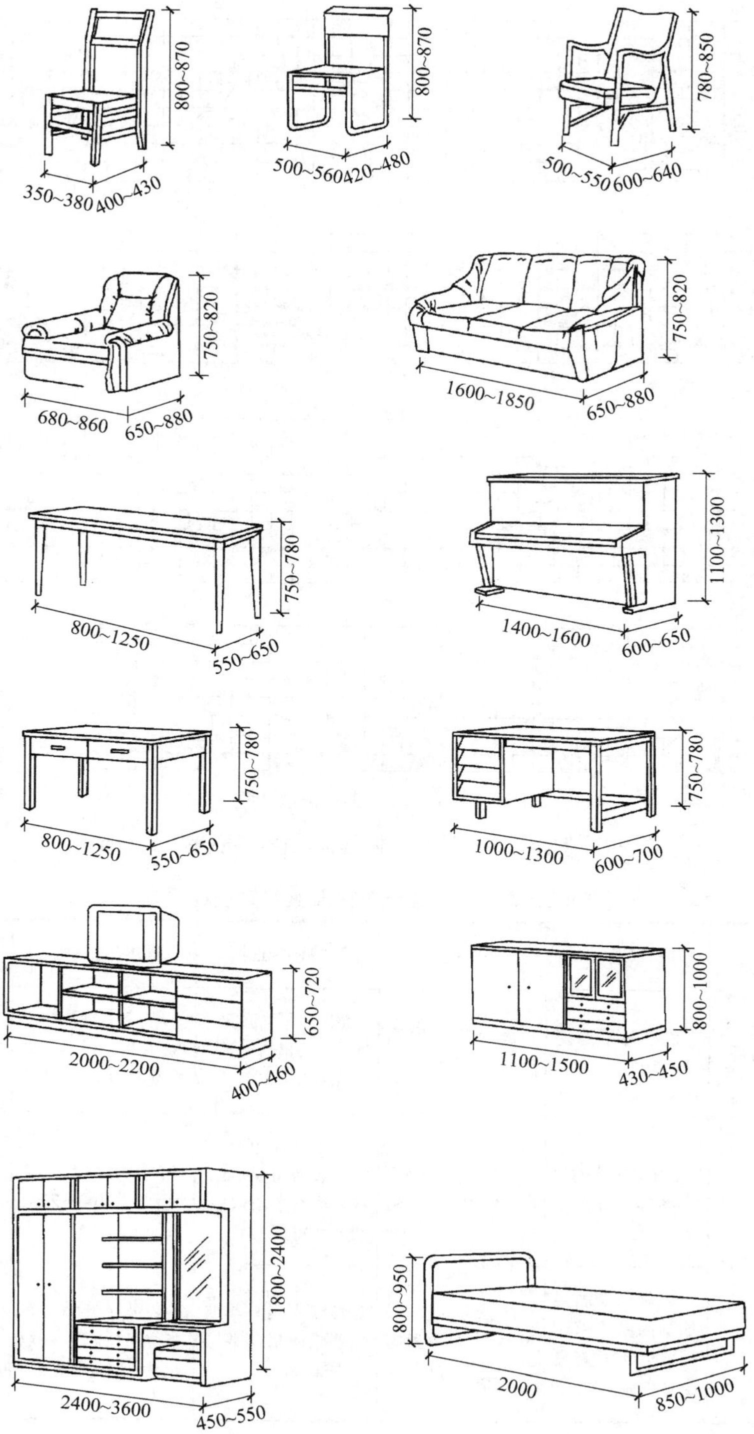
800~870
350~380
400~430
800~870
500~560
420~480
780~850
500~550
600~640
750~820
680~860
650~880
750~820
1600~1850
650~880
750~780
800~1250
550~650
1100~1300
1400~1600
600~650
750~780
800~1250
550~650
750~780
1000~1300
600~700
650~720
2000~2200
400~460
800~1000
1100~1500
430~450
1800~2400
2400~3600
450~550
800~950
2000
850~1000

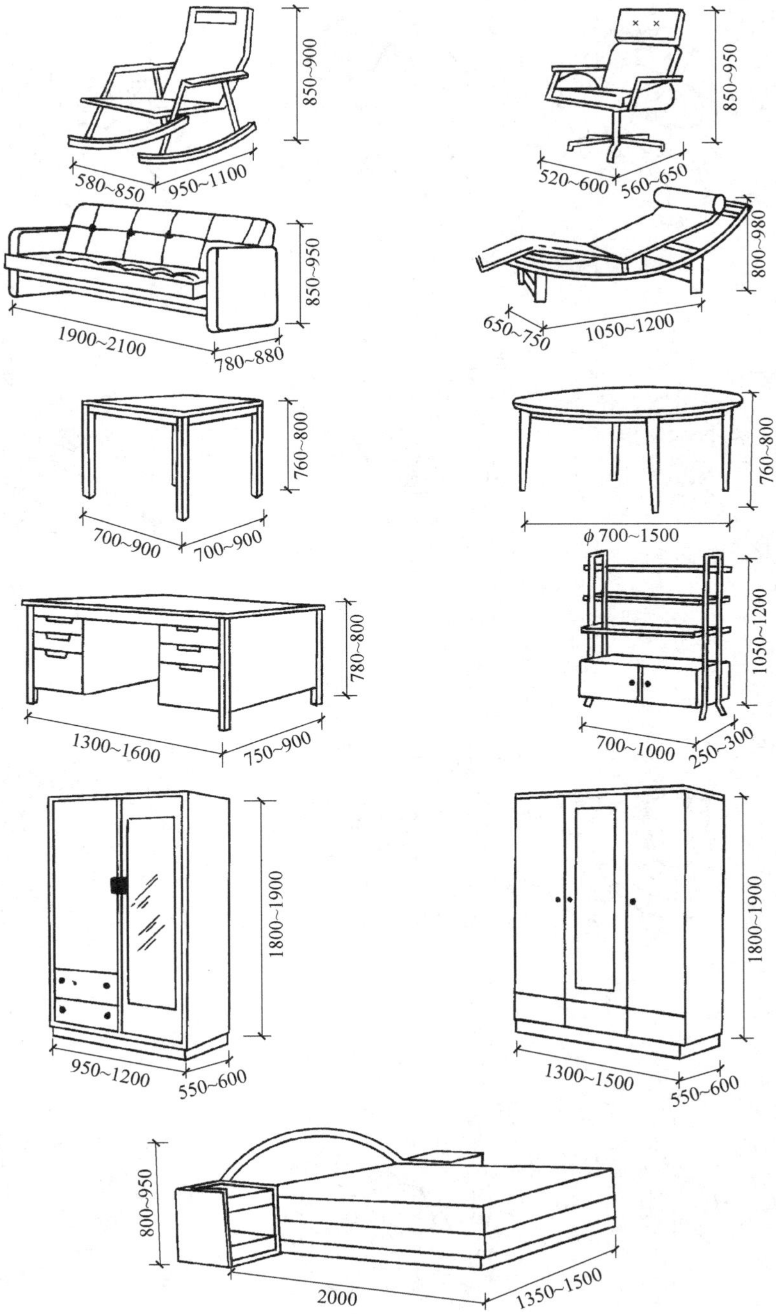

图 0.2　常用家具及其尺寸举例①

① 本书中缺省的单位为毫米(mm)。

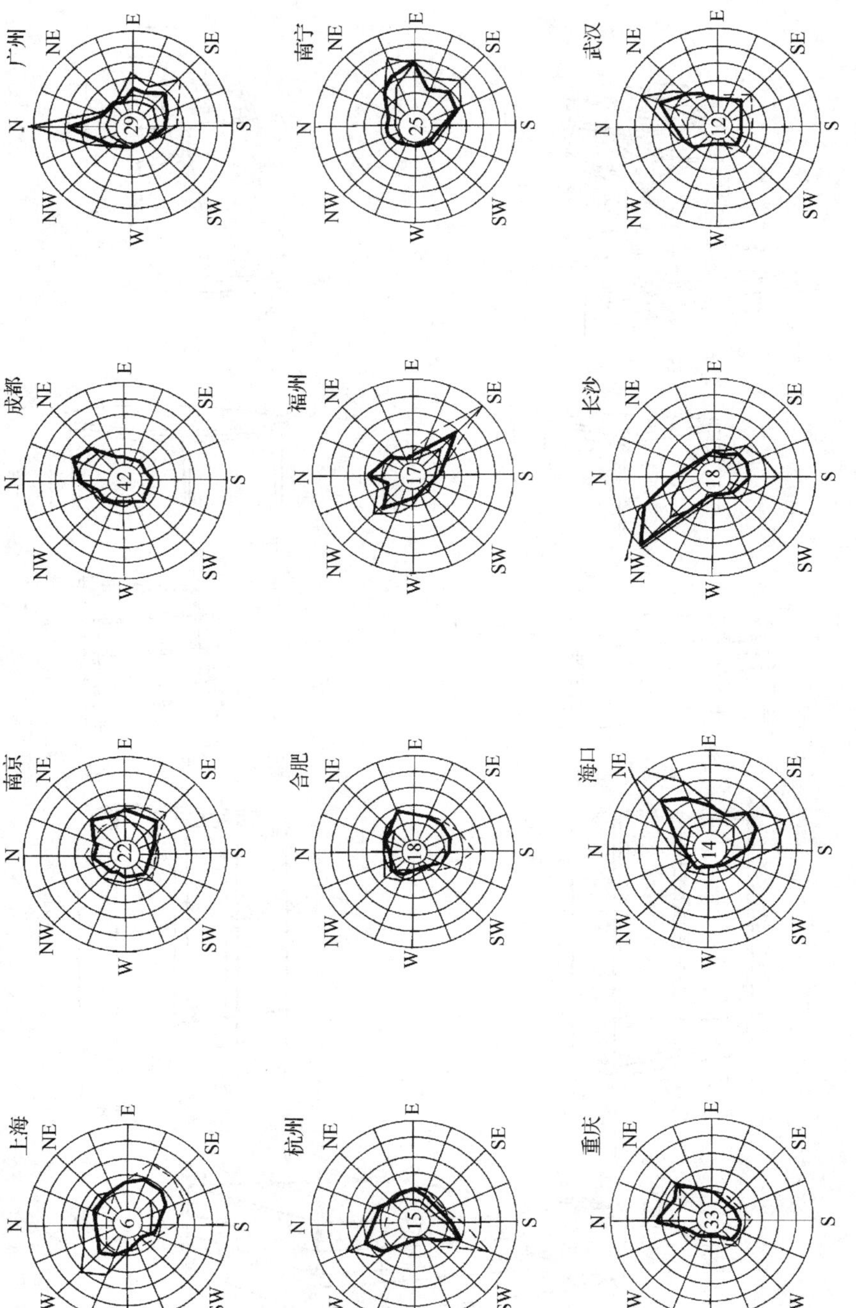
广州
南宁
武汉
成都
福州
长沙
南京
合肥
海口
上海
杭州
重庆

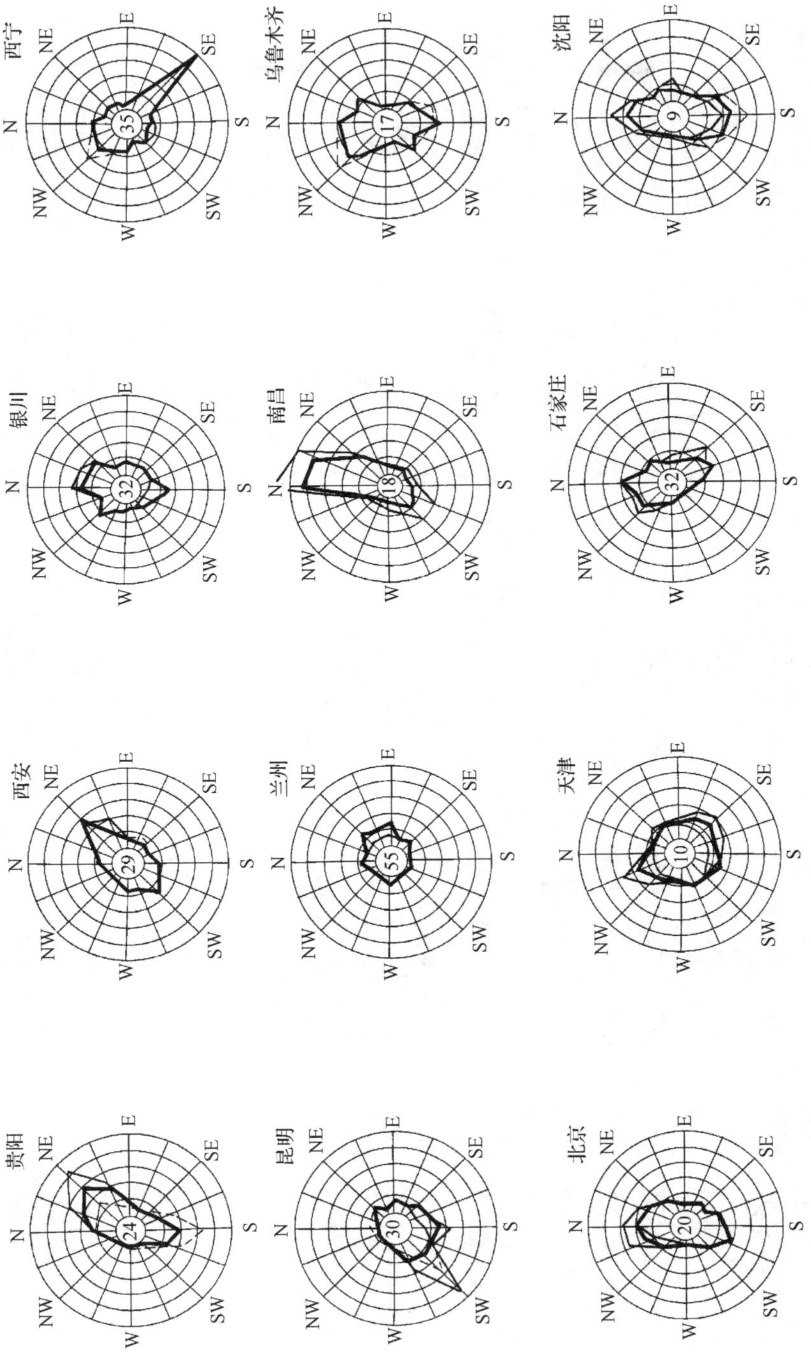
西宁
乌鲁木齐
沈阳
银川
南昌
石家庄
西安
兰州
天津
贵阳
昆明
北京
N
NE
E
SE
S
SW
W
NW

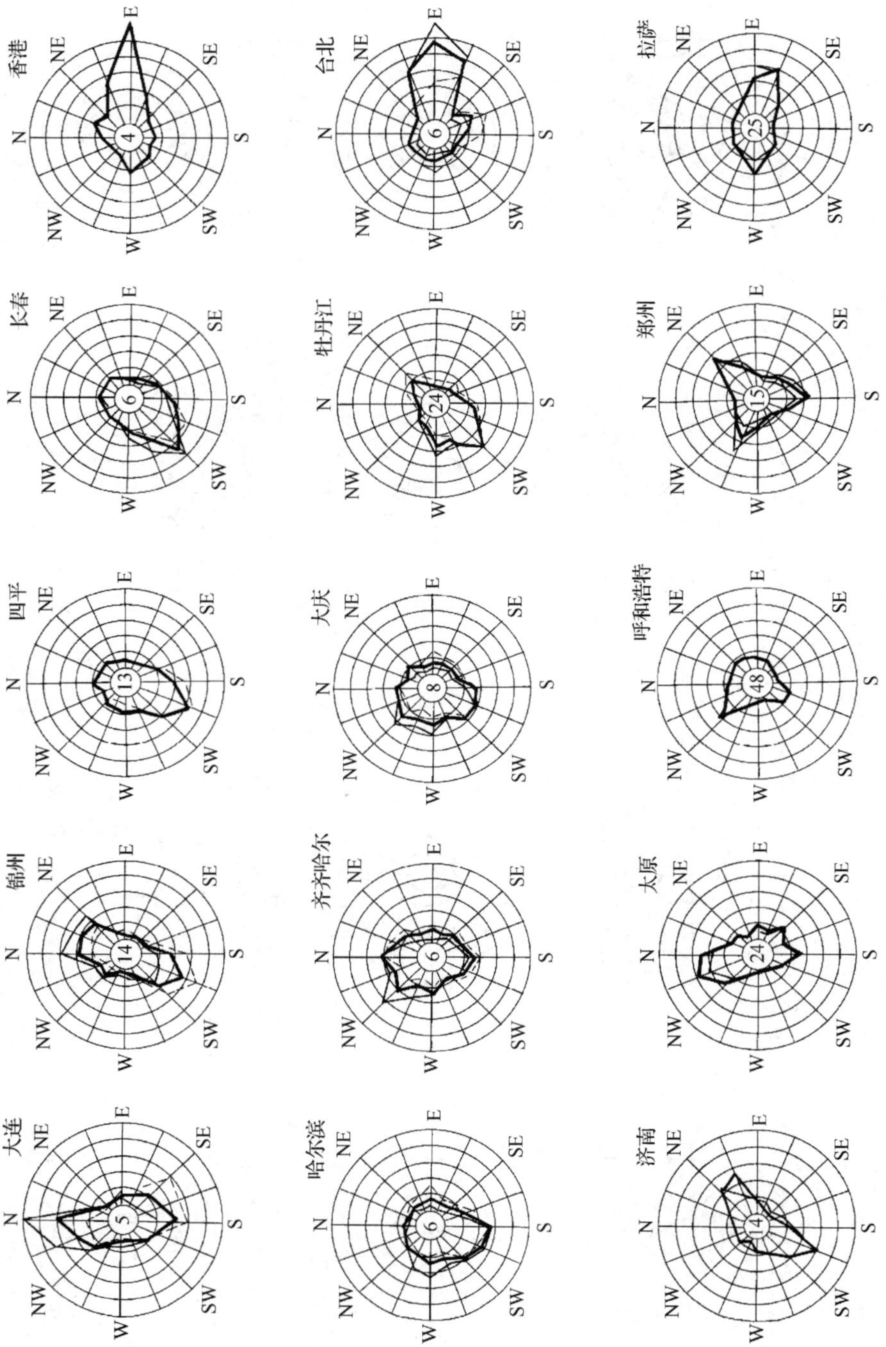

图 0.3　我国部分城市风向频率玫瑰图

表 0.3　我国北方部分城市的降水量、积雪深度、冻土深度

城市名称	降水量/mm			最大积雪深度/cm	最大冻土深度/cm
	年总量	一日最大量	一小时最大量		
哈尔滨	580.3	104.8	—	41	199
齐齐哈尔	469.7	83.2	—	17	186
满洲里	376.2	75.7	—	24	250
长春	649.9	117.9	69.7	18	162
沈阳	835.5	178.8	70.0	20	139
鞍山	737.2	168.4	40.5	26	108
大连	641.0	171.1	66.1	16	—
唐山	552.0	100.9	—	5	62
天津	561.3	123.3	80.0	16	—
北京	781.9	244.2	126.7	24	85

5. 有关法规、标准与规范

学习重点

分析与思考：

1. 我国规定的基本模数是什么？

建筑类法规及规范是我国建筑界常用的标准文献。它是以建筑科学、技术和实践经验的综合成果为基础，经有关方面认定，由国务院有关部委批准、颁发，作为全国建筑界共同遵守的准则和依据。

1) 建筑设计规范和标准

建筑设计规范和标准的种类很多，除《民用建筑设计统一标准》GB 50352、《建筑防火通用规范》GB 55037、《房屋建筑制图统一标准》GB/T 50001 等基本的标准和规范外，各类建筑都有其相应的标准或规范，如《住宅设计规范》GB 50096、《办公建筑设计标准》JGJ/T 67、《剧场建筑设计规范》JGJ 57、《展览建筑设计规范》JGJ 218、《托儿所、幼儿园建筑设计规范》JGJ 39 等；同时，还有指导建筑节能设计、绿色建筑设计的相关标准，如《严寒和寒冷地区居住建筑节能设计标准》JGJ 26、《夏热冬冷地区居住建筑节能设计标准》JGJ 134、《夏热冬暖地区居住建筑节能设计标准》JGJ 75、《绿色建筑评价标准》GB/T 50378（2024 年版）等，设计人员应依据各种规范与标准来完成相应的设计工作。

2) 建筑模数。

为了使建筑制品、建筑构配件和组合件实现工业化大规模生产，使不同材料、不同形式和不同制造方法的建筑构配件、组合件符合模数并具有较大的通用性和互换性，以加快设计速度，提高施工质量和效率，降低建筑造价，我国制定了《建筑模数协调标准》GB/T 50002。

(1) 基本模数、导出模数。该标准规定基本模数的数值为 100mm，其符号为 M，即 1M 等于 100mm。整个建筑物和建筑物的一部分以及建筑组合件的模数化尺寸，应是基本模数的倍数。

导出模数分为扩大模数和分模数，其基数应符合下列规定：

① 扩大模数基数应为 2M, 3M, 6M, 9M, 12M, …；

② 分模数基数应为 M/10、M/5、M/2。

(2)模数数列。模数数列应根据功能性和经济性原则确定。建筑物的开间或柱距，进深或跨度，梁、板、隔墙和门窗洞口宽度等分部件的截面尺寸宜采用水平基本模数和水平扩大模数数列，且水平扩大模数数列宜采用 $2n$M、$3n$M（n 为自然数）；建筑物的高度、层高和门窗洞口高度等宜采用竖向基本模数和竖向扩大模数数列，且竖向扩大模数数列宜采用 nM；构造节点和分部件的接口尺寸等宜采用分模数数列，且分模数数列宜采用 M/10、M/5、M/2。

小　结

(1)建筑功能、物质技术条件、环境、经济条件、城市规划、有关方针政策法规，以及风俗文化与审美等是影响建筑设计的主要因素。

(2)建筑按使用功能可分为民用建筑、工业建筑和农业建筑；按其高度和层数又可分为低层建筑、多层建筑、高层建筑和超高层建筑；此外，按建筑的主要承重材料、结构体系、设计使用年限等又可分为多种类型。

(3)设计工作包括建筑设计、结构设计和设备设计等几部分，各部分之间既有分工又密切配合。其中，建筑设计是龙头。建筑设计程序为：①设计前的准备工作；②初步设计阶段；③技术设计阶段；④建筑施工图设计阶段。

(4)建筑设计的依据是人体尺寸及其活动所需的空间尺度，家具、设备所需要的空间，自然与环境，材料与施工技术，有关法规、标准与规范等。

第 1 章　建筑总平面设计

建筑总平面设计是建筑设计中一个非常重要的组成部分和工作阶段。在建筑设计由构思到成熟不断演化、发展的过程中，总平面设计自始至终作为一个积极因素与其相辅相成、密不可分。完善、合理的总平面设计既可以保证建筑单体或群体在功能使用、空间组织、交通流线以及整体形态的和谐统一，又可以保证项目建设有计划、有组织地进行，使项目获取更大的社会效益、经济效益和环境效益。

1.1　设 计 原 则

学习重点

重点关注：

1. 建筑总平面的设计原则。

建筑总平面设计应根据设计任务书和城市规划的要求，对建筑布局、竖向、道路、绿化、管线和环境保护等进行综合考虑，应遵循以下设计原则。

(1) 建筑总平面设计应以所在城市的总体规划、分区规划、控制性详细规划，以及当地主管部门提出的规划条件为依据，协调好上位交通规划、市政基础设施规划，确保公交交通设施、市政基础设施的集约化建设与共享。

(2) 应结合工程特点，注重节地、节能、节水，以适应建设发展的需要。

(3) 设计应因地制宜，结合基地的自然地形、气候条件、地域文脉和周边环境。

(4) 应注意保护生态环境，保持并修复原有的自然植被、自然水域和自然景观等。

(5) 要制定区域海绵建设技术路线，有效控制场地内雨水径流，实现自然积存，自然渗透和自然净化。

(6) 应功能分区合理，路网结构清晰，人流、车流有序，并对建筑群体、竖向、道路、环境景观、管线设计等进行综合考虑，统筹兼顾。

(7) 应考虑采取安全及防灾(防洪、防海潮、防震、防滑坡等)措施。

(8) 总平面布局若要考虑远期发展，必须考虑结合近期使用，以达到技术、经济上的合理性。

1.2　基地条件分析

学习重点

分析与思考：

1. 在进行总平面设计前，都要对哪些基地条件进行分析？
2. 基地上都有哪些控制红线？

建筑所在的基地是在自然演化和人工干预的长期作用下所形成的，因此每一块基地都具有一定的独特性。但同时，基地所处的地理位置、人文环境，以及基地本身的地形地貌、地面附着物、景观等条件也为设计提供了必要的线索，所以在进行建筑设计之前，要对基地进行充分的调研和分析。

1.2.1　自然条件

1. 地形地貌

地形地貌是非常重要的自然要素之一，它的高低起伏与走向会对设计产生较大的影响。在地势平坦、地形有利的条件下，建筑布局有较大的自由空间，可以有多种布局形式；在地势起伏变化较大、地形比较特殊的条件下，建筑布局必然要受到多方面的限制和约束。但是，如果能够巧妙地加以利用，不仅可以减少土方工程量，有良好的经济效果，还可以赋予设计方案以鲜明的特色。因此，要因势利导、因地就势，采取对环境最小干预的原则，综合提升生态、景观、经济及社会效益。

2. 气候条件

气候条件主要包括温度、湿度、日照、降水、风向风速等，它因基地所处地域的不同而有较大差异。我国幅员辽阔，南北气候差异较大，为了更好地采取节能措施，我国以空气温度为主要指标，划分为 5 个热工分区，即严寒地区、寒冷地区、夏热冬冷地区、夏热冬暖地区和温和地区。不同热工分区所关注的节能重点有所不同，严寒地区的建筑优先关注冬季防风保温；寒冷地区的建筑应兼顾冬季防寒与夏季通风；夏热冬冷地区的建筑优先关注夏季通风防热，冬季适当防寒；夏热冬暖地区的建筑优先关注夏季通风防雨，抵御日照强辐射等。

3. 地质条件

地质条件包括地质构造和地震烈度。基地地面下一定深度内由土、沙、岩石等材料组成，其不同特性以及地上或地下水的高度状况直接影响建筑地基的承载力。

地震烈度的级数不同，对地面及建筑物的破坏程度也不同。在烈度为 6 度以下的地区，原则上不考虑设防，但在 6 度及 6 度以上的地区必须进行地震设防。另外，冲沟、崩塌、滑坡、断层、岩溶、人工采空区等几种不良地质现象将直接影响工程建筑质量与安全，还会影响工程速度与投资量。

4. 水文条件

水文条件包括地下水和地表水。地下水质和深度的变化能够影响工程地基和基础处理的质量与安全。地表水体要注意流量、流速和水位的变化，特别是最高洪水水位和频率，要考虑加强防洪、排涝的设施与措施。

随着近年来城市内涝现象的加剧，海绵城市的建设已经刻不容缓，即城市能够像海绵一样，在适应环境变化和应对自然灾害等方面具有良好的弹性，下雨时能够吸水、蓄水、渗水、净水，需要时能够将蓄存的水释放并加以利用。在场地设计中，要遵循低影响开发（low impact development，LID）的原则，充分利用场地内各空间元素，包括建筑屋顶花园、透水铺装、下沉绿地、景观水体等，构建水循环生态系统，加强对雨水的吸纳、储蓄和缓释作用，有效控制雨水径流，实现自然积存、自然渗透和自然净化。

5. 景观条件

景观条件包括自然景观和人文景观。自然景观包括基地内部及周围的海景、山景、植被、林木等；人文景观包括古迹、文物等。良好的景观环境一方面可以使建筑融入自然，另一方面还可以采用借景、对景等手法把基地外部的景观引进来，为建筑的使用者创造优美的景观环境。

1.2.2　技术条件

1. 基地上的控制线

基地上的控制线是规划主管部门依据相关法规给出的建设范围，主要包括用地红线、道路红线和建筑红线，如图 1.1 所示。用地红线是指各类建筑工程项目用地的使用权属范围的边界线，又称用地界线。道路红线是规划的城市道路(含居住区级道路)用地边界线，一般成对出现。《民用建筑通用规范》GB 55031—2022 中规定：除建筑连接体、地铁相关设施以及管线、管沟、管廊等市政设施外，建筑物及其附属设施不应突出道路红线或用地红线。

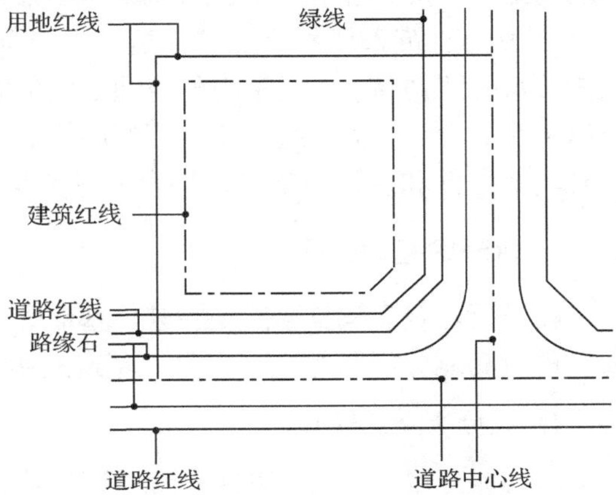

图 1.1　用地红线、道路红线和建筑红线的关系

建筑红线(也称建筑控制线)是对地面建(构)筑物主体布置提出的控制线，除地下室、窗井、建筑入口的台阶、坡道、雨篷等外，地面以上的建(构)筑物主体包括裙楼的外墙边线不允许超出这个界线。建筑红线通常会退后用地红线一定距离，以免对基地周边道路或建筑产生影响。

除了各种红线，城市规划中还有控制各类绿地范围的城市绿线，确定江、河、湖、库、渠和湿地等城市地表水体保护和控制的城市蓝线，确定各级历史文化街区及历史建筑保护范围的城市紫线，等等。这些控制线是总平面图设计的前提，在设计前应首先了解清楚。

2. 基地周边的交通条件

基地周边的交通条件主要是指基地是否与城市道路相邻或相接，基地周边城市道路的性质、等级和走向，人流、车流的流量和流向，以及公共交通设施等情况。了解这些情况用以确定基地内人、车出入口的位置及交通流线组织。

3. 基地内的建筑物

了解基地内已有建筑物的使用功能、结构现状、历史文化背景、与新建建筑的相对关系等，为其是否拆解消纳或改造再利用提供基本信息。

4. 基地内基础设施

了解基地内现有的道路、广场、桥涵和给水、排水、供暖、供电、电信和燃气等管线工程，在设计中可以结合新建项目的需求，决定是否对其加以隔离或融合。

1.2.3　人文条件

不同地域文化会造就不同的建筑布局形式，要了解周围环境的建筑风格与特征，尤其是在具有历史特征、民族特色或乡土风格的区域，如西方的集中式建筑与中国传统的园林式建筑对总平面布局形式会产生较大的影响。不同民族与宗教信仰对建筑空间的需求也各具特色，如伊斯兰住宅中极其讲究的朝拜空间等，所以在设计前要了解当地的文化取向、文脉和风格。

1.3　建筑布局

建筑布局是总平面设计中的核心环节，不仅受城市规划、周围环境、基地状况等方面的要求，还受基地内功能流线、室外空间组织及环境质量等因素的影响。

合理的建筑布局不仅能够使建筑的空间体形与周围环境相互协调，方便室内外空间之间的联系，还可以解决日照、采光、通风等方面的问题。因此，需结合具体条件和多种因素加以综合地思考与推敲。

学习重点

分析与思考：

1. 在进行基地分区时，都需要从哪些方面考虑？
2. 建筑布局的影响因素有哪些？
3. 群体建筑的布局方式有哪些？

1.3.1　合理的基地分区

在进行建筑布局前，首先要进行基地分区，主要从两方面进行考虑：一是从功能角度出发，进行功能分区和组织；二是从基地利用出发，进行用地划分和安排。

1. 从功能分区考虑

从功能分区考虑，一方面是从功能性质进行分区，就是将性质相同、功能相近、联系密切、对环境要求相似的内容进行归类组合，形成若干个功能区。例如，对于学校建筑，根据功能需求可以分为教学区、行政办公区、学生生活区、体育运动区等，如图 1.2 所示。

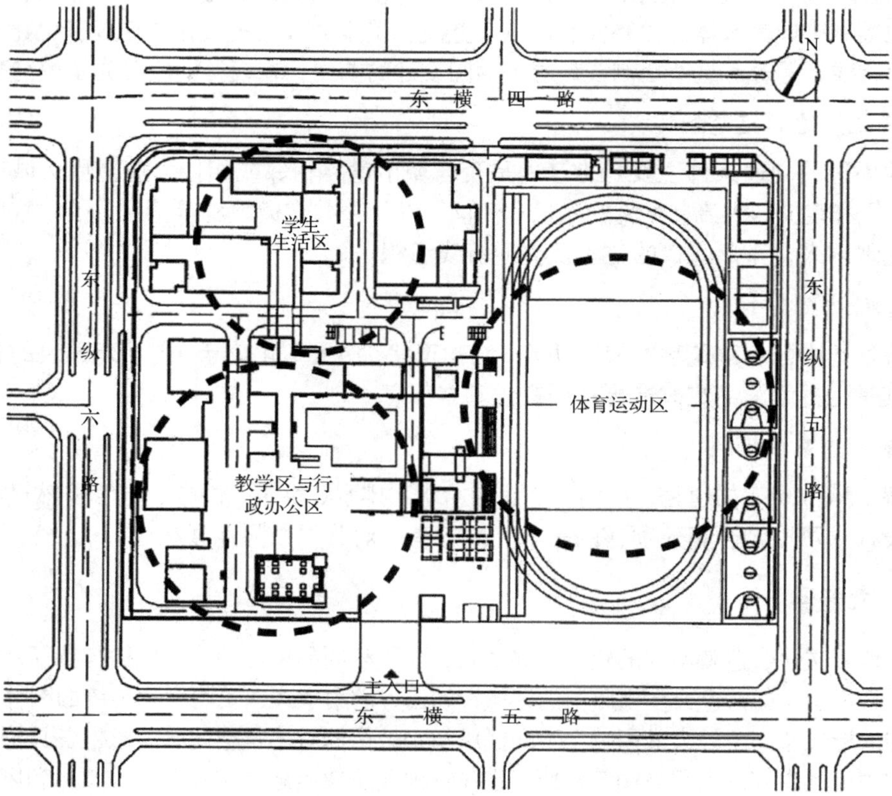

图 1.2　小学的总平面分区示意图

另一方面是从空间性质进行分区，就是将空间性质相同或相近的内容整合在一起，将性质相异或相斥的部分妥善隔离。例如，按照使用者活动性质或状态，可以分为动区与静区；按照活动的私密性要求，可以分为公共区、半公共(半私密)区、私密区；按照功能的主次，可以分为主要空间、次要空间和辅助空间，等等。例如，对于幼儿园建筑，供儿童睡觉的寝室空间属于静区，供儿童集体活动的音体室和室外活动场地属于动区，供儿童日常学习、起居的单元活动空间属于中性空间，可以作为静区与动区的过渡空间，如图 1.3 所示。

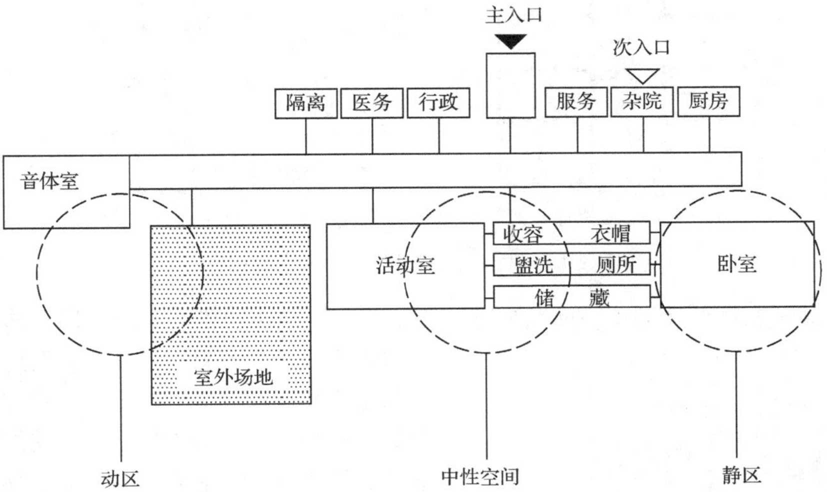

图 1.3　幼儿园场地功能分区图

此外，气象条件也会影响基地的功能分区。例如，根据风向条件设置洁净区和污染区，对场地环境会产生污染的功能空间，如锅炉房、厨房等后勤供应区或污染区，应设在基地下风向区域。

2. 从用地划分考虑

从用地划分考虑，主要分为集中式和均衡式。集中式是对于地块较小、内容单一、功能关系相对简单的场地，可以集中布置建筑用地、道路广场用地、绿地用地等；均衡式是对于建筑功能关系复杂的场地，需根据需求，将建筑用地、道路广场用地、绿化用地等分散、均衡地布置。例如，综合医院根据功能需求可将场地划分为医疗区、技术供应服务区、行政管理区、教学区等，其中医疗区又划分为门诊、医技、住院部等，各分区都配有建筑、道路、绿化等用地。

此外，地形、地质等自然条件也会影响基地的用地划分。例如，地块完整、地质条件好、地形平坦的区域宜做建筑用地，而地质条件差、地形较为陡峭的区域可做绿化用地。

1.3.2　建筑布局的影响因素

1. 地域因素

地域因素包括当地的气候条件、社会条件、经济条件、历史文化、自然环境等因素，是影响建筑布局的宏观因素。

建筑布局要适应当地的气候条件：在北方寒冷地区，建筑为了保温、防风，通常布局比较集中、紧凑；在南方炎热地区，为了夏季通风散热的需要，建筑布局大多比较自由、开敞。例如，为了节能的需要，北方住宅的布局形态较为集中、规整，尽量减少凸凹变化，南方住宅的形态较为舒展，凸凹变化较多(图 1.4)。

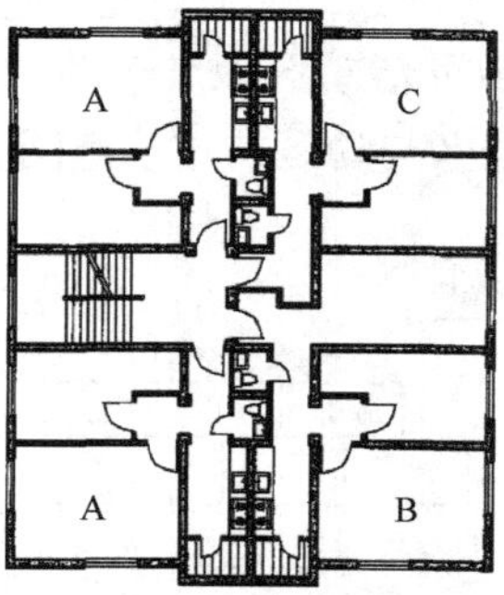

(a) 北方一梯四套住宅

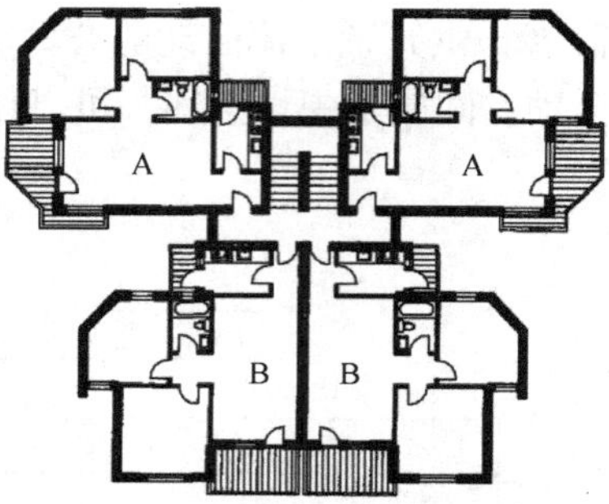

(b) 南方一梯四套住宅

图 1.4　南北方住宅建筑平面形态对比图

同时，建筑布局要从城市空间肌理、历史文化背景、历史街区空间格局、传统建筑空间构成中提取设计元素。例如，陕西历史博物馆位于历史文化名城西安，该建筑采取传统建筑中轴对称的布局方式，与轴线分明、路网方正、空间规整的城市格局相融合，突出了古朴大气的唐风特征，体现了特定的城市历史文化环境(图 1.5)。

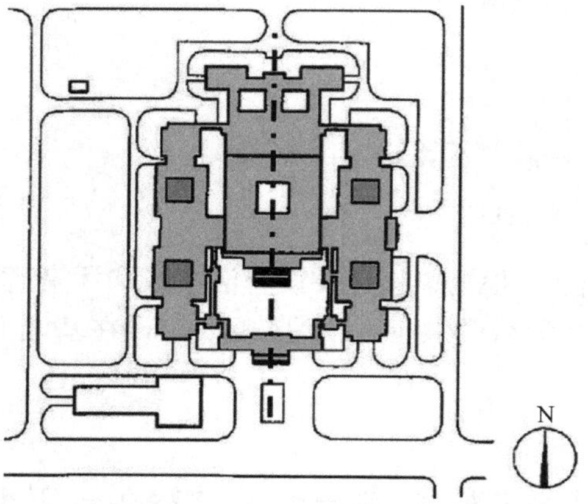

图 1.5　陕西历史博物馆总平面图

2. 区位因素

区位因素是指建设项目在城市中的地理位置，例如，项目是位于中心区或新开发区，还是位于自然风景区或历史文化区，对建筑布局也会产生影响。

如果项目位于城市中心区，建筑布局需考虑场地的高效利用，释放出更多的地面空间作为城市公共空间使用；如果项目位于历史文化区，建筑布局既要满足现代功能要求，也要体现传统建筑空间意象，形成与所在地段城市空间的协调与延续。例如，苏州博物馆选址在历史古城内，紧临忠王府和拙政园，该建筑采用化大为小的手法，将建筑体量与古城城市肌理和环境相融合。建筑群被分成三大部分(图 1.6)，中央部分为入口、大堂和主庭院；西部为博物馆展厅；东部为行政办公区、教育区和饭店。这种类似三条轴线的布局，与东侧的忠王府格局十分和谐；东、西两侧的院落式组合和周边的合院式住宅相呼应；最为独到的是中轴线上的北部庭院直接衔接拙政园之补园，使新旧园景融为一体。

3. 用地因素

用地因素是指基地的形状大小、地形地貌、植被水体、建设现状等，是直接影响建筑布局的微观因素。

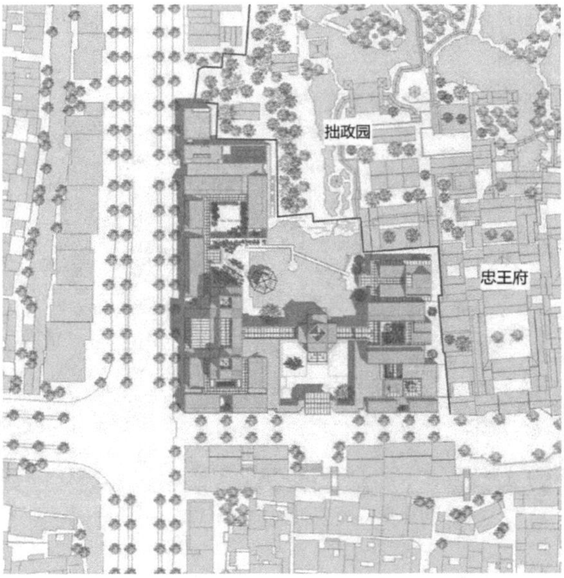

图 1.6　苏州博物馆总平面图

1）基地的形状大小

当基地面积紧张而又不规则时，需要充分利用基地形状。图 1.7 为贝聿铭设计的美国国家美术馆东馆总平面图，该建筑的基地形状为梯形，为了结合地形，贝聿铭用一条对角线把梯形分成两个三角形，一个是等腰三角形，面积较大，做展览馆使用；另一个是直角三角形，为研究中心和行政管理机构用房。这种处理方式在结合基地形状的同时，还使两大功能分区在形体上有了明显的区别。

图 1.7　美国国家美术馆东馆总平面图

2）地形地貌

对于有高差的坡地，根据坡度大小，建筑长轴或平行于等高线、或斜交于等高线、或垂直于等高线（图 1.8），从而减少土方工程量，节省成本。

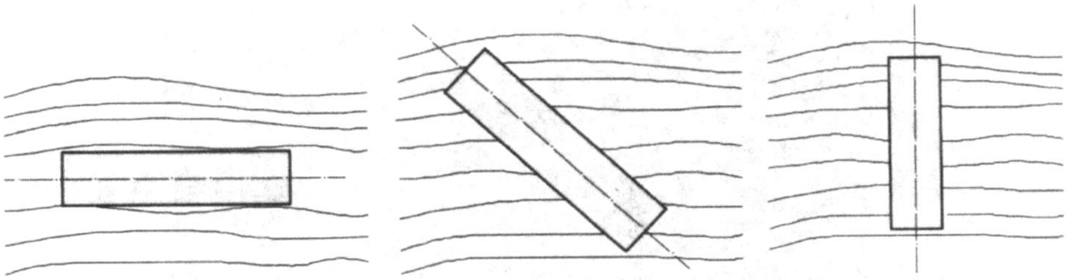

(a) 建筑长轴平行于等高线　(b) 建筑长轴斜交于等高线　(c) 建筑长轴垂直于等高线

图 1.8　建筑长轴与等高线的关系

3）植被水体

当基地内有树木、水体、岩石等景观要素时，可以充分利用这些要素，使建筑融入自然环境当中。例如，绩溪博物馆是根据场地内的原生树木位置进行整体布局，通过设置若干个庭院空间保留下了全部古树，包括一株700年树龄的古槐(图1.9)。

图1.9　绩溪博物馆整体布局图

4) 建设现状

项目基地中经常会保留一些原有的建筑物或构筑物，因此需要考虑新建建筑如何与它们有机地结合到一起。例如，巴黎卢浮宫的改造，为了完整地保护已有800多年历史的卢浮宫，贝聿铭将大部分扩建部分置于地下，仅在入口位置设置了晶莹剔透的玻璃金字塔，重新诠释了历史环境中新旧建筑的关系，让卢浮宫获得新生(图1.10和图1.11)。

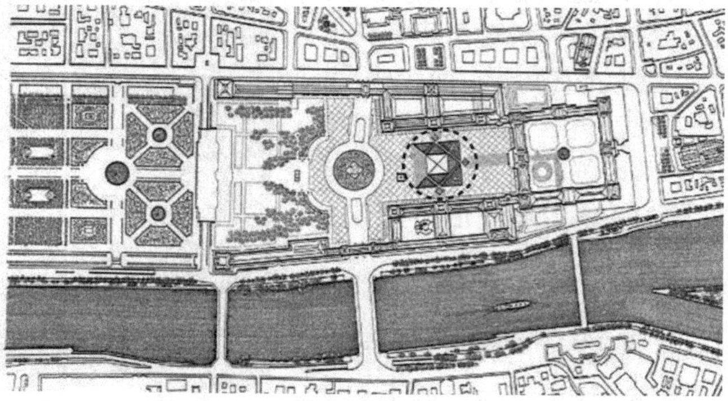

图1.10　巴黎卢浮宫总平面图

图1.11　巴黎卢浮宫夜间效果

4. 建筑朝向

建筑在朝向的选取上不仅要满足日照和自然通风，还要考虑景观条件以及与街道的配合。如果它们出现矛盾，要根据实际条件，从全局角度出发，综合考虑。

1) 建筑日照

我国幅员辽阔，气候条件差别较大，各地最佳的建筑朝向各有不同，但基本都在南偏东 30°及南偏西 30°之间。表 1.1 为四个热工分区典型城市建议朝向。

表 1.1　四个热工分区典型城市建议朝向

地区	热工分区	最佳朝向	适宜朝向
哈尔滨	严寒地区	南偏东 15°～20°	南偏东 20°至南偏西 15°
北京	寒冷地区	南偏东 30°至南偏西 30°	南偏东 45°至南偏西 45°
上海	夏热冬冷地区	南至南偏东 15°	南偏东 30°至南偏西 15°
广州	夏热冬暖地区	南偏东 15°至南偏西 5°	南偏东 22.5°至南偏西 5°

2) 自然通风

自然通风是改善室内空气质量和夏季降温的有效手段。因此，夏季湿热地区，如长江中、下游及华南地区，建筑主体应朝向当地夏季主导风向布置，以获得穿堂风；冬季寒冷地区，如淮河至秦岭以北地区，为了避免冬季主导风向的影响，建筑朝向应避开冬季主导风向。

3) 景观因素

建筑基地如果位于优美的风景区内，或周围环境有观赏价值的景观时，在选择建筑朝向时一般都要考虑景观因素。首先要使建筑尽可能朝景观方向，但如果景观因素与其他因素发生矛盾，要根据建筑的性质和使用要求来综合考虑。

4) 道路因素

为保持街面美观，沿街建筑物往往与道路走向呼应，或平行或垂直布置；当建筑与道路偏转一定角度时，可形成有节奏感的沿街立面；当同时考虑到街景和节地需要时，还可将垂直于道路和平行于道路的建筑穿插布置(图 1.12)。

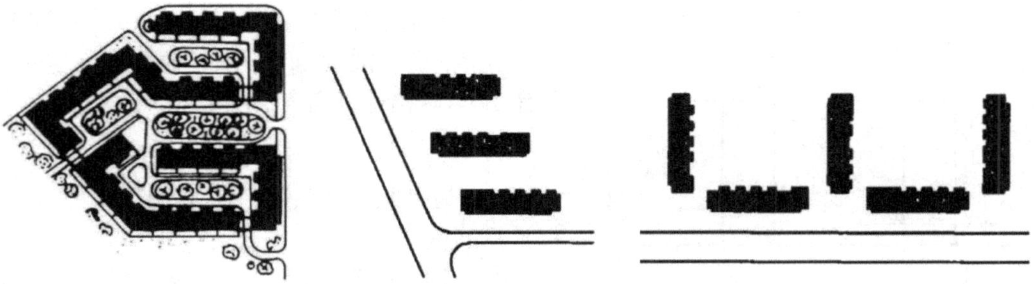

(a) 建筑与道路平行　(b) 建筑与道路偏转一定角度　(c) 建筑平行和垂直于道路穿插布置

图 1.12　建筑与道路关系示意图

5. 建筑间距

建筑之间的间距不仅应考虑适应气候条件，冬季争取较多的日照，并有利于形成自然通风，还要满足采光、防火、防噪、视觉干扰等相关建筑设计规范及标准的要求。

1) 日照间距

日照间距主要满足后排房屋不受前排房屋的遮挡，保证后排房屋底层南向房间有一定的日照时间，同时满足采光要求。

(1) 日照标准。日照标准即建筑物的最低日照要求，与建筑物的性质和使用对象有关。我国采用的日照标准日是冬至日或大寒日。在日照标准日，要保证建筑物的日照时间和日照质量。《城市居住区规划设计标准》GB 50180—2018 规定，住宅建筑的间距应符合表 1.2 的规定，对特定情况还应符合下列规定。

① 老年人居住建筑日照标准不应低于冬至日日照时数 2h。

② 在原设计建筑外增加任何设施不应使相邻住宅原有日照标准降低，既有住宅建筑进行无障碍改造加装电梯除外。

③ 旧区改建项目内新建住宅建筑日照标准不应低于大寒日日照时数 1h。

《托儿所、幼儿园建筑设计规范》JGJ 39(2019 年版)规定，托儿所、幼儿园的幼儿生活用房应布置在当地最好朝向，冬至日底层满窗日照不应小于 3h。《中小学校设计规范》GB 50099—2011 规定，普通教室冬至日满窗日照不应小于 2h，等等。

表 1.2　住宅建筑日照标准

建筑气候区划	Ⅰ、Ⅱ、Ⅲ、Ⅶ气候区		Ⅳ气候区		Ⅴ、Ⅵ气候区
城区常住人口/万人	≥50	<50	≥50	<50	无限定
日照标准日	大寒日			冬至日	
日照时数/h	≥2	≥3		≥1	
有效日照时间带 (当地真太阳时)	8:00～16:00			9:00～15:00	
计算起点	底层窗台面				

注：底层窗台面是指距室内地坪 0.9m 高的外墙位置。

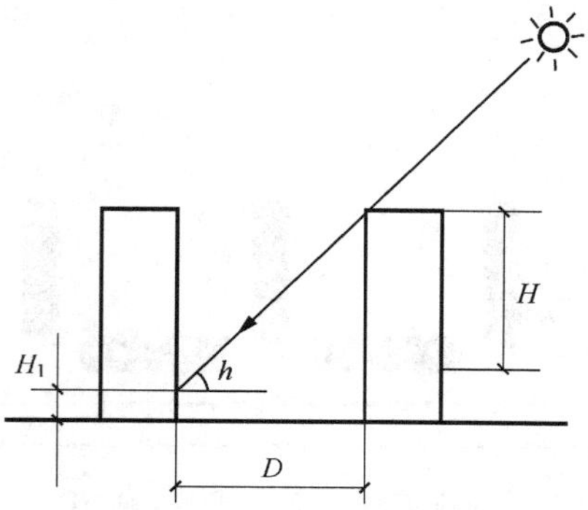

图 1.13　日照间距系数示意图

H_1-底层窗台高度

(2) 日照间距计算方法(图 1.13)。

① 日照间距系数。日照间距系数是用于确定城市住宅间距的参数，为根据日照标准确定的日照间距 D 与遮挡计算高度 H 的比值。

$$L = D / H$$

式中，L 为日照间距系数；D 为日照间距；H 为遮挡计算高度。

② 日照间距折减系数。当建筑的朝向不是正南向时，根据相关标准规定，日照间距在不同方向上可以有所折减，其折减系数见表 1.3。

表 1.3　不同方位日照间距的折减换算表

方位	0°～15°(含)	15°～30°(含)	30°～45°(含)	45°～60°(含)	>60°
折减系数值	1.00L	0.90L	0.80L	0.90L	0.95L

注：① 表中方位为正南向(0°)偏东、偏西的方位角。

② L 为当地正南向住宅的标准日照间距(m)。

③ 本表指标适用于无其他日照遮档的平行布置条式住宅建筑。

④ 本表摘自《城市居住区规划设计标准》GB 50180—2018。

2)通风间距

建筑组群的自然通风与建筑的间距、排列组合方式及迎风方位(即风向对组群的入射角)等有关。一般来说，建筑间距越大，通风效果越好，但从用地的经济性考虑，不可能选择过大的间距来满足通风要求。因此，为了使建筑物既要具有良好的自然通风效果，又要节约用地，首先应避免建筑物正面迎风，而是将建筑与夏季主导风向形成一定的角度。当间距一定时，如果风向入射角由 0°～60°渐次增大，则后排建筑通风效果逐渐加强(图 1.14)。其次，可以利用排列组合的方式增加通风效果，例如，交错排列的住宅布局可利用山墙间距引入气流，改善通风条件，与平行排列的住宅布局相比，可以减小建筑间距(图 1.15)。

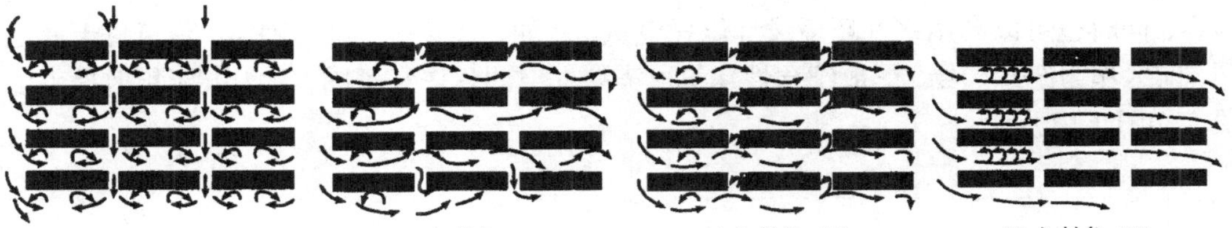

(a) 入射角=0°　(b) 入射角=30°　(c) 入射角=45°　(d) 入射角=60°

图 1.14　风向入射角对通风效果的影响

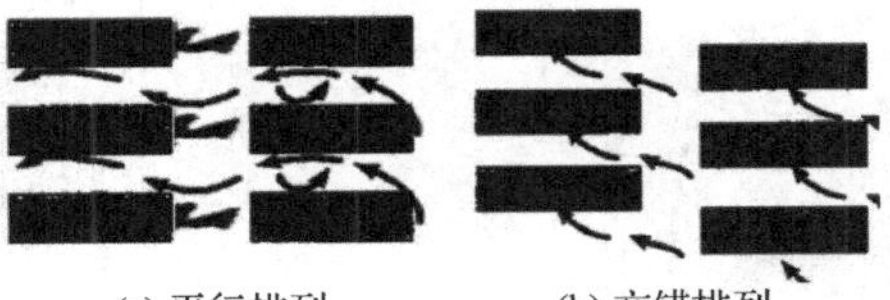

(a) 平行排列　(b) 交错排列

图 1.15　建筑群体排列组合对通风的影响

3)防火间距

在相邻建筑之间保持一定距离的空间，当建筑物起火时，一方面可以起到防止火势蔓延的作用，另一方面是为了保证疏散及方便消防救火操作的需要。

4)防噪间距

有些建筑类型要考虑防噪声的需要，例如《中小学校设计规范》GB 50099—2011 规定，学校教学区的声环境质量应符合现行国家标准《民用建筑隔声设计规范》GB 50118—2010 的有关规定。学校主要教学用房设置窗户的外墙与铁路路轨的距离不应小于 300m，与高速路、地上轨道交通线或城市主干道的距离不应小于 80m。当距离不足时，应采取有效的隔声措施。各类教室的外窗与相对的教学用房或室外运动场地边缘间的距离不应小于 25m。

5) 视线干扰

居住类建筑布置应考虑私密性要求，避免视线干扰。《全国民用建筑工程设计技术措施 规划 · 建筑》中规定，居住区住宅建筑应避免视线干扰，窗对窗、窗对阳台防视线干扰距离不宜小于 18m。

1.3.3 单体建筑布局

单体建筑布局主要是根据建筑自身的要求或设计意图，结合用地条件来确定建筑物在基地中的位置，通常有两种布置方式。

1. 建筑居中布置

这种布局方式适合于影剧院、体育馆等自身功能完整、在场地内占有最大比重、疏散人流量较大的建筑。建筑布置在场地中心，便于多向出入口的流线组织。例如，国家大剧院位于北京人民大会堂西侧、西长安街以南，建筑呈半椭球形，布置在基地中心位置，四周环绕了景观水池、绿化，以及通向周边城市道路的集散场地，成为引人注目的视觉焦点，如图 1.16 所示。

2. 建筑边侧布置

这种布局方式的应用较为广泛，建筑靠近场地边侧布置，可以留下剩余用地安排其他内容，同时也可以利用室外环境设计烘托气氛。例如，聂荣臻元帅陈列馆，建筑位于基地后侧，前区作为纪念广场，形成纪念性建筑所需要的空间秩序和氛围，又为人流集散提供了方便，如图 1.17 所示。

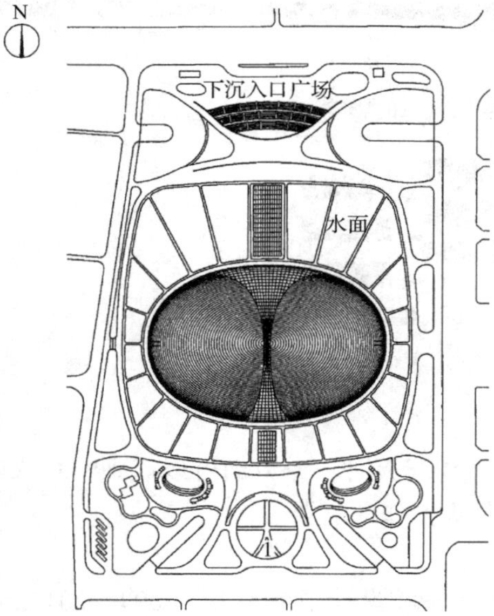

图 1.16　国家大剧院总平面图

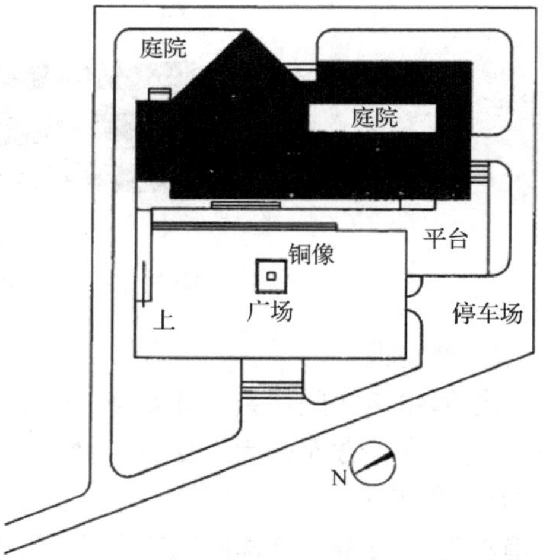

图 1.17　聂荣臻元帅陈列馆总平面图

1.3.4 群体建筑布局

群体建筑布局是利用适宜的群体组合方式来协调建筑与空间环境之间的关系，以及各单体之间的空间形态关系。主要分为以下几种布局形式。

1. 对称式布局

对称式布局是传统建筑群体空间常用的处理手法，通常是以主体建筑的中心线为中轴线，两侧对称布置次要建筑及各种环境设施，可以体现出庄重、严肃的空间感觉，适用于政府机关办公楼、纪念建筑等群体建筑的布置。例如，中国国家版本馆西安分馆位于西安秦岭圭峰山，整体建筑群对称布局，主体为高台建筑，呈现出大气庄重的汉唐风格，如图 1.18 所示。

图 1.18　中国国家版本馆西安分馆建筑布局

2. 自由式布局

自由式布局通常是结合地形和功能的特点进行建筑布局，不仅可以使建筑与环境融为一体，也易于创造出灵活变化的空间。例如，中国美术学院象山校区（二期）的场地布局顺应自然山水，将建筑群布置于基地一侧，在建筑与山体之间保留了原有的农地、河流与鱼塘，同时建筑顺应山体延伸方向，体现出建筑对象山蜿蜒起伏的呼应，如图 1.19 所示。

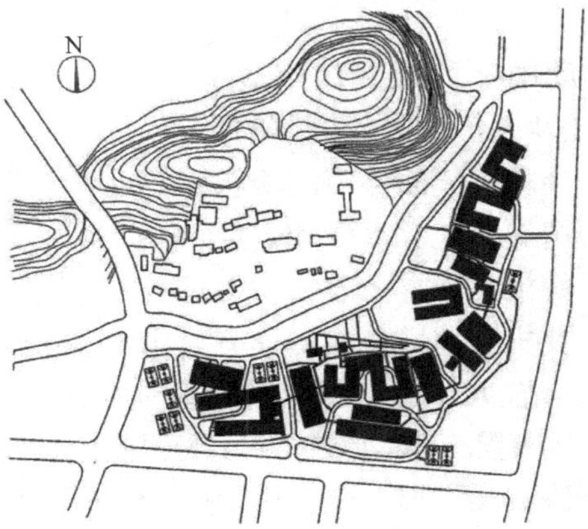

图 1.19　中国美术学院象山校区（二期）的建筑布局

3. 庭院式布局

庭院式布局是以院落为核心组织空间，可以是一个院落，也可以是多个大小、比例不同的院落组合。庭院式布局可以使建筑与自然环境融合，获得步移景异的空间特色。例如，前面所提到的绩溪博物馆，在空间中引入山水，并结合场地原生树木点位设置了山院、水院、树院等多个庭院空间，如图 1.20 所示。

图 1.20　绩溪博物馆

4. 综合式布局

对于项目内容差异较大、建筑功能较复杂或地形变化不规则的场地，可以同时采取多种方式综合布局。

1.4　绿地与景观小品配置

1.4.1　绿地配置

绿地配置是总平面设计中不可缺少的组成部分。它不仅对环境温度、湿度及气流起着调节的作用，还具有净化空气、保护环境、隔断噪声的功能，同时还能够美化环境，为人们提供视觉享受和休息、游览的活动场地。绿化所用的植物种类一般为树木、花卉、草坪以及地被植物，要根据地区气候、季节变化、空间构图等因素，选择适应性强、既美观又经济的植物。绿地布置大体可以分为三种基本类型。

学习重点

分析与思考：

1. 绿地布置形式有哪些类型？
2. 简述景观小品的设计原则。

(1) 周边式绿地。这是绿地布置的基本形式。它不受面积和形态的影响，布置起来相对自由，如道路两侧、场地周边、建筑周围等，既可以起到分隔空间的作用，又可以作为独立背景存在。

(2) 独立式绿地。独立式绿地是指一些小规模的绿地形式，如花坛、小块草地、孤植的树木等，常被布置在建筑主入口前面、广场中心、设计中轴线等一些重要的位置，在空间上有一定的主导作用，是点缀环境、丰富场地景观的一种有效方式。

(3) 集中式绿地。集中式绿地是提高基地绿化面积的主要手段，它需要具有一定的规模，并配有一定的景观小品来供人们休息、游览。它在形态上可以分为规则式、自然式和混合式，在基地中的位置需要根据场地性质和功能布局来进行确定，既可以布置在相对私密、安静的区域，又可以布置在公共、开放的区域。

根据海绵城市的建设要求，倡导使用下凹式绿地、雨水花园等具有调蓄雨水功能的绿地系统。在《绿色建筑评价标准》GB/T 50378—2019(2024 年版)中规定：下凹式绿地、雨水花园等有调蓄雨水功能的绿地和水体的面积之和占绿地面积的比例达到 40%，得 3 分；达到 60%，得 5 分。

1.4.2　景观小品配置

景观小品是指在建筑外部空间内供人们使用或观赏的各种设施。景观小品的种类按照功能的不同，可以分为建筑小品(如雕塑、壁画、亭台、楼阁、牌坊等)、生活设施小品(如座椅、垃圾桶等)、道路设施小品(如车站牌、街灯、防护栏、道路标志等)。景观小品的作用除了满足使用功能，还能起到烘托建筑主体、丰富场地空间、美化环境的作用。

景观小品的设计原则如下。

(1) 景观小品的设置应满足公共人群使用的行为、心理特点及尺度要求，便于管理、清洁和维护。

(2) 景观小品的造型要考虑外部空间环境的特点及总体设计意图。

(3) 景观小品的材料运用及构造处理应考虑室外气候的影响，防止腐蚀、变形、褪色等现象的发生。

(4) 对于批量采用的景观小品，应考虑制作、安装的方便，并且经济实用。

总之，建筑外部空间的类型、性质及规模等不同，所采用的景观小品在风格、形式上应有所区别，应符合总体设计的意图，取其特点，顺其自然，巧其点缀。

1.5　交 通 组 织

1.5.1　设计原则

总平面内的交通组织是基地各组成功能部分之间有机联系的骨架。它表达了基地内人、车运动的基本模式和运动轨迹，是基地内外活动、人车出行的重要载体。在设计时应遵循安全、方便、经济、合理的原则。

(1) 交通组织要清晰，符合使用规律，交通流线要安全、方便，避免干扰和冲突。

(2) 在安排车、货、人流的入口和出口时，定位要准确、清晰、安全、上下有序、洁污分道，以利于总平面布局的整体交通环节通畅。

学习重点

分析与思考：

1. 简述交通组织的设计原则。
2. 在确定基地出入口位置时应注意哪些问题？
3. 基地内道路布局的基本形式有哪些？
4. 室外场地的种类有哪些？
5. 停车场的布置要注意哪些问题？

(3) 要符合交通运输方式自身的技术要求，如宽度、坡度、回转半径等。

(4) 注意车行尽量不要与人行系统交叉重叠，在集中人流活动地禁止车流行驶，非机动车宜有专线。

(5) 基地内应设有连续的无障碍通道、无障碍停车位等设施，营造一个人性化、便捷与舒适的公共环境。

1.5.2　基地出入口的确定

基地出入口是基地道路开向城市道路的出入口，有人行口、车行口、人车混行口等形式。出入口位置的确定是进行交通组织的首要环节，它需要综合考虑基地的建设规模（人车密度）、设计理念（人车分流）、规划条件、人车走向等要素，依据相关要求设置其位置和数量。

基地宜分设主次出入口，主入口解决主要人流出入并与主体建筑联系方便，次入口作为后勤服务入口，与辅助用房联系。对于大型、特大型交通、文化、体育、娱乐、商业等人员密集的建筑基地应设置不少于 2 个出入口，且不宜设置在同一条城市道路上。

为了尽量减小对城市主干道交通的干扰，当基地同时毗邻城市主干路和次干路（或支路）时，一般主入口设在主干路上，次入口设在次干路上，并优先选择次干路一侧作为机动车出入口。《民用建筑通用规范》GB 55031—2022 规定：建筑基地机动车出入口位置不应直接与城市快速路相连接；距周边中小学及幼儿园的出入口最近边缘不应小于 20m；应有良好的视线，行车视距范围内不应有遮挡视线的障碍物。

1.5.3　道路系统的组织

道路系统的组织包括组织安排人员、车辆的流动路线和流动方式，需要满足各种功能和流线组织的需求，即人们在空间使用过程中的联系、运输、消防、人流集散等方面的交通需求。

1. 道路分类

基地内道路的分类取决于基地的规模、性质等因素，一般中、小型民用建筑基地中，道路功能相对简单，一般只需设置一级或二级可供机动车通行的道路，以及非机动车、人行专用道等；而对于大型基地内的道路，根据情况可以分为客运车道和货运车道、机动车道和非机动车道等类别来发挥各类道路的不同作用，组成高效、安全的基地交通路网。

(1) 基地主干道，是连接基地主要出入口与主要组成部分的道路，是基地道路的基本骨架，通常交通量较大，路幅较宽。

(2) 基地次干道，是连接基地次要入口及各个组成部分的道路，它与主干道相配，一般路幅不宽，交通量不大。

(3) 基地支路，是通向基地次要组成部分的道路，其交通量较小，路幅较窄，一般是保证场地交通的可达性及消防要求。

(4) 引道，是通向建筑物、构筑物出入口，并与主干道、次干道或支路相连的道路，其宽度一般与建（构）筑物的出入口宽度相适应。

(5) 人行道，包括独立设置的只供行人和非机动车通行的步行专用道，以及机动车道一侧或两侧的人行道。

建筑基地内机动车道路应符合下列规定：单车道宽度不应小于 3m，兼作消防车道时不应小于 4m，双车道宽度不应小于 6m。

2. 道路系统组织形式

根据基地交通流线的组织方式，道路系统组织的基本形式分为人车分流和人车混行。人车分流是指车行道路系统和步行道路系统二者相对独立，以保证机动车的通行要求和人行的安全、便捷，适用于人流、车流大的场地，如公共活动中心、私家车较多的居住区、山地和风景区等；人车混行是指场地内人行、车行共用一套道路系统(可划分车行道和人行道)，经济方便，布置灵活，适合于一般机关单位、高等院校等场地。

此外，综合以上两种形式，还可以采用人车部分分流。这种方式是以人车混行的道路系统为基础，只在场地内个别地段设置步行专用道，适应性更灵活。例如，在规模较大的住宅区，可采取主路为人车混行、组团外围设停车空间、组团内部为步行道的方式。

3. 道路布局形式

基地道路的布局形式受多种因素的影响，从单一流线的角度来看，有三种基本的流线组织方式，即尽端式、通过式、混合式(图 1.21)。

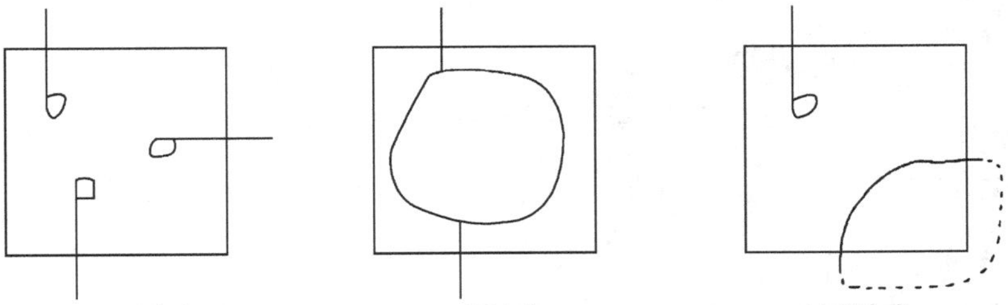

(a) 尽端式　(b) 通过式　(c) 混合式

图 1.21　道路的基本布局形式

1)尽端式结构

尽端式结构的各条流线的起点和终点区分十分明确。它们的起点有可能连在一起，也有可能独立，但终点是完全独立的。该结构的特点是各部分流线明确独立，避免不同区域之间流线的相互干扰，但当尽端式道路长度大于 120m 时，应设置回车场地，如图 1.22 所示。回车场应不小于 12m×12m，有大型消防车通行要求时，其尺寸不应小于 18m×18m。

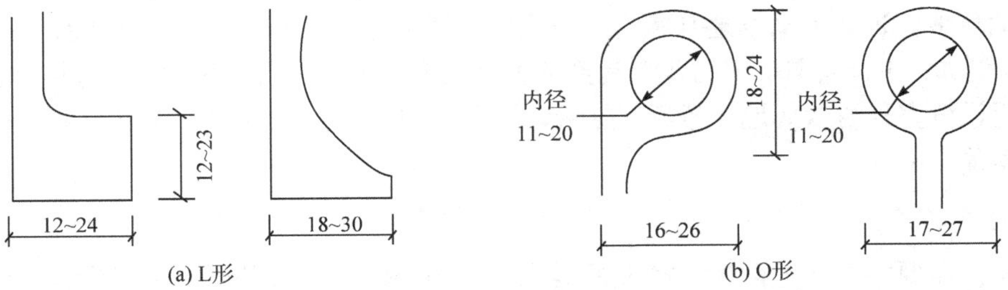

(a) L形　(b) O形

图 1.22　回车场地示意图(单位：m)

2)通过式结构

通过式结构与尽端式结构相对应，通过式结构的各流线在基地中是可以相互连通的，各流线的起点和终点区分不明确。这种结构的特点是进出通畅，避免迂回，提高了交通组织的效率，但有可能会出现流线之间的相互干扰。

3) 混合式结构

混合式结构是指根据基地内各区域的不同要求，综合运用尽端式结构和通过式结构。

在这三种基本结构的基础上，又可以具体分为内环式、环通式、半环式、尽端式、混合式等多种形式，如图 1.23 所示。

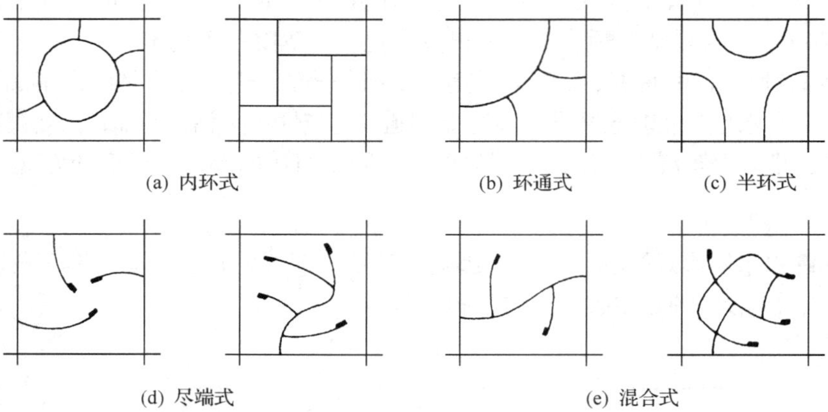

图 1.23　道路的具体布局形式

1.5.4　室外场地

1. 集散场地

对于人流量和车流量大而集中、交通组织比较复杂的建筑物前面需要有较大的场地来满足人流、车流的集散要求，这与建筑的性质和人流活动特点密切相关。例如，火车站、客运站等，其人流活动具有一定的规律性，可将广场入口和广场出口分开设置，人流按一定方向进行疏导；而像影剧院、文体场馆等建筑，其人流的集中时间长短不一，应考虑最大人流的出入口宽度、广场和停车场面积。

2. 活动场地

有的公共建筑，如体育馆、学校、幼儿园等建筑类型，需要分别设置运动场、游戏场等室外活动场地。这些活动场地与室内对应空间的联系是比较密切的，应靠近该空间的出入口附近，例如，在公共图书馆的儿童阅览室附近设置儿童室外活动场地，在幼儿园的单元活动室附近设置室外游戏场地，等等。在场地布置上，应与绿化、道路、建筑小品、围墙等组成有机整体。

3. 停车场

停车场需要根据基地内建筑类型的需求，对内或对外的服务要求进行设置，同时要满足城市规划及交通管理部门的要求。停车场按规模可以分为特大型停车场（>1000 辆）、大型停车场（301～1000 辆）、中型停车场（51～300 辆）、小型停车场（≤50 辆）；按布局方式可以分为集中式停车和分散式停车；按空间性质可以分为室外停车场、室内停车场，其中室内停车场又包括地下停车库和地上停车楼。

停车场的设计应有效地利用场地，合理安排停车区及通道，便于车辆进出，满足防火安全要求，并留出布设附属设施的位置。

停车场出入口的设置应满足以下要求。

(1) 停车场出入口不应直接与城市快速路相连接，且不宜直接与城市主干路相连接。

(2) 停车场出入口与城市人行过街天桥、地道、桥梁或隧道等引道口的距离应大于 50m；距离道路交叉口应大于 80m。

(3) 当需要在停车场出入口办理车辆出入手续时，出入口处应设置候车道，且不应占用城市道路。机动车候车道宽度不应小于 4m、长度不应小于 10m，非机动车应留有等候空间，如图 1.24 所示。

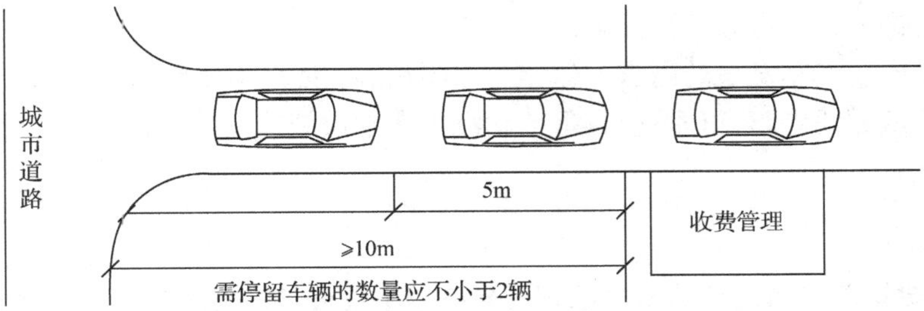

图 1.24　机动车候车道图

(4) 停车场出入口应具有良好的通视条件，距离城市道路的规划红线不应小于 7.5m，并在距出入口边线内 2m 处作视点的 120°范围内至边线外 7.5m 以上不应有遮挡视线障碍物，如图 1.25 所示。

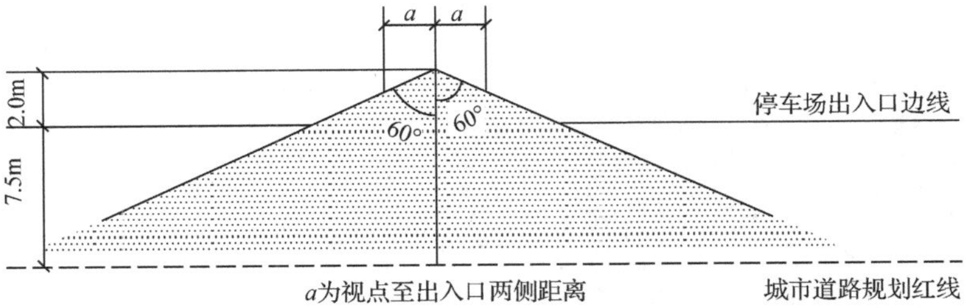

图 1.25　车库出入口通视要求图

停车场内交通流线组织必须明确，场内交通应尽可能遵循右进右出的原则，避免车流相互交叉。停车位的布置有三种形式，即平行式、斜列式和垂直式，如图 1.26 所示。其中，垂直式最常见，车辆出入便利，但占用停车道较宽，车辆出入需要通道宽度也大；斜列式停车与通道斜交成一定角度停车排列，其斜度通常为 30°、45°、60°，适合于场地的宽度形状受到限制时采用；平行式停车平行于通道，适宜停放不同类型、不同车身长度的车辆，但前后两车要求净距大，单位停车面积大。

随着无障碍设施配建的日渐完善，停车场应设置无障碍机动车停车位。总停车数在 100 辆以下时应至少设置 1 个无障碍机动车停车位，100 辆以上时应设置不少于总停车数 1%的无障碍机动车停车位；城市广场、公共绿地、城市道路等场所的停车位应设置不少于总停车

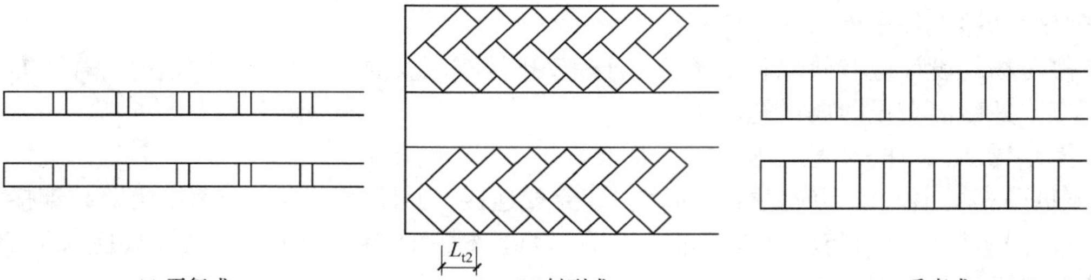

(a) 平行式　(b) 斜列式　(c) 垂直式

图 1.26　机动车停放方式

数 2%的无障碍机动车停车位。无障碍机动车停车位应设置在通行方便、行走距离路线最短的停车位，而且无障碍机动车停车位一侧，应设宽度不小于 1.20m 的通道，供乘轮椅者从轮椅通道直接进入人行道和到达无障碍出入口。

为了满足电动汽车发展的需求，《绿色建筑评价标准》GB/T 50378—2019(2024 年版)中规定：绿色建筑配建停车场(库)应具备电动汽车充电设施或安装条件。

小　结

(1) 了解建筑总平面设计的基本原则及影响总平面设计的各种因素。在进行设计之前，要对基地的自然条件、技术条件和人文条件进行充分调研和分析。

(2) 重点关注影响建筑布局的影响因素，以及单体建筑和群体建筑的布局方法。

(3) 了解绿地的布置形式，以及景观小品的设计原则。

(4) 掌握基地内交通组织的方法，包括确定基地出入口的位置，道路系统的组织形式和布局方式，以及室外场地的设置要求。

第 2 章　建筑平面设计

任何一栋建筑物，都是由若干个单体空间组合起来形成整体空间。在表达建筑物三维空间的设计中，常从建筑平面、建筑立面、建筑剖面三个不同方向的投影图来综合分析建筑物的各种特性，并通过相应的图案来表达其设计意图。由此可见，建筑的平面、立面、剖面只是一个完整设计内容中各个组成部分，它们之间是严格按照空间关系而互相联系的。一般说来，平面设计是整个建筑设计中的一个重要组成部分，它对建筑方案的确定起着决定性作用，是建筑设计的基础。因为平面设计不仅决定建筑各部分的平面布局、面积的大小、房间的形状，而且还影响到建筑空间的组合，以及建筑的剖面设计、立面设计。因此，在进行方案设计时，只有综合考虑平面、立面、剖面三者的关系，按完整的三维空间概念去进行设计，反复修改，才能完成一个好的建筑设计。

各种类型的民用建筑，就其平面的各个组成部分来分析，大致可以分为以下三部分。

(1) 主要使用部分。使用房间是建筑的核心，由于它们的使用要求不同，形成了不同类型的建筑物，例如，住宅建筑中的起居室、卧室，学校建筑中的教室、实验室，行政建筑中的办公室、会议室等。

(2) 次要使用部分。这部分也称为辅助部分，如住宅中的厨房、浴室、厕所。一些建筑物中的储藏室，以及各种电气、水暖等设备用房。

(3) 交通联系部分。这一部分包括建筑中用于房间之间、楼房之间、建筑内部与外部之间相互联系的部分，即各类建筑物中的走廊、门厅、过厅、楼梯、坡道，以及电梯和自动扶梯等。

任何一幢完整的建筑，都包含以上三个方面的内容，如图 2.1 所示。

学习重点

重点关注：

1. 平面设计的组成。
2. 房间平面设计的内容。
3. 房间平面的选择。
4. 教室平面的布置。
5. 使用房间门的确定。
6. 疏散楼梯、外门及走道的最小净宽。
7. 窗宽的确定。

分析与思考：

1. 平面的组成分为几部分？
2. 平面设计有什么要求？
3. 如何确定房间面积？
4. 影响房间使用面积的因素有哪些？
5. 如何确定房间平面？
6. 如何确定教室房间平面尺寸？
7. 如何确定卧室尺寸？
8. 如何确定门的宽度？
9. 如何确定门的数量？
10. 如何选择采光方式？
11. 如何确定房间门的数量和宽度？
12. 如何确定门的位置？
13. 寒冷地区建筑门的设置应注意什么？
14. 门的开启方式有哪些？
15. 如何确定窗位置？
16. 如何确定窗的大小？

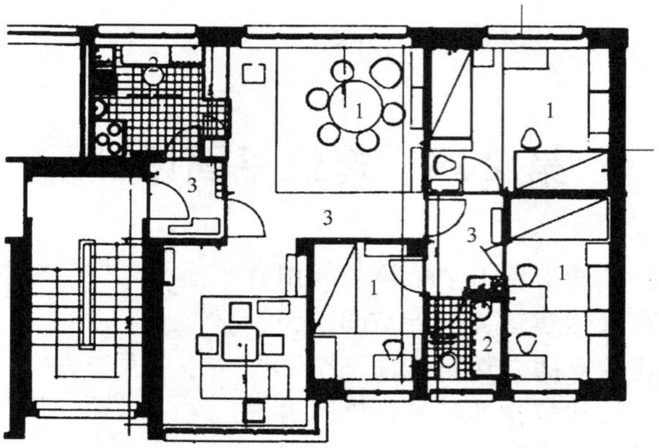

图 2.1　住宅单元平面组成示意图

1-主要使用部分；2-次要使用部分；3-交通联系部分

2.1　使用部分的平面设计

使用部分往往构成了整个建筑中最核心的功能部分，因此使用部分的设计是非常重要的，它直接关系到建筑物最终能否满足功能要求，也就是能否达到预期的使用效果。

2.1.1　使用房间的分类和设计要求

从使用房间的功能要求来分类，主要有以下几部分。

(1)生活用房间，如住宅中的起居室，卧室等。

(2)工作及学习用房间，如办公室、书房、教室、实验室等。

(3)公共活动用房间，如观众厅、休息厅、营业厅等。

上述使用房间由于功能不同，对建筑设计也提出了不同的要求，如生活、工作、学习用房间要求安静，少干扰。而公共活动用房间由于服务的人员多、人流较集中，所以它的人流路线组织，特别是紧急状态下的疏散问题就显得特别重要。

对使用房间平面设计要求主要有以下几部分。

(1)房间的面积、形状、尺寸应满足室内活动、家具摆放及使用、设备安置及使用维护要求。

(2)门窗的大小和位置，应考虑房间的出入方便、疏散安全，以及满足天然采光和自然通风的要求。

(3)房间的结构布置合理，所使用的建筑材料要满足相应的功能要求。

(4)满足相应的经济性要求。

2.1.2　使用房间的平面形式

使用房间的平面形式的设计一般包含面积的确定、平面形状的选择、平面尺寸的确定三个基本方面。

1. 房间面积的确定

使用房间面积的大小，主要由该房间的使用方式、使用人数、家具及设备的尺寸、数量决定。房间的面积可分为以下三部分(图 2.2)。

(1)家具及设备所占用的面积。

(2)人在室内活动所需要的面积。

(3)室内的交通面积。

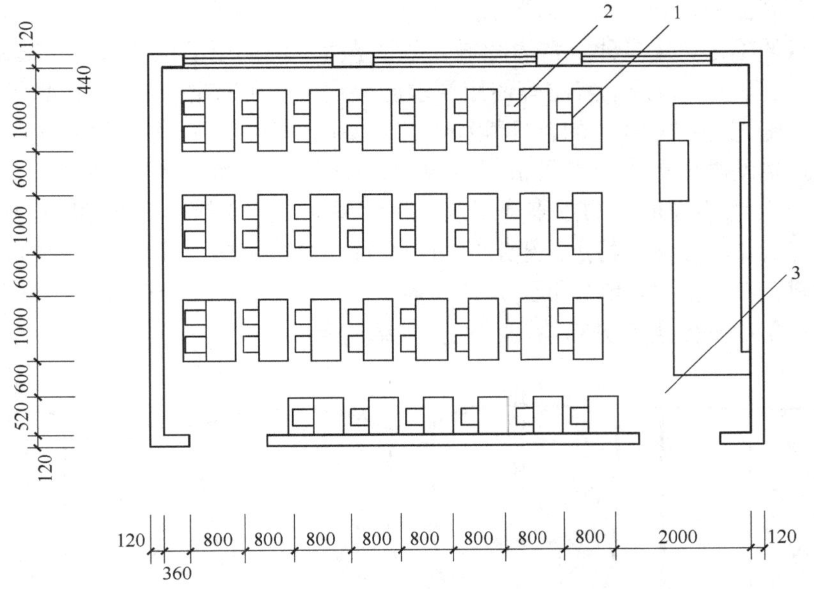

图 2.2　教室平面分析示意图

1-家具占用面积；2-使用活动面积；3-交通面积

影响房间使用面积的大小，主要取决于房间的功能和使用人数的多少。使用人数多时，家具、活动使用及交通面积就多。同样，功能要求不同，所要求的舒适度标准不一样，其所需要的家具类型、设备规格、质量标准等方面差异很大，所占用的面积也各不相同，活动使用要求的面积也随舒适度要求的不同而增减。这些因素，都直接影响着房间面积的大小，因此在实际工作中，房间面积的确定主要是依据我国有关部门及各地区制定的面积定额指标，根据房间的容纳人数及面积定额就可以得出房间的总面积，如表 2.1 所示。

表 2.1　民用建筑房间面积定额参考指标

建筑类型	项目		
	房间名称	面积定额/(m^2/人)	备注
中小学	普通教室	1～1.2	小学取下限
办公楼	一般办公室	3.5	不包括走道
	会议室	0.5	无会议桌
		2.3	有会议桌
铁路旅客站	普通候车室	1.1～1.3	
图书馆	普通阅览室	1.8～2.5	4～6 座双面阅览桌

对于有些房间的面积，由于使用人数不固定，如展览室、营业厅等，在确定这一类房间面积时，设计人员根据设计任务书的要求，从实际出发，通过对已建成的同类建筑进行调查研究，结合房间的使用特点、经济条件，确定其合理的使用面积。

2. *房间平面形状的选择*

在使用房间面积确定之后，需要进一步确定房间的平面形状。

房间形状的确定，受多种因素的影响，主要是由室内使用活动的特点、家具、设备的类型及布置方式、采光、通风、音响等使用要求所决定的，在满足使用要求的同时，还要考虑结构、构造、施工等技术经济的合理性和人们对室内空间的观感等重要因素。

满足最基本的功能要求就是可根据结构、室内环境、造型、组合等要求，选择不同的平面形状，图 2.3 为不同形状的影剧院观众厅平面举例；这些使用功能相同但形状不同的平面，都满足使用要求又各具特点。矩形平面观众厅，结构简单，声场分布较均匀，扇形平面由于侧墙倾斜，声音能均匀地分散到大厅的各个区域。钟形平面介于矩形和扇形之间，声音分布均匀。六角形平面声音分布均匀，但屋盖结构复杂。

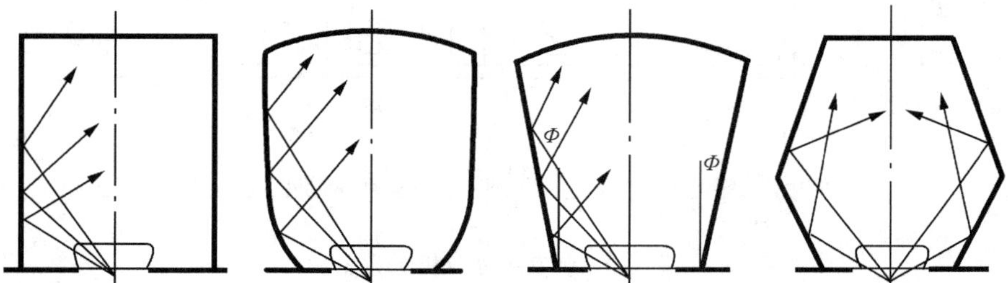

(a) 矩形　(b) 钟形　(c) 扇形　(d) 六角形

图 2.3　观众厅的平面形状

面积和形状相同的平面，也可能有多种布置方式，以中小学 40 个普通矩形教室为例，可以有长轴、短轴两种布置模式，如图 2.4 所示。

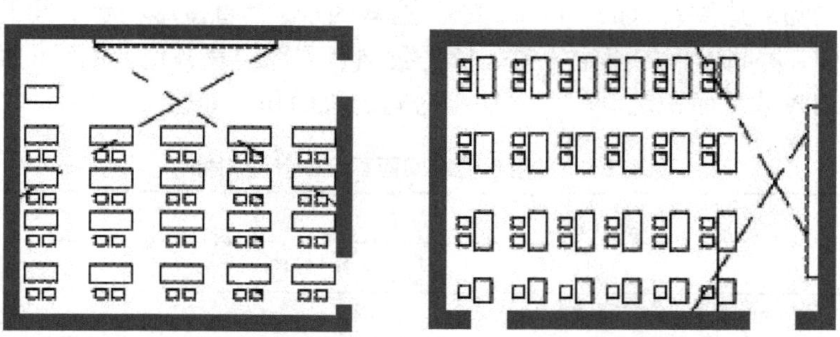

图 2.4　教室平面的两种布局

根据普通教室以听课为主的特点来分析，教室要保证学生上课时视、听方面的质量，座位的排列不能太远太偏，一般要求离黑板最远的座位不大于 8.5m，边座和黑板面远端夹角控制在不小于 30°，以及第一排座位离黑板的距离为 2m 左右。在上述范围内，结合桌椅的尺寸和排列方式，根据人体活动尺度，确定排距和桌子间通道宽度，基本上可以满足普通教室中视、听活动和通行等方面的要求。图 2.5 为从视、听要求考虑，教室平面的几种可能性布置。

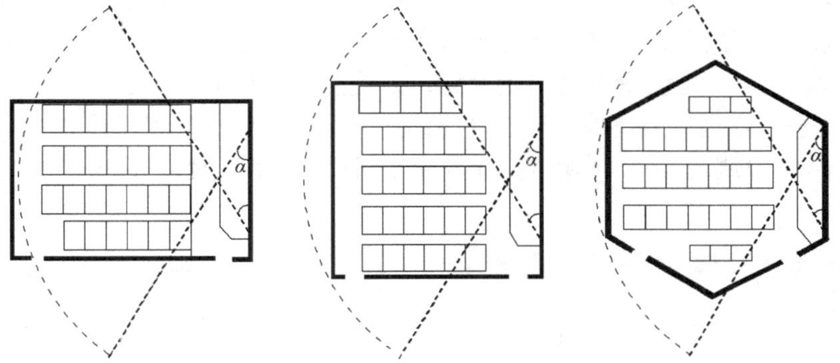

(a) 矩形　(b) 方形　(c) 六角形

图 2.5　满足视、听要求的教室平面布置的几种可能性

确定教室的平面形状，除了视、听要求，还需要综合考虑其他方面的要求，如采光照明、通风换气及结构布局等。

在民用建筑中矩形平面体形简单，墙面平直，便于家具和设备的安排，能充分利用室内面积，平面组合有较大的灵活性，能充分利用天然采光，经济性好。同时，矩形平面结构布置简单，便于施工，有利于统一开间、进深，有利于建筑构件标准化。矩形平面的长宽比例关系要根据使用功能来确定，一般以不超过 1∶2 为宜。

3. 房间平面尺寸的确定

房间平面尺寸是指房间的开间和进深。首先确定房间的面积和形状，再确定合适的房间尺寸。在同样面积的情况下，房间平面尺寸可多种多样，图 2.6 是卧室的开间和进深。

学习重点

分析与思考：

1. 卧室平面尺寸的确定。

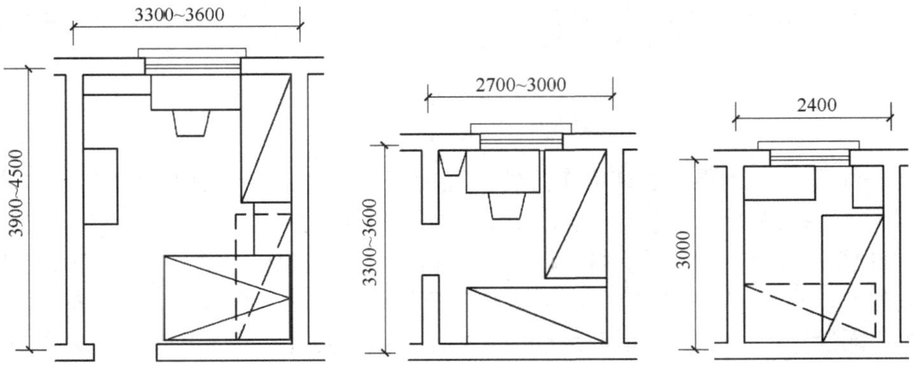

图 2.6　卧室的开间和进深

卧室的平面尺寸应考虑床的大小，与家具的相互关系。例如，主卧室的开间，考虑床长度+通行宽度+电视(柜)厚度，其开间以 3.1～3.8m 为宜。主卧室的进深，考虑床宽度+通行宽度+衣柜厚度+床侧过道宽度，其进深以 3.8～4.5m 为宜，若有婴儿床等其他家具，主卧室

进深应达到 4.5～5m。次卧室考虑床竖放能开一扇门或床头柜，开间尺寸一般取 2.7～3m。

教室、观众厅等的平面尺寸除满足家具设备布置及人们活动要求外，还应保证有良好的视、听条件，图 2.7 是教室桌椅布置示意，为使前排不致太偏，后排座位不致太远，必须根据有关要求，合理排列座位，确定合适的房间尺寸，并结合家具设备布置、学生活动要求，建筑模数协调统一标准规定，中学教室平面尺寸一般取 6.3m×9m、6.6m×9m、6.9m×9m。

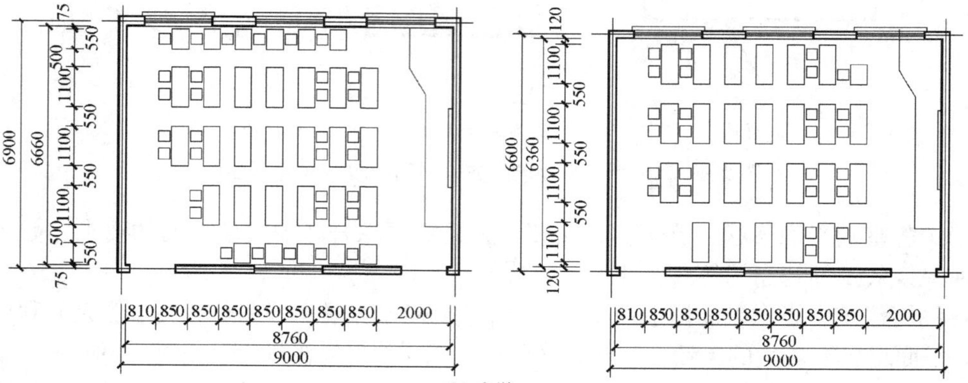

(a) 中学

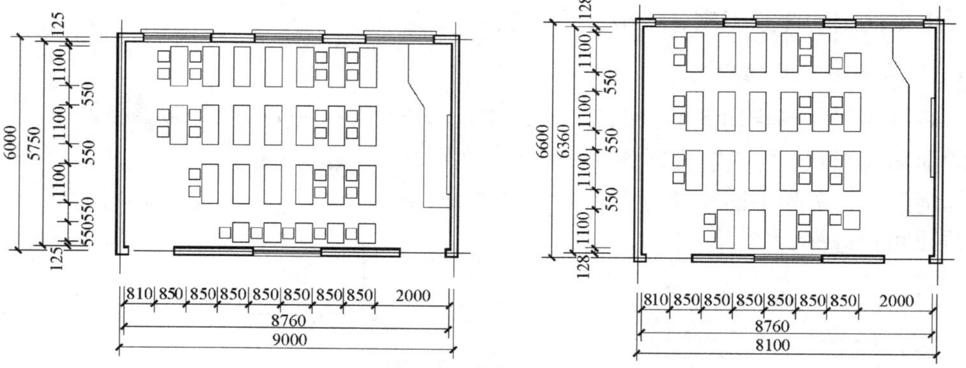

(b) 小学

图 2.7　教室桌椅布置示意

确定房间尺寸，还要考虑结构布置的合理性和方便施工，以及符合建筑模数协调统一标准的要求，为提高建筑工业化水平，应统一构件类型、减少规格，房间的开间和进深尺寸尽量使构件规格化、统一化，同时使梁板构件符合经济跨度要求，对于由多个开间组成的大房间，如教室、会议室、餐厅等，应尽量统一开间尺寸，减少构件类型，并符合模数要求。例如，在住宅设计中，居室开间尺寸一般取 3m、3.3m、3.6m，进深尺寸一般取 4.5m、4.8m、5.1m，办公用房的开间一般取 3.6m、3.9m、4.2m，进深尺寸一般取 5.1m、5.4m、6m，中小学教室开间一般取 9m，进深一般取 6.3m、6.6m、6.9m。

2.1.3　使用房间中门的设计

1. 门宽度的确定

房间平面中门的最小宽度是由通过该门的人流量以及需要通过该门的家具及设备等物

品的大小来决定的，一般单股人流通行最小宽度取 0.55～0.6m，一个人侧身通行需要 0.3m 宽，因此门的最小宽度一般为 0.65～0.7m，常用于住宅中的卫生间。

住宅中卧室、厨房、阳台的门应考虑一人携带物品通行，卧室常取 0.9m，厨房可取 0.8m，普通教室、办公室的门应考虑一个正面通行，另一个侧身通过，常采用 1m，如图 2.8 所示。

当室内面积较大，活动人数较多时，门的宽度应增加，以满足紧急状态下安全疏散的要求，在表 2.2～表 2.4 中给出了国家现行规范中关于门宽度的指标，疏散楼梯外门及走道除应按百人宽度指标计算宽度外，还应满足最小净宽度的要求。

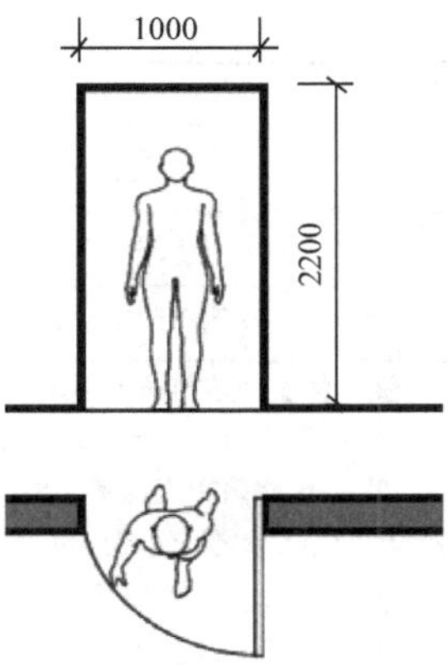

图 2.8　房间门的尺寸

表 2.2　体育馆每 100 人所需最小疏散净宽度

观众厅座位数范围/座			3000～5000	5001～10000	10001～20000
疏散部位	门和走道/m	平坡地面	0.43	0.37	0.32
		阶梯地面	0.50	0.43	0.37
	楼梯/m		0.50	0.43	0.37

注：依据《建筑设计防火规范》GB 50016—2014(2018 年版)体育馆供观众疏散的所有内门、外门、楼梯和走道的各自总净宽度，应根据疏散人数按每 100 人的最小疏散净宽度不小于表 2.2 的规定计算确定。

表 2.3　剧场、电影院、礼堂等场所每 100 人所需最小疏散净宽度

观众厅座位数/座			≤2500	≤1200
耐火等级			一、二级	三级
疏散部位	门和走道/m	平坡地面	0.65	0.85
		阶梯地面	0.75	1.00
	楼梯/m		0.75	1.00

注：依据《建筑设计防火规范》GB 50016—2014(2018 年版)应符合下列规定。

① 观众厅内疏散走道的净宽度应按每 100 人不小于 0.6m 计算，且不应小于 1m；边走道的净宽度不宜小于 0.8m。

② 布置疏散走道时，横走道之间的座位排数不宜超过 20 排；纵走道之间的座位数，剧场、电影院、礼堂等，每排不宜超过 22 个；体育馆的座位数，每排不宜超过 26 个；前后排座椅的排距不小于 0.9m 时，可增加 1 倍，但不得超过 50 个；仅一侧有纵走道时，座位数应减少一半。

③ 剧场、电影院、礼堂等场所供观众疏散的所有内门、外门、楼梯和走道的各自总净宽度，应根据疏散人数按每 100 人的最小疏散净宽度不小于表 2.3 的规定计算确定。

表 2.4　安全出口、疏散楼梯和疏散走道的最小净宽度

工程名称	安全出口和疏散楼梯净宽度/m	疏散走道净宽度/m	
		单面布置房间	双面布置房间
商场、公共娱乐场所、健身体育场所	1.4	1.5	1.6
医院	1.3	1.4	1.5
旅馆、餐厅	1.1	1.2	1.3

续表

工程名称	安全出口和疏散楼梯净宽度/m	疏散走道净宽度/m	
		单面布置房间	双面布置房间
车间	1.1	1.2	1.5
其他民用工程	1.1	1.2	

注：依据《建筑防火通用规范》GB 55037—2022，应符合下列规定。

① 疏散出口门、室外疏散楼梯的净宽度均不应小于 0.8m。

② 住宅建筑中直通室外地面的住宅户门的净宽度不应小于 0.8m，当住宅建筑高度不大于 18m 且一边设置栏杆时，室内疏散楼梯的净宽度不应小于 1m，其他住宅建筑室内疏散楼梯的净宽度不应小于 1.1m。

③ 疏散走道、首层疏散外门、公共建筑中的室内疏散楼梯的净宽度均不应小于 1.1m。

④ 净宽度大于 4m 的疏散楼梯、室内疏散台阶或坡道，应设置扶手栏杆分隔为宽度均不大于 2m 的区段。

2. 门数量的确定

房间平面设计中门的数量应当根据正常情况下的使用要求和紧急疏散的要求来确定。

公共建筑中一般房间面积不超过 60m^2，且人数不超过 50 人时，可设一个门，若超过该规定时，应根据《建筑防火通用规范》要求增设房间门，位于走道近端的房间(托儿所、幼儿园除外)内由最远一点到房门口的直线距离不超过 14m，且人数不超过 80 人时，也可设一个向外开启的门，但门的净宽度不应小于 1.4m。

门的数量与门的宽度有关，设计时可以将门的总宽度分成若干个门，也可适当集中，作几个相对宽大一些的门，从而使门的数量得到调整。

3. 门位置的确定

门位置的确定应在满足交通顺畅的基本前提下，尽量考虑缩短室内交通路线，保留较为完整的活动区域和完整的供摆放家具及设备、陈设品的区域和墙面，如图 2.9～图 2.11 所示。

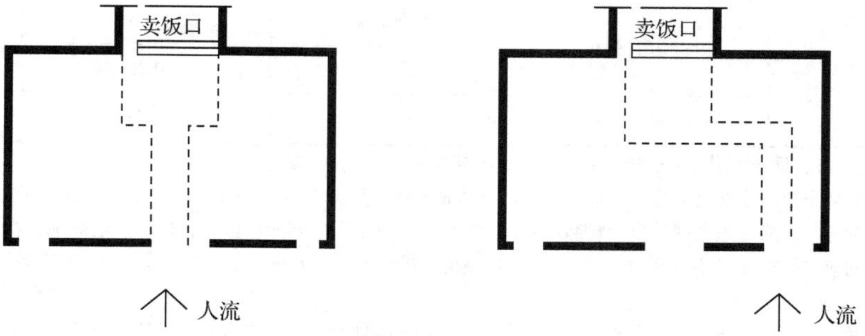

图 2.9　餐厅入口布置方案比较

有的房间有若干个门，门分散设置时增加了室内交通面积，破坏了使用区域的完整性，使墙面零碎，而集中设置时又容易相互妨碍和碰撞，所以需要设计时充分给予协调，如图 2.12 所示。另外，用于安全疏散使用的门，在平面分布上应使疏散人流均匀通畅，两个以上的门应分设置于房间的两端。在严寒及寒冷地区，门应避免设置于不利朝向，如北向、东北向、西北向，同时应考虑门位置处的风环境，以应对冷风渗透作用。

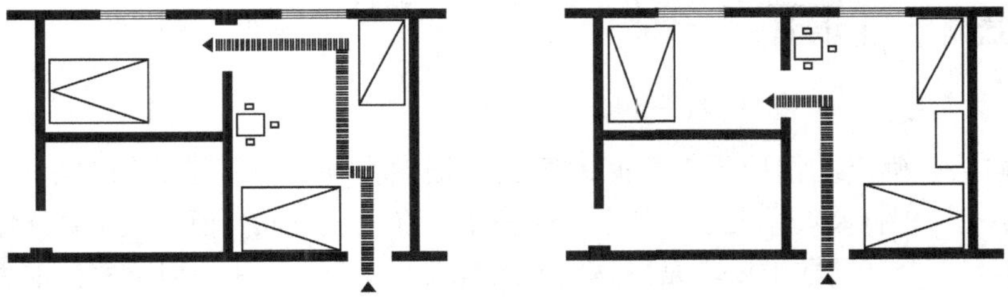

图 2.10　套间居室门的布置方案比较

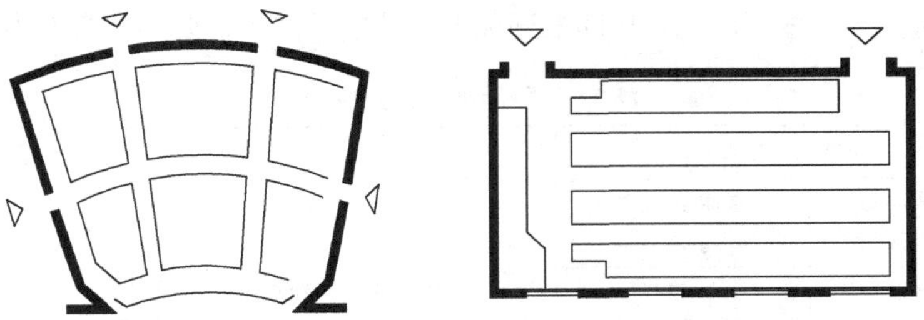

(a) 观众厅　　(b) 实验室

图 2.11　观众厅及实验室门的位置举例

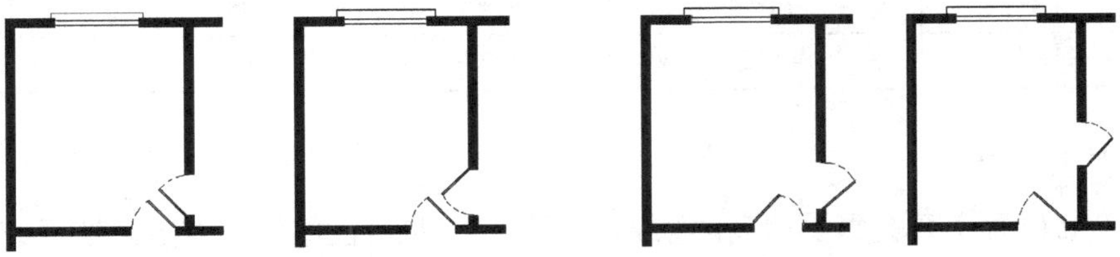

(a) 不正确　　(b) 正确

图 2.12　房间中门较集中的开启方式

4. 开启方式的确定

对一般民用建筑来说，门的开启类型有平开门、推拉门、折叠门、转门、升降门、卷帘门、上翻门、弹簧门等。一般无特殊要求时，常采用最经济的平开门，其构造简单，开启灵活，制作安装和维修方便，因此使用广泛。平开门扇受力状态较差，易产生下垂或扭曲变形，门洞一般不宜大于 3.6m×3.6m。平开门的门扇开启后应贴向墙面，或开向较短一侧的侧墙，如果平开门的位置在墙中间，最好使门轴置于进入方向的左侧。外开门时，使门顺时针方向开启。用于安全疏散的平开门应向疏散方向开启，并且要注意开启后的门扇不应影响疏散。无特殊情况，所有平开门均应方便地开启至 90°，若需要追求特殊的使用效果或为了节省使用空间而采用推拉门，应注意它的适用范围。一般来说，推拉门不太适合频繁开关和人流量很大的地方，尤其不适合作为紧急疏散门，转门的通行能力是很有限的，使用时必须在其相邻处设有平开门供紧急疏散和搬运物品之用。

2.1.4　使用房间中窗的设计

1. 窗宽的确定

在建筑物层高确定的情况下，房间的窗宽在很大程度上决定了窗的大小。

窗的大小主要根据室内采光、通风要求来考虑。在采光方面，窗的大小直接影响室内照度是否满足要求。各类房间照度要求是由室内使用程度来确定的。由于影响室内照度强弱的因素主要是窗户面积的大小，因此通常以窗口透光部分的面积和房间地面面积的比值，即窗地面积比，来初步确定或校验室面积的大小，表 2.5 是民用建筑中根据房间使用性质确定的采光等级和面积比。除采光外，窗还应依据房间的通风换气的使用需求，调整开窗大小、尺寸。

表 2.5　民用建筑采光等级表

采光等级	视觉工作特征		房间名称	窗地面积比
	工作或活动要求精确程度	要求识别的最小尺寸/mm		
Ⅰ	极精密	0.2	绘图室、制图室、画廊、手术室	1/3～1/5
Ⅱ	精密	0.2～1	阅览室、医务室、健身房、专业实验室	1/4～1/6
Ⅲ	中精密	1～10	办公室、会议室、营业厅	1/6～1/8
Ⅳ	粗糙	>10	观众厅、居室、盥洗室、厕所	1/8～1/10
Ⅴ	极粗糙	不作规定	储藏室、门厅、走廊、楼梯间	1/10 以下

2. 窗位置的确定

窗的平面位置主要会影响房间的采光是否均匀，是否能够组织有效的通风，是否影响家具及设备的布置，是否对立面造型有利等几个方面。

为了使采光均匀，通常将窗居中布置于房间的外墙上，但有时这样的窗位会使两边的墙都小于摆放家具所需要的尺度，这时应灵活地布置窗位，使它偏向一边。有时为了避免眩光干扰，也会使窗偏向一边。

窗的位置对窗内通风效果的影响十分明显，有利于组织通风的窗应设置在与门或其他窗位相对应的位置，并应尽量通直布置，这样使室内气流通畅，如图 2.13 所示。同时，窗的位置对

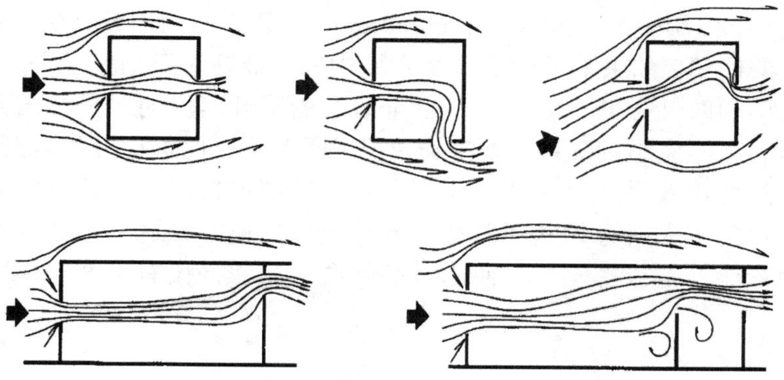

图 2.13　窗的位置对室内气流影响的示意图

立面造型影响很大，在平面设计时，应充分注意到这一点，使窗的位置更利于建筑的立面造型。

民用建筑除少数有特殊要求的房间(如观众厅、录音棚等)外，绝大多数均要求有良好的天然采光。一般房间多采用单侧或双侧采光。因此，房间的进深常受到采光的限制。为保证室内采光的要求，一般单侧采光时进深不大于窗上口至地面距离的两倍，双侧采光时进深比单侧采光时可增大一倍。图 2.14 为采光方式的示意图。

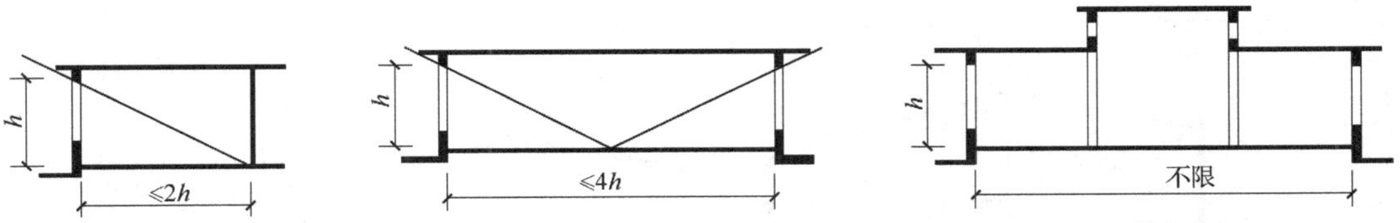

(a) 单侧采光　(b) 双侧采光　(c) 混合采光

图 2.14　采光方式的示意图

2.2　辅助部分的平面设计

各类民用建筑中辅助房间的平面设计与上述使用房间的设计分析方法基本相同。依据《民用建筑通用规范》和《民用建筑设计统一标准》，厕所的设计要求如下：

(1) 厕所、卫生间、盥洗室和浴室的平面设计应合理布置洁具及其使用空间，管道布置应相对集中、隐蔽。有无障碍要求的卫生间应满足国家现行有关无障碍设计标准的规定。

(2) 公共厕所、公共浴室应防止视线干扰，宜分设前室。

(3) 公共厕所宜设置独立的清洁间。

(4) 公共活动场所宜设置独立的无性别厕所，且同时设置成人和儿童使用的洁具。无性别厕所可兼作无障碍厕所。

学习重点

重点关注：

1. 厕所的设计要求。
2. 专用卫生间的平面布置。
3. 厨房的平面布置。

分析与思考：

1. 如何确定卫生设备？
2. 厕所的布置方式有哪些？
3. 如何布置盥洗室？
4. 如何确定盥洗室和浴室的平面设计尺寸？
5. 厨房有几种布置方式？
6. 如何确定厨房面积？

2.2.1　厕所的平面设计

厕所设计首先应了解各种设备及人体活动所需要的基本尺度，再根据使用人数确定所需的设备数量及房间的基本尺寸和布置形式。

1. 厕所设备及数量

厕所设备有大便器、小便器、洗手盆、污水池等。

大便器有蹲式和坐式两种，可根据建筑标准及使用习惯分别选用，一般使用频繁的公共建筑，如办公楼、医院、学校、车站等应同时选用蹲式及坐式大便器，它卫生清洁、管理方便，而标准较高，使用人数少的建筑，如旅馆、住宅等宜采用坐式大便器。

小便器有小便斗和小便槽两种。较高标准及使用人数少可采用小便斗，普通或较低标准厕所常用小便槽。图 2.15 为厕所设备及组合所需的尺寸。

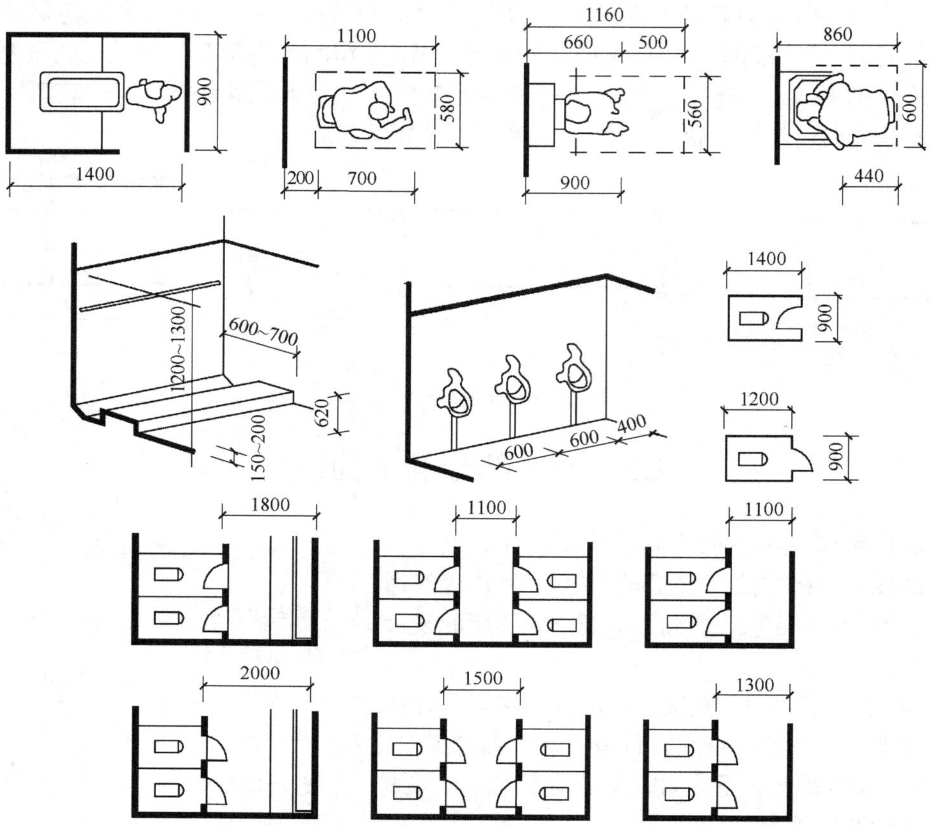

图 2.15　厕所卫生设备尺寸

卫生设备的数量及小便槽的长度主要取决于使用人数、使用对象及使用特点。一般集中使用、频繁使用的建筑，卫生器具相应多一些。一般民用建筑每一个卫生器具可供使用的人数可参考表 2.6。《民用建筑设计统一标准》规定，男女厕位的比例应根据使用特点、使用人数确定。在男女使用人数基本均衡时，考虑如厕时性别的时间差异，男厕厕位(含大、小便器)与女厕厕位数量的比例宜为 1∶1～1∶1.5；在商场、体育场馆、学校、观演建筑、交通建筑、公园等场所，厕位数量比不宜小于 1∶1.5～1∶2。

表 2.6　部分民用建筑厕所设备个数参考指标

建筑类型	男小便器/(人/个)	男大便器/(人/个)	女大便器/(人/个)	洗手盆或龙头/(人/个)	男女比例	备注
旅馆	20	20	12	—	—	男女比例按设计要求
宿舍	20	20	15	15	—	男女比例按实际使用情况
中小学	40	40	25	100	1∶1	小学数量应稍多
火车站	80	80	50	150	2∶1	
办公楼	50	50	30	50～80	3∶1～5∶1	
影剧院	35	75	50	140	2∶1～3∶1	

续表

建筑类型	男小便器/(人/个)	男大便器/(人/个)	女大便器/(人/个)	洗手盆或龙头/(人/个)	男女比例	备注
门诊部	50	100	50	150	1∶1	总人数按全日门诊人次计算
幼托	—	5～10	5～10	2～5	1∶1	

2. 厕所布置方式

厕所分专用厕所和公共厕所两种。专用厕所因使用人数较少，设计时常将厕所、洗室、浴室三部分组合在一起形成一个卫生间，公共厕所平面形式可分为两种，一种是无前室，一种是有前室。如图 2.16 所示的厕所布置方式，有前室的厕所可以改善通往厕所的走道和过厅的卫生条件。前室应有足够的深度，一般不小于 1.5m，当厕所和盥洗室组合在一起时，盥洗室可以起到前室的作用。

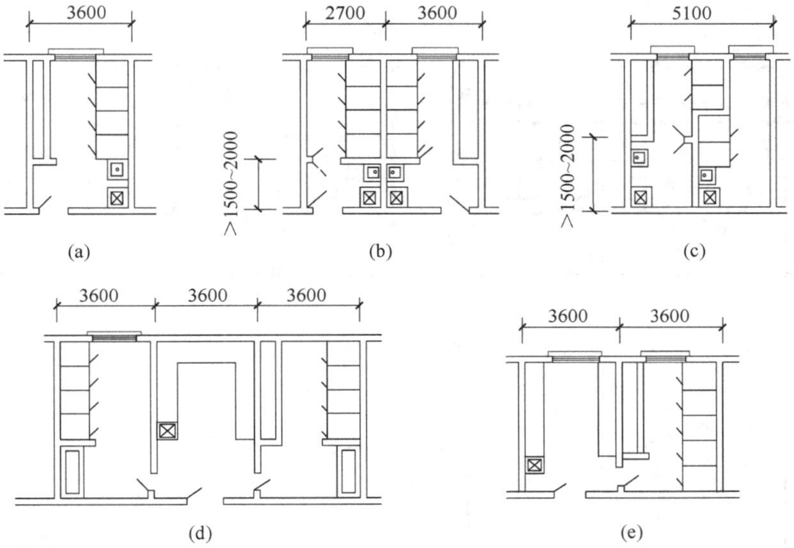

图 2.16　厕所布置方式

3. 厕所位置

厕所位置在建筑平面中应处于既方便又隐蔽的位置，并与走廊、大厅有较方便的联系。面积较大、使用人数较多的厕所应有良好的采光和通风，以保证厕所内空气清新。在确定厕所位置时，还要考虑到尽可能节约管线。厕所尽可能上下对应，在平面内也尽可能把卫生间、盥洗室等尽量组合在一起。对居住建筑来说，厕所应尽可能和厨房邻近，以利用上下水和安装水表。此外，还有以下规定。

(1) 厕所应避免其气味、潮气、噪声等影响或干扰其他房间。室内公共厕所的服务半径应满足不同类型建筑的使用要求，不宜超过 50m。

(2) 食品、医药、储存、生活供水、电气、档案、文物等有严格卫生、安全要求房间的直接上层，不应布置厕所、卫生间、盥洗室、浴室等有水房间；餐厅、医疗用房等的直接上层，应避免布置厕所、卫生间、盥洗室、浴室等有水房间，否则应采取同层排水和严格的防水措施。

(3)除本套住宅外，住宅卫生间不应布置在下层住户的卧室、起居室、厨房和餐厅的直接上层。

2.2.2　浴室及盥洗室的平面设计

浴室、盥洗室的主要设备有洗脸盆、污水池、沐浴器等，图 2.17 为洗手盆、浴盆尺寸示意图，图 2.18 为淋浴器布置示意图。

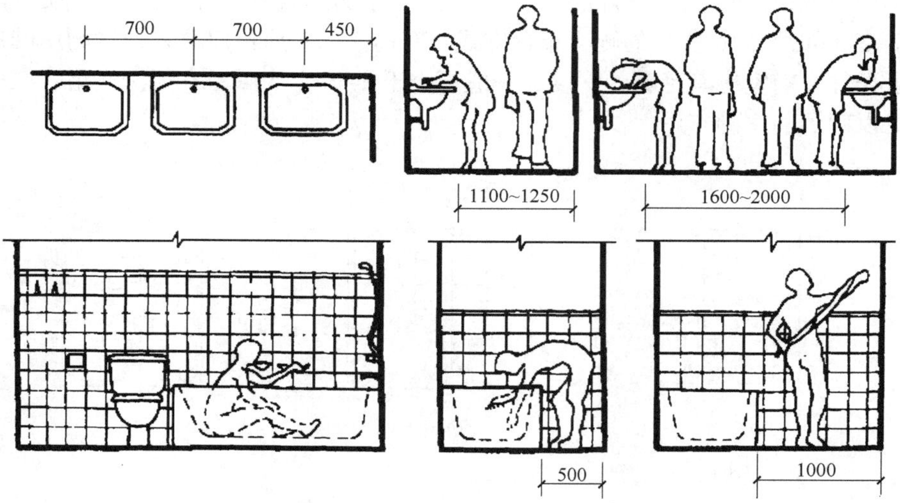

图 2.17　洗手盆、浴盆尺寸示意图

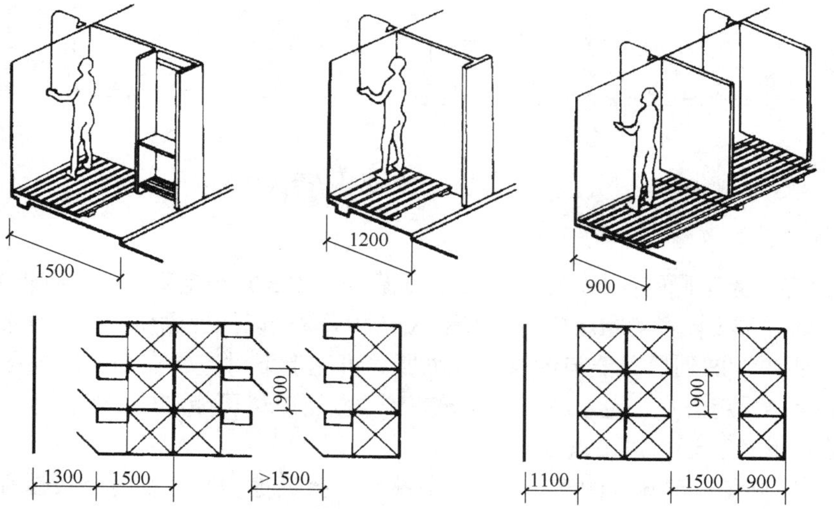

图 2.18　淋浴器布置示意图

浴室、盥洗室中面盆及淋浴器数量可根据使用人数来确定，表 2.7 是盥洗室、浴室设备个数参考标准。

表 2.7　盥洗室、浴室设备个数参考标准

建筑类型	男浴器/(人/个)	女浴器/(人/个)	洗脸盆或龙头/(人/个)	备注
旅馆	40	8	15	男女比例按设计要求
幼托	每班 2 个		2～5	

浴室、盥洗室与厕所布置在一起，称为卫生间。按使用对象不同，卫生间又可分为专用卫生间和公共卫生间，如图 2.19 所示。

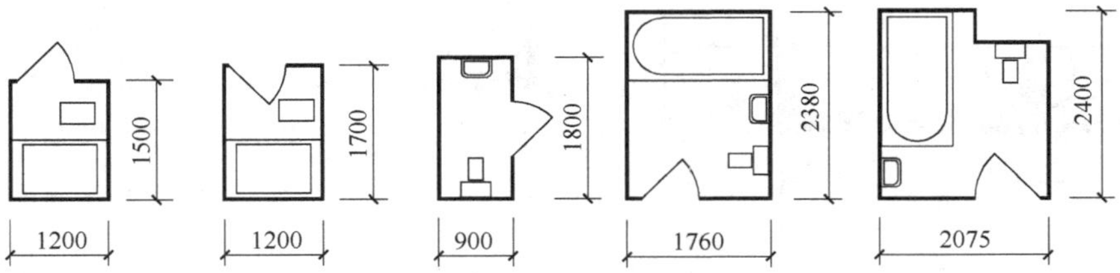

图 2.19　专用卫生间的几种平面布置

专用卫生间使用人数少，常用于住宅、标准较高的旅馆、医院等，这类房间面积小，一般均附设在房间周围。为保证主要使用房间靠近外墙，常将卫生间沿内墙布置，采用人工照明式竖直通风道通风。

2.2.3　厨房的平面设计

厨房分为公共服务厨房和家用厨房两大类，按照使用方式还可以分为中式厨房和西式厨房。公共服务厨房一般用于提供大型餐厅、宴会厅的饮食服务，与服务的类型流线和设备结合紧密，设计需要结合不同功能设备进行专门的工艺设计。

公共服务厨房区域主要包括主食加工区、副食加工区、厨房专间、备餐区和餐用具消毒存放区。公共服务厨房区域应按原料进入、处理、主副食加工、备餐、成品供应、餐用具洗涤消毒及存放的工艺流程合理布局，并应符合下列规定：进出物流分设，如蔬菜、肉禽、水产等工作台和清洗池不应合用，原料按区域流程不应反流；冷荤、生食、海鲜、裱花蛋糕等应在厨房专间内拼配，且厨房专间应设置洗手、消毒、更衣设施；垂直食梯应原料成品分设。厨房区域室内净高不宜低于 2.5m。天然采光时，采光洞口面积不宜小于地面面积的 1/6，自然通风时，开口面积不应小于地面面积的 1/10。

家用厨房主要设于住宅、公寓之中，设计时应注意现行的有关规范，以满足最基本的使用要求，《住宅设计标准》DGJ 08-20 中有关厨房设计有以下规定。

(1) 由起居室、卧室、厨房和卫生间组成的住宅，厨房不应小于 4m^2；由兼起居室的卧室、厨房和卫生间组成的住宅，厨房不应小于 5m^2。

(2) 厨房应设机械排烟装置，炉灶应有防火安全措施，厨房应有外窗或开向走廊的窗户。采用煤或薪柴做燃料的厨房必须设置烟囱，烟囱应防止烟气回流和串烟。厨房炉灶上方应预留排气罩位置。严寒和寒冷地区的厨房内应设通风道或其他通风措施。

(3) 厨房应直接采光，自然通风，并宜布置在套内近入口处。

(4) 厨房应设置炉灶、洗涤池、案台、固定式碗柜等设备或预留其位置。

(5) 单面布置设备的厨房净宽不应小于 1.5m，双面布置设备的厨房净宽不应小于 0.9m。

当设计条件较好时，除达到上述要求外，还应争取更有利的平面布置，图 2.20 给出了几种常用家用厨房平面布置示意，图 2.21 为家用厨房中常用设备的尺寸。

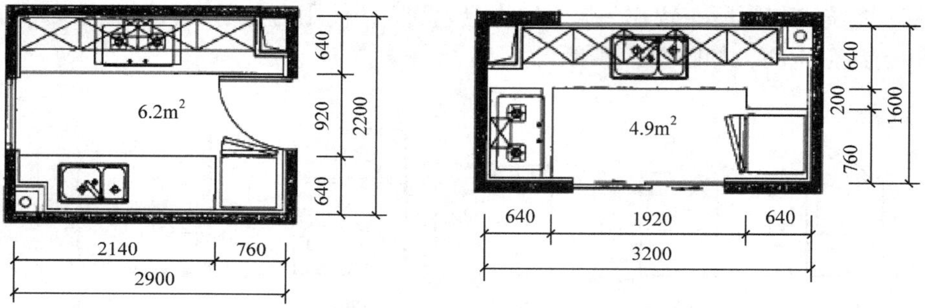

图 2.20　几种常用家用厨房平面布置示意

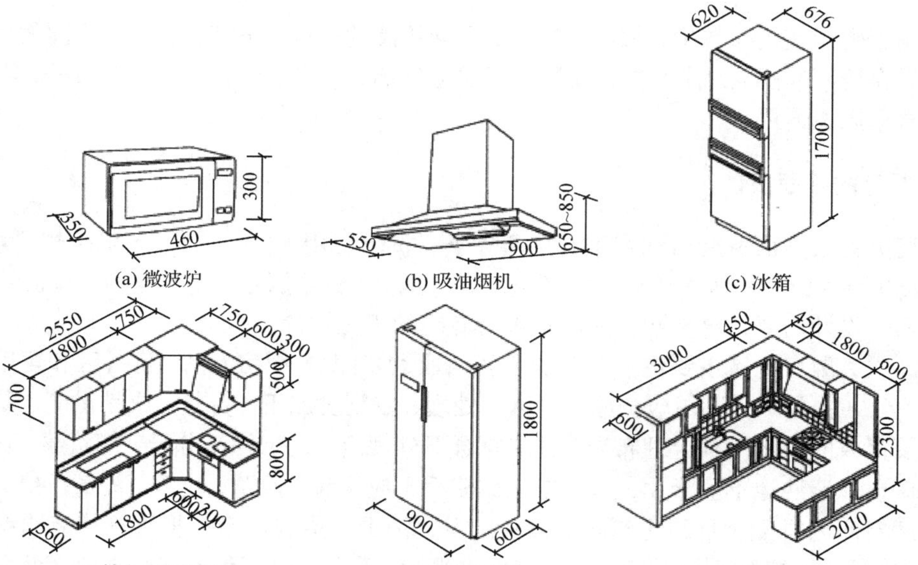

(a) 微波炉　(b) 吸油烟机　(c) 冰箱

(d) 转角式橱柜组合　(e) 对开门冰箱　(f) U形橱柜组合

图 2.21　家用厨房中常用设备的尺寸

2.3　交通联系部分的平面设计

建筑物除了有满足使用要求的各种房间，还需要有交通联系部分，把各个房间之间以及室内外之间联系起来。建筑物内部交通联系部分包括水平交通空间(走道)、垂直交通空间(楼梯、电梯、坡道)、交通枢纽空间(门厅、过厅)等。一幢建筑物是否适用，除主要使用房间和辅助房间本身及其位置是否合适外，很大程度上取决于主要使用房间和辅助房间与交通联系部分相互位置是否合理，以及交通联系部分是否使用方便。

对于交通联系部分的最基本设计要求包括以下几点：

(1) 交通路线简洁明确，通行顺畅。

(2) 紧急疏散时人流组织良好，安全迅速。

(3) 满足必要的采光、通风要求。

(4) 在满足使用要求的前提下，尽量减少交通联系部分的面积，以节省投资。

2.3.1 走道的平面设计

走道又称走廊、过道。通常用于解决房间与房间、房间与楼梯、房间与电梯、房间与门厅、房间与过厅以及楼梯之间、楼电梯之间、门厅与过厅之间等建筑中水平方向的联系与疏散问题。按走道的使用性质不同可以分为以下两种：

(1) 完全为交通需要而设置的走道，如办公楼、旅馆等建筑走道。

(2) 主要作为交通联系，同时也兼有其他功能的走道，如教学楼中的走道，可供学生课间休息、布置橱窗。医院门诊部走道可兼作候诊，展览馆的走道可兼作展廊，如图 2.22 所示。

学习重点

重点关注：

1. 交通联系部分设计要求。
2. 楼梯门和走道宽度的指标。
3. 走道长度的控制方法。
4. 电梯及自动扶梯的平面设计。
5. 门厅平面设计要求。
6. 门厅的形式。
7. 门厅形式的选择。

分析与思考：

1. 交通设计有哪些形式？
2. 走道式交通适合于哪些建筑？
3. 如何选择楼梯平面形式？
4. 如何确定楼梯的位置？
5. 如何布置自动扶梯？

(a) 医院候诊走廊

(b) 博物馆展示走廊

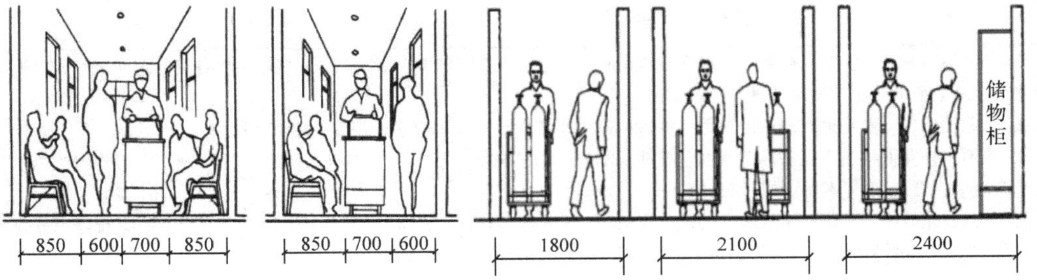

(c) 医院候诊廊基本宽度示意

图 2.22 走道形式及尺寸

走道宽度主要根据人流通行、安全疏散、走道性质、空间感受以及走道侧面门的开启方向等综合因素考虑，如图 2.22(c)所示。专为人行的走道宽度可根据人流股数并结合门的开启方向综合考虑。一般一股人流宽 0.6～0.8m，两股人流宽 1.2～1.6m，三股人流宽 1.8～2.4m，如图 2.23 所示。

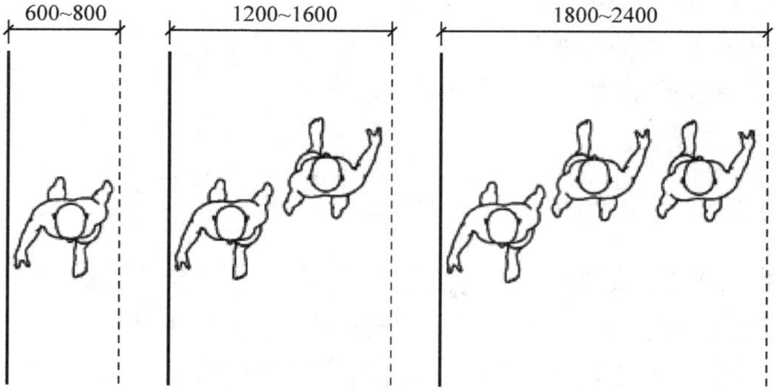

图 2.23　走道交通部分尺寸示意图

对于携带物品为主，有车流式兼有其他功能的走道，应结合实际使用功能和使用特点来确定走道的宽度。走道除满足上述要求外，还应符合安全疏散防火规范的规定。依据《建筑防火通用规范》GB 55037—2022，楼梯门和走道的最小疏散宽度指标见表 2.8。表 2.9 为房间门至外出口或封闭楼梯间的最大距离。

表 2.8　楼梯门和走道的最小疏散宽度指标

建筑层数或埋深		建筑的耐火等级或类型		
		一、二级	三级、木结构建筑	四级
地上楼层	1～2 层	0.65	0.75	1.00
	3 层	0.75	1.00	—
	≥4 层	1.00	1.25	—
地下、半地下楼层	埋深≤10m	0.75	—	—
	埋深>10m	1.00	—	—
	歌舞娱乐放映游艺场所及其他人员密集的房间	1.00	—	—

注：① 除剧场、电影院、礼堂、体育馆外的其他公共建筑，疏散出口、疏散走道和疏散楼梯各自的总净宽度，应根据疏散人数和每 100 人所需最小疏散净宽度计算确定。

② 疏散出口、疏散走道和疏散楼梯每 100 人所需最小疏散净宽度不应小于表 2.8 的规定值。

③ 除不用作其他楼层人员疏散并直通室外地面的外门总净宽度，可按本层的疏散人数计算确定外，首层外门的总净宽度应按该建筑疏散人数最大一层的人数计算确定。

④ 歌舞娱乐放映游艺场所中录像厅的疏散人数，应根据录像厅的建筑面积按不小于 1.0 人/m^2 计算；歌舞娱乐放映游艺场所中其他用途房间的疏散人数，应根据房间的建筑面积按不小于 0.5 人/m^2 计算。

表 2.9　房间门至外出口或封闭楼梯间的最大距离　（单位：m）

名称			位于两个安全出口之间的疏散门			位于袋形走道两侧或尽端的疏散门		
			一、二级	三级	四级	一、二级	三级	四级
托儿所、幼儿园、老年人照料设施			25	20	15	20	15	10
歌舞娱乐放映游艺场所			25	20	15	9	—	—
医疗建筑	单、多层		35	30	25	20	15	10
	高层	病房部分	24	—	—	12	—	—
		其他部分	30	—	—	15	—	—
教学建筑	单、多层		35	30	25	22	20	10
	高层		30	—	—	15	—	—
高层旅馆、展览建筑			30	—	—	15	—	—
其他建筑	单、多层		40	35	25	22	20	15
	高层		40	—	—	20	—	—

注：① 建筑内开向敞开式外廊的房间疏散门至最近安全出口的直线距离可按本表的规定增加 5m。

② 直通疏散走道的房间疏散门至最近敞开楼梯间的直线距离，当房间位于两个楼梯间之间时，应按本表的规定减少 5m；当房间位于袋形走道两侧或尽端时，应按本表的规定减少 2m。

③ 当建筑物内全部设置自动喷水灭火系统时，其安全疏散距离可按本表的规定增加 25%。

走道的长度除了涉及建筑的经济性，还涉及安全疏散距离问题，图 2.24 为依据现行建筑防火设计规范而列出的关于限制走道长度的内容。

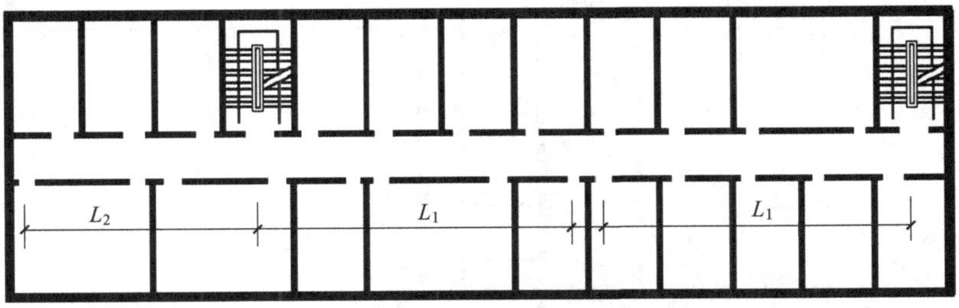

图 2.24　走道长度的控制

走道的平面设计还应满足一定的采光要求。一般来说，走道窗地比大于 1/14，内廊式走道长度不超过 20m 时应有一端设采光口，超过 20m 时应两端设采光口，超过 40m 时应增加中间采光口。

2.3.2　楼梯的平面设计

楼梯是解决多层建筑各层之间垂直联系及高层建筑紧急疏散的工具。楼梯的平面设计主要根据使用要求确定合理的梯段宽度和休息平台宽度，选择适当的楼梯形式，考虑建筑的楼梯数量及分布位置。楼梯宽度的确定原则与走道宽度的确定原则相似，主要根据使用性质、使用人数和防火规范来确定。两人通行最小宽度不小于 1.1m，三人通行宽度为 1.65～

1.8m，休息平台宽度要大于或等于梯段宽度，以便做到与梯段等宽和搬运家具时方便通行。图 2.25 为楼梯梯段及平台宽度。通向走廊的开敞式楼梯的楼层平台至少保留 0.6m，其余可用走廊代替。

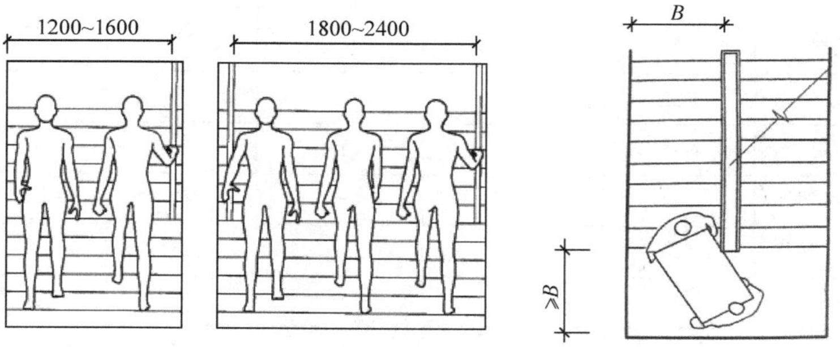

图 2.25　楼梯梯段及平台宽度

楼梯平面形式的选择，应当依据其使用性质来决定。直跑楼梯有明确的方向感，空间导向明确，常给人以简洁向上的感觉。双跑楼梯是民用建筑中最常用的一种形式，它占用面积小，流线简洁，使用方便。三跑楼梯体态灵活，较开敞，适合楼梯间进深小的建筑。楼梯按使用性质又分为主要楼梯、次要楼梯、消防楼梯等，如图 2.26 所示。

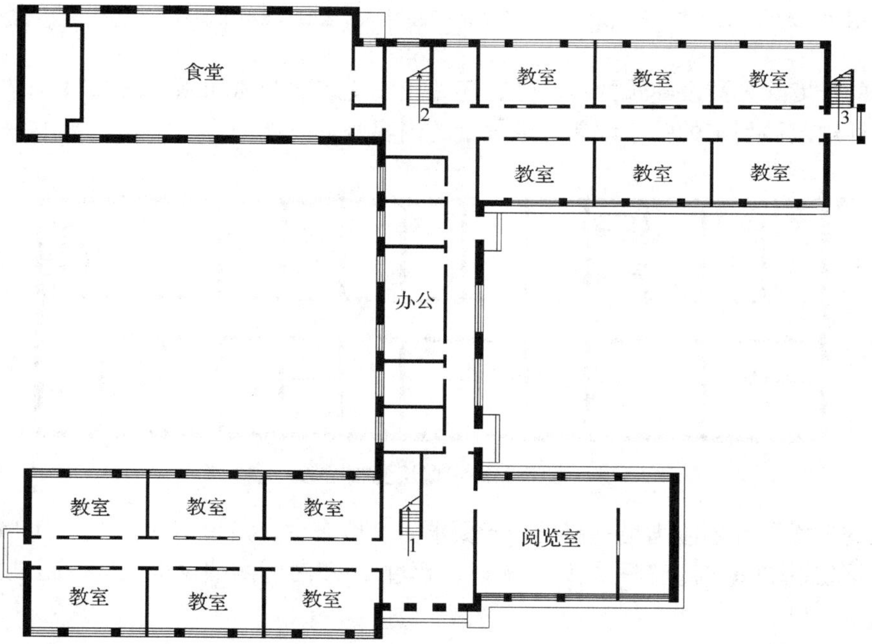

图 2.26　不同性质楼梯示意

1-主要楼梯；2-次要楼梯；3-消防楼梯

建筑物的楼梯数量及分布位置是建筑平面设计中重要的问题，楼梯数量主要根据楼层人数和紧急疏散的要求来决定，一般设置一部楼梯时，需要满足每层面积和使用人数的限定，应满足表 2.10 的要求。当设置两部以上的楼梯时，楼梯的分布应使整个建筑物的人流组织均匀有序、主次分明，如图 2.27 所示。

表 2.10　公共建筑设置一个疏散楼梯的条件

耐火等级	最多层数	每层最大建筑面积/m²	人数
一、二级	3 层	200	第二、三层的人数之和≤50 人
三级	3 层	200	第二、三层的人数之和≤25 人
四级	2 层	200	第二层人数≤15 人

一般在主入口处设置一个位置明显的主要楼梯，容纳较大的人流。在次要出入口处或建筑物的适当位置，如在建筑物走道转折处设置次要楼梯，容纳比例较小的人流，或供紧急疏散用。

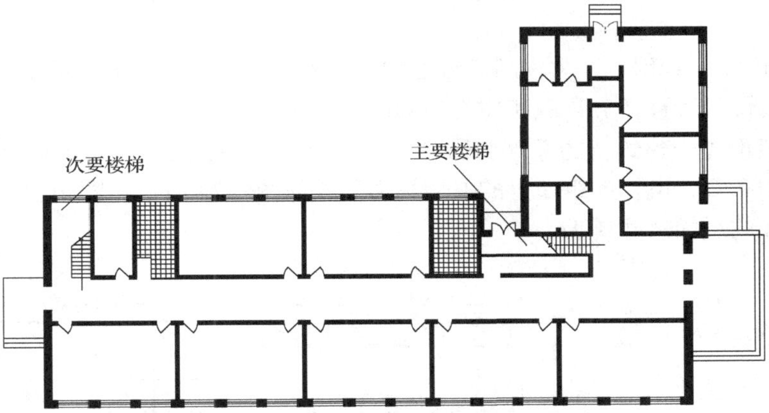

图 2.27　教学楼平面中楼梯位置示意

另外，楼梯的平面根据建筑物性质及防火规范可分为封闭式的和非封闭式的。封闭式的楼梯不如非封闭式开敞的楼梯有装饰效果，但是从消防安全的角度来看，封闭式楼梯的安全疏散能力明显高于非封闭式楼梯。封闭式楼梯按照不同的要求还可以设计为封闭楼梯间和更为安全的防烟楼梯间，如图 2.28 所示。

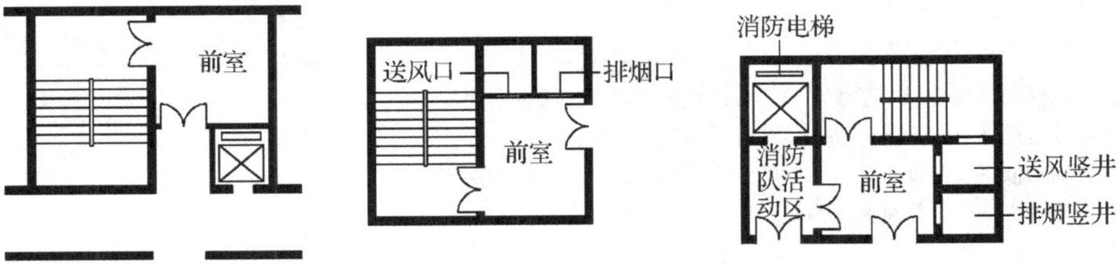

图 2.28　高层建筑防烟楼梯和消防电梯

2.3.3　电梯及自动扶梯的平面设计

电梯作为建筑中一种快捷的垂直交通工具，在层数较多的民用建筑中被广泛应用。电梯按使用性质不同，分为载客电梯、载货电梯、客货两用电梯、病床电梯、观光电梯等；按照在防火疏散中的作用，又分为普通电梯和消防电梯。电梯附近应设置辅助楼梯，供电梯发生故障时使用。

电梯应设置在门厅、主要出入口附近、楼层居中位置处等，可单台设置、多台单侧排列及多台多侧排列。单侧排列的电梯不应超过四台，双侧排列的电梯不应超过八台。电梯前应留有足够的等候面积，一般不小于电梯轿厢面积，以免进出人流拥挤阻塞，降低通行能力。电梯间的平面设计主要应根据所选电梯类型与规格，解决电梯布置方式、电梯候梯厅设计、电梯机房设计等问题。

目前常用的电梯种类可分以下四类。

(1)载客电梯，专用于运送乘客，一般运行速度较高，运行平衡。

(2)客货电梯，为客货兼用电梯。

(3)载货电梯，专用于运送货物，有比较宽大的轿厢和较大的载重量。

(4)消防电梯，可与客梯或工作电梯兼用，但应符合消防电梯的要求，可分别设在不同的防火分区内。

(5)杂物电梯，专用于一类物品运输之用，尺寸灵活，载重量也视用途而有不同，设计时可以根据具体的设计任务采取相应类型的电梯。

电梯一般设置于建筑物的垂直交通联系核心处，如果需要使用多台电梯，一般这些电梯可适当集中布置，电梯成组布置的典型平面形式如图 2.29 所示，图中表格的内容用于说明电梯候梯厅的平面尺寸要求。

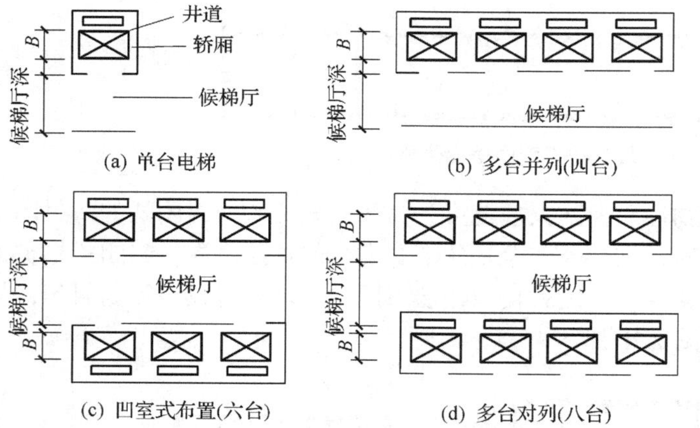

候梯厅深度尺寸(*B*为轿厢深)

电梯种类	布置形式	候梯厅深度/mm
住宅电梯	单　台	≥*B*
	多台并列	≥*B*(梯群中最大的轿厢深度值)
乘客电梯	单　台	≥1.5*B*
	多台并列	≥1.5*B* 当梯群为四台时该尺寸应≥2400
	多台对列	≥对列电梯*B*之和，<4500
病床电梯	单　台	≥1.5*B*
	多台并列	≥1.5*B*
	多台对列	≥对列电梯*B*之和

注：① 层站候梯厅深度尺寸至少在整个井道宽度范围内应符合上表规定

② 候梯厅深度尺寸未含不乘电梯人员穿越层站时的交通面积

③ 客货电梯的候梯厅深度尺寸应取相应的乘客电梯或病床电梯的候梯厅深度尺寸

④ 服务于残疾人的电梯另见无障碍设计

图 2.29　电梯布置与候梯厅的一般要求

自动扶梯通过电动机械地转动，带动梯级踏步不断地升降，以不断运输大量人流，多用于交通频繁、人流众多的公共建筑中，如地铁站、百货商厦、航空港等。即使发生故障停运时仍可作为普通楼梯使用。自动扶梯可单独布置，也可成组并列布置。表 2.11 为几种自动扶梯的布置形式。

表 2.11　几种自动扶梯的布置形式

布置形式	示例
并联排列式	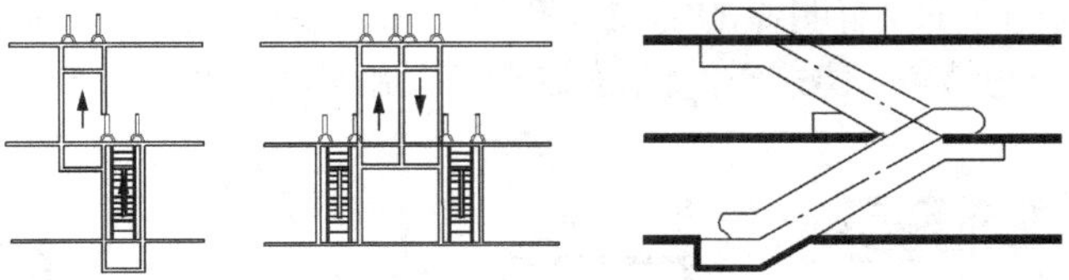 楼层交通乘客流动可以连接，升降两方向交通均分离清楚，外观豪华，但安装面积大
平行排列式	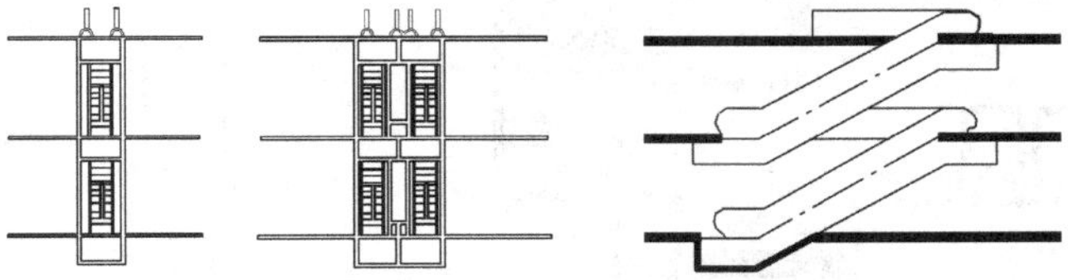 安装面积小，但楼层交通不连续
串连排列式	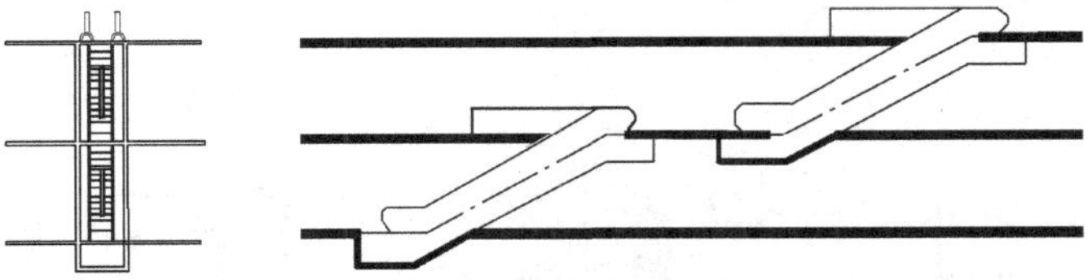 楼层交通乘客流动可以连续
交叉排列式	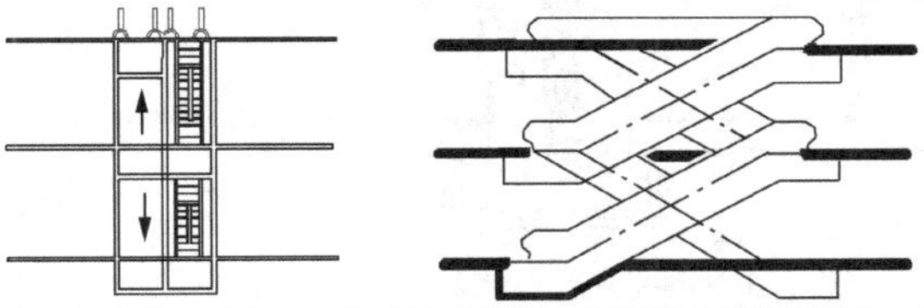 乘客流动升降两方向均为连续，且搭乘场地远离，升降流动不发生混乱，安装面积小

2.3.4　门厅的平面设计

门厅是建筑物主要出入口和交通枢纽的重要空间，除了起到内外空间的过渡及交通联系，往往还兼有其他功能，如旅馆门厅中的总服务台和大堂休息区、医院门厅中的挂号处和取药处、学校教学楼门厅中的布告栏等。除此之外，门厅作为建筑物主要出入口，其不同空间处理可体现出不同风格和空间效果。

门厅的大小应根据不同建筑的使用要求、规模及质量标准等因素来确定，设计时可参考有关面积定额标准，如表 2.12 所示。

表 2.12　部分建筑门厅面积设计参考指标

建筑名称	面积定额	备注
中小学校	0.06～0.08m²/人	
食堂	0.08～0.18m²/座	包括洗手、小卖部
城市综合医院	11m²/每日百人次	包括衣帽和询问处
旅馆	0.2～0.5m²/床	
电影院	0.13m²/每个观众	

门厅的布局有对称式和非对称式两种。对称式门厅常采用轴线的方法表示空间的方向感，将楼梯布置在主轴线上或对称布置在主轴线两侧，具有严整、端庄的气氛，如图 2.30(b)所示。

非对称式门厅没有明显的轴线，布置灵活，室内空间富于变化，在建筑设计中，由于功能需要、布局的特点，建筑空间的需要等因素和影响常采用非对称式门厅，如图 2.30(a)所示。

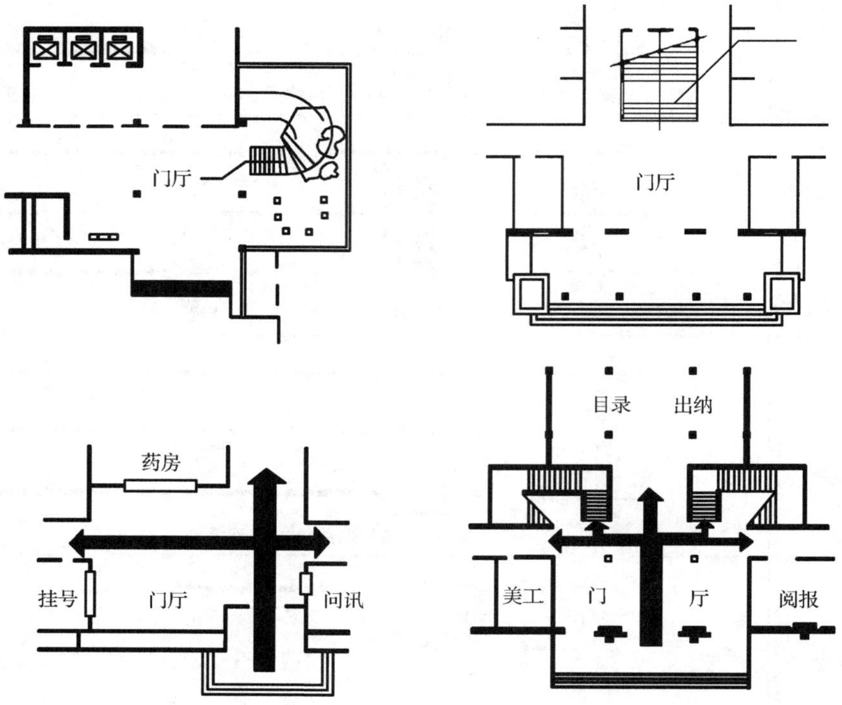

(a) 非对称式　　(b) 对称式

图 2.30　门厅的平面布置方式

门厅设计应满足以下主要要求。

(1)无论门厅采用对称式还是非对称式布置，在平面组合中应处于明显、居中和突出的位置，一般应面向主干道，使人流出入方便，图 2.31 为门厅在平面中的位置。

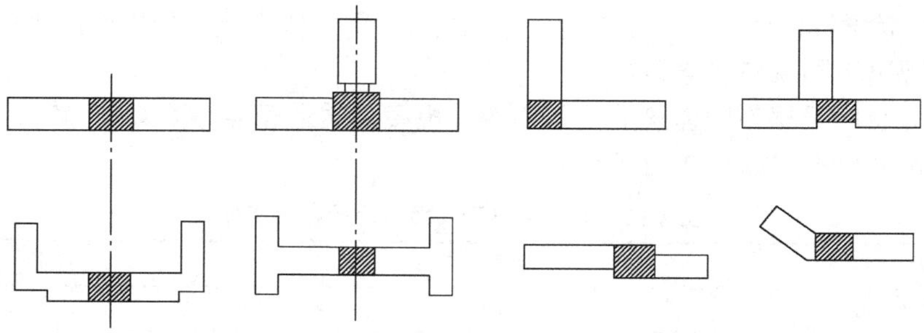

图 2.31　门厅在平面中的位置

(2)门厅内部设计应有明确的导向性，同时交通流线组织简捷通畅，减少人流相互干扰。

(3)门厅应具有良好的空间效果，如良好的采光、合适的空间比例。

(4)门厅作为室内外的过渡空间，一般在入口处外侧应设门廊、雨篷，供人们出入的暂时停留及下雨、雪天张收雨具等之用，并可防止雨雪飘入室内，同时也能达到遮阳及建筑观感上的要求。

2.4　平面组合设计

平面组合设计的任务是把建筑物各组成空间依据它们之间的功能关系，遵循合理工程技术逻辑，结合周围的环境特征，组织成一个良好的建筑整体，使之成为一个内部使用功能、结构造型、设备布置合理的有机整体，使建筑整体能反映时代特点和具有地方风格的良好形象。

学习重点

重点关注：

1. 平面组合设计的形式。
2. 平面组合的因素。
3. 建筑结构的类型。
4. 基地环境对平面组合的影响。
5. 建筑间距的类型。

分析与思考：

1. 主次关系适合于哪些建筑？
2. 内外关系适用于哪些建筑？
3. 联系与分隔适合哪些建筑？
4. 砖混结构适合于哪些结构？
5. 什么情况采用横墙承重？
6. 什么情况采用纵墙承重？
7. 什么情况采用混合承重？
8. 框架结构适合于哪些建筑？
9. 框架结构由哪些构件组成？
10. 空间结构适合于哪些建筑？
11. 空间结构有哪些形式？
12. 设备管线如何布置？
13. 平面组合有哪些形式？
14. 走道式组合有哪些形式？
15. 套间组合适合于哪些建筑？
16. 大厅式组合适合于哪些建筑？
17. 单元式组合适合于哪些建筑？
18. 混合式组合适合于哪些建筑？
19. 建筑物什么情况下平行于等高线布置？
20. 建筑物什么情况下垂直于等高线布置？
21. 建筑物间距应符合哪些要求？
22. 日照间距应符合哪些要求？

2.4.1　平面组合因素

1. 合理的使用功能

建筑由于性质不同，有不同的功能要求。这种要求很大程度上取决于各种房间按功能要求的组合上。例如，学校教学楼设计中，虽然教室、办公室、实验室本身的面积大小、形状、门窗布置均满足使用要求，但它们之间的相互关系及走廊、门厅、楼梯的布置不合理，就会造成使用不便、相互干扰，影响使用。

平面组合的好坏主要体现在功能分区和流线组织。合理的功能分区是将建筑物若干部分按不同的使用要求进行分类，并根据它们之间的关系加以划分，使之分区明确，联系方便。

在分析功能关系时，常借助功能分析图来分析建筑功能及各部分的相互关系。

例如，单元式住宅，平面是由起居室、卧室、厨房、卫生间及阳台组成，这些房间在使用上要相互联系，设计时可以用不同大小的方块图形代替其位置，再用直线表示其相互关系，就形成了住宅的单元功能分析图。图 2.32 为住宅功能分析图及平面图。

围绕功能分析图，根据建筑物不同使用特征从以下几方面进行分析。

1) 主次关系

组成建筑的各部分，按使用性质必然存在着主次关系，在平面组合时应分清主次、合理安排，例如，居住建筑中居室和起居室是主要使用房间，而卫生间、厨房等是次要使用房间。教学楼中，教室是主要

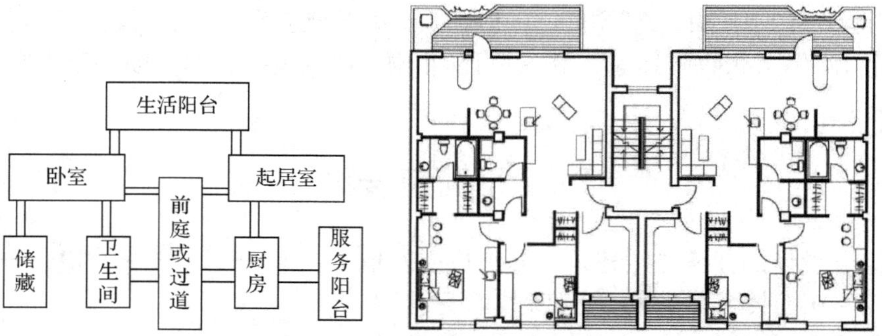

图 2.32　住宅功能分析图及平面图

使用房间，办公室、厕所是次要使用房间。其他建筑，如商业建筑、医院建筑都可以按主次关系进行分类。

平面组合时，要根据各个房间的使用要求，安排它们在平面中的位置，主要使用房间布置在朝向较好的位置，具有良好的通风采光条件，主要活动的房间，应靠近主要出入口，方便疏散，人流导向明确。次要房间可布置在条件较差的位置，如图 2.33 所示。

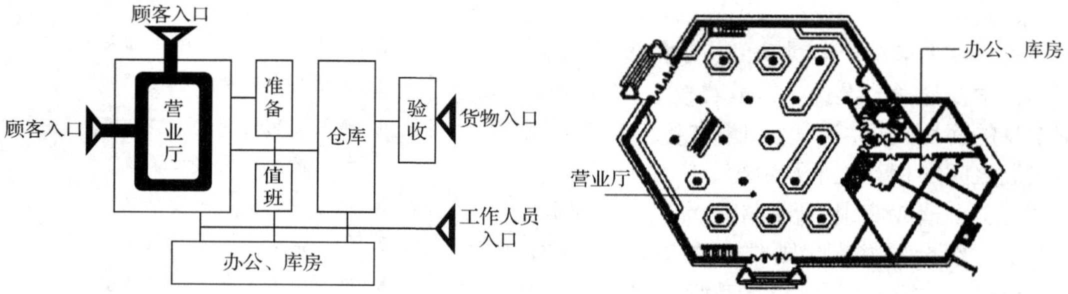

图 2.33　商业建筑的主次关系

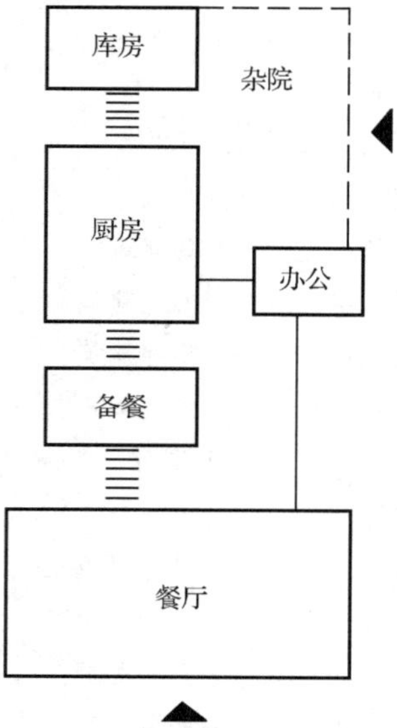

图 2.34　食堂房间的内外关系

2) 内外关系

建筑物各房间组成根据使用特点，可以形成明显的内外关系。使用时对外联系比较密切和频繁的部分，直接为外来人员服务，如食堂建筑中的餐厅部分就属于外，而厨房部分主要是起到服务和配给，并不直接供客人使用，就属于内。因此，在平面组合中，应该尽量把餐厅布置在地段外侧，厨房布置在地段内侧面，如图 2.34 所示。

3) 联系与分隔

当建筑物中房间较多、使用功能又比较复杂时，常根据房间的使用性质，如闹与静、洁与污等方面反映的特性进行功能分区，使其既分隔又联系。例如，学校建筑中普通教室与音乐教室，它们之间联系密切，但为防止声干扰，必须适当隔开。教室与办公室，为避免学生对办公室产生影响，而把教室和办公室分隔。因此，在教学楼平面组合设计中，必须对以上不同功能要求进行联系与分隔处理，使其功能合理，如图 2.35 所示。

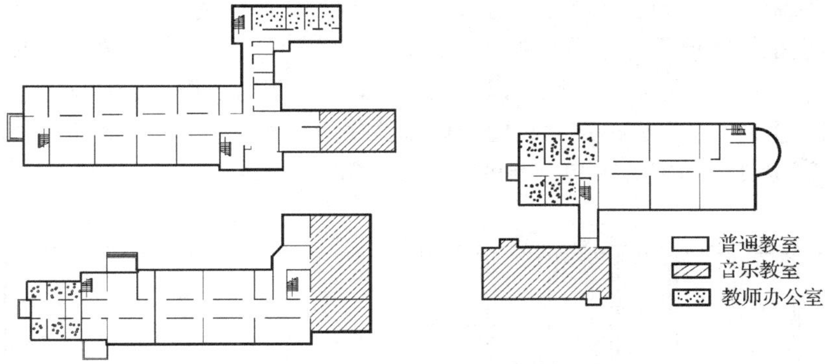

图 2.35　教学楼房间的联系与分隔

4) 使用顺序和交通流线

民用建筑中，因房间的使用性质不同，房间之间存在着明显的先后顺序，如医院建筑中挂号→候诊→诊断→理疗→划价→交费→取药这一组功能关系，车站建筑中的问询→售票→候车→检票→进入站台上车以及出站时经过检查出站等，在平面设计时，要很好地考虑这些先后顺序，使建筑适合使用要求。流线组织合理与否直接影响平面设计是否合理，当一个建筑有多种流线时，要特别注意使各种流线简洁、通畅、尽量避免相互交叉干扰，如图 2.36 所示。

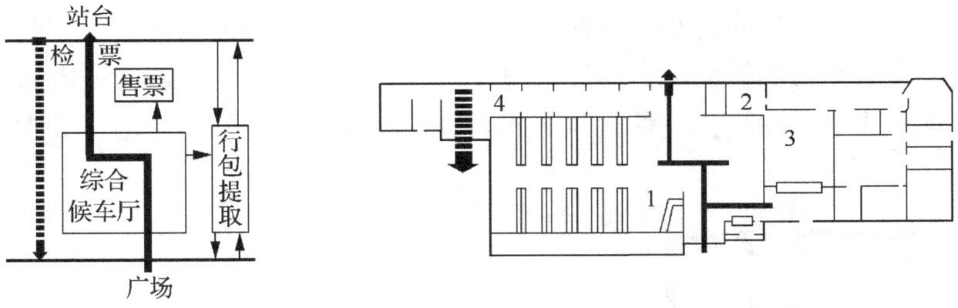

(a) 流线　　(b) 小型火车站流线组织

图 2.36　小型火车流线组织

1-候车厅；2-售票；3-行李房；4-出站口

2. 合理的结构类型

在进行建筑平面组合设计时，要认真考虑结构形式对建筑组合的影响，要包括结构的合理性、安全性、经济性和结构形式带来的空间效果。

1) 砌体结构

砌体结构又称混合结构。砌体结构是由块体和砂浆砌筑而成的墙、柱作为建筑物主要受力构件的结构，包括砖砌体、砌块砌体、石砌体和墙板砌体等。建筑物的主要承重构件有基础、墙柱、楼板等。这种结构按承重墙的布置方式不同可分为横墙承重、纵墙承重和混合承重。

横墙承重是梁或板搭在承重墙上，如图 2.37 (a) 所示，纵墙仅承受自身的荷载，起分隔和围护作用。这种布置方式，由于横墙较多，建筑物整体刚度和抗震性能较好。由于横墙是承重墙，纵外墙开窗较灵活，缺点是房间开间受到楼板长度的限制，使用房间布局灵活性上受到一定的限制。这种布置方式适合于小开间的建筑，如住宅、办公楼、集体宿舍等。

纵墙承重是梁或楼板搭在承重纵墙上，如图 2.37(b)所示，由于横墙不承重，平面布局较灵活，在保证隔声的要求下横墙可以采用轻质墙，以节约面积，但建筑的整体刚度和抗震效果比横墙承重差，必须在一定距离内加设刚性横墙。由于受板长的影响，房间进深不宜太大，外墙开窗也受到一定的影响，这种布置方式常用于教室、会议室等。

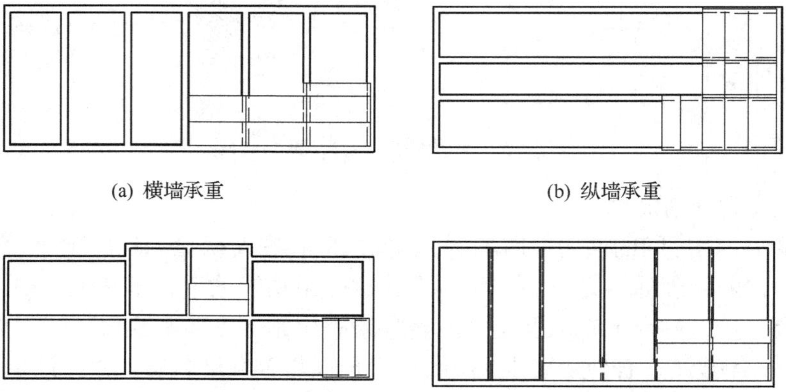

(a) 横墙承重　(b) 纵墙承重

(c) 混合承重　(d) 混合承重(梁与横墙)

图 2.37　墙体承重的结构布置

混合承重是指建筑中有些房间采用横墙承重，有些房间采用纵墙承重，如图 2.37(c)、(d)所示，它的优点是平面布局较灵活、建筑物整体刚度好、适应性强；缺点是增加了板型和梁的高度，从而影响了建筑的净高，这种承重方式在砌体结构中应用较为普遍，如图 2.38 所示。

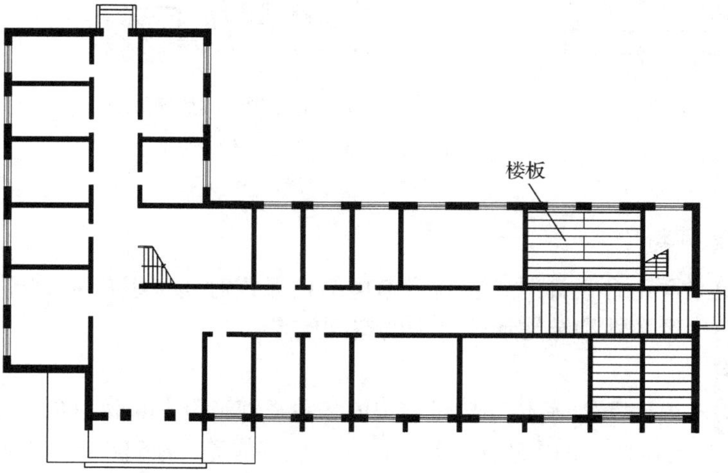

图 2.38　混合承重门诊部建筑示意

在混合结构布置时，要尽量使房间进深统一，减少楼板类型，上下承重墙体要对齐，若有大房间可单独设置在顶层。同时，考虑到建筑物整体刚度均匀，门窗洞口的大小要满足墙体受力要求。

2）框架结构

框架是由梁、板、柱组成的骨架承重结构，它的特点是强度高、整体性好、刚度大、抗震性好。

结构体系将承重和围护构件分开，可充分发挥材料的各自性能，如围护结构可用保温性能好，自重轻的材料。框架结构使空间布局更灵活，更自由，它适用于火车站、图书馆、商场建筑，如图 2.39 所示。

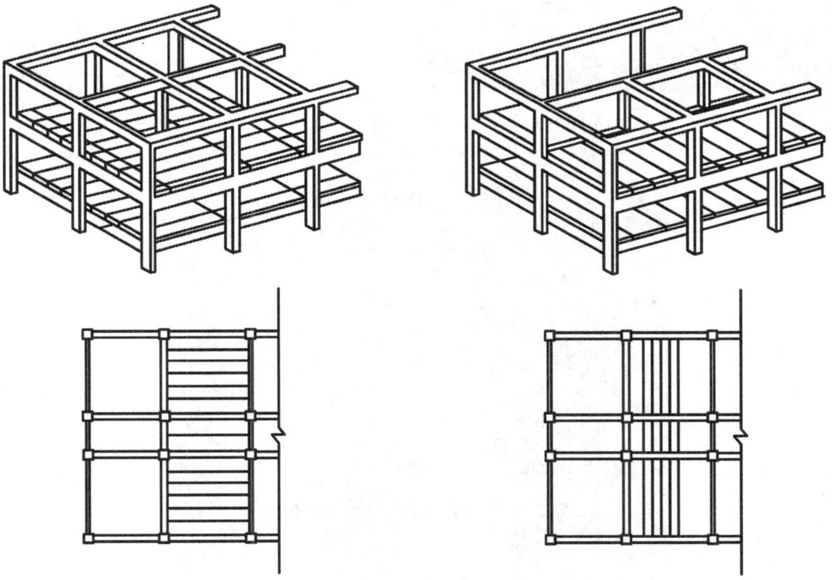

(a) 横向框架　　(b) 纵向框架

图 2.39　框架结构

3）空间结构

随着建筑技术、建筑材料、建筑施工方法的不断发展和建筑结构理论的进步，空间结构迅速发展起来，它解决了大跨度空间的覆盖问题，同时也创造出了丰富多彩的建筑形象。空间结构适合应用于较大规模和较大面积的建筑，一般应用专门的计算机软件进行设计，对数字化图纸、材料、施工方法要求高。目前常用空间结构形状有折板、薄壳、悬索、网架等，如图 2.40 所示。

(a) 复杂空间结构——鸟巢

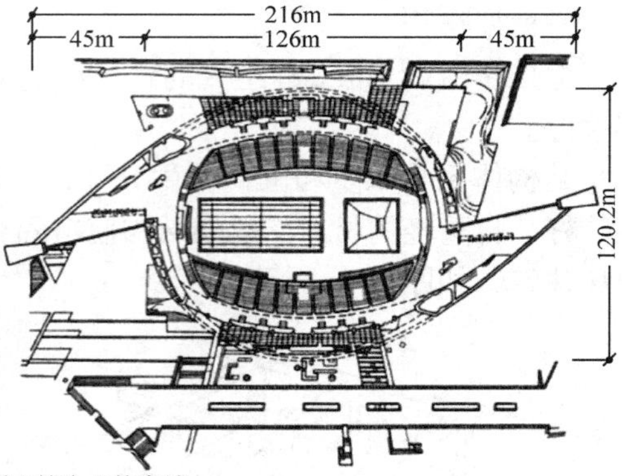

(b) 悬索结构——东京代代国立综合木体育馆

(c) 球形网架——伊甸园温室展厅

图 2.40　几种空间结构与建筑形态的关系

3. 设备管线

民用建筑中设备管线主要包括给排水、采暖空调、煤气、电器、通信、电视等各线。它们都占有一定的空间，平面设计时应将这些设备管线布置在建筑的合适位置，管线尽量相对集中、上下对齐，如住宅中的厨房、卫生间、旅馆建筑中的公共厕所、浴室、客房卫生间等，如图 2.41 所示。

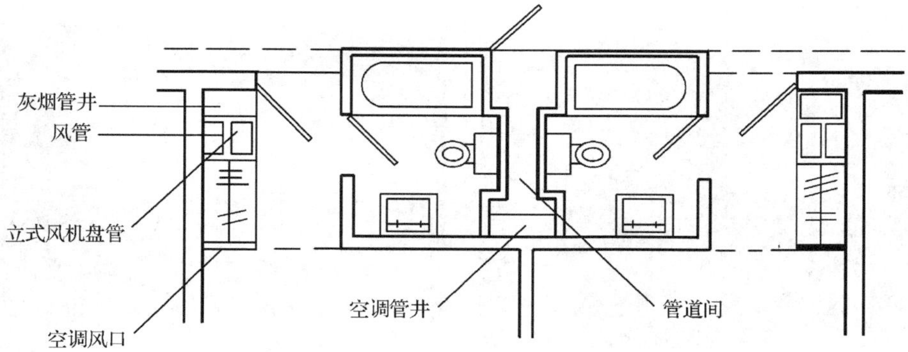

图 2.41　旅馆卫生间管道布置示意

4. 建筑造型

平面组合设计和立面设计、建筑造型设计是互相制约、互相影响的，建筑造型设计和立面设计一般离不开功能要求，平面组合设计为建筑造型设计和立面设计打下了良好的基础，创造有利的条件。

2.4.2　平面组合形式

1. 走道式组合

走道式组合就是用走道把使用房间连接起来，各房间沿走道一侧或两侧布置，特点是使用房间与交通部分明确分开，各房间相对独立，房间门直接开向走道，通过走道相互联系。

走道式组合有单外廊、双外廊、单内廊、双内廊等几种形式，如图 2.42 所示。

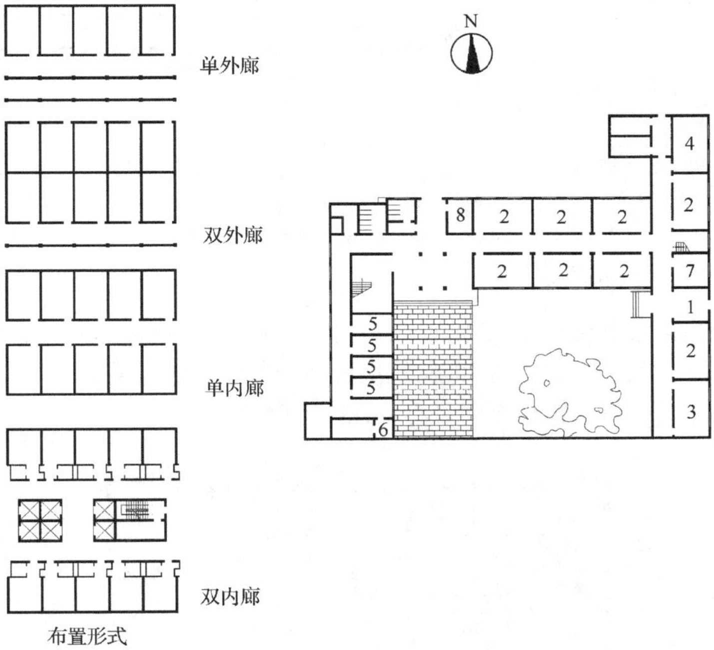

图 2.42　走道式组合

1-门厅；2-教室；3-音乐教室；4-体育器材室；5-办公室；6-传达室；7-储藏室；8-锅炉房

外廊式走道基本上可以保证主要房间有好的朝向，并可以获得较好的采光和通风；南走廊对房间有遮阳作用，多用于南方地区，这种布局具有不够经济的缺点。

内走道各房间沿走道两侧布置，平面紧凑，占地面积小，节约用地，外墙较短，有利于节约能源，对寒冷地区建筑有利。这种走道使走廊一侧的房间朝向较好，另一侧房间的朝向较差，但在组合中可把楼梯、卫生间、库房等房间布置在较差一侧，也不影响建筑使用。

2. 套间式组合

套间式组合是房间与房间之间相互穿套，穿套原则是按使用上的流线要求而定，其特点是将使用面积和交通面积融为一体，平面紧凑，面积利用率高，这种组合方式也称为串联式，展览馆建筑的平面组合实例如图 2.43 所示。

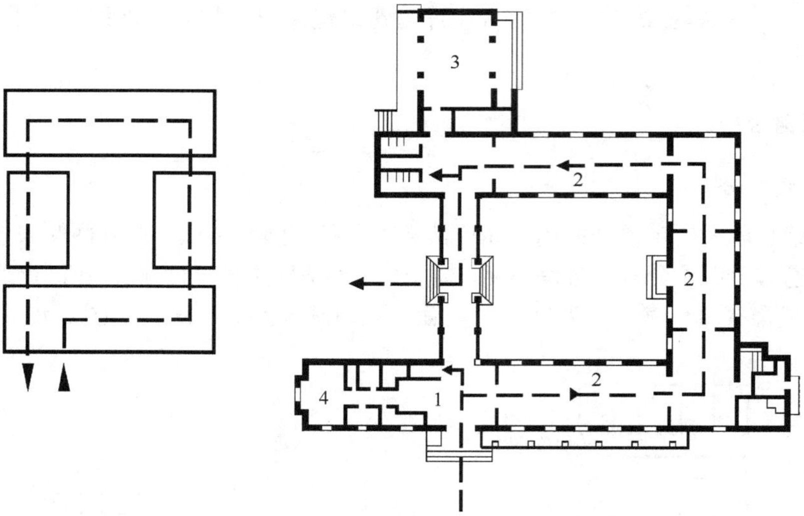

(a) 串联式空间组合示意　　(b) 鲁迅纪念馆平面图

图 2.43　套间式组合示意

1-门厅；2-陈列室；3-讲演厅；4-办公室

3. 大厅式组合

大厅式组合是以公共活动的大厅为主，穿插布置辅助房间，这种组合的特点是主体空间使用人数多、面积大、层高大。而其他使用房间服务于大厅，面积较小，但与大厅保持一定的联系，如火车站、体育馆、影剧院等，如图 2.44 所示。

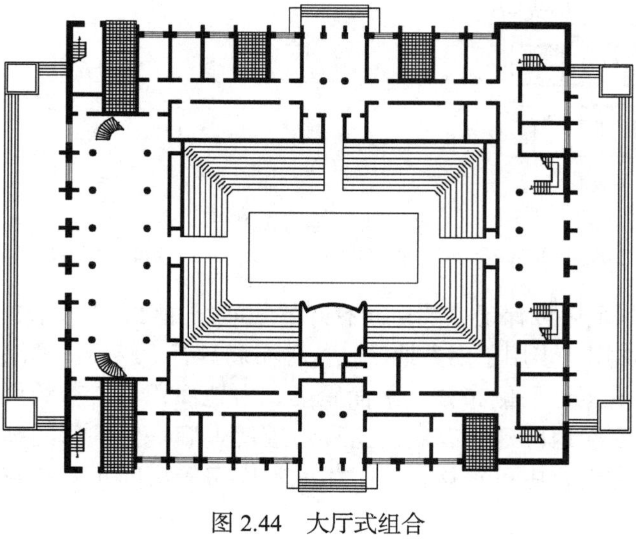

图 2.44　大厅式组合

4. 单元式组合

将关系密切的房间组合在一起，成为一个相对独立的整体，称为单元。将几个单元按功能环境等要求沿水平竖直方向重复组合而成一栋建筑称之为单元组合。这种组合的特点是功能分区明确，单元之间相对独立、组合布置灵活、适应性强，同时减少了设计、施工工作量，如住宅、幼儿园等，如图 2.45 所示。

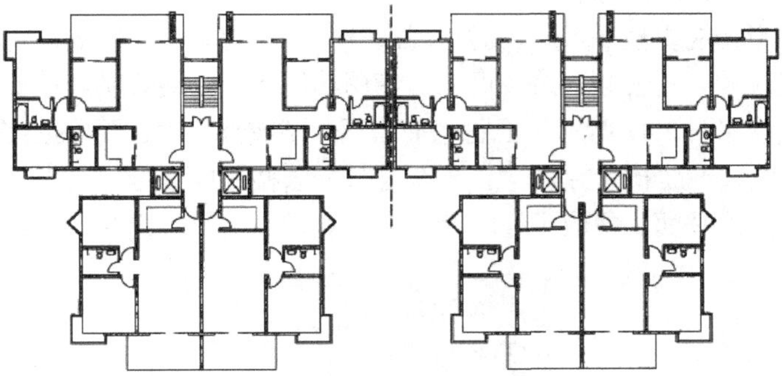

图 2.45　单元式住宅组合示意

5. 混合式组合

在民用建筑中，由于功能上的要求，往往不能局限于一种组合方式，这种组合称为混合式组合。它具有根据实际需要，不拘于形式，而注重满足使用功能、适应性强、灵活性大的特点。图 2.46 为剧院建筑混合式组合平面图，门厅和咖啡厅形成套间式组合，大厅与周边的附属建筑形成大厅式组合，后台部分演员化妆、服装、道具形成走道式组合。

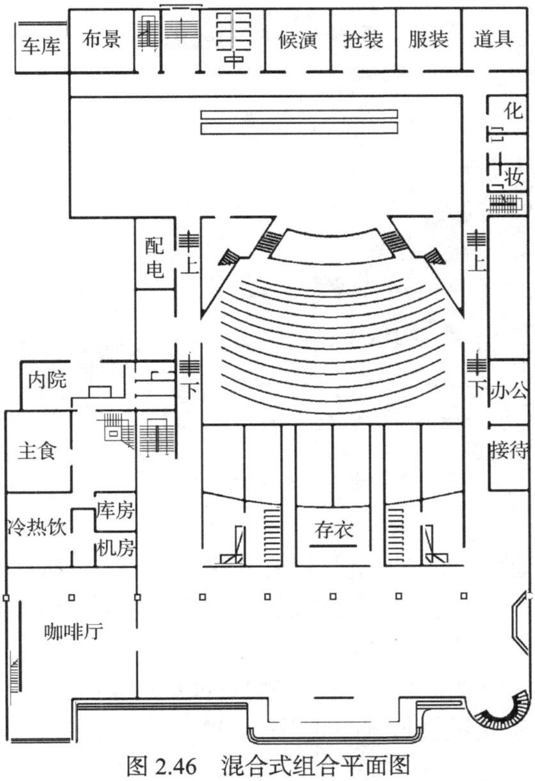

图 2.46　混合式组合平面图

2.4.3　基地环境对平面组合的影响

1. 地形地貌对平面组合设计的影响

1）基地大小、形状及道路走向

一般情况下，当场地规整平坦时，对于规模较小、功能单一的建筑，宜采用简单、规整的矩形平面。对于规模较大的公共建筑，可根据使用功能要求，结合基地情况，常采用工字形、口字形等组合形式，如图 2.47 所示。当场地平面不规则或狭长时，要根据使用性质，充分考虑基地形状，采取不规则平面布置方式。图 2.48 是某办公楼平面组合，它位于道路交叉口的梯形地段，办公楼采用梯形平面，争取了好的朝向，又兼顾了街道的面貌，丰富了室内外空间。

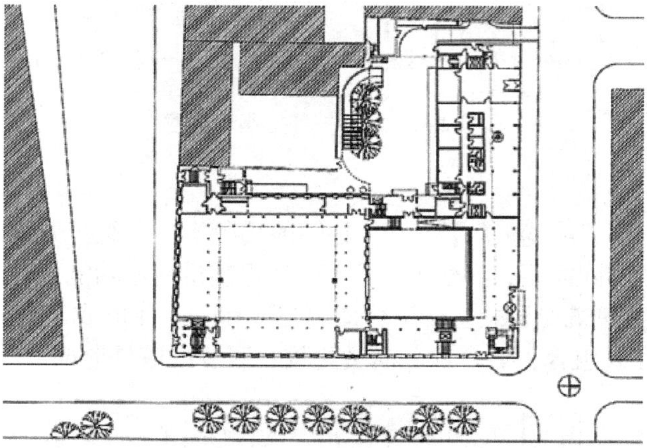

图 2.47　规则的矩形平面布置

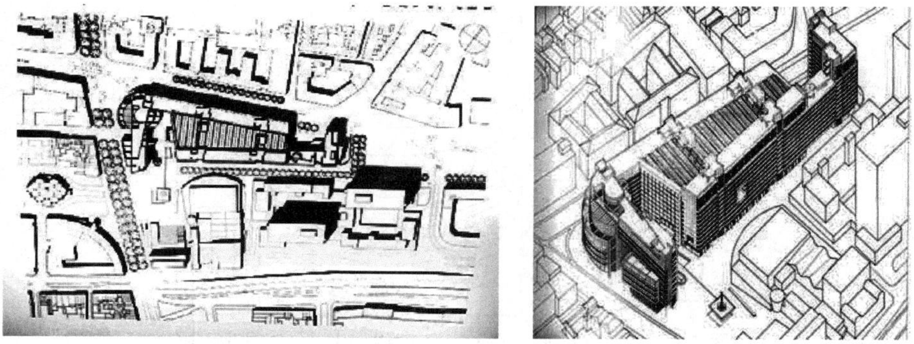

图 2.48　不规则地形平面布置

2）基地的地形地貌

当建筑物处于平坦地形时，平面组合的灵活性较大，可有多种布置方式，但在地势起伏较大、地形复杂的情况下，平面组合将受到多种因素制约，但是如果充分结合环境、利用地形也将创作出层次分明、空间丰富的组合方式。

根据建筑物和等高线位置的关系，坡地建筑有以下两种布置方式。

（1）平行于等高线。建筑纵轴与等高线平行，建筑与地形的关系简单，是最常用的方式，适合于 25%以下的坡地，这种布置方式土方量小，造价经济，当坡度在 10%左右时可将房屋放在同一标高上，只需将基地稍作平整即可，如图 2.49 所示。

图 2.49　建筑物平行于等高线布置

(2)垂直于等高线。建筑纵轴与等高线垂直，适合于大于 25%以上的坡地。建筑一般采用跌落错层布置，小坡筑台，大坡筑墙，有利于减少土方工程量，场地排水、建筑通风、采光较好，但设计及施工较复杂，建筑与道路结合较困难，如图 2.50 所示。

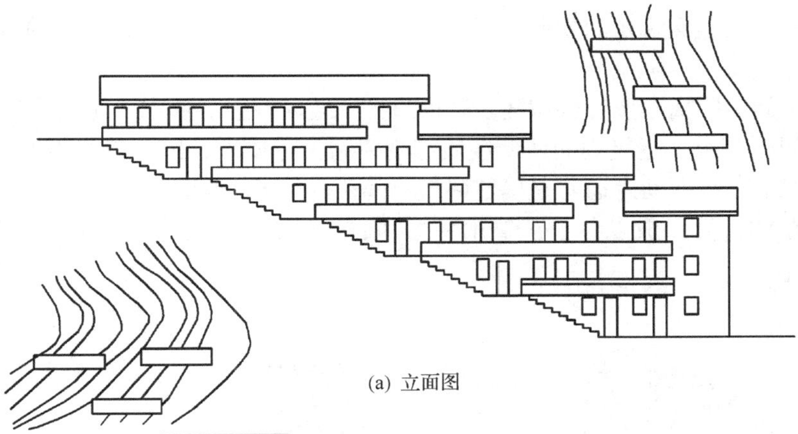

(a) 立面图

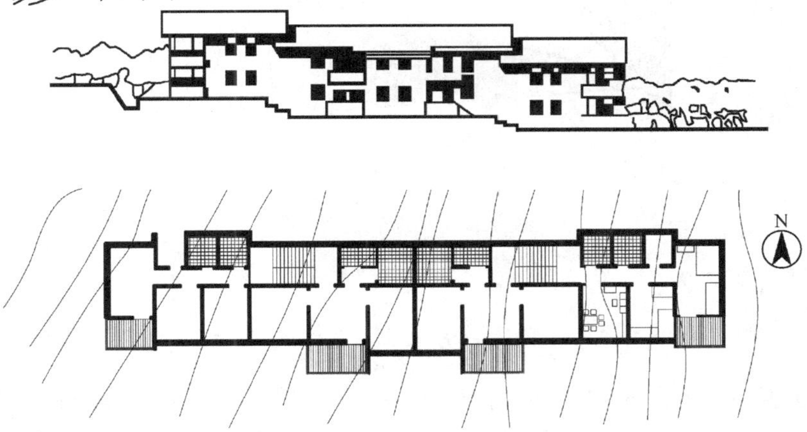

(b) 平面图

图 2.50　建筑物垂直于等高线布置

2. 建筑物朝向和间距的影响

1)朝向

影响建筑物朝向的主要因素是日照、风向，不同的季节，太阳的位置、高度都在发生有规律性的变化。不同的建筑朝向，获得太阳辐射强度、日照时间也不同，太阳在天空中的位置可用高度角和方位角来确定，如图 2.51 所示。

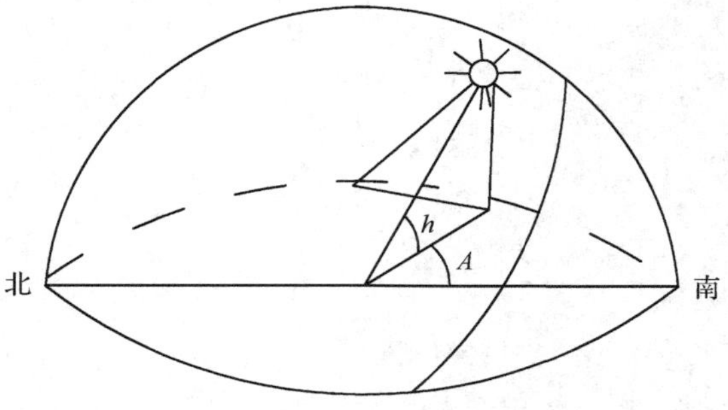

图 2.51　太阳运行轨道

太阳高度角是按太阳射到地球表面的光线与地平面所成的夹角 h;方位角是太阳至地球表面的光线与南北轴线的夹角 A。

我国地处北半球，大部分地区处于夏季热、冬季冷的状态。将建筑物的主要房间布置在南向或南偏东、南偏西少许角度，能获得良好的日照。这是因为冬季太阳高度角小，射入室内光线较多，而夏季太阳高度角大，射入室内光线少，这就有利于做到冬暖夏凉，取得良好的室内热工环境。

在考虑日照对平面组合影响时，也不能忽视当地夏季和冬季主导风向对房间的影响。根据主导风向，调整建筑物的朝向，可以改变室内的气候条件，创造舒适的室内环境。

2)间距

建筑物之间的距离主要应根据建筑物的日照、通风等卫生要求，建筑物防火安全要求，防视线干扰间距要求，建筑物的使用性质、规模和扩建要求，以及节约用地等的要求来确定，一般情况下，日照间距通常是确定建筑物间距的主要因素。

日照间距的计算一般以冬季正午 12 时太阳光线能直接照到底层窗台为设计依据，如图 2.52 所示。

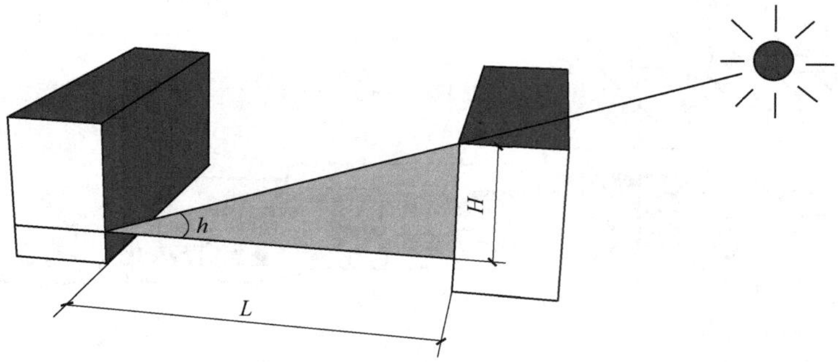

图 2.52　建筑物日照间距

日照间距计算式为

$$L=\frac{H}{\tan h}$$

式中，L 为建筑物间距，m；H 为南向前排房屋檐口到后排房屋底层窗口的垂直高度，m；h 为当地冬至日正午的太阳高度角，°。房屋间距通常是用建筑间距 L 和南向前排房屋檐口到后排房屋底层窗口的垂直高度 H 的比值来控制。我国大部分地区日照间距为(1.0～1.8)H。

我国南方地区日照间距较小，北方地区日照间距较大。日照间距是居住建筑规划中的主要影响因素。日照间距应满足有效日照时间冬至日满窗 1h 或大寒日满窗 2～3h(表 1.2)。建筑应满足《城市居住区规划设计标准》的规定。

防火间距是建筑物之间满足防火和疏散要求所需要的距离(图 2.53)，由于建筑功能和高度不同，房屋间距也不同，例如，高层与高层之间最小间距是 13m，高层与多层之间最小间距是 9m，多层与多层之间最小间距是 6m。

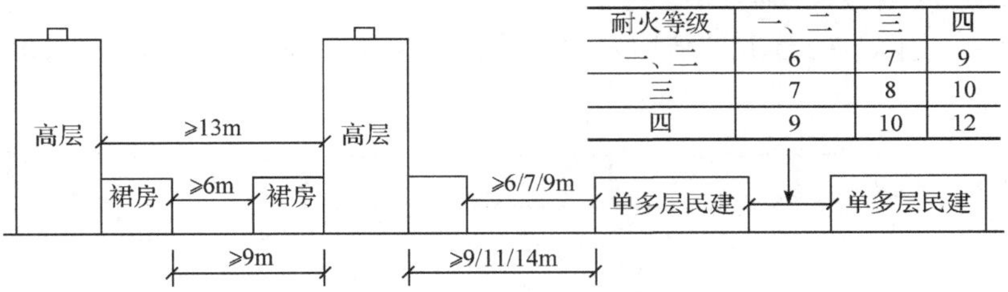

民用建筑之间的防火间距(单位：m)

耐火等级	一、二	三	四
一、二	6	7	9
三	7	8	10
四	9	10	12

图 2.53　建筑防火间距

① 相邻两座建筑物，当相邻外墙为不燃烧体且无外露的可燃性屋檐，每面外墙上未设置防火保护措施的门窗洞口不正对开设，且面积之和≤该外墙面积的 5%时，其防火间距可按本图规定减少 25%。② 相邻建筑通过连廊、天桥或底部的建筑物等连接时，其间距不应小于本图规定。③ 耐火等级低于四级的既有建筑物，其耐火等级按四级确定。
④ 单、多层民用建筑耐火等级分别为一、二/三/四级

视觉卫生间距是指相邻建筑布置时必须考虑视线干扰所需的距离。一般情况下，人与人之间的距离在 24m 内能辨别对方，12m 内能看清对方的容貌。例如，学校教学楼，为了保证教室的采光和防止声音、视线的干扰，间距要求应大于或等于 2.5H，而最小间距不小于 12m；相邻住宅楼的最小视觉卫生间距，各地有所差异，执行地方规定，大致为 14～20m。另外，建筑物之间的空间效果要求，绿化景观要求等因素也都影响建筑物之间的距离，具有特殊用途和工艺的建筑则需要按照工艺技术单独处理。

小　　结

(1) 决定房间面积的因素有家具设备所占用的面积、人体活动需要的面积、交通面积。

(2) 房间形状在满足使用功能的前提下，要充分考虑到结构、施工、建筑造型、美观等因素。

(3) 房间门的宽度、数量、位置应满足使用和疏散的要求，并符合国家规范中的有关规定。

(4) 走道宽度应满足使用要求，长度应满足疏散和采光要求。

(5) 楼梯形式、位置、数量应满足使用和美观。

(6) 门厅的形式和面积应根据建筑的规模和使用要求来决定。

(7) 影响平面组合计算的因素是使用功能、结构类型、设备管线和建筑造型。

(8) 平面组合设计的形式有走道式、套间式、大厅式、单元式和混合式。

第 3 章　建筑剖面设计

建筑剖面设计是建筑设计的基本内容之一，主要关注建筑各部分在垂直方向上的组成关系，如建筑空间的竖向形状和比例尺度、建筑层数和不同空间标高、建筑采光、通风方式、屋面排水、主体结构与围护结构方案以及建筑竖向空间的组合利用等(图 3.1)。

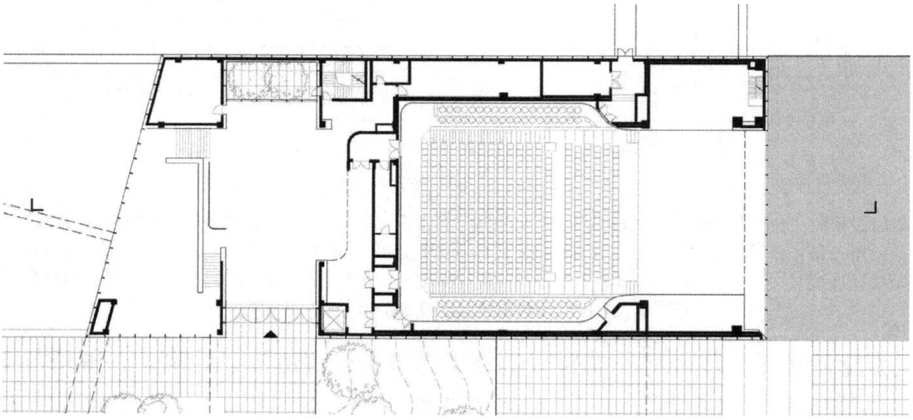

图 3.1　江苏宜兴雅达剧院平面图、剖面图

学习重点

重点关注：

1. 建筑剖面设计的研究内容。
2. 影响建筑剖面设计的因素。
3. 建筑的剖面形状的确定。

剖面设计需要满足建筑的使用功能、技术及经济条件、周围环境等不同方面的要求。在进行建筑设计时，平面、剖面与立面设计并不是截然分开的，而是互相制约和相互影响的，只是设计侧重点不同而已。平面设计是以解决建筑各个空间在水平方向的组合关系为重点，但在单个空间设计和平面组合设计中均必须考虑到各空间的竖向形状、组合后的空间特点以及由此形成的建筑外部形象等；剖面设计通常是在平面设计的基础上进行，同时其设计要求又会对平面设计产生一定影响。因此，在进行建筑设计时，必须充分考虑平面与剖面之间的相互影响与制约，通过不断调整修改，最终使二者同时满足各项设计要求。

由于建筑剖面设计和空间的竖向组合会直接影响到建筑使用功能、建筑造价、建筑用地、城市规划等，因此建筑剖面设计需要依据国家的法规和标准，在满足使用功能的同时，尽可能降低建筑造价和减少建筑用地，通过优化设计营造出良好的建筑空间与外部形象。

3.1　建筑的剖面形状

建筑的剖面形状主要是根据使用功能的具体要求来确定的，此外，建筑结构形式、建筑材料、采光与通风、施工技术及建筑造型等均会对建筑的剖面形状产生不同程度的影响。

3.1.1　使用功能的影响

建筑的剖面形状主要是由使用功能决定的，考虑到人的活动行为以及家具和设备的布置要求，地面和顶棚采用水平的平面形状最为有利。其中，矩形剖面的形状简单、规整、便于空间的竖向组合，同时其结构简单、节约空间、有利于布置梁板且施工方便，因此一般的建筑，如住宅、宿舍、学校、办公楼、商店等均采用矩形的剖面形状。影剧院的观众厅、体育馆比赛厅、阶梯教室和报告厅等，由于对视听环境质量存在特殊要求，因此除了其平面形状、大小要满足视距和视角，还需要在剖面设计上考虑视线遮挡与音质要求(图 3.2)。以下以剖面较为复杂的影剧院观众厅为例，分析使用功能对剖面的影响。影剧院的主要使用功能是观和听，因此观众厅的剖面设计应主要考虑可视性和可听性的需求。

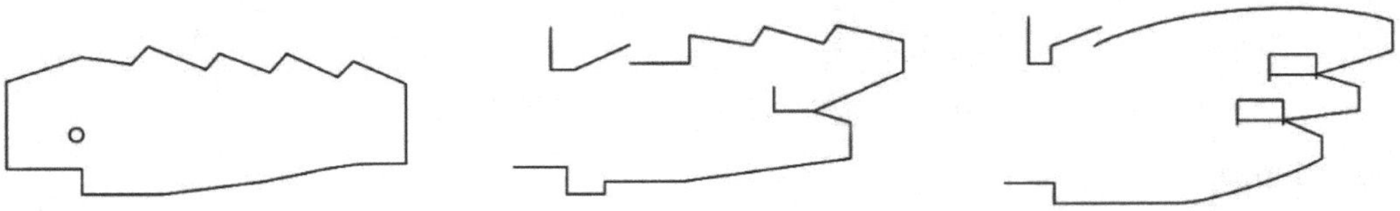

图 3.2　影剧院剖面示例

1. 可视性

使用功能的不同会导致设计视点的高度存在显著差异，设计视点一般与地面升起坡度、座位排列方式、排距、视线升高值等有关。一般来说，视点选择越低，地面升起坡度越大；视点选择越高，地面升起坡度越小，视点高度的选择要满足人的视线不受遮挡为限。观看行为的不同会导致设计视点的选择高度存在差异，电影院的视点高度通常选在银幕底边中心点，从而保证人的视线能够看到银幕全画面；体育馆内常进行多种比赛，视点选择多以较不利于观看的篮球比赛为依据，视点高度通常选在篮球场边线上空 0.3～0.5m 处；阶梯教室的视点高度通常选在讲台桌面，大约距地面 1.1m 处(图 3.3)；剧院的视点高度一般定于大幕在舞台面上水平投影的中心点。

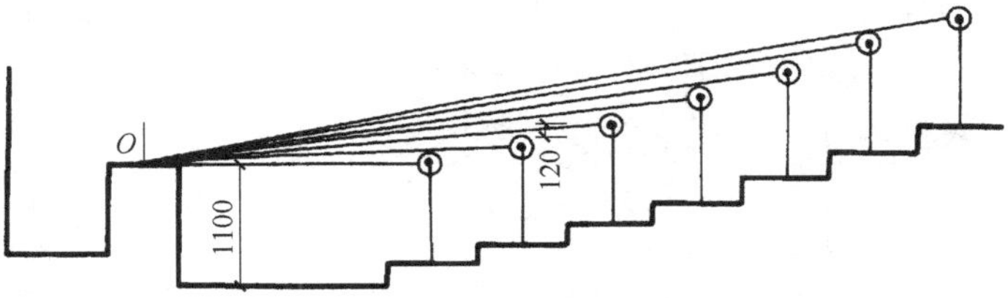

(a) 阶梯教室

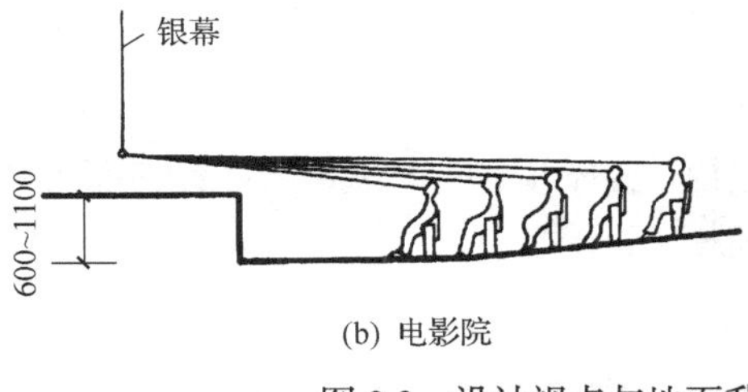

(b) 电影院

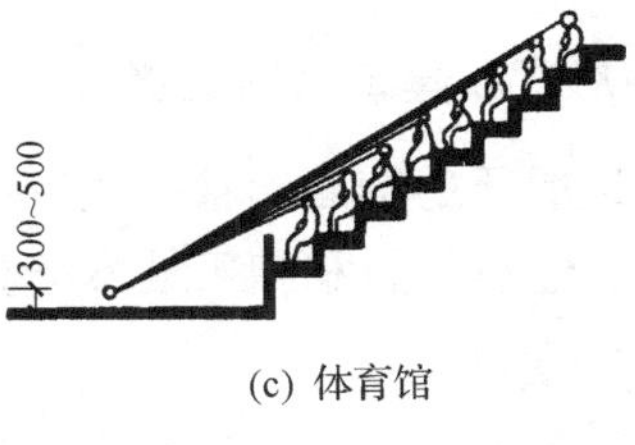

(c) 体育馆

图 3.3　设计视点与地面升起坡度的关系

设计视点确定后，需要进行地面升起坡度计算。首先，确定每排视线的升高值 C，C 值为后排观众的视线与前排观众眼睛之间的视高差，一般定为 120mm；当座位错位排列时，C 值为 60mm，从而保证人的视线不被遮挡(图 3.4)。与对位排列的布置相比，错位排列时的地面升起坡度要更缓一些。地面升起坡度的计算通常采用图解法、分阶递加法、相似三角形法等，具体计算方法可参考《建筑设计资料集(4)》(第三版)中演艺建筑部分。

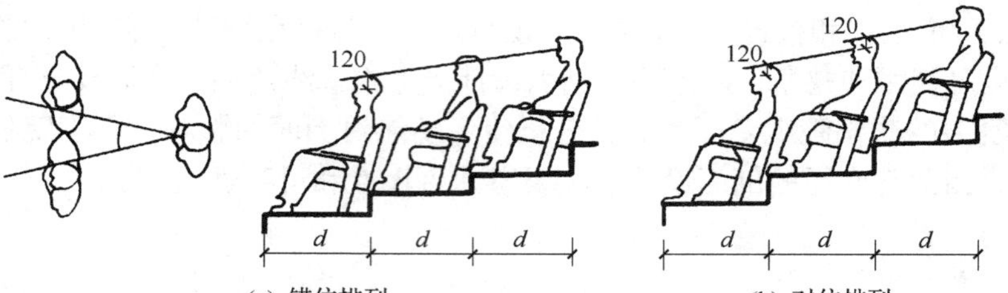

(a) 错位排列　　(b) 对位排列

图 3.4　视觉标准与地面升起坡度的关系

2. 可听性

影剧院的观众厅对音质的要求较高，由于演出时以演员的自然声为主，为了使观众厅各个区域均能获得良好的声学效果，需要增强观众厅前区的反射声，从而确保该区域能获得足够的混响时间。通常将台口与顶棚设置成声反射面，反射面通常设计成平行或倾斜于舞台方向的平面。为了避免声学缺陷，常采用外凸的弧面，而不采用内凹的弧面顶棚形式(图 3.5)，这是因为前者可获得比较均匀的混响时间，而内凹弧面容易出现声焦聚现象。可见，为了使整个观众厅的声场分布均匀且具有足够的混响时间，需要进行反射声设计，由此确定影剧院的剖面形状，不同观众厅剖面形状的声音反射示例如图 3.6 所示。

(a) 平面　　(b) 外凸的弧面　　(c) 内凹的弧面

图 3.5　声音反射示例

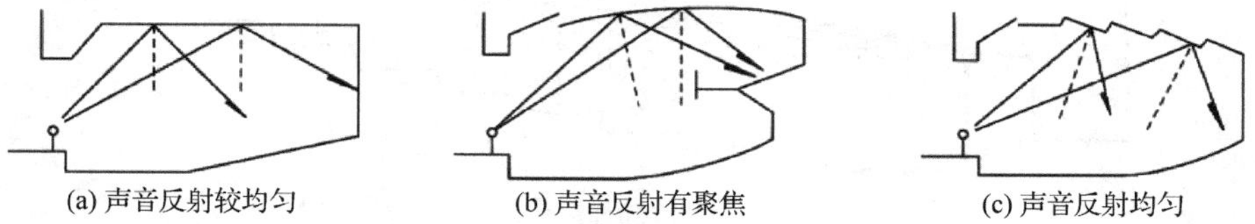

(a) 声音反射较均匀　　(b) 声音反射有聚焦　　(c) 声音反射均匀

图 3.6　不同观众厅剖面形状的声音反射示例

3.1.2　结构形式和建筑材料的影响

民用建筑屋顶的剖面形状一般有平屋顶、坡屋顶、曲面屋顶等，其剖面形状一般与建筑的结构形式、建筑材料和施工技术等直接相关。

1. 结构形式的影响

由于钢筋混凝土的自重较重，因此钢筋混凝土梁平屋顶结构形式的跨度通常较小；而钢制屋架、桁架的自重较轻，可获得较大的跨度空间；网架结构、壳体结构、悬索结构等由于是空间整体工作，可获得更大的跨度和空间，解决了大空间建筑屋顶覆盖面积与屋顶荷载较大的难题，如图 3.7 所示。

(a) 国家体育馆剖面图

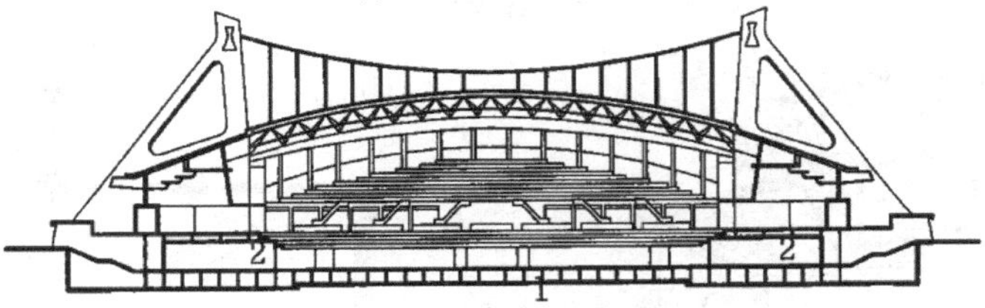

(b) 北京朝阳体育馆剖面图

图 3.7　建筑结构形式对剖面形状的影响

框架结构与筒体结构的出现使建筑高度获得了突破性的进展，高层和超高层建筑的高度可达几百米，在建筑的发展史上留下了不可磨灭的印记。

2. 建筑材料的影响

自人类开始建造房屋以来，始终采用随手可得的天然材料或经加工的砖石进行筑造，这些厚重、封闭的建筑虽然稳定，但是其空间尺度、跨度和高度都受到极大限制。钢铁和水泥的出现解决了材料受拉强度低的难题，并提高了建筑的抗压性能，人们不再采用厚重的墙体来平衡屋顶产生的侧推力，而是通过采用钢筋和混凝土建造大跨度、大空间且形态各异的高层和超高层建筑，法国埃菲尔铁塔和澳大利亚悉尼歌剧院独特的建筑形式至今仍令世人赞叹不止。

3.1.3　采光和通风要求对剖面的影响

1. 采光的影响

建筑通常都需要自然采光，而采光一般是通过在墙面或屋顶开窗实现的。当房间进深较小时，可在单侧设窗采光；当房间进深较大时，需在双侧设窗采光；当房间进深过大，两侧采光也不能满足室内的照度要求时，需要在屋顶开设天窗。屋顶天窗的形状各不相同，包括三角形天窗、矩形天窗、拱形天窗等；当房间净高较高但采光不足时，可增设高侧窗。不同的开窗设置均会改变建筑的剖面形状，各类天窗形式详见图 3.8。

2. 通风的影响

建筑通风包括自然通风和机械通风，二者都需要设置出气口和进气口，一般会在墙的两侧设窗进行空气对流，也可在一侧设窗，使空气上下对流。对于有特殊要求或湿度较大、温度较高、烟尘较多的房间，除了在墙面两侧开窗，还需在屋顶开设出气孔，通常以天窗的形式增加空气压差(图 3.9)。因此，不同的通风需求也会不同程度地改变建筑屋顶本来的形状。

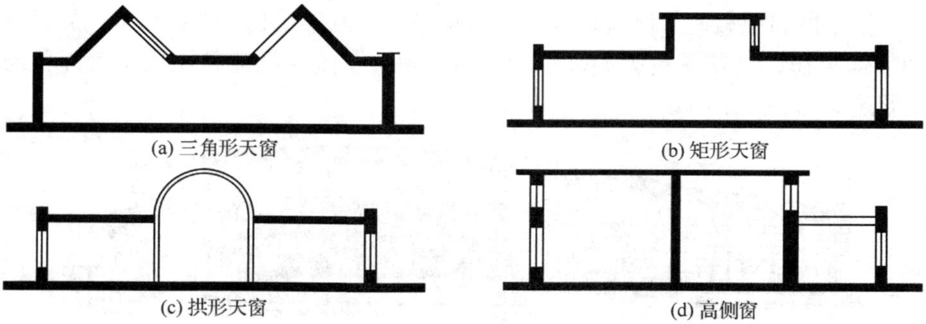

图 3.8　各类天窗形式

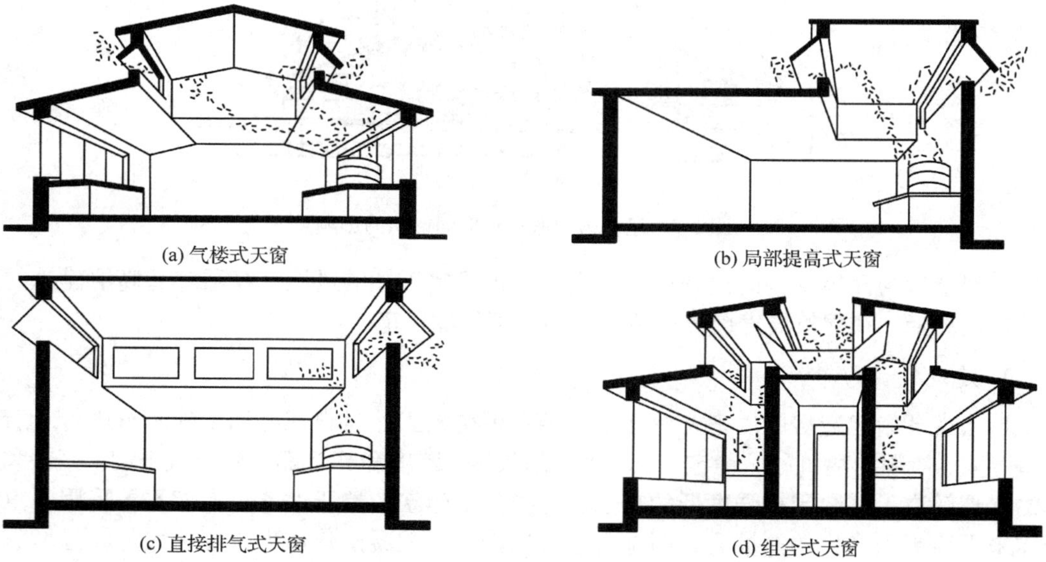

图 3.9　不同通风方式对剖面形状的影响

3.2　建筑各部分高度的确定

建筑的各部分高度主要包括建筑层高、房间净高、窗台高度、室内外地面高差和建筑总高度等(图 3.10)。

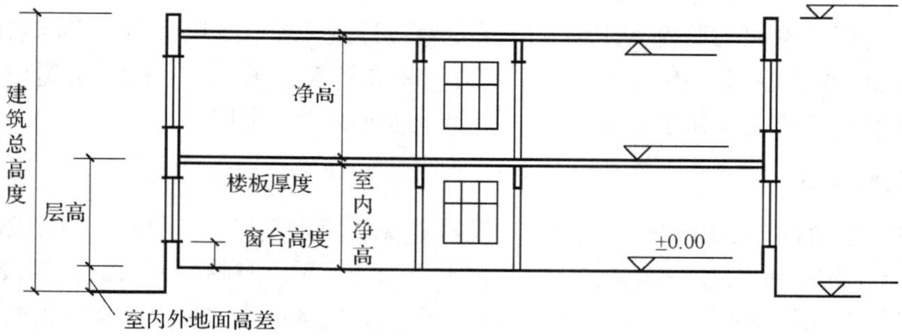

图 3.10　建筑各部分高度示例

3.2.1　建筑层高和净高

学习重点

重点关注：

1. 建筑层高和净高。

分析与思考：

1. 确定建筑的层高和净高需要考虑哪些因素？
2. 如何确定窗台高度？
3. 如何确定室内外地面高差？

建筑层高是指上下两层楼面之间的垂直距离。具体而言，它是从本层地面到上一层地面之间的垂直距离，这个距离包含了楼板的厚度以及楼面层的装修厚度等；净高是指该层的楼地面到该层吊顶、楼板或梁底面之间的垂直距离。当楼盖、屋盖的下悬构件或管道底面影响有效使用空间时，净高应按楼地面完成面至下悬构件下缘或管道底面之间的垂直距离计算。层高与净高示例如图 3.11 所示。

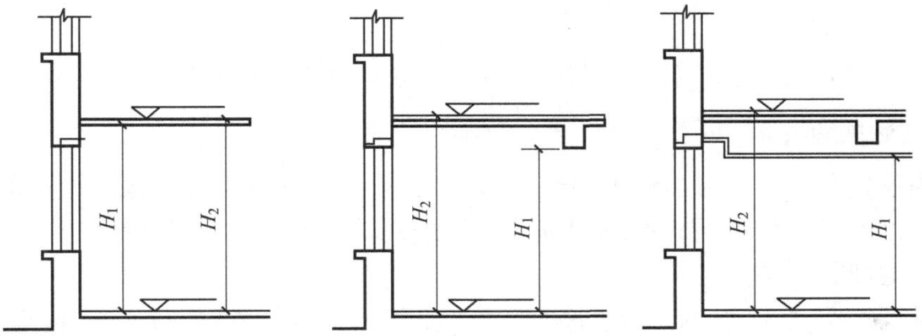

图 3.11　层高(H_2)和净高(H_1)示例

建筑层高是衡量建筑物竖向空间尺度的重要指标，是根据建筑的使用功能、人体活动、室内家具设备、采光通风、结构高度、技术经济以及室内空间比例等要求综合考虑诸因素来确定的，此外，还应符合国家现行相关建筑设计标准的规定。

1. 人体活动与家具设备的要求

建筑的净高与人体活动行为的尺度有关，一般情况下，室内的最小净高应以人举手触摸不到顶棚为宜，即不小于 2.2m(图 3.12)。我国根据建筑的使用功能、人体活动尺度、室内设备及家具尺度、采光、通风及卫生等因素确定了各类建筑的层高标准，设计人员应严格遵守国家的相关法规与标准。

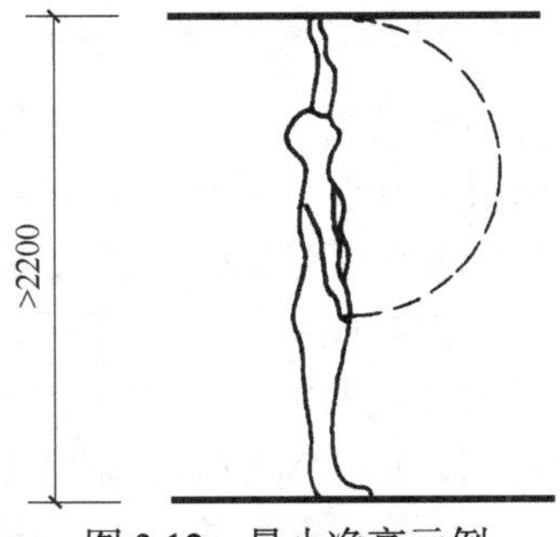

图 3.12　最小净高示例

一般的生活用房，如住宅的卧室、起居室等，由于室内使用人数少且房间面积较小，通常没有过高的家具和设备，因此层高可以低一些，但净高不应低于 2.6m；对于公共建筑，因其使用人数较多，房间面积大，因此层高需要高一些。以学校为例，由于学校教室的使用人数较多且房间面积较大，常取净高为 3.1m(小学)和 3.4m(中学)；就阶梯教室和阶梯报告厅而言，由于空间的使用人数较多且座位需要起坡(起坡高度根据排数计算确定)，因此室内的净高较高；就体育建筑而言，考虑到比赛功能和观众席的起坡设置等因素，场馆需要具有较高的净高与较大的空间，如球类比赛大厅的净高需要达到各种球类可能运行的最高极限；医院的治疗室除了需要满足治疗操作高度，还要满足医疗设备的高度(图 3.13)。

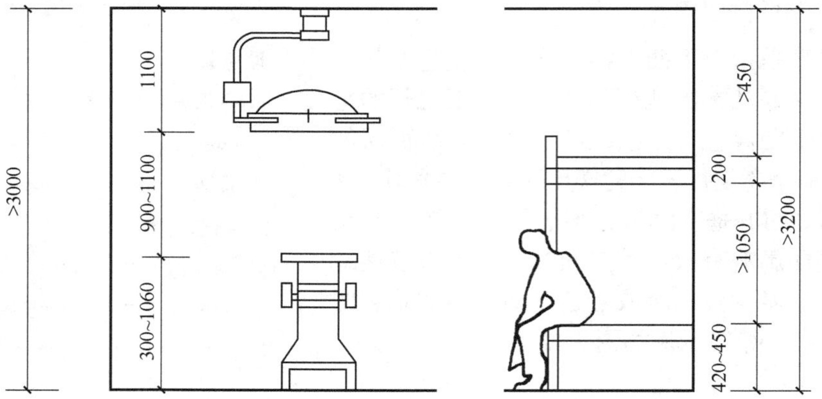

(a) 手术室　　(b) 宿舍

图 3.13　人体活动与家具设备对建筑高度的影响

2. 采光通风的要求

建筑的采光和通风要求不但影响剖面形状，还会直接影响高度。建筑的层高越高，窗口上沿越高，则射进房间内的光线越深远，所以进深较大或照明要求较高的建筑在不开设天窗时，必须增加其层高。

通风是利用空气流动的方式把室内的污浊空气、有害气体以及粉尘等输送至室外并同时补充新鲜空气的过程。为保证室内必要的空气卫生条件，除了在平面设计时做好通风组织，还要在剖面设计中考虑房间必需的空气容量。根据相关的卫生要求，中小学教室每个学生所需的空气容量为 3～5m^3，依据房间内的实际人数、面积，便可以计算出符合国家卫生标准要求的房间净高。例如，教室可容纳 50 名学生，每个学生所需的空气容量为 4m^3，那么所有学生共需 200m^3 的空气容量，如果教室面积是 58m^2，则符合国家卫生标准要求的房间净高应为 3.4m，层高应约为 3.6m。一般来说，使用人数越多，空气容量标准要求越高的房间，其净高也就越大。

3. 结构高度及其布置的要求

结构高度是指楼板、屋面板、梁及屋架等所占的高度，层高一般等于净高加上结构层与装饰层的高度。因此，在确定建筑层高时，不仅要考虑人体活动的净高要求、室内设备的高度、室内空气容量的高度要求，还应考虑建筑的结构高度。在结构安全可靠的前提下，适当减少结构高度可以增加房间的净高和降低建筑造价，因此合理地选择与设置结构承重方案具有十分重要的现实意义。开间与进深较小的房间可直接利用墙体承重，将楼板搭在承重墙上，以实现结构所占高度最小；开间与进深较大的房间通常需要设置梁，并将楼板搭在梁上，这种承重方案的结构高度通常较高。为减小结构高度，可以采用梁板合一的整浇式或花篮梁形的装配式结构；大跨建筑、大空间建筑的屋顶往往采用薄腹梁、屋架、空间网架等结构形式，结构的截面高度可达几米，因此如何减少结构高度是设计人员在进行建筑剖面设计时必须要考虑的问题。

4. 建筑经济效益的要求

建筑的层高设计和空间的竖向组合对建筑造价的影响较大，因此在进行剖面设计时应在满足使用功能要求的前提下，尽可能降低层高和室内外地面高差。降低层高不仅减少了建筑材料的用量与施工量，还能减少墙体自身的荷载；同时，降低层高可以降低建筑物的总高度，进而缩减建筑间距，节约建筑用地。

5. 室内空间比例的要求

室内空间的比例尺度会对人的心理产生直接影响，不同比例尺度的空间给人的心理感觉也各不相同。一般来说，低而小的空间会使人心理感觉温馨、亲切、宁静、安全；宽而低的空间会使人感觉压抑、沉闷；高而窄的空间会使人感觉局促、不安；在宽而高的空间内，独自一人时会感觉到空旷、冷清、迷茫，但人数众多时会感到兴奋、开敞、激动，这就是限定空间给人带来的奇妙心理感受。因此，在确定建筑净高时，应根据空间的使用功能要求，利用不同的空间比例和空间限定创造出具有不同心理感受的空间环境。一般来说，民用建筑的空间高宽比在 1∶1.5～1∶3 较为适宜(图 3.14)。

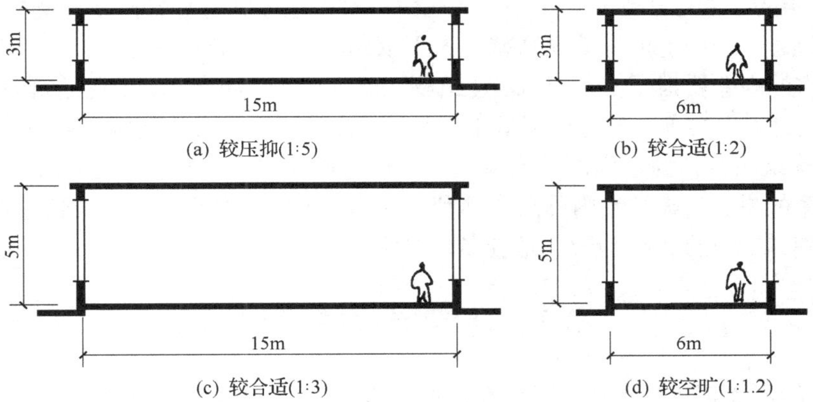

图 3.14　不同的空间比例尺度示例

3.2.2　窗台高度

窗台的高度一般与使用要求、家具设备布置等有关，窗台高度应满足人的生理与活动行为，并适应人的心理需求。因此，窗台高度应在人的坐姿视点以下，既能保证坐姿工作(学习)面的照度，同时又能兼顾人对窗外的可视性需求。在二层及以上的窗口，落地窗或高度过低的窗台都会限制人的活动行为，使人在心理上产生不安全感，同时也不利于严寒地区的保温节能以及采暖设备的安装；当窗台高度远高于工作(学习)面时，会形成阴影区，导致工作面照度不足，同时也限制了人对窗外的可视性，无法兼顾观赏功能。

书桌面的高度通常为 0.8m，考虑到窗户的内开需求，通常将窗台的高度设定为 0.8～0.9m，既保证了工作面的照度，又低于人坐姿的视点高度(图 3.15(a))。

对于具有特殊要求的房间，如展览建筑中的展厅、陈列室等，考虑到会在展览空间内沿墙面布置展板及物品，为了避免眩光，通常不在人的站立视点高度处设窗，而是在视点高度以上开设高侧窗或天窗(图 3.15(b))。此外，考虑到窗台到陈列品的距离要有 14°的保护角，因此窗台高度通常较高；卫生间的窗台高度需提高到人的站立视点以上，从而方便洗浴(图 3.15(b))。

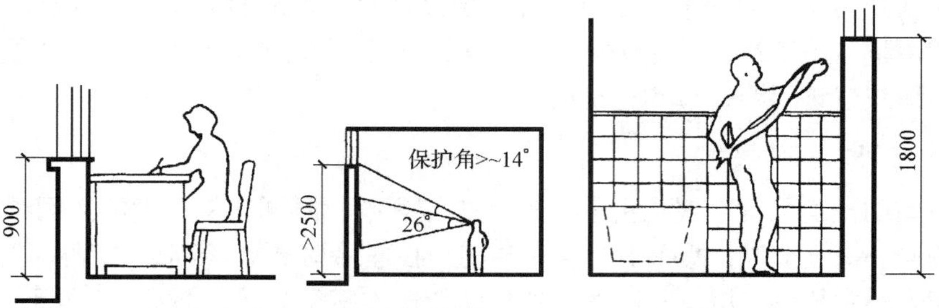

(a) 一般民用建筑　　(b) 展览建筑　　(c) 卫生间

图 3.15　窗台高度示例

3.2.3　室内外地面高差

为了防止室外雨水流入建筑室内，以及避免建筑底层地面潮湿等，在进行建筑设计时往往会让室内的底层地面高于室外的自然地面，室内地面到室外自然地面的垂直高度也叫室内外地面高差，一般室内外地面高差应大于1.5m，常取0.3～0.6m。对于一些有特殊要求的建筑，室内外高差要根据使用要求、建筑物性质来确定，如仓库、工业建筑等常有车辆出入，要求室内外联系方便，高差要尽量小一些，入口处不宜设台阶而应设坡道；就重要性建筑和纪念性建筑而言，为了强调其严肃性，常通过增加室内外高差来增加建筑物基座的高度。需要注意的是，过大的室内外高差不利于室内外的空间联系，还会导致建筑造价增加；山地、坡地建筑通常会根据地形、地貌条件确定室内外高差。

3.3　建筑层数的确定

确定建筑层数需要考虑的主要因素包括建筑的使用性质及要求、城市设计和规划的要求、建筑防火的要求、建筑造价的影响以及建筑结构类型与材料的影响等。

> **学习重点**
>
> **分析与思考：**
>
> 1. 影响建筑层数的主要因素有哪些？

1. 建筑的使用性质及要求对层数的影响

建筑的使用性质会对其层数有一定的影响与制约。体育馆、影剧院、游乐厅等大型公共建筑，由于具有较大的空间与面积，且聚集人数较多，楼地面荷载较大，需要兼顾室内外联系方便和安全快速疏散等，因此往往建造为单层或低层建筑；托儿所、幼儿园、敬老院等，为了便于儿童和老人经常性的户外活动和使用安全，其建筑层数不宜超过三层；学校为了便于人员集中管理和日常使用，一般不宜设计为高层建筑；人员活动相对独立、集中，区域活动性较强，且建造于市区繁华地段、土地造价极高的建筑，不宜在地面水平伸展，只能向高处垂直延伸，可建造高层建筑。

2. 城市设计和规划要求对建筑层数的影响

城市设计和规划对建筑层数和建筑高度都有明确的要求，特别是位于城市主要街道两侧、广场周围、风景区和历史建筑保护区的建筑，必须重视其与环境的关系，建筑之间还要满足日照间距、防火间距等要求。

3. 建筑防火要求对层数的影响

根据《建筑设计防火规范》GB 50016—2014 的有关规定，建筑防火要求对建筑的层数有相应的限制，例如，独立建造的三级耐火等级老年人照料设施，其建筑层数不应超过 2 层；当商店建筑、展览建筑的耐火等级为三级时，不应超过 2 层，若耐火等级为四级，应为单层；当托儿所、幼儿园的耐火等级为一、二级时，不应超过 3 层，若耐火等级为三级，不应超过 2 层，若耐火等级为四级，应为单层；当教学建筑、食堂、菜市场为三级耐火等级时，不应超过 2 层，若为四级耐火等级，应为单层；当剧场、电影院、礼堂的耐火等级为三级时，不应超过 2 层，等等。

4. 建筑造价对层数的影响

对于住宅等大量性民用建筑来说，在多层建筑的范围内增加层数可以有效降低建筑造价。以砖混结构为例，在建筑平面与占地面积均不变的情况下，随着层数增加，建筑面积也相应增加，而土地、基础、屋盖等的费用相对减少，单方造价明显降低；但到了一定层数以上时，由于荷载较大，结构的受力发生很大变化，设备要求也相应提高，层数的增加使建筑的单方造价显著升高，因此一般建造 3～6 层的砖混结构建筑较为经济。

建筑层数与建筑造价的关系还体现在群体组合中，一般建筑层数越多，用地越经济。当建筑面积相同时，层数越少，占地面积越大；层数越多，占地面积越少。把一幢五层建筑与五幢单层建筑相比较，在保证同样日照间距的条件下，用地面积要相差近两倍(图 3.16)。可见，增加建筑层数是减少建筑用地面积的主要途径。

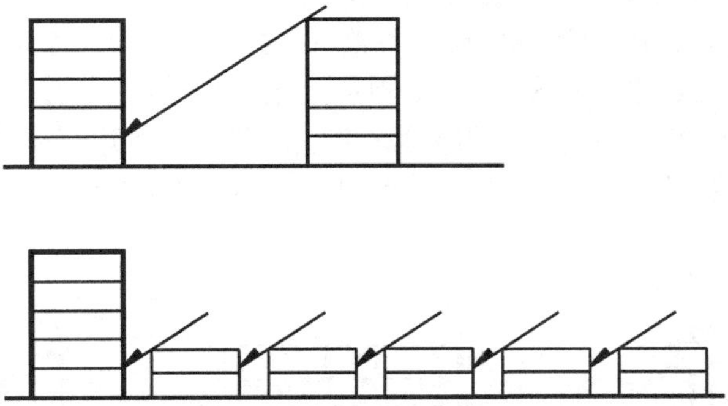

图 3.16　单层与多层建筑的用地比较

5. 建筑结构类型与材料对层数的影响

建筑结构类型与材料是影响建筑层数的主要因素。砖混结构的建筑由于其墙身自重较大、墙体强度较低、整体性较差，常用于建造七层及七层以下的民用建筑，如多层住宅、办公楼等；八层以上的高层建筑由于其自身的垂直荷载较大，同时又受到水平风荷载及地震荷载的影响，因此需要同时具有足够的强度、刚度和稳定性，一般的砖砌体墙难以满足高层建筑的强度要求。钢筋混凝土框架结构、框架剪力墙结构以及筒体结构等结构形式的出现，使高层和超高层建筑成为可能，目前世界各国建造的高层宾馆、高层办公楼、高层住宅等都是采用这些结构形式，建筑材料均为钢及钢筋混凝土。钢及钢筋混凝土等建筑材料不仅有助于解决高层建筑的结构体系难题，同时也可应用于大空间、大跨度的建筑结构体系。悬索结构、空间网架壳体、折板结构等均是大跨度屋盖的主要结构体系，适用于单层、低层大跨度建筑，如体育馆、会展中心等。综上所述，在确定建筑层数时，要综合考虑各方面的影响因素，从而确定经济、合理、安全、可靠的结构形式与建筑层数。

3.4　建筑空间的组合与利用

3.4.1　建筑空间的组合

> **学习重点**
>
> 分析与思考：
>
> 1. 建筑空间组合的方式有哪些?
> 2. 当空间高度相差较大时，其组合方式有哪些?

1. 高度相同或高度相近的空间组合

一幢建筑中常常有许多高度相同、使用性质相近的空间，如教学楼中的普通教室和实验室，住宅中的卧室和起居室，办公楼中的各类办公室等。在进行设计时可以将使用性质相同(或相近)且联系紧密的房间组合在同一层；将使用性质不同且联系不多的房间组合在上下层，并通过楼梯相互联系，构成水平和垂直相通的空间。由于这些房间人的活动行为相同或相近，因此其组合方式不仅结构布置合理，还有利于统一各层标高。对于联系紧密但层高不同的房间，在满足其使用要求的前提下，可以通过调整少数房间的高度，使之层高相同，如住宅中的厨房、卫生间等，教学楼中的教室、实验室与厕所、储藏间等，从使用要求上来说，需要将其组合在同一层，因此可以把这些房间调整到同一高度。就教学楼中的办公室而言，由于其数量较多，但开间、进深较小，层高也较低，因此可以将全部办公室分离出来组合在一起，并通过走道踏步来调整办公室和教学活动区的层高高差；就教学楼中的阶梯大教室而言，由于其层高与普通教室、办公室等存在显著差异，很难组合在一起，因此可以采用单独处理的方式，例如，单层附建于教学楼一端；音乐教室的层高虽然与普通教室相同，但属于喧闹环境，在功能分区上宜设置在主体建筑尽端。这样的空间组合方式能够满足各个空间的使用要求，结构布置也比较合理且较为经济(图 3.17)。

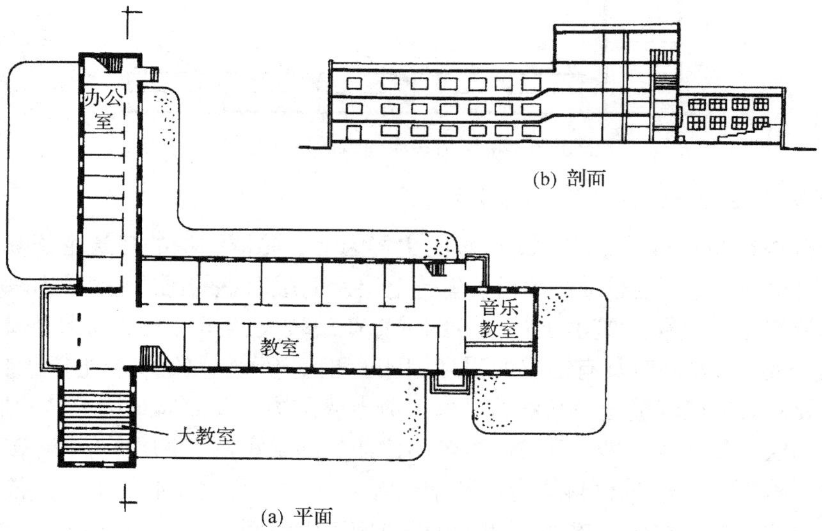

(b) 剖面

(a) 平面

图 3.17　中学教学楼空间组合示例

2. 高度相差较大的空间组合

对于高度相差较大的房间，在空间组合时，可按照各房间的使用要求分别确定层高，再进行空间组合，以联系方便、使用合理、互不干扰为原则。

多层建筑通常会将层高较大的房间布置在底层、顶层或主体建筑一端，如住宅底层的商店、车库，办公楼一端或顶层的大会议室，学校主体建筑尽端的阶梯教室等(图 3.18)。

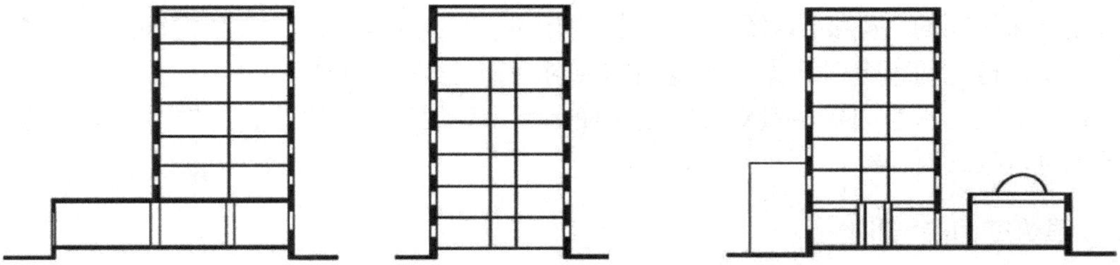

图 3.18　层高相差较大的房间组合示例

当高层建筑中空间的高度相差较大时，常把层高较高、使用率较高的房间布置在底层，如大厅、接待室、会客厅、歌舞厅等；把层高较高但使用率相对不高的房间(属于安静环境)置于建筑顶层，如会议厅、旋转餐厅等；也常常会将层高较高、使用率较高、人流较多且振动声较大的歌厅、舞厅、餐厅等放在主体建筑周围的裙房中。这样的空间组合形式既能满足建筑的使用功能要求，又便于联系(图 3.19)。

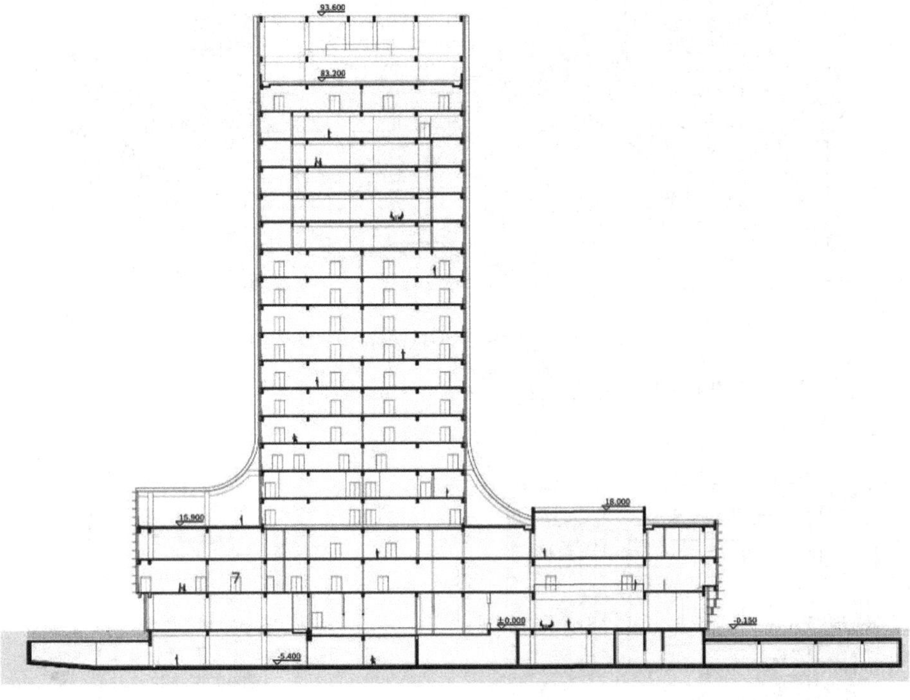

图 3.19　有裙房的高层建筑

当建筑中的空间高度相差特别大时，如体育馆、影剧院、火车站、航空港等，这些大空间建筑的空间组合特点为：①大空间内包含小空间；②小空间围合大空间。例如，体育馆的比赛大厅观众席下面及其周围通常围合布置不同层高的办公室、休息室、器材室等；影剧院的观众厅周围通常围合布置不同层高的休息厅、舞台、放映室、办公室、化妆室、卫生间等；火车站、航空港的候车、候机厅内通常包含办公室、售票间、检查室等。如何科学地进行大厅和周围房间的交通组织，合理地布置各个房间的位置、大小和高度是建筑空间组合设计中的重要内容。

综上所述，无论是简单的空间组合还是复杂的空间组合，都应考虑以下几点：

(1) 进深相同的房间要尽量组合在一起，有利于简化结构以及上下层空间的组合利用。

(2) 在进行空间组合时，上下承重结构要对齐，尤其是承重墙和外墙。

(3) 上下层用水空间要尽量对齐，避免使上下水管道转弯、打折，这样不仅节省管线还有利于下水管道的畅通。

3.4.2 建筑空间的利用

充分利用建筑的内部空间，是指在建筑占地面积和平面布置基本不变的情况下，尽可能扩大使用面积，充分发挥房屋投资的经济效益。

(1) 夹层空间的利用，如图 3.20 所示。

图 3.20 阅览室中利用夹层空间设置开架书库

(2) 房间上部空间的利用，如图 3.21 所示。

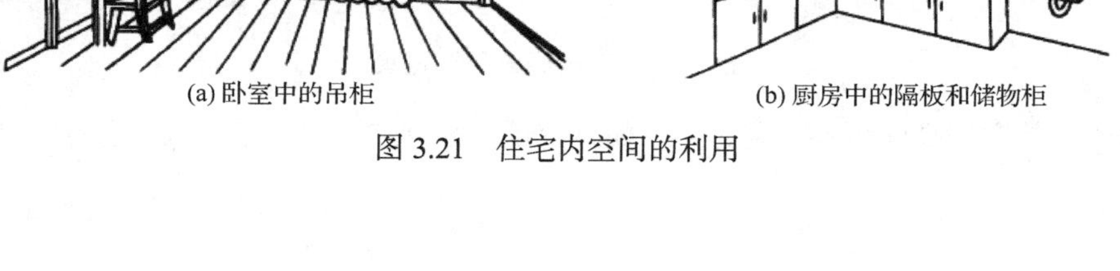

(a) 卧室中的吊柜　　(b) 厨房中的隔板和储物柜

图 3.21 住宅内空间的利用

(3) 结构空间的利用，如图 3.22 所示。

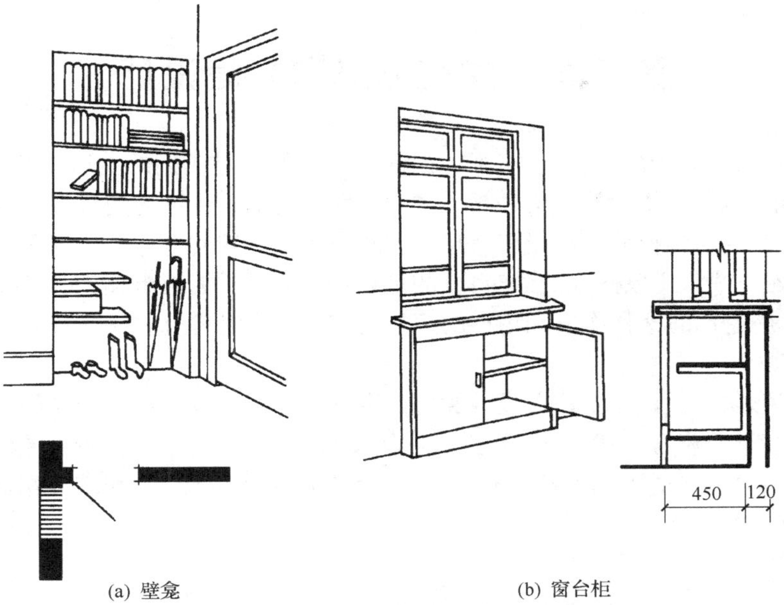

(a) 壁龛　(b) 窗台柜

图 3.22　利用墙体空间设置壁龛、窗台柜

小　　结

(1) 建筑剖面设计包括建筑剖面形状、建筑层高与净高，以及各部分高度和层数的确定、建筑空间的组合与利用等内容。

(2) 建筑的剖面形状主要是根据使用功能的具体要求来确定的，此外，建筑结构形式、建筑材料、采光与通风、施工技术，以及建筑造型等均会对建筑的剖面形状产生不同程度的影响。

(3) 建筑的各部分高度主要包括建筑层高、房间净高、窗台高度、室内外地面高差和建筑总高度等。建筑层高是衡量建筑物竖向空间尺度的重要指标，是根据建筑的使用功能、人体活动、室内家具设备、采光通风、结构高度、技术经济，以及室内空间比例等要求综合考虑诸因素来确定的，此外，还应符合国家现行相关建筑设计标准的规定。

(4) 建筑空间的组合应根据其使用性质和空间特点，在垂直方向进行合理分区，对于不同类型的建筑空间应采取与其相适应的组合方式。无论是简单的空间组合还是复杂的空间组合，都应考虑以下几点：①进深相同的房间要尽量组合在一起，有利于简化结构以及上下层空间的组合利用；②在进行空间组合时，上下承重结构要对齐，尤其是承重墙和外墙；③上下层用水空间要尽量对齐，避免使上下水管道转弯、打折。

第 4 章　建筑体形和立面设计

建筑物既是技术产品，也是艺术品，因此它不仅要满足人们的生活、工作、娱乐、生产等物质功能要求，还要满足人们精神、文化方面的需要，建筑的美观在一定程度上反映了社会的文化生活、精神面貌和经济基础。不同类型的建筑对艺术方面的要求不同，有些建筑物(具有纪念意义、象征性的建筑物)的形象和艺术效果常常起着决定性的作用，成为主要因素。正是建筑的这种物质和精神的双重功能属性，使建筑的体形及立面设计才显得十分重要。

建筑外部形象的设计包括体形设计和立面设计两部分，其主要内容是研究建筑物的群体关系、体量大小、组合方式、立面及细部比例关系等。建筑物的外部形象是设计者运用建筑构图法则，使坚固、适用、经济和美观等要求不断统一的结果。本章将介绍如何创造出丰富的建筑外部形象。

4.1　影响建筑体形和立面设计的因素

4.1.1　建筑功能和建筑类型特征

学习重点

分析与思考：

1. 影响建筑体形和立面设计的因素有哪些？

建筑是为供人们生产、生活、工作、娱乐等活动而建造的房屋，这就要求建筑设计首先要从功能出发，不同的功能要求形成了不同的建筑空间，而不同的建筑空间所构成的建筑实体又形成建筑外形的变化，因而产生了不同类型的建筑外观。与此同时，建筑的外观形象又反映出建筑的性质、类型。形式服从功能是建筑设计遵循的原则，一个优秀的建筑外部形象应充分反映出室内空间的要求和建筑物的不同性格特征，达到形式与内容的辩证统一，由此产生建筑的类型特征(图 4.1)。

4.1.2　材料、结构和施工要求

建筑是运用大量的建筑材料，通过一定的技术手段建造起来的，可以说，没有将建筑设想变成物质现实的物质基础和工程技术，就没有建筑艺术。因此，它必然在很大程度上受到

(a) 影剧院建筑

(b) 住宅建筑

图 4.1　不同建筑类型的外形特征

物质和技术条件的制约。

不同结构形式由于其受力特点不同，反映在体形和立面上的特征也截然不同。例如，砖混结构，由于外墙要承受结构的荷载，立面开窗受到严格的限制，因而其外部形象就显得厚重；而框架结构由于其外墙不承重，则可以开大窗或带形窗，外部形象就显得开敞、轻巧；空间结构不仅为大型活动提供了理想的使用空间，同时各种形式的空间结构又赋予建筑极富感染力的独特的外部形象。图 4.2 是不同结构类型形成的建筑外部形象。

此外，不同装修材料的运用，其艺术表现效果明显不同，在相当程度上影响到建筑作品的外观和效果(图 4.3)。

4.1.3　建筑规划与环境

单体建筑是规划群体的一个局部，群体建筑是城市规划的一部分，所以拟建房屋无论是在建筑体形、立面方面，还是建筑空间组合等方面，都应考虑和规划建筑群体的配合，同时还要注意与周围道路、原有建筑呼应配合，考虑与地形、绿化等基地环境协调一致，使建筑与室外环境有机地融合在一起，达到和谐统一的效果，如图 4.4 所示。

(a) 混合结构点式住宅建筑

(b) 框架结构建筑

(c) 薄壳结构建筑

图 4.2　不同结构类型的建筑

(a) 玻璃幕墙建筑

(b) 石墙建筑

图 4.3　不同墙面材料的建筑

图 4.4　某商业组群建筑

若在山区或坡地上建房，就应顺应地势的起伏变化来考虑建筑的布局和形式，往往会取得高低错落的变化，从而产生多变的体形，如图 4.5 所示。

图 4.5　某山区建筑

此外，气候、朝向、日照、常年风向等因素也都会对建筑的体形和立面设计产生十分重要的影响。图 4.6 是不同气候区的建筑形式。

(a) 北方建筑界面封闭　　(b) 南方建筑界面开放

图 4.6　不同气候区的建筑形式

4.1.4　建筑标准与经济因素

房屋建筑在国家基本建设投资中占有很大比重，因此设计者应严格执行国家规定的建筑标准和相应的经济指标，在设计时要区别对待大型公共建筑和大量性民用建筑，既要防止滥用高级材料造成浪费，同时也要防止片面节约、盲目追求低标准而造成使用功能不合理及破坏建筑形象。此外，设计者应提高自身设计修养与水平，在一定经济条件下，合理巧妙地运用物质技术手段和构图法则，努力创新，设计出适用、合理、经济、美观的建筑。

4.1.5 精神与审美

建筑的外观形象还要考虑到人们对建筑所提出的精神和审美方面的要求。

有史以来，建筑作为一种巨大的物质财富，通常掌握在统治阶级手中，它不仅要满足统治阶级对它提出的物质功能要求，而且还必须反映社会的意识形态。无论是我国气势磅礴的故宫还是古埃及建筑，都以其特有的建筑空间和体形的艺术效果抽象地表达着统治阶级的威严和意志；高耸入天的教堂，所采用的细而高的比例、竖向线条的装饰尖拱、尖塔等形式，也无不表现了人们对宗教神权的无限向往和崇拜。对于教堂、寺庙、纪念碑等建筑，左右其外部形式的与其说是物质功能，不如说是精神方面的要求，如图 4.7 所示。

(a) 庄严、宏伟的明清故宫

(b) 巴黎凯旋门：象征胜利的纪念性建筑

(c) 哈尔滨圣·索菲亚教堂

图 4.7 象征性、纪念性较强的建筑示例

此外，同一时代的建筑之所以风格迥异，与不同国家、民族、地区的特点与审美观及设计流派密切相关。

4.2 建筑体形和立面设计的一般规律及设计方法

4.2.1 建筑体形和立面设计的一般规律

建筑构图规律是历代建筑师在长期的实践中通过自身的认识和经验总结出来的精华，这些规律来源于实践又用之于实际设计中，因此对于设计者来说，掌握、研究并充实完善这些规律是很重要的。

1. 统一与变化

统一与变化(即统一中求变化)是形式美的根本规律。形式美的其他方面，如韵律、节奏、主从、对比、比例、尺度等实际上是统一与变化在各方面的体现。

统一与变化缺一不可。建筑如果有统一而无变化就会产生呆板、单调、不丰富的感觉；反过来有变化而无统一,又会使建筑显得杂乱、烦琐、无秩序。要创造美的建筑，就要学习掌握恰当地运用统一与变化这个美的最基本的法则，图 4.8 是统一与变化处理较好的范例。

图 4.8　德国某建筑

学习重点

重点关注：

1. 建筑体形与立面设计的一般规律。

分析与思考：

1. 简述建筑构图中统一与变化的含义，并用图例加以说明。
2. 简述建筑构图中主从与重点的含义，并用图例加以说明。
3. 简述建筑构图中均衡与稳定的含义，并用图例加以说明。
4. 简述建筑构图中对比与微差的含义，并用图例加以说明。
5. 简述建筑构图中韵律与节奏的含义，并用图例加以说明。
6. 简述建筑构图中比例与尺度的含义，并用图例加以说明。
7. 体形组合有几种方式？各有什么特点？
8. 简述立面设计的处理方法。

2. 主从与重点

在建筑设计实践中，从平面组合到立面处理，从内部空间到外部体形，从细部装饰到群体组合，为了达到统一，都应当处理好主与从、重点与一般的关系。一幢建筑如果没有重点或中心，不仅使人感到平淡无奇，而且还会由于松散以至失去有机统一性。

针对主从与重点，设计者可采取的手法有很多。对于由若干要素组合而成的整体，如果把作为主体的大体量要素置于中央突出地位，让其他次要要素从属于主体，这样就可以使之成为有机统一的整体。同时，充分利用功能特点，有意识地突出其中的某个部分，并以此为重点或中心，而使其他部分明显处于从属地位，同样可以达到主从分明、完整统一的效果，如图 4.9 所示。

3. 均衡与稳定

均衡与稳定是人们在长期实践中形成的观念，从而被当成一种建筑美学的原则来遵循。均衡是指建筑物各体量在建筑构图中的左右、前后等相对轻重关系；稳定是指建筑物在建筑

图 4.9　主从分明、重点突出的建筑示例

构图上的上下轻重关系。

均衡可以分为两大类，一类是对称形式的均衡；另一类是不对称形式的均衡。如图 4.10 和图 4.11 所示，前者较严谨，能给人以庄严的感觉；后者较灵活，给人以轻巧和活泼的感觉。采取哪一种形式的均衡，需要综合考虑建筑物的功能要求、性格特征，以及地形、环境等条件。

图 4.10　对称均衡式建筑示例

图 4.11　不对称均衡式建筑示例

上小下大的建筑物可以使人感到稳定，如图 4.12 所示。但随着现代新结构、新材料、新技术的发展，人们的审美观得到了丰富，传统的稳定观念也在逐渐改变，底层架空甚至上大下小的某些悬臂结构为人们所接受、喜爱，如图 4.13 所示。

图 4.12　上小下大稳定感的建筑示例

图 4.13　新材料、新技术使上大下小的建筑

4. 对比与微差

对比指的是要素之间显著的差异，在建筑设计上存在许多对比要素，如体量大小、高低，线条曲与直、粗与细、水平与垂直，虚与实，以及材料质感、色彩等；微差指的是不显

著的差异，它反映出一种性质向另一种性质转变的连续性，如由重逐渐转变为次重和较轻。就形式美而言，这两者都是不可少的，对比可以借彼此之间的烘托陪衬来突出各自的特点以求得变化；微差则可以借相互之间的共同性求得和谐。没有对比会使人感到单调，过分地强调对比以至失去了相互之间的协调一致性，则可能造成混乱。只有把这两者巧妙地结合在一起，才能实现既变化多样又和谐统一，如图 4.14 和图 4.15 所示。

图 4.14 运用虚实对比处理手法的建筑示例

图 4.15 巴黎圣母院

门窗的对比与微差使得立面和谐统一又富有变化

5. 韵律与节奏

韵律与节奏是建筑构图最重要的手段之一，韵律美和节奏感在建筑中的体现极为广泛，有人把建筑比作凝固的音乐，原因就在于此。

韵律是最简单的重复形式，它是在均匀交替一个或一些要素的基础上形成的，在建筑的外观上表现出窗、窗间墙、门洞等呈韵律的布置，如图 4.16 和图 4.17 所示。

节奏是较复杂的重复，它不仅是简单的韵律重复，还常常伴有一些因素的交替。节奏中包括某些属性有规律的变化，即它们数量、形式、大小等的增加或减少，有明显构图中心的建筑物，通常会进行有节奏的布置，如图 4.16 和图 4.17 所示。

(a) 韵律排列

(b) 节奏排列

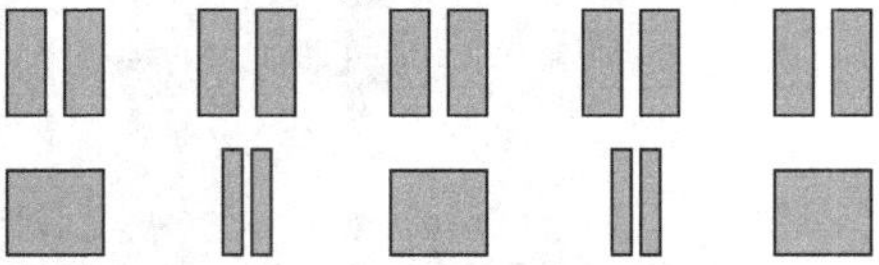
(c) 韵律与节奏的配合

图 4.16　组成要素的韵律布置和节奏布置图示

6. 比例与尺度

比例是建筑艺术中用于协调建筑物尺寸的基本手段之一，是指局部本身和整体之间的关系。任何建筑都存在着长、宽、高三个方向之间的大小关系，比例所研究的正是这三者之间的理想关系。良好的比例可以给人以典雅、舒适、和谐的感受。如图 4.18 所示，从柱式到门廊都是经过精心研究而确定的。门廊呈黄金分割比例(m_1/M_1，m_2/M_2)的划分使建筑显得典雅、舒适、和谐。

(a) 某学校示例

(b) 印度泰姬陵

图 4.17　韵律布置与节奏布置在建筑中的体现

图 4.18　帕特农神庙

尺度所研究的是建筑物的整体或局部给人感觉上的大小印象和其真实大小之间的关系问题。在设计中，利用一些尺寸保持恒定不变的构件，如栏杆、扶手、踏步等与建筑物的整体或局部进行比较，将有助于获得正确的尺度感。图 4.19 是以人的正常高度与建筑物高度比较所获得的不同尺度感。尺度正确和比例协调，是使立面完整统一的重要方面。

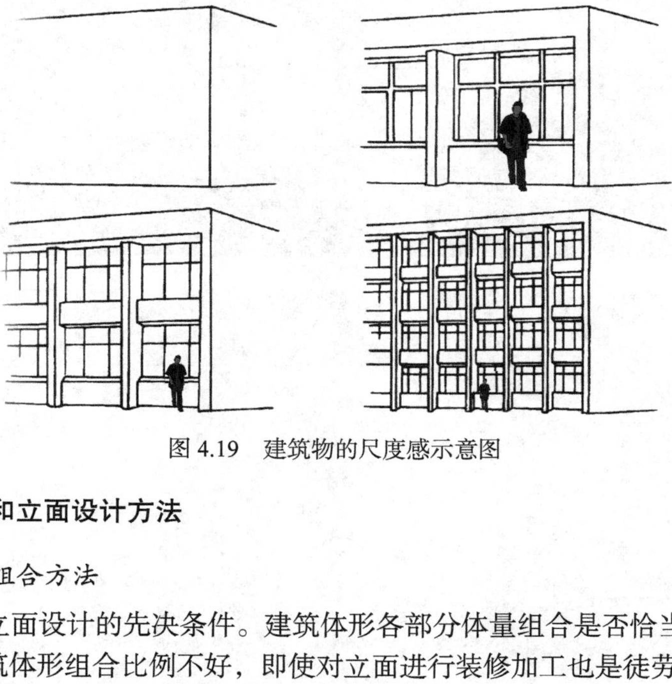

图 4.19　建筑物的尺度感示意图

4.2.2　建筑体形和立面设计方法

1. 建筑体形组合方法

体形组合是立面设计的先决条件。建筑体形各部分体量组合是否恰当，直接影响到建筑造型。如果建筑体形组合比例不好，即使对立面进行装修加工也是徒劳的。

1)体形组合方式

(1)单一体形。单一体形是指整个建筑基本上是一个较完整的简单几何体形，它造型统一、完整，没有明显的主次关系，在大、中、小型建筑中都有所采用(图 4.20)。

图 4.20　单一体形建筑示例

(2) 组合体形。由于建筑功能、规模和地段条件等因素的影响，很多建筑物不是由单一的体量组成的，往往是由若干个不同体量组成较复杂的组合体形，并且在外形上呈现出大小不同、前后凹凸、高低错落等变化。组合体形一般又分为两类，一类是对称式，另一类是非对称式。对称式体形组合的主从关系明确，体形较完整统一，给人庄严、端正、均衡、严谨的感觉；非对称式体形组合的布局灵活，能充分满足功能要求，并与周围环境有机地结合在一起，给人以活泼、轻巧、舒展的感觉，如图 4.21～图 4.23 所示。

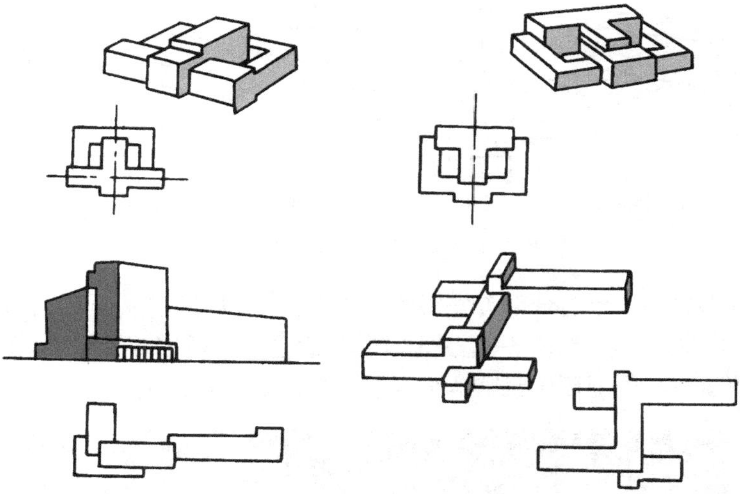

图 4.21　体形组合示例

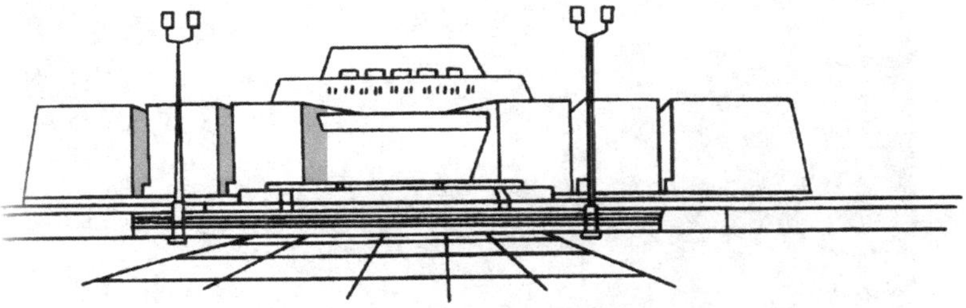

图 4.22　对称式体形组合建筑示例

2) 体量的联系与交接

体形组合中各体量之间的交接如何，直接影响到建筑的外部形象，在设计中常采用直接连接、咬接及以走廊为连接体的交接方式，如图 4.24 所示。

图 4.23　非对称式体形组合建筑示例

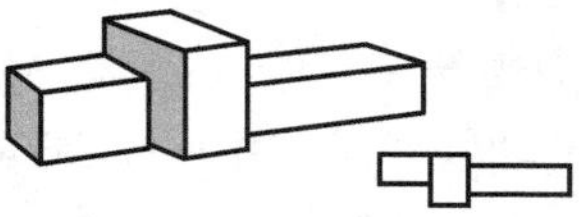

(a) 不同体量直接连接

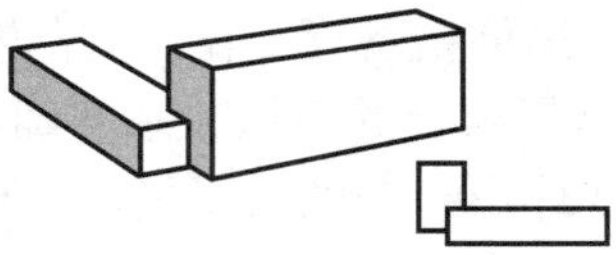

(b) 不同体量相互咬接在一起

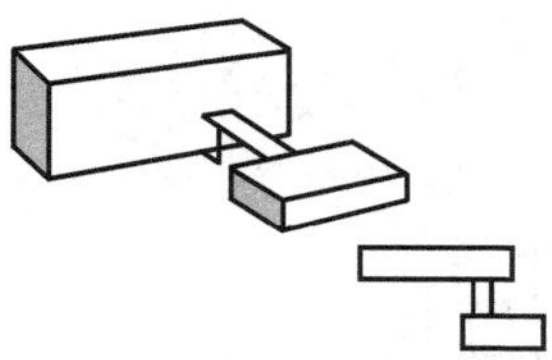

(c) 不同体量之间靠走廊连接在一起

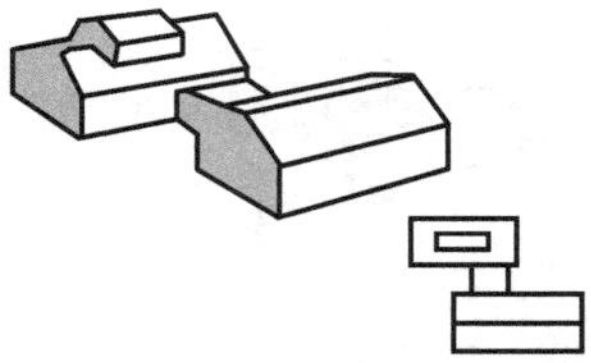

(d) 采用较小的体量来作为较大体量之间的连接体

图 4.24　体量交接的几种方式示例

无论哪一种形式的体形组合都首先要遵循构图法则，做到主从分明、比例恰当、交接明确、布局均衡、整体稳定和协调统一。此外，体形组合还应适应基地地形、环境和建筑规划的群体布置，使建筑与周围环境紧密地结合在一起，如图 4.25 所示。

图 4.25　著名的流水别墅

2. 建筑立面设计

建筑立面是由门、窗、墙、柱、阳台、雨篷、檐口、勒脚以及线角等部件组成的，根据建筑功能要求，运用建筑构图法则，恰当地确定这些部件的比例、尺度、位置、使用材料与色彩，设计出完美的建筑立面，是立面设计的任务。

立面处理有以下几种方法：

1）立面的比例与尺度

建筑物的整体以及立面的每一个构成要素都应根据建筑的功能、材料结构的性能以及构图法则而赋予合适的尺度，比例协调与尺度正确是使立面完整统一的重要因素。建筑物各部分的比例关系以及细部的尺度对整体效果影响很大，如果处理不好，即使整体比例很好，也无济于事。这就要求设计者借助比例尺度的构图手法、前人的经验以及早已在人们心目中留下的某种确定的尺度概念，恰当地加以运用，从而获得完美的建筑形象。不同的划分给人的感觉是不一样的，如图 4.26 所示。

图 4.26　建筑划分对建筑物尺度和大小感觉的影响作用

2）立面的虚实与凹凸

虚与实、凹与凸是设计者在进行立面设计中常采用的一种对比手法。在建筑立面构成要素中，窗、空廊、凹进部分以及实体中的透空部分，常给人以轻巧、通透感，故称之为虚；而墙、垛、柱、栏板等给人以厚重、封闭的感觉，称之为实，由于这些部件通常是结构支撑不可缺少的构件，因而从视觉上讲也是力的象征。在立面设计中虚与实是缺一不可的，没有实的部分，整个建筑就会显得脆弱无力；没有虚的部分，则会使人感到呆板、笨重、沉闷。只有结合功能、结构及材料要求，恰当地安排利用这些虚实凹凸的构件，使它们具有一定的联系性、规律性，才能取得生动的轻重明暗的对比和光影变化的效果（图 4.27）。

3）立面的线条处理

建筑立面上客观存在着各种各样的线条，如檐口、窗台、勒脚、窗、柱、窗间墙等，这些线条的不同组织可以获得不同的感受。例如，横向线条使人感到舒展、平静、亲切；而竖直线条给人以挺拔、向上的气氛；曲线则具有优雅、流动的飘逸感。具体采用哪一种形式应视建筑的体形、性质及所处的环境而定，墙面线条的划分既要反映建筑的性格，又要使各部分比例处理得当，如图 4.28 所示。

(a) 沙特阿拉伯利雅得银行

(b) 华盛顿国家美术馆

图 4.27 立面虚实关系处理示例

(a) 水平线条的某宾馆建筑

(b) 竖直线条的某办公建筑

(c) 利用曲线的悉尼歌剧院

图 4.28 立面中线条处理示例

4）立面的色彩与质感

色彩与质感是材料的固有特性，它直接受到建筑材料的影响和限制。一般来说，不同的色彩给人的感受是不同的，如暖色使人感到热烈、兴奋、扩张；冷色使人感到宁静、收缩；浅色使人感到明快；深色又使人感到沉稳。运用不同的色彩还可以表现出不同的建筑性格、地方特点及民族风格。

立面色彩处理时应注意以下问题：①色彩处理要注意统一与变化，并掌握好尺度。在立面处理中，通常以一种颜色为主色调，以取得和谐、统一的效果；同时，局部运用其他色调以达到统一中求变化、画龙点睛的目的。②色彩运用要符合建筑性格。例如，医院建筑宜采用给人安定、洁净感的白色或浅色调；商业建筑则常采用暖色调，以增加其热烈气氛。③色彩运用要与环境有机结合，既要与周围建筑、环境气氛相协调，又要适应各地的气候条件与文化背景。

材料的质感处理包括两个方面，一方面可以利用材料本身的固有特性来获得装饰效果，如未经磨光的天然石材可获得粗糙的质感，玻璃、金属则可获得光亮与精致的质感(图 4.29)；另一方面可通过人工的方法创造某种特殊质感。在立面设计中，历代建筑大师常通过材料质感来加强和丰富建筑的表现力，从而创造出光彩夺目的建筑形象，镜面玻璃建筑充分彰显了材料质感在建筑创造中的重要性。随着建材业的不断发展，利用材料质感来增强建筑表现力的前景是十分广阔的。

(a) 光彩夺目的镜面镀膜玻璃建筑

(b) 天然石材质感的立面效果

图 4.29　立面材料质感处理示例

5）重点与细部处理

立面设计中重点处理的目的是突出反映建筑物的功能使用性质和立面造型上的主要部分，有助于突出表现建筑物的性格，具有画龙点睛的作用。

建筑立面需要重点处理的部位有建筑物出入口、楼梯、转角、檐口等，重点部位不可过多，否则就达不到突出重点的效果。重点处理常采用对比手法，如采用高低、大小、横竖、虚实、凹凸等对比处理，以取得突出中心的效果，如图 4.30 所示。

立面的细部主要指窗台、勒脚、阳台、檐口、栏杆、雨篷等线脚，以及门廊、大门和必要的花饰等，对这些部位进行必要的加工处理和装饰是使立面实现简而不陋、从简洁中求丰富的良好途径。细部处理时应注意比例协调、尺度宜人，在整体形式要求的前提下，统一中有变化，多样中求统一，如图 4.31 所示。

(a) 重点处理转角变化　　(b) 重点处理建筑顶部

图 4.30　建筑重点部位处理示例

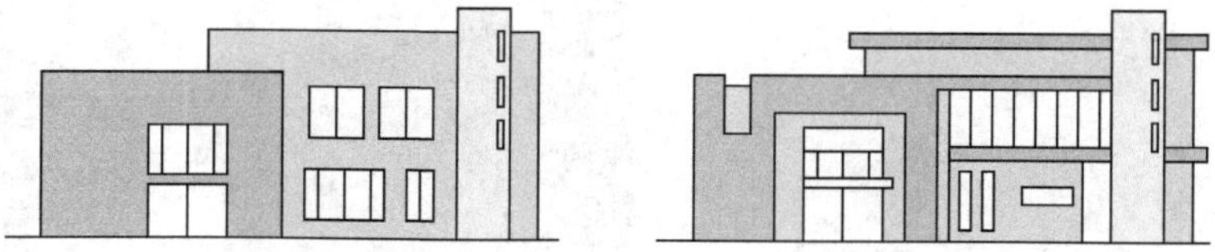

图 4.31　同一体形、同一基本构成要素时不同立面处理示例

小　结

(1) 影响建筑体形与立面设计的主要因素为：①建筑功能和建筑类型特征；②材料、结构和施工要求；③建筑规划与环境；④建筑标准与经济因素；⑤精神与审美。

(2) 建筑体形和立面设计应遵循统一与变化、主从与重点、均衡与稳定、对比与微差、韵律与节奏、比例与尺度的构图法则。

(3) 建筑体形的组合方式有单一体形和组合体形。无论哪一种组合方式，都应做到主从分明、比例恰当、交接明确、布局均衡和群体组合协调统一。

(4) 建筑立面设计主要关注以下几个方面：①立面的比例与尺度；②立面的虚实与凹凸；③立面的线条处理；④立面的色彩与质感；⑤重点与细部处理。

第 5 章　民用建筑构造概论

5.1　概　　述

5.1.1　建筑构造研究的对象及其任务

> **学习重点**
>
> **重点关注：**
>
> 1. 建筑物的组成及其作用与要求。
> 2. 建筑构造设计原则。
>
> **分析与思考：**
>
> 1. 影响建筑构造的主要因素有哪些？

建筑构造是一门综合性工程技术科学，专门研究建筑物各组成部分以及各部分之间的构造方法和组合原理，它阐述了建筑构造的基本理论和应用等问题。

建筑构造设计是建筑设计的一个组成部分，是建筑平面、立面、剖面设计的继续和深入。建筑构造具有实践性强和综合性强的特点，它涉及建筑材料、建筑结构、建筑物理、建筑设备、建筑施工等有关知识。只有全面地、综合地运用好这些知识，才能在设计中提出合理的构造方案和措施。

建筑构造研究的主要任务是根据建筑物的功能要求，提供符合适用、经济、绿色美观的构造方案，以作为建筑设计中综合解决技术问题及进行施工图设计的依据。

通过解剖一座建筑物不难发现，它是由许多部分组成的，而这些组成部分在建筑工程上被称为构件或配件。因此，建筑构造原理就是综合多方面的技术知识，根据多种客观因素，以选材、选型、工艺、安装为依据，研究各种构、配件及其细部的组合关系及构造的合理性，以便能更有效地满足建筑的使用功能。

构造方法是在构造原理的指导下，进一步研究如何运用各种材料，有机地组合各种构、配件，并提出解决各构、配件之间相互连接的方法和这些构、配件在使用过程中的各种防范措施。

5.1.2　建筑物的组成及各组成部分的作用与要求

一幢建筑物一般是由基础、墙、楼板层、地层、楼梯、屋顶和门窗等部分组成，如图 5.1 所示。它们在不同的部位发挥着各自的作用。

1）基础

基础是建筑物最下部的承重构件，它承受建筑物的全部荷载，并将荷载传给地基。基础必须具有足够的强度和稳定性，同时应能抵御土层中各种有害因素的作用。

2）墙

墙是建筑物的竖向围护构件，在多数情况下也为承重构件，承受屋顶、楼层、楼梯等构件传来的荷载，并将这些荷载传给基础。外墙分隔建筑内外空间，抵御自然界各种因素对建筑的侵袭；内墙分隔建筑内部空间，避免各空间之间的相互干扰。根据墙所处的位置和所起的作用，分别要求它具有足够的强度、稳定性以及保温、隔热、隔声、防潮、防水、防火等功能，且具有一定的经济性和耐久性。

为了扩大空间，提高空间的灵活性，也为了结构的需要，有时以柱代墙，起承重作用。

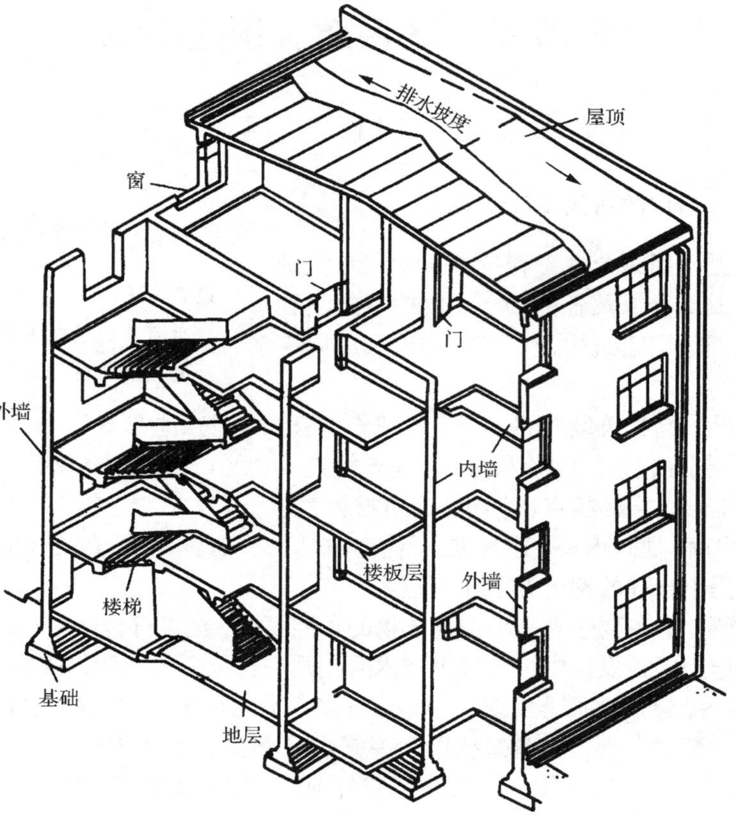

图 5.1　建筑物的基本组成

3) 楼板层和地层

楼板层和地层是建筑物水平方向的围护构件和承重构件。楼板层分隔建筑物上下空间，并承受作用其上的家具、设备、人体、隔墙等荷载及楼板自重，并将这些荷载传给墙或柱。楼板层还起着墙或柱的水平支撑作用，以增加墙或柱的稳定性。楼板层必须具有足够的强度和刚度。根据上下空间的特点，楼板层尚应具有隔声、防潮、防水、保温、隔热等功能。地层是底层房间与土壤的隔离构件，除承受作用其上的荷载外，应具有防潮、防水、保温等功能。

4) 楼梯

楼梯是建筑物的垂直交通设施，供人们上下楼、疏散人流及运送物品之用。它应具有足够的通行宽度和疏散能力、足够的强度和刚度，并具有防火、防滑、耐磨等功能。

5) 屋顶

屋顶是建筑物顶部的围护构件和承重构件。它抵御自然界的雨、雪、风、太阳辐射等因素对房间的侵袭，同时承受作用其上的全部荷载，并将这些荷载传给墙或柱。因此，屋顶必须具备足够的强度、刚度，以及保温、隔热、防潮、防水、防火、耐久等功能。

6)门窗

门的主要功能是出入、分隔和联系内部与外部或室内空间，有的兼通风和采光作用。门的大小和数量以及开关方向是根据通行能力、使用方便和防火要求等因素决定的。窗的主要功能是采光和通风透气，同时又有分隔与围护作用，并起到空间之间视觉联系的作用。门和窗均属围护构件，根据其所处位置，门窗应具有保温、隔热、隔声、防风沙、防雨雪及防火等功能。

一栋建筑物除上述基本构件外，根据使用要求还有一些其他构件，如阳台、雨篷、台阶、烟道与通风道以及垃圾道等。

5.1.3 影响建筑构造的因素及其设计原则

1. 影响建筑构造的因素

建筑物处于自然环境和人为环境之中，受到各种自然因素和人为因素的作用。为提高建筑物的质量和耐久年限，在建筑构造设计时必须充分考虑各种因素的影响，并根据其影响程度采取相应的构造方案和措施。影响建筑构造的因素大致分为以下几个方面。

1)有关法规、标准及方针政策

建筑类法规及规范是我国建筑界常用的标准表达形式。它是以建筑科学、技术和实践经验的综合成果为基础，经有关方面认定，由国务院有关部委批准颁发，作为全国建筑界共同遵守的准则和依据，设计人员在设计过程中必须遵守各种规范、标准与方针政策。

2)自然条件

建筑物的构造设计要受到自然条件包括温湿度、日照、雨雪、风力等气候条件及地形、地质条件以及地震烈度等的限制和制约。我国幅员辽阔，南北东西气候悬殊，因此建筑构造设计应与各地的气候特点相适应。表 0.2 是按照气温划分的建筑热工设计分区及其建筑设计要求，表 0.3 是我国北方部分城市的降雨量、积雪与冻土深度。在构造设计时，必须掌握建筑物所在地区的自然条件，明确影响性质和程度，对建筑物各部位采取相应的措施。例如，对于寒冷地区，应满足保温、防寒、防冻、防止冷风渗透等要求，且外窗的大小、层数及墙体的材料与厚度受到一定的限制。炎热地区的建筑，则应保证通风、隔热等要求。此外，构造设计还应考虑到自然界的风、地震等自然灾害，必须采取相关措施以防止建筑产生严重破坏，确保建筑的安全和正常使用。

3)建筑使用性质

不同的建筑由于其使用性质不同，对建筑的构造要求也不同。一些特殊使用性质的建筑会产生如机械振动、化学腐蚀、噪声、各种辐射等有损于建筑使用的问题；而有的建筑(如冷库、广播室等)有保温、隔声等特殊要求。因此，在建筑构造设计时，应针对性地采取相应的构造措施，以保证建筑的正常使用。

4)外力的影响

外力的大小和作用方式决定了结构的形式以及构件的用料、形状和尺寸，而构件的选材、形状和尺寸与建筑构造设计有着密切的关系，是构造设计的依据。风力对高层建筑构造的影响不可忽视，地震对建筑产生严重破坏，必须采取措施确保建筑的安全和正常使用。

5) 物质技术条件

物质技术条件是实现建筑设计的物质基础和技术手段，是使建筑物由图纸付诸实施的根本保证。建筑材料、结构、设备和施工技术条件是构成建筑的基本要素之一，建筑构造受它们的影响和制约。随着建筑业的发展，新材料、新结构、新设备以及新的施工方法不断出现，建筑构造要解决的问题越来越多、越来越复杂，建筑工业化的发展也要求构造技术与之相适应。

6) 经济条件

基本建设的投资相当大，建造一幢建筑物需要耗费大量的人力、物力和财力，因此经济因素始终是影响建筑设计的重要因素。建筑设计应根据建筑物的等级与国家制定的相应的经济指标及建造者本身的经济能力来进行，脱离经济因素的建筑设计只能是纸上谈兵。建筑构造设计是建筑设计中不可分割的一部分，也必须考虑经济效益。在确保工程质量的前提下，既要降低建造过程中的材料、能源和劳动力消耗，以降低造价，又要有利于降低使用过程中的维护和管理费用。同时，在设计过程中要根据建筑物的不同等级和质量标准，在材料选择和构造方式上给予区别对待。

2. 建筑构造设计原则

(1) 满足建筑物的各项使用功能要求。在建筑设计中，由于建筑物的功能要求和某些特殊需要，如保温、隔热、隔声、吸声、防射线、防腐蚀、防振等，给建筑设计提出了技术上的要求。为了满足使用功能的需求，在构造设计时，必须综合有关技术知识，进行合理的设计、计算，并选择经济合理的构造方案。

(2) 有利于结构安全。建筑物除根据荷载大小、结构的要求确定构件的必须尺度外，在构造上需采取措施，以保证构件与构件之间的连接，使之有利于结构的安全和稳定。

(3) 适应当地的施工技术水平。建筑构造设计必须与当地的生产力发展水平、施工技术水平相适应，否则难以实现。

(4) 适应建筑工业化的需要。为确保建筑工业化的顺利进行，在构造设计时，应大力推广先进技术，采用标准设计和定型构件，为制品生产工厂化、现场施工机械化创造有利条件。

(5) 符合节能低碳的国家需求。节能低碳是我国的重要国策，是我国可持续发展的一项长远发展战略。因此，构造设计应根据当地的资源条件，尽可能选择绿色建材，优先运用因地制宜的节能技术，尤其要做好围护结构的节能设计，从而降低建筑物的综合能耗，实现建筑物的节能减排。

(6) 做到经济合理。造价指标是构造设计中不可忽视的因素之一。在构造设计时，应厉行节约，尽量利用工业废料，要从我国国情出发，做到因地制宜，就地取材。

(7) 注意美观。构造方案的处理是否精致和美观，都会影响建筑物的整体效果，因此亦需事先予以充分考虑。

总之，在构造设计中，应全面贯彻“适用、经济、绿色、美观”的建筑方针，并综合考虑建筑物的使用功能、所处的自然环境、材料供应情况以及施工条件等因素，进行分析、比较，确定最佳方案。

5.2　建筑物的结构类型

> **学习重点**
>
> 分析与思考：
>
> 1. 多层建筑常见的结构类型有哪些？
> 2. 大跨建筑常见的结构类型有哪些？
> 3. 高层建筑常见的结构类型有哪些？
> 4. 为提高建筑物外围护结构的保温性能，常采取哪些措施？

结构是建筑物的承重骨架，是建筑物赖以存在的主要条件。建筑材料和建筑技术的发展决定着结构形式的发展；而建筑结构形式的选用对建筑物的使用以及建筑形式又有着极大的影响。

大量性民用建筑的结构形式，依建筑物使用性质、规模、体形、构件所用材料及受力情况的不同而异。

依建筑物本身使用性质和体形的不同，可分为单层、多层、高层和大跨建筑。在这些建筑中，单层及多层建筑的主要结构形式又可分为墙承重结构、框架承重结构。墙承重结构是指由墙体来作为建筑物承重构件的结构形式。而框架结构主要是由梁、柱、板作为承重构件的结构形式；高层建筑常见的结构形式有框架结构、现浇剪力墙结构、框架-剪力墙结构、框架-筒体结构、筒中筒及成束筒结构等；大跨建筑常见的结构形式有拱结构、桁架结构，以及网架、薄壳、折板、悬索等空间结构形式。

依结构构件所使用材料的不同，目前有混合结构、钢筋混凝土结构和钢结构之分。混合结构是指在一座建筑中，其主要承重构件分别采用多种材料所构成，如砖与木、砖与钢筋混凝土、钢筋混凝土与钢等。这类建筑中，目前以砖与钢筋混凝土居多，由于它主要以砖墙为主体，习惯上又称为砖混结构，它是多层建筑的主要结构形式。其特点是可根据各地情况，因地制宜，就地取材，降低造价。

钢筋混凝土结构是指建筑物的主要承重构件均采用钢筋混凝土材料构成。由于钢筋混凝土的骨料亦可就地取材，耗钢量少，加之水泥原料丰富，造价较便宜，防火性能和耐久性能好，而且混凝土构件既可现浇，又可预制，为构件生产的工厂化和机械化提供了条件。因此，钢筋混凝土结构是发展较广的一种结构形式，也是我国目前高层建筑所采用的主要结构形式。

钢结构是指建筑物的主要承重构件用钢材制作的结构。它具有强度高，构件重量轻，且平面布局灵活，抗震性能好，施工速度快等特点。由于钢的造价相对较高，因此多用于大跨度、大空间以及高层建筑中。随着轻型冷轧薄壁型材及压型钢板的发展，也使轻钢结构在低层以及高层建筑的围护结构中得以广泛应用。

5.3　建筑保温与防热

5.3.1　建筑保温

> **学习重点**
>
> 分析与思考：
>
> 1. 绘图说明如何避免和减轻外围护结构中热桥的影响。
> 2. 建筑防热的主要途径有哪些？

建筑保温是寒冷地区建筑设计十分重要的内容之一，建筑构造设计是保证建筑物保温质量的重要环节。合理的设计不仅能保证建筑的使用质量，而且能节约能源，降低采暖、空调设备的投资和使用时的维持费用。

为提高围护结构的保温性能，通常采取下列措施。

1）提高建筑外围护结构的热阻

在寒冷季节里，热量通过建筑物外围护结构（墙、屋顶、门窗等）由室内高温一侧向室外低温一侧传递，使热量损失，室内变冷，如图 5.2 所示。热量在传递过程中将遇到阻力，这种阻力称为热阻。热阻越大，通过围护结构传出的热量越少，说明围护结构的保温性能越好；反之，热阻越小，围护结构的保温性能越差，热量损失就越多。

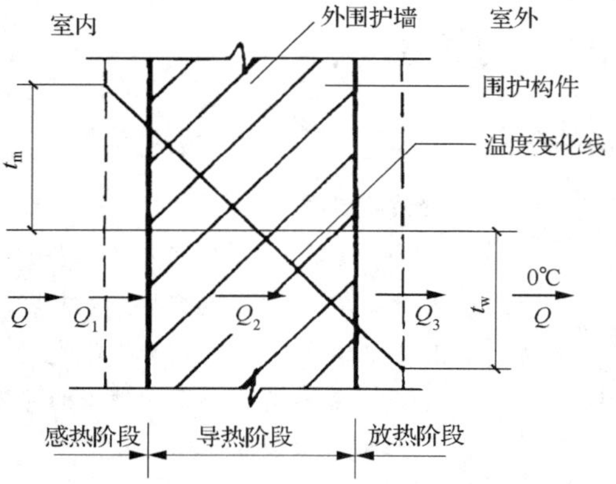

图 5.2　围护结构传热的物理过程

单一材料层的热阻按下式计算：

$$R=\frac{\delta}{\lambda_c}$$

式中，R 为材料层的热阻，$(m^2 \cdot K)/W$；δ 为材料层的厚度，m；λ_c 为材料的导热系数，$W/(m \cdot K)$。

由上式可知，围护结构热阻与其厚度成正比，与其材料的导热系数成反比。因此，增加围护结构厚度可提高其热阻，即提高抵抗热流通过的能力；同时，选用导热系数小的轻质材料，同样可以提高围护结构的热阻。

2）合理选材及确定构造形式

在建筑工程中，一般将导热系数小于 0.3W/(m · K)的材料称为保温材料。导热系数的大小说明材料传递热量的能力，选择容量轻、导热系数小的材料，如聚苯乙烯泡沫塑料、岩棉、玻璃棉、膨胀珍珠岩及其制品、加气混凝土、浮石混凝土、陶粒混凝土以及膨胀蛭石为骨料的轻混凝土等可以提高围护构件的热阻。其中，轻混凝土具有一定强度，可做成单一材料保温构件，这种构件构造简单、施工方便；也可采用复合保温构件提高热阻，它是将不同性能的材料加以组合，各层材料发挥各自不同的功能。通常用聚苯板、岩棉、玻璃棉、膨胀珍珠岩等容重轻、导热系数小的材料起保温作用，而用强度高、耐久性好的材料，如砖、混凝土等做承重或护面层，如图 5.3 所示。

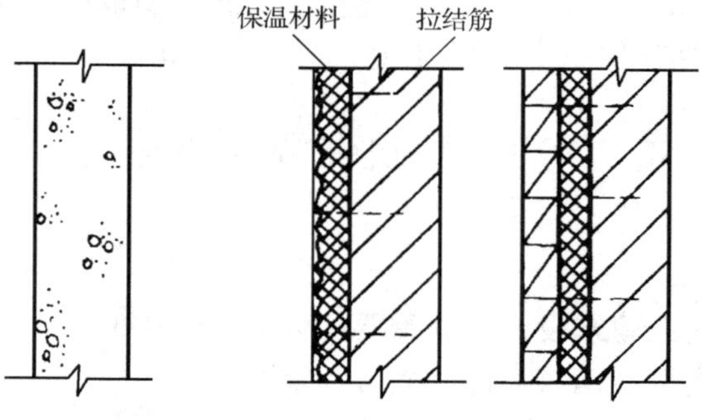

(a) 单一材料　　(b) 复合材料

图 5.3　保温复合墙

3) 防潮防水

冬季由于建筑外围护结构两侧存在温度差，室内高温一侧水蒸气分压力高于室外，室内水蒸气因此向室外低温一侧渗透，在此过程中，当遇冷达到露点温度时就会凝结成水，使构件受潮。此外，雨水、使用水、土壤潮气等也会侵入构件，使构件受潮、受水。

建筑围护结构表面受潮、受水会使室内装修变质损坏，严重时会发生霉变，影响人体健康。围护结构内部受潮、受水会使多孔的保温材料充满水分，导热系数增高，降低围护结构的保温效果。在低温下，水分在冰点以下结晶，进一步降低保温能力，并因冻融交替而造成冻害，严重影响建筑物的安全和耐久性。

为防止构件受潮、受水，除应采取排水措施外，在靠近水和潮气一侧应设置防水层、隔气层和防潮层。组合构件一般在受潮一侧布置密实材料层。

4) 避免热桥

由于结构要求，外围护结构经常设有导热系数较大的嵌入构件，如外墙中的钢筋混凝土过梁及圈梁、柱、阳台板、雨棚板、挑檐板等。这些部位的保温性能比主体部位差，热量容易从这些部位传递出去，其内表面温度也就较低，当低于露点温度时将出现凝结水。这些部位通常叫做围护结构中的热桥，如图 5.4(a) 所示。为了避免和减轻热桥的影响，首先应避免嵌入构件内外贯通，其次应对这些部位采取局部保温措施，如增设保温材料等，以切断热桥，如图 5.4(b) 所示。

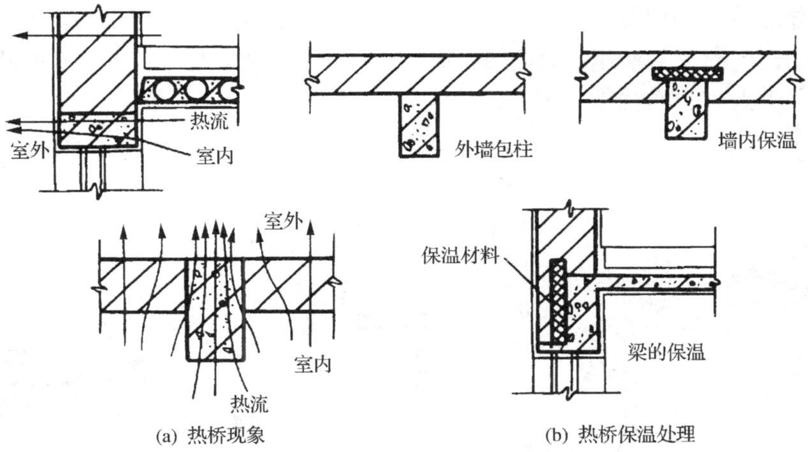

图 5.4　热桥构造

5) 防止冷风渗透

当围护结构两侧空气存在压力差时，空气将从高压一侧通过围护结构流向低压一侧，这种现象称为空气渗透。空气渗透可由室内外温度差(热压)引起，也可由风压引起。在寒冷的冬季由热压引起的渗透是热空气由温度高的室内流向温度低的室外，室内热量损失；风压则使室外的冷空气向室内渗透，使室内变冷。为避免冷空气渗入和热空气直接散失，应尽量减少外围护结构构件的缝隙，如墙体砌筑砂浆应饱满，改进门窗加工和构造，提高安装质量，缝隙采取适当的构造措施等。

5.3.2　建筑防热

我国南方地区，夏季气候炎热，高温持续时间长，太阳辐射强度大，相对湿度高。建筑物在强烈的太阳辐射和高温、高湿气候的共同作用下，通过围护结构将大量的热传入室内，室内生活和生产也产生大量的余热。这些从室外传入和室内自生的热量，使室内气候条件发生变化，引起过热现象，影响生活和生产。为减轻和消除室内过热现象，可采取设备降温，如设置空调和制冷等，但费用大。对于一般建筑，主要依靠建筑措施来改善室内的温湿状况。建筑防热的途径可简要概括为以下几个方面：

1) 降低室外综合温度

室外综合温度是考虑太阳辐射和室外温度对围护结构综合作用的温度。室外综合温度的大小关系到通过围护结构向室内传热的多少。在建筑设计中降低室外综合温度的方法主要是采取合理的总体布局、选择良好的朝向、尽可能争取有利的通风条件、防止西晒、绿化周围环境、减少太阳辐射和地面反射等。对建筑物本身来说，可采用浅色外饰面或采取淋水、蓄水屋面或西墙遮阳设施等有利于降低室外综合温度的措施，如图 5.5 (a) 所示。

2) 提高外围护结构的防热和散热性能

炎热地区外围护结构应能尽可能减少室外热量传入室内，同时当太阳辐射减弱或室外气温低于室内气温时，围护结构应能迅速散热，这就要求合理选择外围护结构的材料和构造形式。

带通风间层的外围护结构既能隔热也有利于散热。在炎热的夏季，当热量从室外向室内传递时，由于通风的作用，一部分热量可通过通风间层被带走，如图 5.5 (b) 所示。在围护构件中增设导热系数小的材料也有利于隔热，如图 5.5 (c) 所示。利用表层材料的颜色和光滑度能对太阳辐射起反射作用，对隔热、降温有一定的效果。另外，利用水的蒸发，吸收大量汽化热，可大大减少通过屋顶传入的热量。

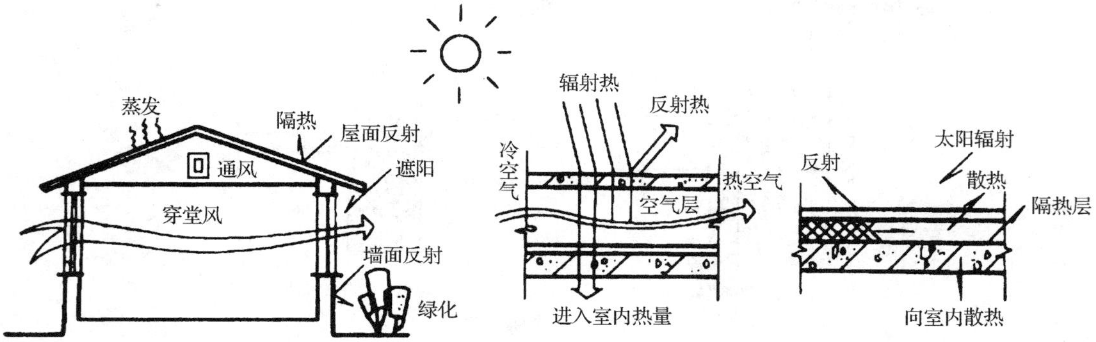

(a) 综合防热措施　　(b) 通风防热措施　　(c) 材料隔热措施

图 5.5　隔热措施

5.4　建筑隔声

5.4.1　噪声的危害与传播

> **学习重点**
>
> **分析与思考：**
>
> 1. 简述建筑围护构件的隔声措施。

噪声一般是指一切对人们生活、工作、学习和生产有妨碍的声音。随着社会和经济的发展，各种机电设备、运输工具大量增加，功率越来越大，转速越来越高，噪声声源的数量和强度都大大增加，噪声已成为一种公害。强烈或持续不断的噪声轻则影响休息、学习和工作，对生理、心理和工作效率不利，重则引起听力损害，甚至引发多种疾病。控制噪声需采取综合治理措施，包括消除和减少噪声源、减低声源的强度和必要的隔声与吸声措施。围护结构的隔声是噪声控制的重要内容。

声音从室外传入室内，或从一个房间传到另一个房间主要有两种途径。

1) 空气传声

在空气中发生并传播的，称为空气传声。空气传声主要通过以下途径。

(1) 通过围护构件的缝隙直接传声。噪声沿敞开的门窗、各种管道与结构所形成的缝隙和不饱满砂浆灰缝所形成的孔洞在空气中直接传播。

(2) 通过围护构件的振动传声。声音在传播过程中遇到围护构件时，在声波交变压力作用下，引起构件的强迫振动，将声波传到另一空间。

2) 撞击传声

通过围护构件本身来传播物体撞击或机械振动所引起的声音，称为撞击传声或固体传声。这种声音主要沿结构传递，如关门时产生的撞击声、楼层上行人的脚步声和机械振动声等。

虽然声音最终都是通过空气传入人耳，但是这两种噪声的传播特性和传播方式不同，所采取的隔声措施也就不同。

5.4.2　围护结构隔声途径

1. 对空气传声的隔绝

根据空气传声的传播特点，围护结构的隔声可以采取下列措施。

1) 增加构件重量

从声波激发构件振动的原理可知，构件越轻，越易引起振动；越重则越不易引起振动。因此，构件的重量越大，隔声能力就越高，设计时可以选择面密度 (kg/m^2) 大的材料。

2) 采用带空气层的双层构件

双层构件的传声是由声源激发起一层材料的振动，振动传到空气层，然后激起另一层材料的振动。由于空气的弹性变形具有减振作用，因此提高了构件的隔声能力。但是，应注意尽量避免和减少构件中出现声桥。声桥是指空气间层内出现的实体连接。

3) 采用多层组合构件

多层组合构件是利用声波在不同介质分界面上产生反射、吸收的原理来达到隔声的目的。它可以大大减轻构件的重量，从而减轻整个建筑的结构自重。

2. 对撞击声的隔绝

由于一般建筑材料对撞击声的衰减很小，撞击声常被传到很远的地方，它的隔绝方法与空气声的隔绝有很大区别。厚重坚实的材料可以有效隔绝空气传声，但隔绝撞击声的效果却很差。相反，多孔材料，如地毡、地毯、软木板、岩棉等隔绝空气声的效果不大，但隔绝撞击声的效果较为有效。因此，改善构件隔绝撞击声的能力可从以下几方面着手。

1) 设置弹性面层

在构件面层上铺设富有弹性的材料，如地毡、地毯、软木板等，构件表面接受撞击时，由于面层的弹性变形，减弱了撞击能量。

2) 设置弹性夹层

在面层和结构层或两结构层之间设置一层弹性材料，如刨花板、岩棉、泡沫塑料等，将面层和结构层或两结构层完全隔开，切断了撞击声的传递路线，在构造处理上应尽量避免声桥的产生。

3) 采用带空气层的双层结构

这里利用隔绝空气声的办法来降低撞击声，是利用空气弹性变形具有减振作用的原理来提高隔绝撞击声的能力。

5.5 建筑防震

5.5.1 地震震级与地震烈度

> **学习重点**
>
> **分析与思考：**
>
> 1. 建筑设计时采取哪些措施以减小地震对建筑物的影响？

地震的强烈程度称为震级，一般称里氏震级，它取决于一次地震释放的能量大小。地震烈度是指某一地区地面和建筑遭受地震影响的强烈程度。它不仅与震级有关，还与震源的深度、距震中的距离、场地土质类型等因素有关。一次地震只有一个震级，但却有不同的烈度区，我国地震烈度表中将烈度分为 12°。7°时，一般建筑物多数有轻微损坏；8°～9°时，大多数损坏至破坏，少数倾斜；10°时，则多数倾倒。过去我国一直以 7°作为抗震设防的起点，但近数十年来，很多位于烈度为 6°的地区发生了较大地震，甚至特大地震。因此，现行建筑抗震规范规定以 6°作为设防起点，6°～9°地区的建筑物要进行抗震设计。

5.5.2 建筑防震设计要点

建筑物防震设计的基本要求是减轻建筑物在地震时的破坏、避免人员伤亡、减少经济损失。其一般目标是当建筑物遭到本地区规定的烈度的地震时，允许建筑物部分出现一定的损坏，经一般修复和稍加修复后能继续使用，而当遭到极少发生的高于本地区烈度的罕遇地震时，不至倒塌和发生危及生命的严重破坏，即贯彻小震不坏、大震不倒的原则。在建筑设计时一般遵循下列要点。

(1) 宜选择对建筑物防震有利的建设场地。

(2) 建筑体形和立面处理力求匀称。建筑体形宜规则、对称，避免高低错落、突然变化。

(3) 建筑平面布置力求规整。因使用和美观要求必须将平面布置成不规则时，应用防震缝将建筑物分割成若干结构单元，使每个单元体形规则、平面规整、结构体系单一。

(4) 加强结构的整体刚度。从抗震要求出发，合理选择结构类型、合理布置墙和柱、加强构件和构件连接的整体性、增设圈梁和构造柱等。

(5) 处理好细部构造。楼梯、女儿墙、挑檐、阳台、雨篷、装饰贴面等细部构造应予以足够的注意，不可忽视。

小　结

(1) 一幢建筑物，一般是由基础、墙、楼地层、楼梯、屋顶和门窗等几部分组成，它们在不同的部位发挥着各自的作用。

(2)影响建筑构造的因素主要有：①有关法规、标准及方针政策；②自然条件；③建筑使用性质；④外力的影响；⑤物质技术条件；⑥经济条件。

(3)建筑构造设计应遵循满足建筑物的各项使用功能要求，有利于结构安全，适应其所处的自然环境，适应当地的材料供应情况与施工技术水平，适应建筑工业化的需要，做到经济合理、注意美观等原则。

(4)提高外围护结构的保温性能主要采取以下措施：增加热阻、合理选材及确定构造形式、防潮防水、避免热桥、减少空气渗透等。

(5)建筑防热的主要途径有：①采取合理的总体布局和良好的朝向，尽可能争取有利的通风条件，合理绿化建筑场地等措施以降低室外综合温度；②提高外围护构件的防热和散热性能。

(6)围护构件的隔声可以采取增加构件重量、采用带空气层的双层构件，以及多层组合构件等措施。

(7)改善构件隔绝撞击声的能力应采取设置弹性面层、设置弹性夹层、采用带空气层的双层结构等措施。

(8)为贯彻小震不坏、大震不倒的原则，在建筑设计时应遵循下列要点：①宜选择对建筑物防震有利的建设场地；②建筑体形和立面处理力求匀称；③建筑平面布置力求规整；④加强结构的整体刚度；⑤处理好细部构造。

第 6 章　基础与地下室

6.1　概　　述

6.1.1　地基与基础的关系

学习重点

重点关注：

1. 地基与基础的概念。
2. 地基与基础的设计要求。

分析与思考：

1. 简述地基与基础的定义。
2. 地基与基础的关系是什么？

基础是建筑物的重要组成部分，是位于建筑物地面以下的承重构件，承受着建筑物的全部荷载，并将这些荷载连同自重传给地基。地基是基础下面承受建筑物总荷载的土壤层。地基承受建筑物荷载而产生的应力和应变是随着土层的深度增加而减小的，在达到一定深度以后可以忽略不计，地基、基础与荷载传递如图 6.1 所示。

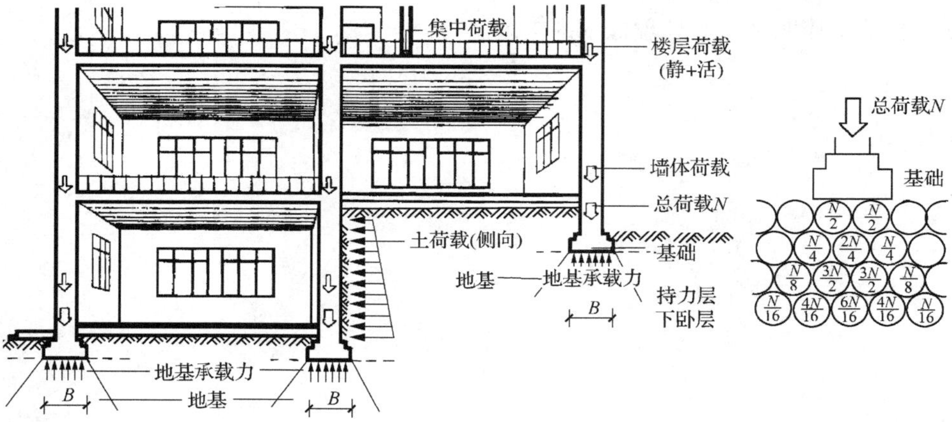

图 6.1　地基、基础与荷载传递

地基承受荷载的能力有一定的限度，地基每平方米所承受的最大压力称为地基的允许承载力(也叫地耐力)，允许承载力主要根据地基本身土(石)的特性确定。在地基中直接承受基础传来的荷载的土层称为持力层，必须进行承载力计算；持力层以下的土层称为下卧层，一般不需要计算。当基础对地基的压力超过允许承载能力时，地基将出现较大的沉降变形，甚至地基土会滑动挤出而破坏。地基和基础共同作用，来保证建筑的稳定、安全及坚固耐久。要满足基础底面的平均压力不超过地基的允许承载力，即满足下列不等式：

$$F \geqslant N / R$$

式中，F 为基础底面积；N 为建筑物总荷载；R 为地基的允许承载力。从上式可以看出，基础底面积的大小与地基的允许承载力成反比，与建筑物总荷载成正比。

6.1.2 地基与基础的设计要求

(1) 对地基强度的要求。建筑物的建造地址尽可能选在地基土的地耐力较高且分布均匀的地段，如岩石、碎石类等，应优先考虑采用天然地基。

(2) 地基变形方面的要求。要求地基有均匀的压缩量，以保证有均匀的下沉。若地基土质不均匀，会给基础设计增加困难。若地基处理不当会使建筑物发生不均匀沉降，而引起墙身开裂，甚至影响建筑物的使用。

(3) 地基稳定方面的要求。要求地基有防止产生滑坡、倾斜方面的能力，必要时(如有较大的高差)应加设挡土墙，以防止滑坡变形的出现。

(4) 基础强度与耐久性的要求。基础是建筑物的重要承重构件，对整个建筑的安全起保证作用。因此，基础所用的材料必须具有足够的强度，才能保证基础能够承担建筑物的荷载并传递给地基。另外，基础是埋在地下的隐蔽工程，在土中受潮、浸水，建成后检查和加固都很困难，所以在选择基础的材料和构造形式等问题时应与上部结构的耐久性相适应。

(5) 基础工程应注意经济问题。基础工程占建筑总造价的 10%～40%，降低基础工程的投资是降低工程总投资的重要一环。因此，在设计中应选择较好的土质地段，对需要特殊处理的地基和基础尽量选用地方材料，并采用恰当的形式及构造方法，从而节约工程投资。

6.2 地 基 构 造

6.2.1 地基土的分类

> **学习重点**
>
> **重点关注：**
>
> 1. 地基土的分类。
> 2. 地基土的特性。
>
> **分析与思考：**
>
> 1. 不同的地基土对建筑选址有什么影响?
> 2. 不同的人工地基土的加固方法的适用。

在《建筑地基基础设计规范》GB 50007 中，建筑地基的土层分为以下几类。

(1) 岩石。根据其坚固性可分为硬质岩石(花岗岩、玄武岩等)和软质岩石(页岩、黏土岩等)；风化程度可分为微风化岩石、中等风化岩石和强风化岩石等。岩石承载力的标准值 f_k 为 200～4000kPa。

(2) 碎石土。碎石土为粒径大于 2mm 的颗粒含量超过全重的 50%的土。根据颗粒形状和粒组含量又分为漂石、块石(粒径大于 200mm)；卵石、碎石(粒径大于 20mm)；圆砾、角砾(粒径大于 2mm)。碎石土承载力的标准值 f_k 为 200～1000kPa。

(3) 砂土。砂土为粒径大于 2mm 的颗粒含量不超过全重的 50%，粒径大于 0.075mm 的颗粒含量超过全重的 50%的土。砂土根据粒组含量又分为砾砂、粗砂、中砂、细砂、粉砂。砂土承载力的标准值 f_k 为 140～500kPa。

(4) 粉土。粉土为塑性指数 $I_p \leqslant 10$ 的土。其性质介于砂土与黏性土之间。粉土承载力的标准值 f_k 为 105～410kPa。

(5) 黏性土。黏性土为塑性指数 $I_p>10$ 的土，按其塑性指数 I_p 值的大小分为黏土($I_p>17$)和粉质黏土($10<I_p \leqslant 17$)两大类。黏性土承载力的标准值 f_k 为 105～475kPa。

(6) 人工填土。根据其组成和成因可分为素填土、压实填土、杂填土、冲填土。素填土为由碎石土、砂土、粉土、黏性土等组成的填土；经过压实或夯实的素填土为压实填土；杂填土为含有建筑垃圾、工业废料、生活垃圾等杂物的填土；冲填土为水力冲填泥砂形成的填土。人工填土承载力的标准值 f_k 为 65～160kPa。

6.2.2 地基土的特性

在一般情况下，土可以认为是由固体颗粒、水和空气三部分组成。这三部分的比例，反映土处于不同的状态，如稍湿、很湿、密实、松散等。这对评定土的物理力学性质有很重要的意义。土的三个组成部分之间的比例关系决定了地基土的特性。

1) 压缩与沉降

土在受压之后，将由于颗粒间的孔隙减小而产生垂直方向的沉降变形，称为土的压缩。地基在建筑物荷载的作用下，由于地基土的压缩，使建筑物出现沉降。作为地基应具有能承担建筑物荷载的足够强度，同时保证在荷载作用下不会产生过大的变形，使土的压缩沉降控制在允许值范围内，并保证在地基稳定条件下，使建筑物获得均匀沉降。

2) 抗剪与滑坡

土的抗剪强度是指土对于剪应力的极限抵抗强度，也即在极限应力状态下，一部分土对另一部分土产生相对侧向位移时的抵抗能力。土的抗剪强度主要取决于土的内聚力和内摩擦力。作为建筑地基，不允许土因剪力而产生滑动变形。

当土层内部存在潜在倾斜的和抗剪强度差的滑动面时，在外界河流冲刷、地下水的活动或地震等的影响下，使部分土层或岩层在重力作用下，沿一定软弱面，出现以水平位移为主的变形现象称为滑坡。

3) 土中水及其对地基的影响

土中水呈气态、液态、固态三种形态。地面以下的液态水称为地下水，是土中水的主要成分。土孔隙中的液态水在重力、压力或毛细管作用下，能自由移动的称为自由水。这种水对土的工程性质影响很大。含水量是判断黏性土在天然情况下的状态和性质的重要指标，其含水量的多少，直接影响地基的承载力。石灰岩、白云岩等可溶性岩，受地下水作用溶解形成溶洞，造成地面变形、土层陷落、水的渗漏和涌水等现象，对建筑物影响很大。地下水含有的各种化学成分，对混凝土、可溶性石材、管道以及钢铁材料等都有侵蚀的危险。

6.2.3 地基的分类及处理方法

地基分为天然地基和人工地基。

(1) 天然地基。天然地基是指具有足够承载力的天然土层，可直接在天然土层上建造基础。岩石、碎石、砂石、黏性土等，一般均可作为天然地基。

(2) 人工地基。人工地基是指天然土层的承载力较差或土层质地较好，但由于层数或结构类型的因素不能满足荷载的要求，为使地基具有足够承载力，应对土层进行加固。这种为提高地基承载力，改善其变形性质或渗透性质而采取的人工处理地基的方法叫人工地基。

常用的人工地基的加固处理方法有以下几种：

(1) 换填垫层法。换填垫层法是挖去地表浅层软弱土层或不均匀土层，回填坚硬、较粗粒径的材料，并夯压密实，形成垫层的地基处理方法。当建筑物基础下的地基持力层比较软弱，不能满足上部荷载对地基的要求时，常采用换土垫层的方法来处理，即将基础下一定范围内的软土层挖去，然后回填以强度较大的砂、碎石或灰土等，并夯至密实。换填垫层可以有效地处理一些荷载不大的建筑物地基问题，其回填的材料可用砂垫层、碎石垫层、素土垫层、灰土垫层等，换填垫层法示意如图 6.2 所示。

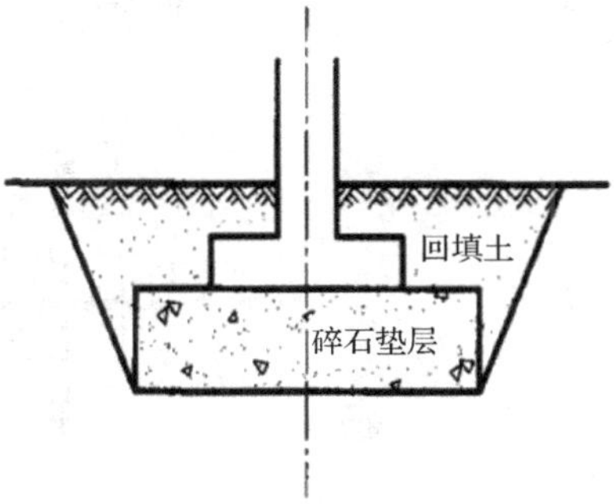

图 6.2　换填垫层法示意

(2) 强夯法。强夯法是指反复将几吨或几十吨夯锤提到高处使其自由落下，给地基以冲击和振动能量，将地基土夯实的地基处理方法。此方法影响地基土深度可达 10m 以上。经强夯后地基的承载力可提高 2～5 倍，压缩性可增强 2～5 倍，适用于碎石土、砂土、低饱和度的粉土和黏土、素填土、杂填土。这种方法具有施工简单，速度快，节省材料等特点，工程中应用较广。

(3) 水泥搅拌法。水泥搅拌法是利用水泥（或石灰）作为固化剂，通过深层搅拌机械，在一定深度范围内把地基土与水泥（或其他固化剂）强行拌和固化，形成具有水稳定性和足够强度的水泥土，形成桩体、块体和墙体等。经过处理后的地基与原地基土共同作用，提高地基承载力，改善地基变形特征，水泥搅拌法工艺流程如图 6.3 所示。水泥深层搅拌适用于处理淤泥质土、粉质黏土和低强度的黏性土地基，具有施工方便、无噪声、无振动、无泥浆废水等污染，造价较低等特点。

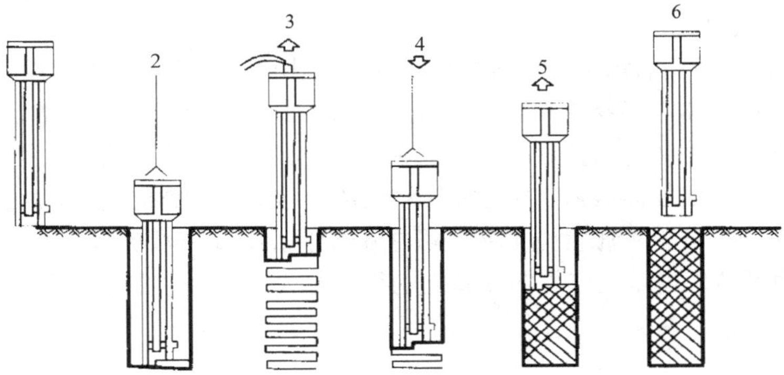

图 6.3　水泥搅拌法工艺流程

1-开始；2-沉入到底部；3-喷浆搅拌（上升）；4-重复搅拌（下沉）；5-重复搅拌（上升）；6-完毕

(4) 挤密法。挤密法是以振动或冲击方法成孔，一般采用打桩机成孔，然后在孔中填入砂、碎石、石灰、灰土或其他材料加以捣实对土体产生横向挤密作用，使地基土强度增加，按填入材料称为砂桩、碎石桩、石灰桩、灰土桩等。由于桩体本身具有较大强度，桩的断面也较大，故桩与土组成复合地基共同承担建筑物荷载。

(5) 化学注浆法。化学注浆法是利用高压射流技术，喷射化学浆液，破坏地基土体，并强制土与化学液混合，形成具有一定强度的加固体来处理软土地基的一种方法。一般用高压水泥浆通过钻杆由水平方向的喷嘴喷出，形成喷射流，以此切割土体并与土拌和形成水泥土加固体。它的施工过程如图 6.4 所示。首先，用钻机钻孔至预定深度，然后用高压脉冲泵，通过安装在钻杆下端的特殊喷射装置，向四周喷射化学浆液，同时钻杆以一定的角度和速度旋转，并逐渐往上提升。

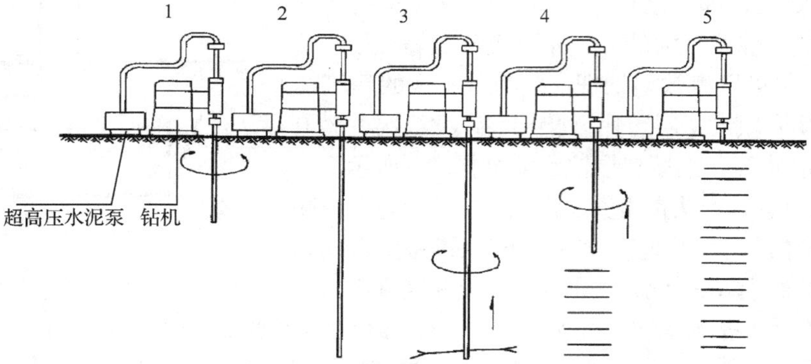

图 6.4　化学注浆法工艺流程

1-开始钻进；2-钻进结束；3-高压旋喷开始；4-喷嘴边旋转边提升；5-旋喷结束

(6)其他方法。对于不同土质的地基，还可以采用以下几种方法。

① 单液硅化法：采用硅酸钠溶液注入地基土层中，使土粒之间及其表面形成硅酸凝胶薄膜，增强了土颗粒间的联结，赋予土耐水性、稳固性和不湿陷性，并提高土的抗压和抗剪强度。

② 碱液法：将加热后的碱液(即氢氧化钠溶液)，以无压自流方式注入土中，使土颗粒表面溶合胶结形成难溶于水的，具有高强度的钙、铝硅酸盐络合物，从而达到消除黄土湿陷性，提高地基承载力。

③ 振冲法：在振冲器水平振动和高压水的共同作用下，使松砂土层振密，或在软弱土层中成孔，然后回填碎石等粗粒料形成桩柱，并和原地基土组成复合地基。

以上方法在工程中较为常用，此外，处理湿陷性黄土地基还可用硅化加固、热加固；处理软弱地基还可用喷洒氰凝浆液、深层搅拌注浆法；处理深层淤泥、淤泥质土形成的软弱地基可采用堆载预压；处理膨胀性土地基，可在膨胀性土中掺加石灰等。

另外，利用桩基础也是适应软弱地基土的很好方式，且应用较为广泛，其内容详见桩基础一节。

6.3　基础构造

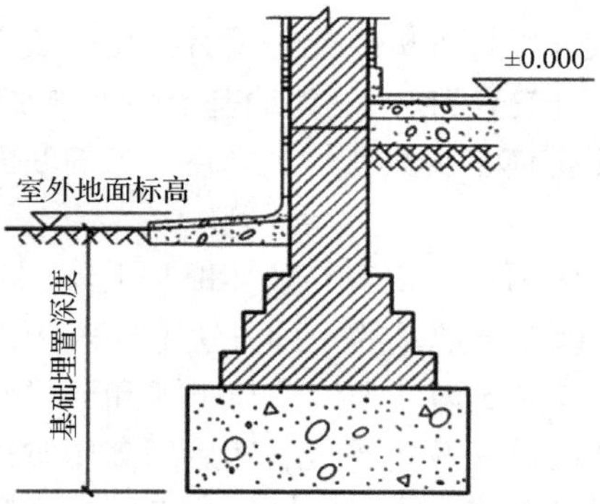

图 6.5　基础埋置深度

6.3.1　基础的埋置深度及影响因素

1)基础埋置深度

基础埋置深度(简称埋深)：是指从室外设计地坪到基础底面的距离，如图 6.5 所示。

室外地坪分为自然地坪和设计地坪。自然地坪指施工地段的现有地坪，而设计地坪指按设计要求工程竣工后室外场地经整平后的地坪。

根据基础埋深的不同，基础分为浅基础和深基础。一般情况下，基础埋深≤5m 或基础埋深大于或等于基础宽度的 4 倍时为浅基础；基础埋深>5m 或基础埋深小于基础宽度的 4 倍时为深基础。在确定基础埋深时应优先选择浅基础。它的特点是构造简单，施工方便，造价低廉且不需要特殊施工设备。此外，基础埋深不应小于 0.5m，因为地基受到建筑荷载作用后可能将四周土挤走，使基础失稳，或地面受到雨水的冲刷、机械破坏而导致基础暴露，影响建筑的安全。

2）确定基础埋深的原则

（1）建筑物的特点及使用性质的影响。

根据建筑物是多层建筑还是高层建筑、有无地下室、设备基础、建筑的结构类型等确定基础埋深，一般来说，高层建筑的基础埋深是地上建筑物总高度的 1/18～1/15，而多层建筑依据地下水位及冻土深度来确定埋深尺寸。

（2）工程地质条件的影响。

当地基的土层较好、承载力高时，基础可以浅埋；但基础最少埋深不宜小于 0.5m。如果遇到土质差、承载力低的土层，则应该将基础深埋至合适的土层上，或结合具体情况另外进行加固处理。

（3）水文地质条件的影响。

地基土含水量的大小对承载力的影响很大，所以地下水位的高低直接影响地基承载力。例如，黏性土遇水后，因含水量增加体积膨胀，土的承载力下降。而含有侵蚀性物质的地下水，对基础会产生腐蚀，故基础应争取埋置在最高地下水位以上，如图 6.6（a）所示；当地下水位较高，基础不能埋置在最高地下水位以上时，应将基础底面埋置在最低地下水位 200mm 以下，不应使基础底面处于地下水位变化的范围之内，以减小和避免地下水的浮力等的影响，如图 6.6（b）所示。

埋在地下水位以下的基础，其所用材料应具有良好的耐水性能，如选用石材、混凝土等。当地下水含有侵蚀性物质时，基础应采取防腐蚀措施。

学习重点

重点关注：

1. 地基的分类。
2. 人工地基土的加固方法。
3. 基础埋置深度的定义。
4. 基础埋置深度的分类。
5. 基础的类型。
6. 基础的构造做法。

分析与思考：

1. 确定基础埋深的原则有哪些?
2. 基础的分类是什么?
3. 无筋扩展基础的概念及受力特点。
4. 什么是刚性角?
5. 无筋扩展基础的类型包括哪些?
6. 砖基础的砌筑方式及适用。
7. 毛石基础的特点及适用。
8. 灰土基础的做法及适用。
9. 混凝土基础的特点及适用。
10. 毛石混凝土基础的特点及适用。
11. 扩展基础的定义，其受力原理及构造做法。
12. 基础的构造类型有哪些?
13. 条形基础的特点及适用。
14. 独立基础的特点及适用。
15. 井格基础的特点及适用。
16. 桩基础的特点及适用。
17. 桩基础按受力原理如何分类?
18. 钢筋混凝土桩基础按施工工艺如何分类?
19. 常用各类桩基础的特点及适用。

（4）土的冻结深度的影响。

冰冻线是指地面以下的冻结土与非冻结土的分界线。土的冻结深度取决于当地的气候条件，如北京地区为地下 0.8～1m，哈尔滨为地下 2m。冬季，土的冻胀会把基础抬起；春季，气温回升土层解冻，基础会下沉，使建筑物周期性地处于不稳定状态。由于土中各处冻结和融化并不均匀，建筑物会产生变形，如墙身的开裂、门窗变形等情况。

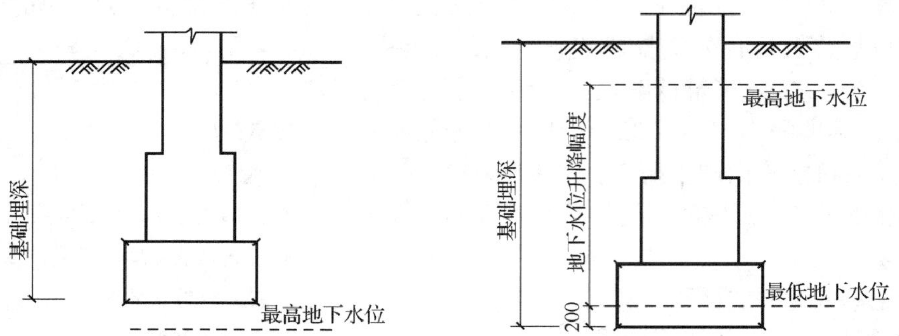

(a) 地下水较低时基础埋置位置　　(b) 地下水较高时基础埋置位置

图 6.6　地下水位与基础埋置

土壤冻胀现象及其严重程度与地基土的颗粒粗细、含水量、地下水位高低等因素有关。碎石、卵石、粗砂、中砂等土壤颗粒较粗，颗粒间孔隙较大，水的毛细作用不明显，冻而不胀或冻胀轻微，其埋深可不考虑冻胀的影响。粉砂、轻亚黏土等土壤颗粒细，孔隙小，毛细作用显著，具有冻胀性，此类土壤称为冻胀土。冻胀土中含水量越大，冻胀就越严重；地下水位越高，冻胀就越强烈。因此，对于有冻胀性的地基土，基础应埋置在冰冻线以下 200mm 处，如图 6.7 所示。

(5) 相邻建筑物基础的影响。

当新建房屋的基础埋深小于或等于原有房屋的基础埋深时，可不考虑相互影响；当新建房屋的基础埋深大于原有房屋的基础埋深时，应考虑相互影响，如图 6.8 所示。具体做法应满足下列条件：

$$h / L \leqslant 0.5 \sim 1, \text{即 } L = 1.0h \sim 2.0h$$

式中，h 为新建与原有建筑物基础底面标高之差；L 为新建与原有建筑物基础边缘的最小距离。

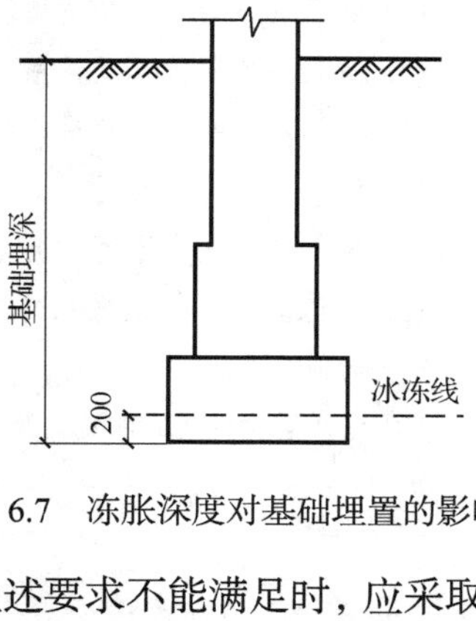

图 6.7　冻胀深度对基础埋置的影响

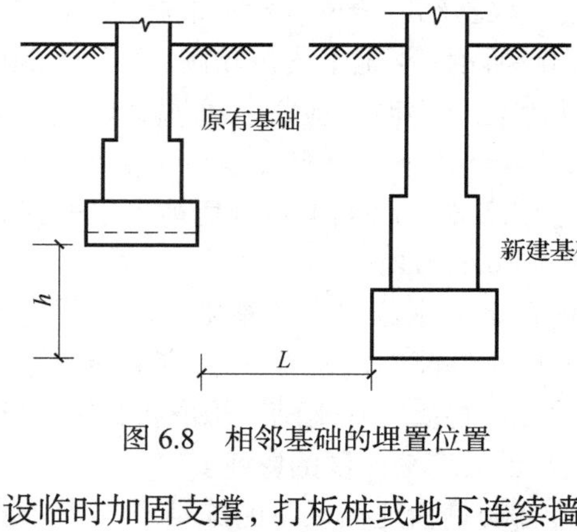

图 6.8　相邻基础的埋置位置

当上述要求不能满足时，应采取分段施工，设临时加固支撑，打板桩或地下连续墙等施工措施，或加固原有建筑地基。

6.3.2　基础的类型与构造

基础的类型很多，划分方法也不尽相同。从基础的材料及受力来划分，可分为无筋扩展基础(刚性基础)和扩展基础(柔性基础)；从基础的构造形式划分，可分为条形基础、独立基础、筏形基础、箱形基础、不埋基础等。

1. 按所用材料及受力特点分类

1)无筋扩展基础

无筋扩展基础又称为刚性基础，指用砖、毛石、混凝土或毛石混凝土、灰土和三合土等受压强度大、而受拉强度小的刚性材料建成的基础。由于刚性材料的特点，这种基础只适合于受压，而不适合于受弯、拉和剪力，因此基础剖面尺寸必须满足刚性条件的要求。无筋扩展基础常用于建筑物荷载较小、地基承载力较好、压缩性较小的地基土质上。

由于地基承载力的限制，上部结构通过基础将其荷载传给地基时，为使其单位面积所传递的力与地基承载力设计值相适应，以台阶的形式逐渐扩大其传力面积，这逐渐扩大的台阶称为大放脚。根据试验得知，刚性材料建成的基础在传力时只能在材料允许的范围内控制，这个控制范围的夹角称为刚性角，以 α 表示，即控制基础挑出长度 b 与 H 之比(通常称宽高比)。如图 6.9 所示，在刚性角控制范围内，基础底面不会产生拉应力，基础不会破坏。如果基础底面宽度超过刚性角控制范围内，即 B_0 增大为 B，这时从基础受力方面分析，挑出的基础相当于一个悬臂梁，基础底面将受拉。当拉应力超过材料的抗拉强度时，基础底面将因受拉而开裂，并由于裂缝扩展使基础破坏。因此，刚性基础宽度的增大要受到刚性角的控制，不同材料的刚性角不同，台阶宽高比允许值参见表 6.1。例如，砖基础的宽高比为 1∶1.50，刚性角通常为 26°～33°，混凝土基础的宽高比为 1∶1，刚性角则小于 45°。

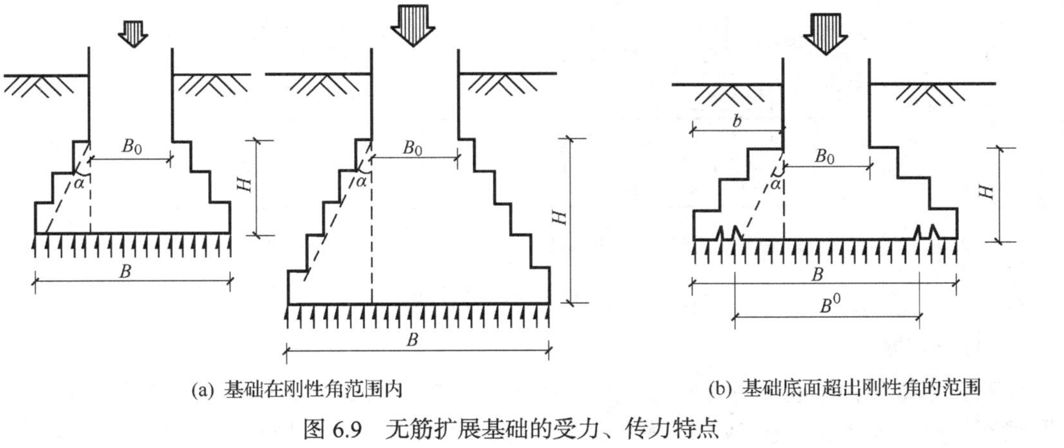

(a) 基础在刚性角范围内　　(b) 基础底面超出刚性角的范围

图 6.9　无筋扩展基础的受力、传力特点

表 6.1　无筋扩展基础台阶宽高比的允许值

基础名称	质量要求	台阶宽高比的允许值		
		$P_k \leqslant 100$	$100 < P_k \leqslant 200$	$200 < P_k \leqslant 300$
混凝土基础	C10 混凝土	1∶1.00	1∶1.00	1∶1.25
砖基础	砖不低于 MU10，砂浆不低于 M5	1∶1.50	1∶1.50	1∶1.50

续表

基础名称	质量要求	台阶宽高比的允许值		
		$P_k \leqslant 100$	$100 < P_k \leqslant 200$	$200 < P_k \leqslant 300$
毛石混凝土基础	C15 混凝土	1 : 1.00	1 : 1.25	1 : 1.50
毛石基础	砂浆不低于 M5	1 : 1.25	1 : 1.50	—
灰土基础	质量比为 3 : 7 或 2 : 8，其最小干密度，粉土为 1.55t/m³、粉质黏土为 1.50t/m³、黏土为 1.45t/m³	1 : 1.25	1 : 1.50	—
三合土基础	质量比为 1 : 2 : 4～1 : 3 : 6(石灰 : 砂 : 骨料)，每层约虚铺 220mm，夯至 150mm	1 : 1.50	1 : 2.00	—

注：P_k 为基础底面处的平均压力值(kPa)。

(1)砖基础。

砌筑砖基础的普通实心砖，其强度等级要求在 MU7.5 以上，砂浆强度等级一般不低于 M5。砖基础采用逐级放大的台阶式，为了满足刚性角的限制，其台阶的宽高比应小于 1 : 1.5，一般采用每 2 皮砖挑出 1/4 砖或每 2 皮砖挑出 1/4 砖与每 1 皮砖挑出 1/4 砖相间的砌筑方法，如图 6.10 所示。砌筑前基槽底面要铺 20mm 砂垫层或灰土垫层。

砖基础具有取材容易、价格低廉、施工方便等特点，由于砖的强度及耐久性较差，故砖基础常用于地基土质好、地下水位较低、五层以下的砖混结构中。

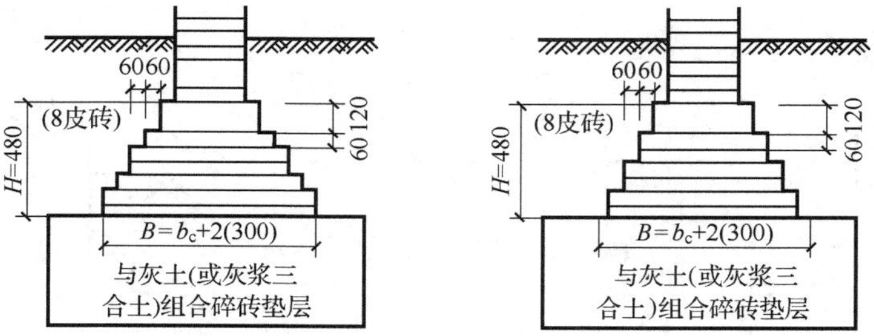

(a) 每2皮砖与1皮砖间隔挑出1/4砖　　(b) 每2皮砖挑出1/4砖

图 6.10　砖基础构造

(2)毛石基础。

毛石基础是由石材和不小于 M5 砂浆砌筑而成的，毛石是指开采未经雕凿成型的石块，形状不规则。其剖面形式多为阶梯形，如图 6.11 所示。基础的宽度、每个台阶挑出的高度均不宜小于 400mm，每个台阶挑出的宽度不应大于 200mm，为满足刚性角的限制，其台阶的宽高比应小于 1 : 1.25～1 : 1.50，当基础底面宽度小于 700mm 时，毛石基础可做成矩形截面。由于石材抗压强度高、抗冻、抗水、抗腐蚀性能均较好，可用于地下水位较高、冻结深度较大的低层或多层民用建筑，但整体性欠佳及有振动的房屋不宜采用。

(3)灰土与三合土基础。

灰土基础是由粉状的石灰与松散的粉土加适量水拌和而成的，用于灰土基础的石灰与粉土的质量比为 3 : 7 或 4 : 6，灰土每层均需铺 220mm 厚，夯实后厚度为 150mm。由于灰土的抗冻、耐水性差，灰土基础适用于地下水位较低的低层建筑。

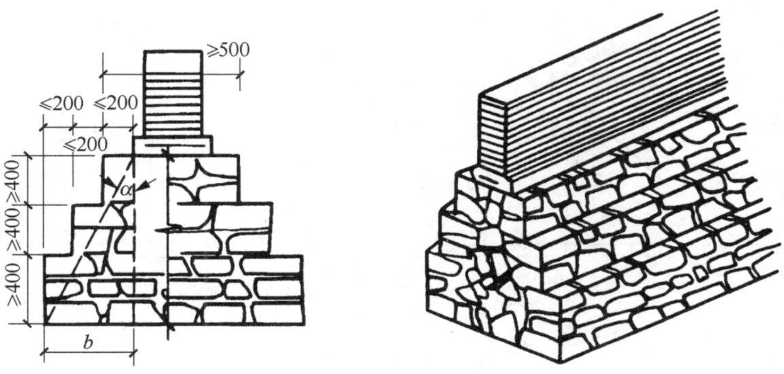

图 6.11 毛石基础构造

三合土是指石灰、砂、骨料(碎石、碎砖或矿渣)按质量比 1∶3∶6 或 1∶2∶4 加水拌和而成。三合土基础的总厚度 $H > 300$mm，宽度 $B > 600$mm。三合土基础广泛用于南方地区，适用于四层以下的建筑。与灰土基础一样，应埋在地下水位以上，顶面应在冰冻线以下，灰土与三合土基础如图 6.12 所示。

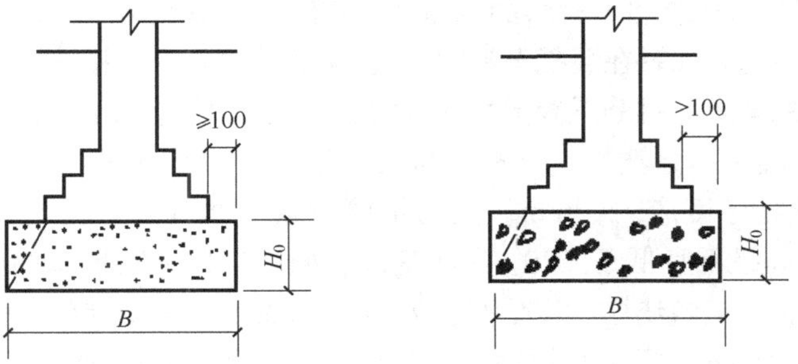

图 6.12 灰土与三合土基础

(4)混凝土基础。

混凝土基础具有坚固、耐久、耐腐蚀、耐水等特点，与前几种基础相比刚性角较大，可用于地下水位较高和有冰冻的地方。由于混凝土可塑性强，基础断面形式可做成矩形、阶梯形和锥形。为了方便施工，当基础宽度小于等于 350mm 时，多做成矩形；大于 350mm 时，多做成阶梯形。当基础底面宽度大于 2000mm 时，还可做成锥形，锥形断面能节约混凝土，从而减轻基础自重。

混凝土基础的刚性角 α 为 45°，阶梯形断面宽高比应小于 1∶1.0 或 1∶1.5。混凝土标号为 C7.5～C10，混凝土基础如图 6.13 所示。

(5)毛石混凝土基础。

为了节约水泥用量，对于体积较大的混凝土基础，可以在浇注混凝土时加入 20%～30%的粒径小于 300mm 的毛石，即为毛石混凝土基础。所用毛石尺寸应小于基础宽度的 1/3，且毛石在混凝土中应分布均匀。当基础埋深较大时，也可将毛石混凝土做成阶梯形，每阶宽度应不小于 400mm。如果地下水对普通水泥有侵蚀作用，应采用矿渣水泥或火山灰水泥拌制混凝土。

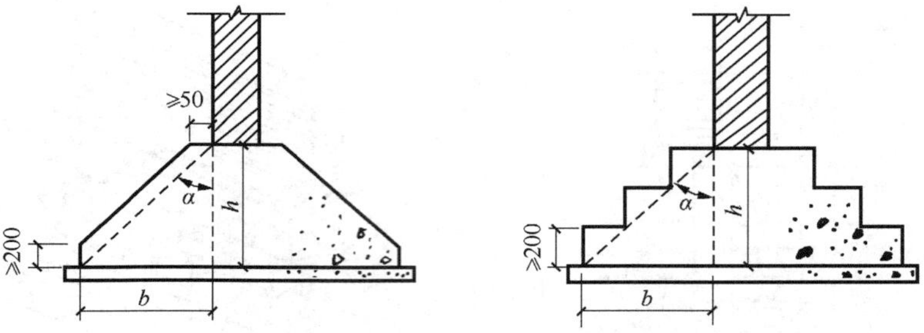

(a) 梯形 (b) 阶梯形

图 6.13 混凝土基础

2) 扩展基础

扩展基础又称为柔性基础，一般指钢筋混凝土基础，指为扩散上部结构传来的荷载，使作用在基底的压应力满足地基承载力的设计要求，且基础内部的应力满足材料强度的设计要求，通过向侧边扩展一定底面积的基础。当建筑物的荷载较大，地基承载力较小时，基础底面 B 必须加宽。如果仍采用砖、混凝土等刚性材料为基础，势必加大基础的深度。这样既增加了土方工程量，又增加了材料的用量。当基础遇到有软弱土层不宜深埋时，应充分利用持力层好土的承载力。如果在混凝土基础的底部配以钢筋，利用钢筋来承受拉应力，使基础底部能够承受较大的弯矩，钢筋混凝土基础宽度的加大不受刚性角的限制，如图 6.14 所示。

钢筋混凝土基础可尽量浅埋，这种基础相当于一个受均布荷载的悬臂梁，截面高度向外逐渐减少，最薄处厚度应≥200mm，受力钢筋数量应通过计算确定，钢筋直径不宜小于 8mm，混凝土强度等级不宜低于 C20。为使基础底面均匀传递对地基的压力，常在基础底面用 C7.5 或 C10 的混凝土做垫层，其厚度宜为 70～100mm。有垫层时，钢筋距基础底面的保护层厚度不宜小于 35mm；不设垫层时，钢筋距基础底面不宜小于 70mm，以保护钢筋免遭锈蚀。

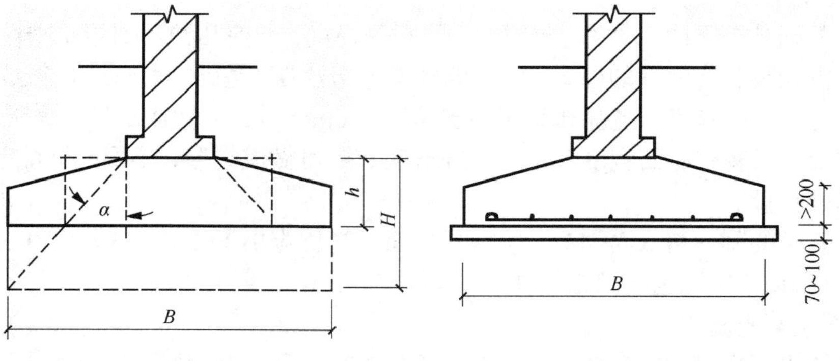

(a) 混凝土与钢筋混凝土基础的比较 (b) 钢筋混凝土基础

图 6.14 扩展基础

2. 按基础的构造形式分类

基础形式的确定是根据建筑物上部结构形式、荷载大小及地基允许承载力情况而定的，常见有以下几种。

1) 条形基础

当建筑物为砖或石墙承重时，承重墙下一般采用通常的长条形基础，具有较好的纵向整体性，可减缓局部不均匀下沉，这种基础称为条形基础或带形基础，如图 6.15 所示。一般中、小型建筑常采用砖、混凝土、石或三合土等材料的刚性条形基础。当建筑物为框架结构柱承重时，若柱间距较小或地基较弱，也可采用柱下条形基础，将柱下的基础连接在一起，使建筑物具有良好的整体性。柱下条形基础还可以有效防止不均匀沉降。

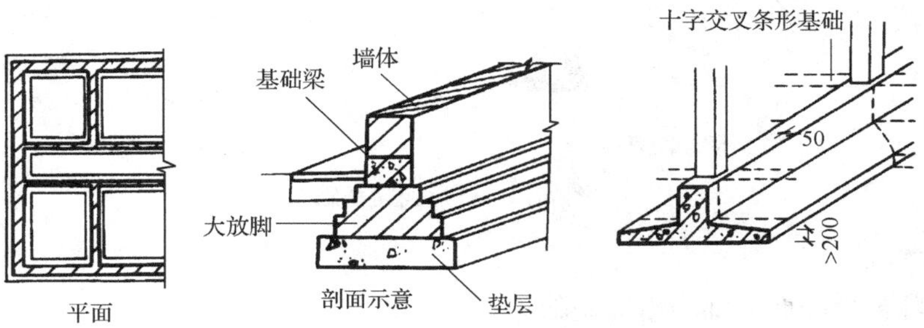

(a) 墙下条形基础　(b) 柱下条形基础

图 6.15　条形基础

2) 独立基础

当建筑物为框架结构或单层排架结构承重时，且柱间距较大，基础常采用方形或矩形的独立基础，称为独立基础或柱墩式基础，如图 6.16 所示。其常用的断面形式有阶梯形、锥形、杯形等，其优点是可减少土方工程量，便于管道穿过，节约材料。但独立基础间无构件连接，整体性较差，因此适用于土质均匀、荷载均匀的框架结构建筑。当柱采用预制构件时，基础做成杯口形，柱插入并嵌固在杯口内，故又称为杯形基础，如图 6.17(a) 所示。有时考虑到建筑场地起伏、局部工程地质条件变化以及避开设备基础等原因，可降低个别柱基础底面，做成高杯口基础，或称长颈基础，如图 6.17(b) 所示。

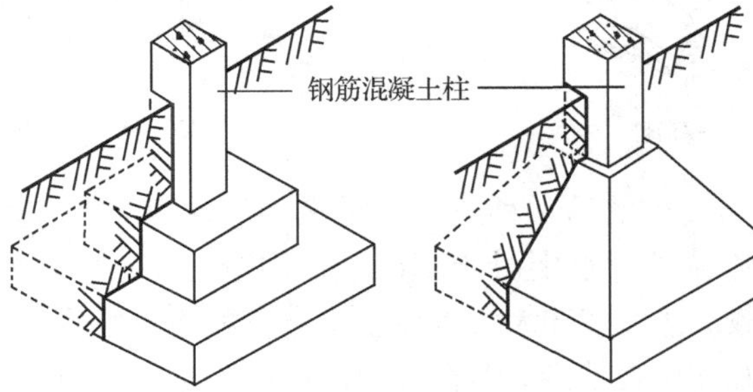

(a) 阶梯形独立基础　(b) 锥形独立基础

图 6.16　独立基础

3) 井格基础

当框架结构处于地基条件较差或上部荷载较大时，为了提高建筑物的整体刚度，避免不均匀沉降，常将独立基础沿纵横向连接在一起，形成十字交叉的井格基础，如图 6.18 所示。

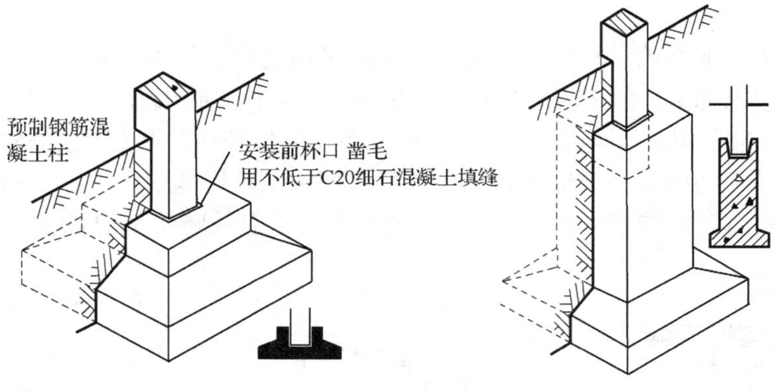

(a) 普通杯形独立基础　　(b) 高杯口独立基础

图 6.17　杯形独立基础

4) 满堂基础

满堂基础包括筏形基础和箱形基础。

(1) 筏形基础。当地基条件较弱或建筑物的上部荷载较大，采用简单条形基础或井格基础不能满足要求时，常将墙或柱下基础连成一片，使建筑物的荷载承受在一块整板上，称为筏形基础。筏形基础有平板和梁板式两种，前者板的厚度大，构造简单，后者板的厚度较小，但增加了双向梁，构造较复杂，图 6.19 为梁板式筏形基础。

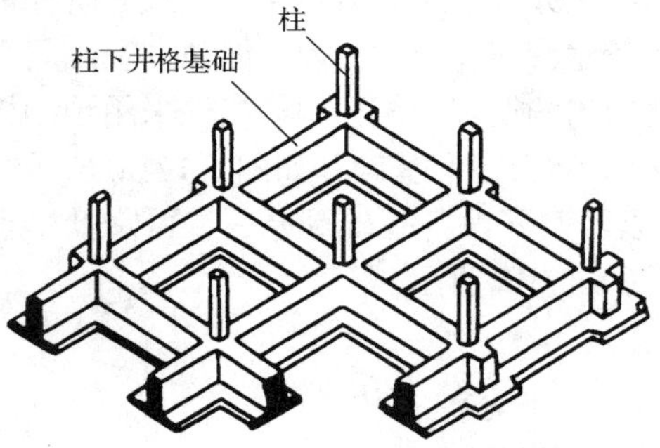

图 6.18　井格基础

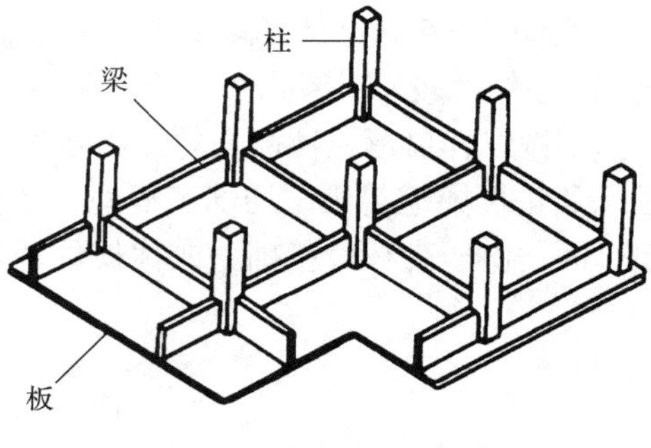

图 6.19　梁板式筏形基础

不埋板式基础是筏形基础的另一种形式，是在天然地表面上，用压路机将地表土碾压密实，在较好的持力层上浇注钢筋混凝土基础，在构造上使基础如同一只盘子反扣在地面上，以此来承受上部荷载。这种基础大大减少了土方工程量，且适宜于较弱地基，特别适宜于五、六层整体刚度较好的居住建筑，但在冻土深度较大地区不宜采用，故多用于南方，不埋板式基础如图 6.20 所示。

(2) 箱形基础。当地基条件较差，建筑物的荷载很大或荷载分布不均而对沉降要求甚为严格时，可采用箱形基础。箱形基础是由底板、顶板、侧墙及一定数量的内墙构成的刚度较好的钢筋混凝土箱形结构，是高层建筑的一种较好的基础类型，人防地下室的基础类型一般为箱形基础，造价较高。箱形基础的内部空间可作为地下室的使用房间，如图 6.21 所示。在确定高层建筑的基础埋深时，应考虑建筑物的高度、体形、地基土质、抗震设防烈度

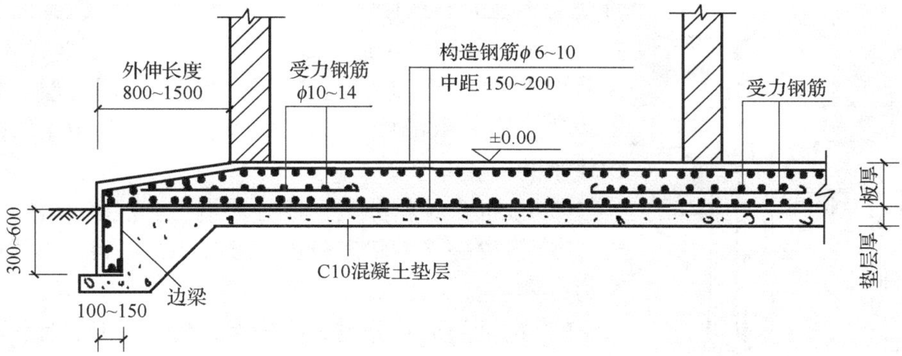

图 6.20　不埋板式基础

等因素，并应满足抗倾覆和抗滑移的要求。抗震设防区天然土质地基上的箱形和筏形基础，其埋深不宜小于建筑物高度的 1/15。

5) 桩基础

桩基础是一种常用的处理软弱地基的基础形式，属于应用最为广泛的基础之一。当建筑物荷载大、层数多、高度高、地基承载力差，浅基础不能满足要求，而沉降量又过大或地基稳定性不能满足建筑物规定时，常采用桩基础。桩基础具有承载力高、沉降速率低、沉降量小且均匀等特点。

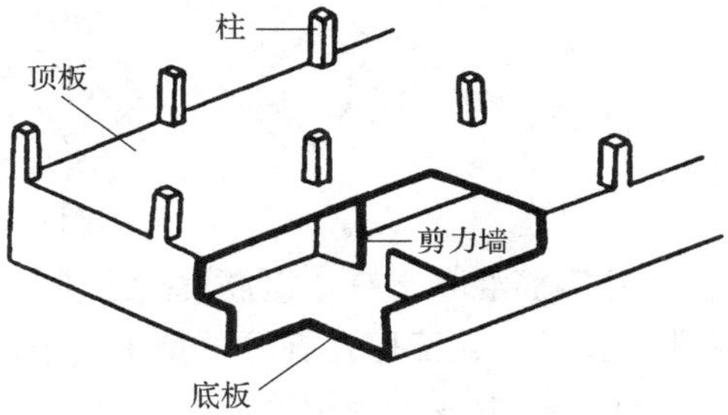

图 6.21　箱形基础

(1) 桩基础的组成。桩基础由基桩和连接于桩顶的承台共同组成，如图 6.22 所示。若桩身全部埋于土中，承台底面与土体接触，则称为低承台桩基；若桩身上部露出地面而承台底位于地面以上，则称为高承台桩基。建筑桩基通常为低承台桩基础。桩可以单独起作用，也可以是以两根、三根或更多根组合在一起共同起作用。单独作用的桩称为单桩，多根桩基共同作用的桩称为群桩。

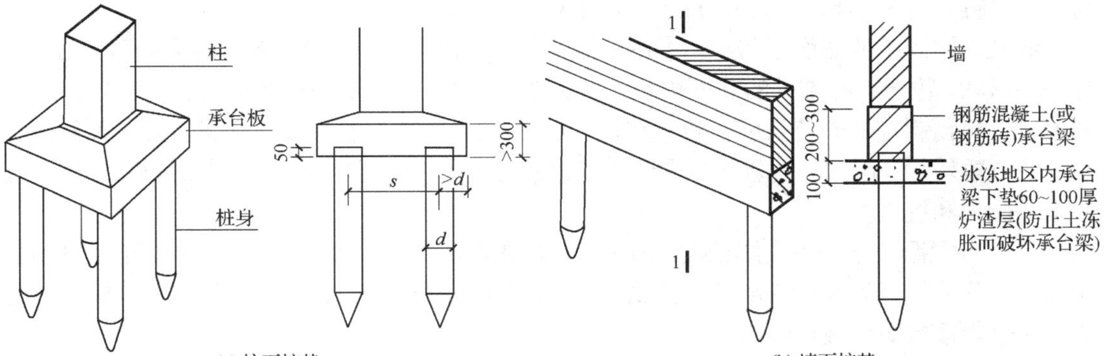

(a) 柱下桩基　(b) 墙下桩基

图 6.22　桩基础的构成

(2) 桩基础的分类。桩的种类很多，可以从不同的角度对桩进行分类。

① 按桩的受力原理分类，可分为端承桩和摩擦桩。端承桩的桩顶荷载主要是靠桩端阻力承受。摩擦桩的桩顶荷载主要是靠桩身摩擦阻力承受，如图 6.23 所示。端承桩是将桩尖

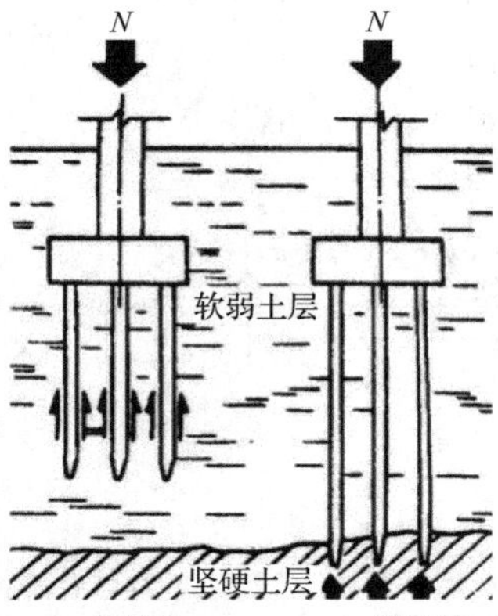

图 6.23　桩的受力分类

直接支承在岩石或硬土层上，用桩尖支承建筑物的总荷载，并通过桩尖将荷载传递给地基。这种桩适用于坚硬土层较浅、荷载较大的工程。摩擦桩则是用桩挤实软弱土层，靠桩壁与土壤的摩擦力承担总荷载。这种桩适用于坚硬土层较深、荷载较小的工程。

② 按桩身材料分类，可分为钢桩、混凝土桩、木桩等。

③ 按桩的受力状态分类，可分为抗压桩、抗拔桩、水平受力桩和复合受力桩。

④ 按桩的形状分类，可分为方桩、圆形、管状桩等，如图 6.24 所示。

⑤ 按桩的成桩方法分类，可分为非挤土桩、部分挤土桩和挤土桩。

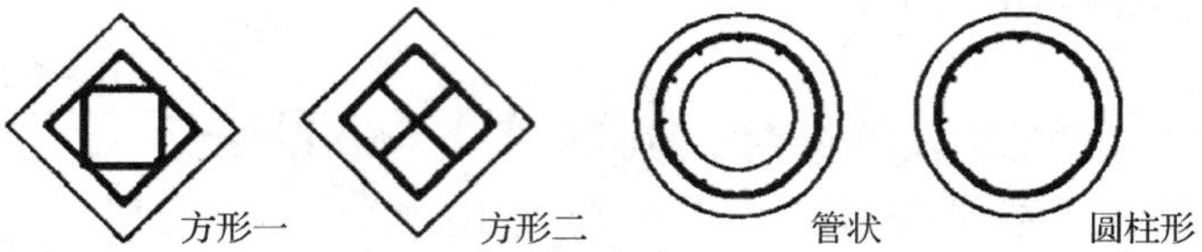

图 6.24　桩的截面形状

(3) 钢筋混凝土桩。钢筋混凝土桩按施工工艺分类，可分为锤击预制桩、沉管灌注桩、钻孔灌注桩、人工挖孔桩等，是工程中最常应用的桩基础。

① 钢筋混凝土预制桩。

桩在构件厂或现场预制，借助打桩机将其打入土中。这种桩的优点是长度和截面可在一定范围内根据需要而选择，制作质量好，承载力强，耐久性好。预制桩的混凝土强度等级不宜低于 C30，采用静压法沉桩时，可适当降低，但不宜低于 C20，预应力混凝土桩的混凝土强度等级不宜低于 C40，预制桩纵向钢筋的混凝土保护层厚度不宜小于 30mm。接头不宜超过两个，预应力管桩接头不宜超过四个，预制桩的分节长度应根据施工条件及运输条件确定。其桩长每节不超过 12m，现场预制的桩长度一般为 20～30m。

混凝土预制桩的截面形状、尺寸和长度可在一定范围内按需要选择，其横截面有方、圆等各种形状。普通实心方桩的截面边长一般为 300～500mm。现场预制桩的长度一般在 30m 以内。工厂预制桩的分节长度一般不超过 12m，施工时在现场焊接到所需长度。大截面实心桩的自重较大，用钢量也较大。采用预应力混凝土桩，则可减轻自重，节约钢材，提高桩的承载能力和抗裂性能。

预应力混凝土管桩采用先张法预应力工艺和离心成型法制作。管桩的外径为 300～600mm，分节长度为 5～13m。桩的下端设计开口的钢桩尖或封口十字刃钢桩尖。施工时桩节处通过焊接端头钢板接长。

② 灌注桩。

灌注桩是直接在所设计的桩位上开孔，其截面为圆形，然后在孔内加放钢筋骨架，灌注混凝土而成。与钢筋混凝土预制桩相比，灌注桩具有施工快、施工占地面积小、造价低等优点。灌注桩的类型有沉管灌注桩、钻孔灌注桩、爆扩灌注桩、挖孔桩等。沉管灌注桩可采用锤击、振动冲击等方法沉管成孔，其施工程序如图 6.25 所示。为了扩大桩径和防止缩颈，可对沉管灌注桩加以复打。复打，就是在浇灌混凝土并拔出钢管后，立即在原位重新放置预制桩尖再次沉管，并再浇灌混凝土。复打后的桩，其横截面面积大，承载力提高，但其造价也相应增加。钻孔灌注桩在施工时都要把桩孔位置处的土排出地面，然后清除孔底残渣，安放钢筋笼，最后浇灌混凝土。目前国内的钻(冲)孔灌注桩在钻进时不下钢套筒，而是利用泥浆保护孔壁，以防坍孔，清孔(排走孔底沉渣)后，在水下浇灌混凝土，其施工程序如图 6.26 所示。常用桩径为 800mm、1000mm、1200mm 等。更大直径(1500～2800mm)的钻孔一般用钢套筒护壁。所用钻机具有回旋钻进、冲击、磨头磨碎岩石和扩大桩底等多种功能。钻进速度快，深度可达 60m，能克服流砂、消除孤石等障碍物，并能进入微风化硬质岩石。钻孔灌注桩的最大优点在于能确保桩尖抵达设计要求的持力层，施工质量容易得到保证，桩刚度大，承载力高而桩身变形又很小。

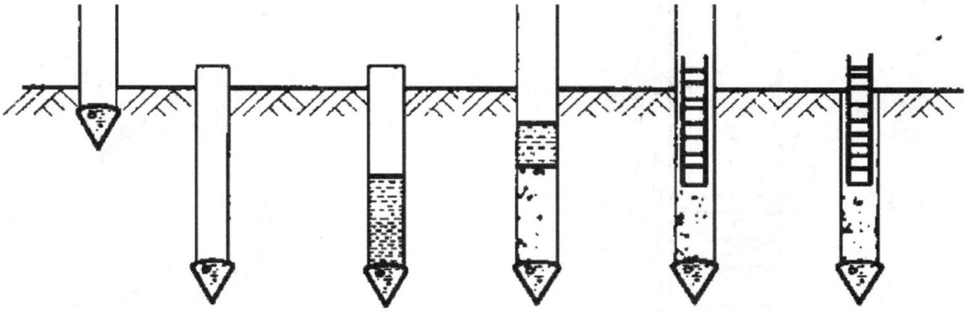

图 6.25　沉管灌注桩的施工工序

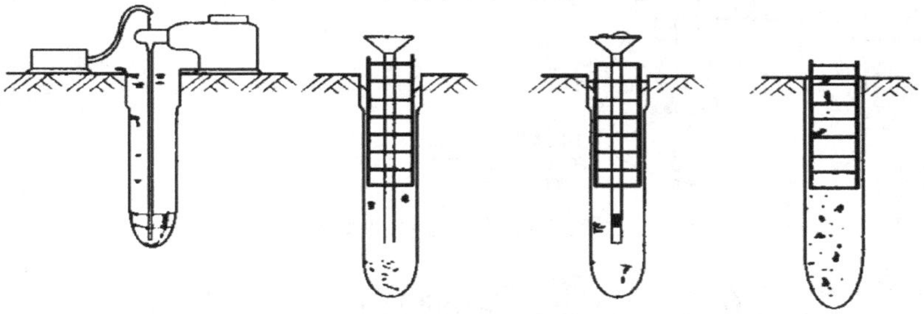

图 6.26　钻孔灌注桩施工程序

爆扩灌注桩是由钻孔、引爆、浇注混凝土而成的。引爆的作用是将桩端扩大，以提高承载力，底部直径可达 800mm，如图 6.27 所示。

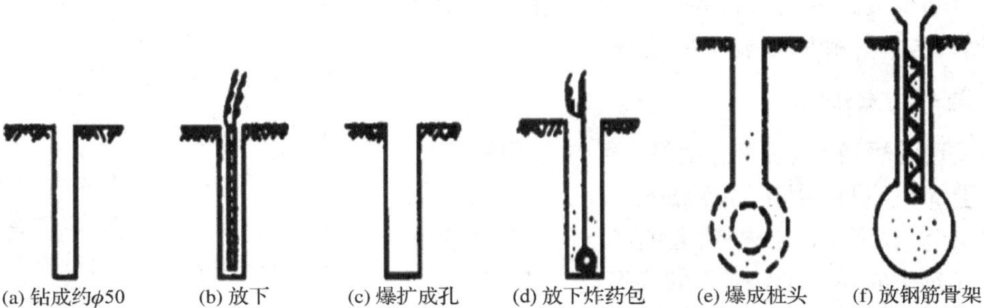

图 6.27　爆扩灌注桩基础示意

挖孔桩可采用人工或机械挖掘成孔。人工挖孔桩施工时应人工降低地下水位，每挖深 0.9～1m，就浇灌或喷射一圈混凝土护壁（上下圈之间用插筋连接），达到设计深度再进行扩孔，最后在护壁内安装钢筋笼和浇灌混凝土。人工挖孔桩的特点是可直接观察地层情况，孔底易清除干净，桩径大、设备简单、噪声小，场区各桩可同时施工，适应性强又较经济，如图 6.28 所示。

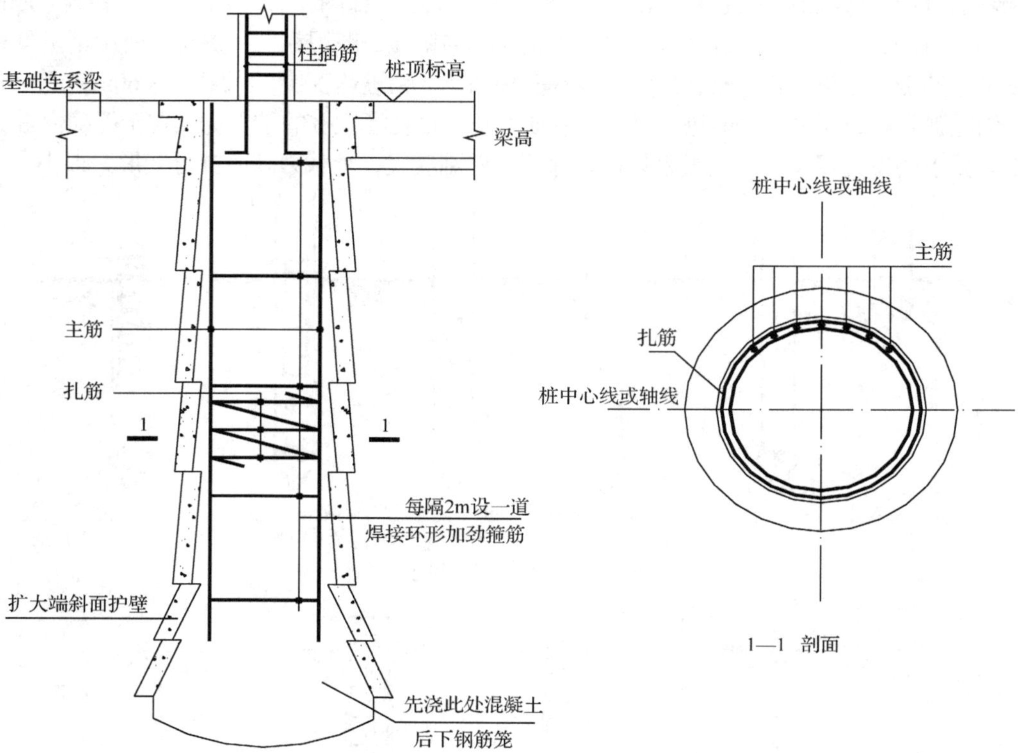

图 6.28　人工挖孔桩基础

6.4　基础工程的特殊问题处理

6.4.1　局部软弱地基处理

基础在开挖基槽后，若发现局部基坑的土质为软弱土或与勘查资料或与设计要求不符，应重新确定地基容许承载力，并探明软弱土层范围，处理方法如下。

1. *局部换土法*

若发现的填坑土、墓穴、池塘、河沟的范围不大，深度小于 3m，可选用局部换土法（方法一、二），如图 6.29（a）、（b）所示。当松软土坑≥5m 时，基槽底部沿墙身方向挖成踏步形。踏步的高宽比为 1 : 2（方法三），如图 6.29（c）所示。然后，更换压缩性相近的天然土，也可用灰土、砂、级配砂石等材料回填。回填

学习重点

重点关注：

1. 基础工程特殊问题处理。
2. 合理的地下室设置。

分析与思考：

1. 局部软弱地基的处理方法有哪些？
2. 挑梁式扩建基础方式有哪些？
3. 基础不同埋深处理方式有哪些？
4. 影响地下室设置的因素有哪些？
5. 地下室布置原则是什么？

时应分层洒水夯实，或用平板振捣器振实。每层回填厚度不大于 0.2m。

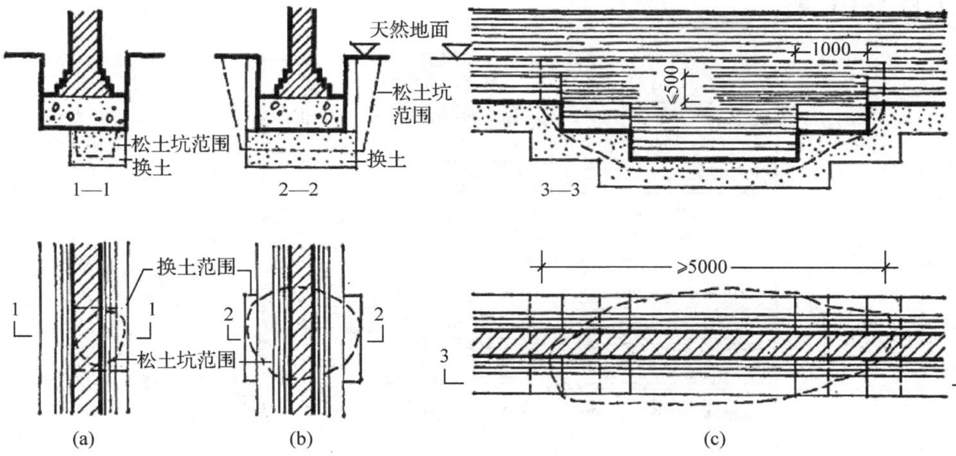

图 6.29　局部换土法

2. 跨越法与挑梁法

当基槽中发现的废井、枯井或直径小而深度大的洞穴，除了可用局部换土法外，还可在井上设过梁或拱圈跨越井穴，如图 6.30 所示。

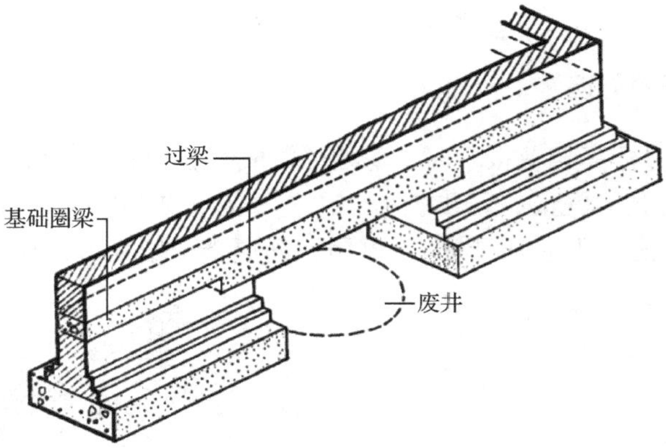

图 6.30　过梁跨越法

3. 橡皮土的处理

当发现地基土含水量大，有橡皮土的现象时，要避免直接在地基上夯打，可用晾槽法或掺入石灰沫，以降低土的含水量，或根据具体情况用碎石或卵石压入土中，将土挤实。

6.4.2　挑梁式扩建基础

在原有建筑附近建造房屋，或在原有建筑扩建，应注意新建基础对原有基础的影响。若新建房屋和原有建筑距离很近，新建房屋基础埋深最好小于原有建筑的基础埋深，如果新建房屋的荷载大或层数多，必须大于原有建筑的基础埋深，应保证新建与原有建筑基础边缘的最小距离大于等于新建与原有建筑基础底面标高之差的二倍。在原有建筑旁扩建房屋，且两部分紧相连时，可采用挑梁法，如图 6.31 所示。两基础埋深符合上述规定，避免对原有建筑基础产生影响。

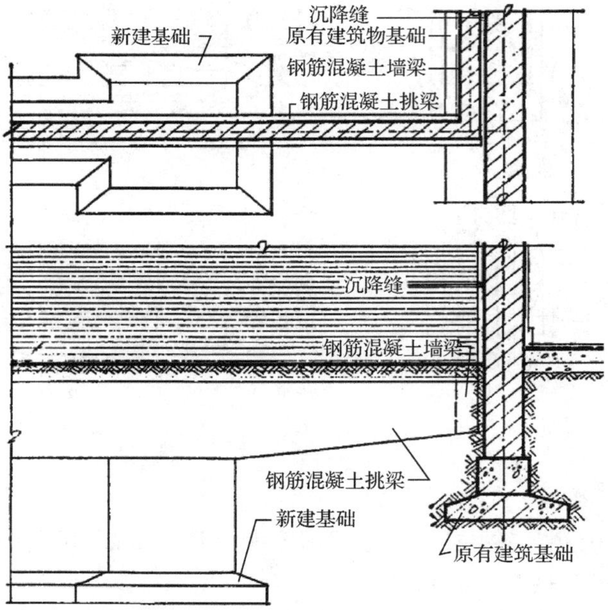

图 6.31　挑梁式扩建基础

6.4.3　基础不同埋深的处理

当基础埋深不同，标高相差很小时，基础可做成斜坡埋置。若斜度较大，应做成踏步形基础，踏步高 H 不大于 500mm，踏步长 $L>2H$，如图 6.32(a)所示。若上部建筑荷载较小，两基底之差 $H>500$mm，且在 1m 以内，可用钢筋混凝土压梁式，如图 6.32(b)所示。

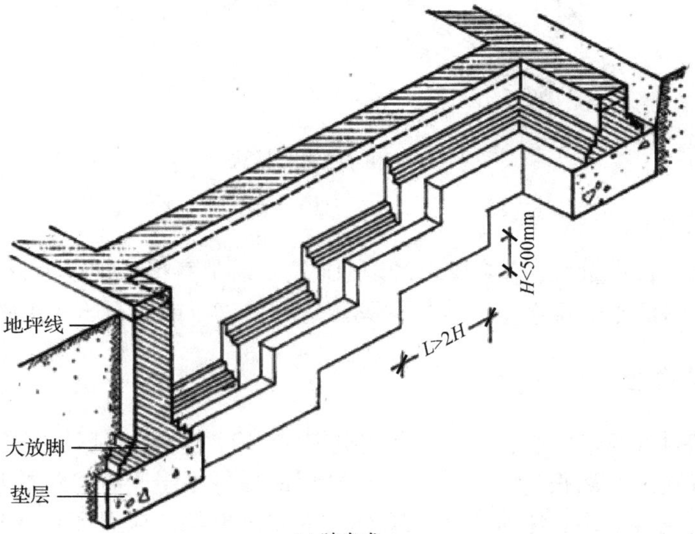

(a) 踏步式

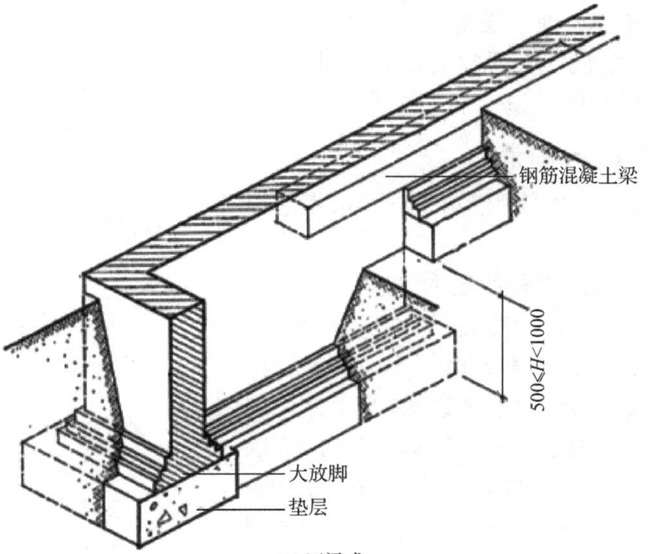

(b) 压梁式

图 6.32　基础不同埋深的处理

6.4.4　管道穿越基础的处理

当设备管道(如给排水管、煤气管等)穿越条形基础时，若从基础墙上穿过，可在墙上留洞；若从基础大放脚穿过则应将此段大放脚相应深埋。为防止建筑物沉降压断管道，管顶与预留洞上部留有不小于建筑物最大沉降量的距离，一般不小于 150mm，如图 6.33 所示。

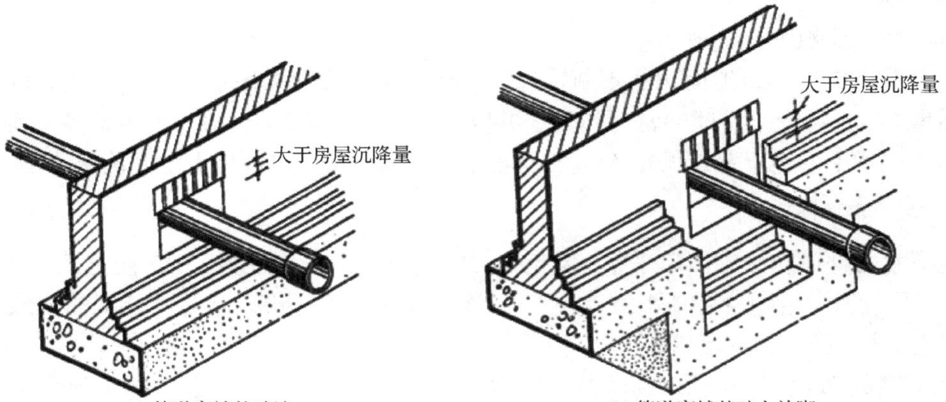

(a) 管道穿越基础墙　(b) 管道穿越基础大放脚

图 6.33　管道穿越基础的处理

6.5　地　下　室

6.5.1　地下室概况

地下室是建筑物处于室外地面以下的房间，或称为建筑物底层以下的房间。随着建筑向地面上空不断发展，从建筑结构安全考虑，建筑物埋入地下的深度也随之加大，地下室的深度和层数也进一步增加。地下室在满足结构要求的同时，也为建筑的某些功能提供了足够的空间，如地下车库、地下设备用房、地下商场、人防地下室等。地下室设计必须建筑布置合理，结构设计安全，合理选用材料，施工工艺先进。

学习重点

重点关注：

1. 地下室防潮、防水做法。
2. 地下室的防水构造做法。

分析与思考：

1. 地下室由什么组成？
2. 地下室主要的分类方式有哪些？
3. 地下室防潮防水原则是什么？
4. 地下室防潮构造的做法是什么？
5. 地下室防水分类及各类防水做法的要点是什么？
6. 绘图刚性防水的构造。
7. 绘图柔性防水的构造。
8. 涂膜防水的构造要求有哪些？
9. 金属板防水构造有哪些？
10. 地下室采光井构造要点是什么？

1. 影响地下室设置的因素

地下室的设置，除根据使用要求外，还应考虑以下因素：

1）多层建筑结合人防工程或地形设置

对于多层建筑来说，若无功能上的特殊要求，一般不需要设置地下室，但随着城市的不断发展和城市化进程的加快，城市用地越来越紧张，从节约用地方面考虑，拓展地下空间也是一种选择。因此，多层建筑可以根据具体情况，结合需要设置地下室；结合城市人防工程设置地下室。另外，对于位于特殊地段，如建在山地、坡地等的多层建筑，可结合地形特点，设置部分地下室或半地下室。

2）高层建筑结构要求

高层建筑通常设有地下室。一般来说，高层建筑的基础埋深是地上建筑物总高度的1/14～1/10，高层建筑依据结构安全要求，利用基础埋深设置地下室，不仅可以充分利用地下空间，而且对结构有利。

3）广场或绿地下设置地下室

随着城市广场和绿地面积的不断增加，利用广场、绿地的地下部分设置地下室的做法也逐渐增多，这种地下空间通常可作为公共空间，如地下停车场、城市管网设备间等。它还可以和建筑物下的地下室或城市人防工程连接在一起，从而构成地下空间网络。

2. 地下室布置原则

地下室的外形应力求简单平整，避免平面凹凸或平面变化过多，以方便施工，保证工程质量。应尽量避免管道穿越地下室外墙，若必须穿越地下室外墙，应尽可能提高至最高地下水位以上，以减少地下水影响。

地下室的布置在平面形状和埋深等方面应尽量做到简、并、避、离、升等要求，详见表6.2。

表 6.2　地下室布置原则

设计要求		不合理的布局	合理的布局
简	平、剖面外形要求简单、方整，尽量减少凹凸变化	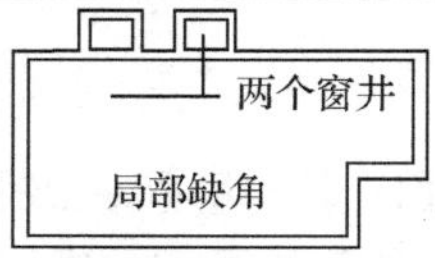	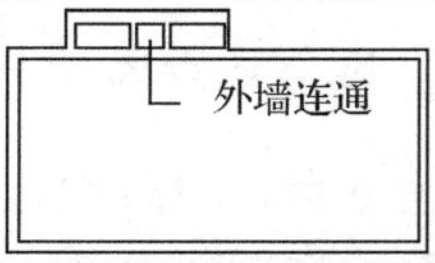

续表

设计要求		不合理的布局	合理的布局
并	近而分散的地坑或管沟宜合并	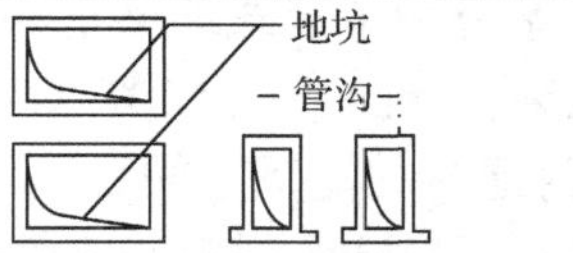	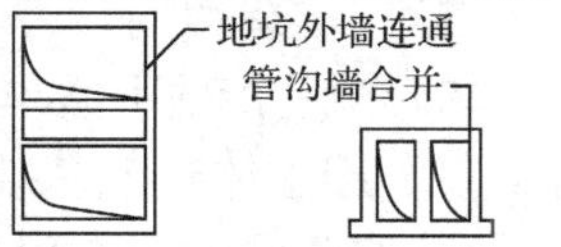
避	附建在建筑物内的独立地下室，宜避开上部建筑的墙、柱基础	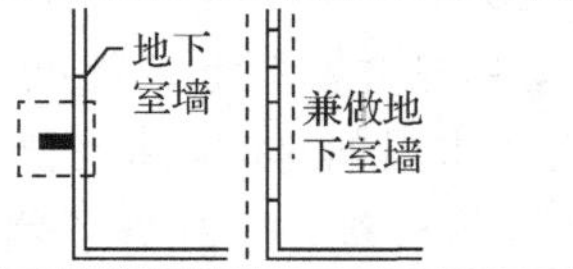	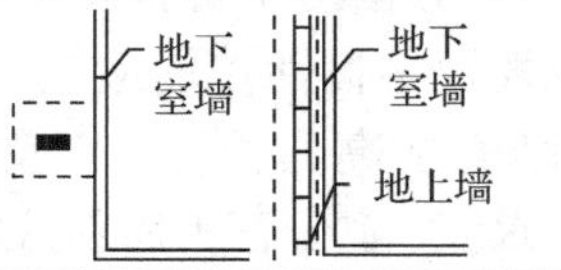
离	地上建筑物的承重柱必须穿过地下室底板时，宜采取加套措施予以隔离	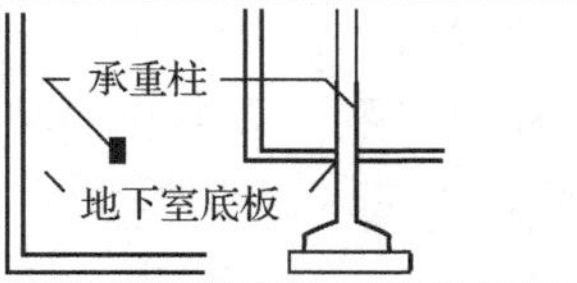	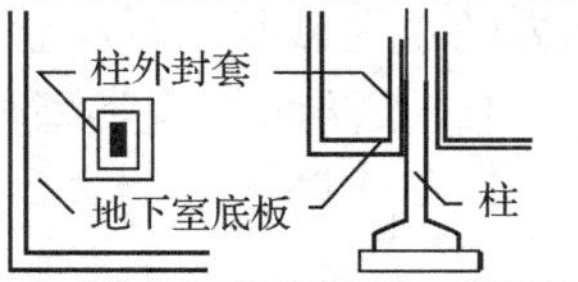
升	在满足使用要求情况下，尽量提升地下室底板标高	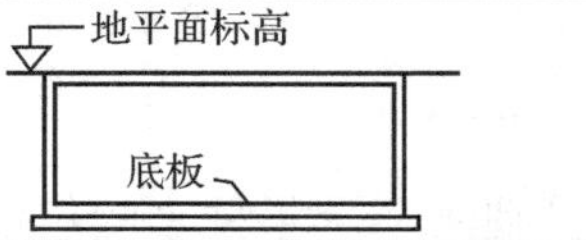	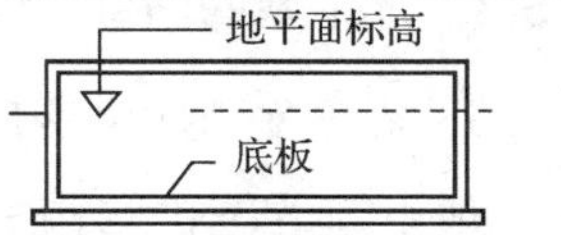

3. 地下室的埋置深度

地下室的埋置深度主要由使用要求和结构要求确定。对于多层建筑而言，地下室的埋深主要是由使用要求决定的；对于高层建筑和超高层建筑而言，地下室的埋置深度除使用要求外，还应结合结构计算来确定。此外，地下室的埋置深度还应综合考虑水文地质条件及城市基础设施情况等因素，尽量设在最高地下水位以上。

6.5.2　地下室的组成与分类

1. 地下室的组成

地下室一般由墙板、底板、顶板组成，可采用采光井满足地下室采光及通风要求，如图 6.34 所示。墙板可用砖砌，但多采用钢筋混凝土现场浇注；底板和顶板则必须采用钢筋混凝土。地下室的外墙板不仅承受上部的垂直荷载，还承受土壤、地下水及土壤冻胀时产生的侧压力。地下室的底板不仅承受作用在其上的垂直荷载，当地下室地面低于地下水位时，还要承受地下水的浮力作用。因此，地下室的墙板和底板必须有足够的强度、刚度和防水能力；否则，即使采取外部的防潮、防水措施，仍然会出现渗漏现象，严重时将导致地下室不能正常使用，甚至影响建筑物的耐久性。

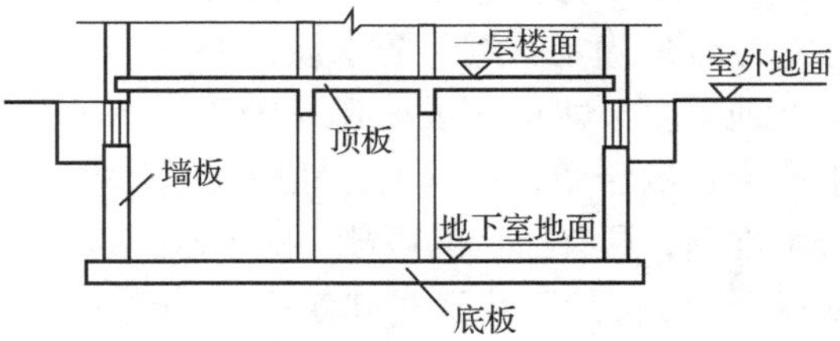

图 6.34　地下室的组成

2. 地下室的分类

(1) 按使用性质分，地下室分为普通地下室和人防地下室。

(2) 按埋入地下深度分，地下室分为全地下室和半地下室。

全地下室：指地下室地平面低于室外地坪面的高度超过该房间净高的 1/2。半地下室：指地下室地平面低于室外地坪面的高度超过该房间净高的 1/3 且不超过 1/2。

(3)按建造类型分，地下室分为单建式地下室和附建式地下室。

单建式：指地下室单独建造，地上部分仅留出入口或完全封闭的地下空间。附建式：指地下室利用主体建筑基础作为建筑的地下空间。

(4)按防水材料类型分，有柔性防水材料和刚性防水材料两种。柔性防水材料具有一定弹性及柔韧性，能适应一定程度的微量变形，如沥青系防水卷材、高聚物改性沥青防水卷材、合成高分子卷材以及涂膜防水材料(如焦油聚氨酯涂料、硅橡胶)等。刚性防水材料是指以水泥、砂、石为原料或掺入少量外加剂、高分子聚合物等材料，配制而成的具有一定抗渗能力的水泥砂浆或混凝土防水材料。

(5)按防水结构类型分，可分为本体防水和辅助防水。

混凝土防水称为本体防水，卷材涂膜防水统称为辅助防水。

6.5.3　地下室的防潮、防水

1. 地下室的防潮和防水设计原则

地下室的围护结构常年受到潮气及各种水的侵蚀，实际工程因地下室墙体处理不当而出现渗漏的情况很多，防潮、防水是地下室构造处理的重要问题。地下室属于隐蔽工程，如果在使用过程中出现漏水现象，后果将不堪设想，因而地下室的防水工程就显得尤为重要和突出。特别是地下室的防水设计，应全面考虑各种自然因素及使用要求，定级准确、方案可靠、选材适当、施工简便、经济合理。

1)合理确定防水等级

地下室的使用功能及重要性不同，其对防水的要求也不一样。地下工程的防水等级应根据工程的重要性和使用中对防水的要求确定，可按表 6.3 选定。对于地下工程的防水等级，按围护结构允许渗漏水量划为四级(见表 6.4)。合理选择地下室围护结构材料及防水材料。

2)合理确定防潮、防水设计方案

地下室浸水的主要来源是地表滞水和地下水。地表滞水主要是降雨(雪)、生活用水和生产废水的滞留，它与土的性质有关。例如，砂类土的透水性好，不易存在滞水；黏性土的透水性差，具有滞水的可能。地下水位以下土中的地下水具有一定压力，离地面越深，其静水压也越大。地下水通过建筑围护结构渗入室内，不仅影响地下室的使用，且当地下水含有酸、碱等化学成分时，还会使结构遭到破坏。因此，地下室应采取有效的防潮、防水措施，以保证其正常使用。

表 6.3　地下工程防水等级标准

防水等级	标准
一级	不允许渗水，结构表面无湿渍
二级	不允许漏水，结构表面可有少量湿渍； 工业与民用建筑：总湿渍面积不应大于总防水面积(包括顶板、墙面、地面)的 1/1000；任意 100m² 防水面积上的湿渍不超过 2 处，单个湿渍的最大面积不大于 0.1m²； 其他地下工程：总湿渍面积不应大于总防水面积的 2/1000；任意 100m² 防水面积上的湿渍不超过 3 处，单个湿渍的最大面积不大于 0.2m²；其中隧道工程还要求平均渗水量不大于 0.05L/(m²·d)，任意 100m² 防水面积上的渗水量不大于 0.15L/(m²·d)

续表

防水等级	标准
三级	有少量漏水点，不得有线流和漏泥砂； 任意 100m²防水面积上的漏水或湿渍点数不超过 7 处，单个漏水点的最大漏水量不大于 2.5L/d，单个湿渍的最大面积不大于 0.3m²
四级	有漏水点，不得有线流和漏泥砂； 整个工程平均漏水量不大于 2L/(m²·d)；任意 100m²防水面积上的平均漏水量不大于 4L/(m²·d)

注：摘自《地下工程防水技术规范》GB 50108—2008。

表 6.4　地下工程不同防水等级的适用范围

防水等级	适用范围
一级	人员长期停留的场所；因有少量湿渍会使物品变质、失效的储物场所及严重影响设备正常运转和危及工程安全运营的部位；极重要的战备工程、地铁车站
二级	人员经常活动的场所；在有少量湿渍的情况下不会使物品变质、失效的储物场所及基本不影响设备正常运转和工程安全运营的部位；重要的战备工程
三级	人员临时活动的场所，一般战备工程
四级	对渗漏水无严格要求的工程

注：摘自《地下工程防水技术规范》GB 50108—2008。

地下室防水设计方案主要有隔水法、降排水法和综合法。

(1)隔水法，是利用各种材料的不透水性隔绝地下室外围水及毛细管水的渗透，通常采用地下室外围做防水层或地下室外墙做整体式混凝土自防水结构(可多道防线)，效果可靠应用广泛，如图 6.35 所示。

(2)降排水法，是用人工降低地下水位的办法来消除地下水对地下室的影响，降排水法又分为外排法和内排法。外排法是当地下水位较高时，设置永久性排水措施，使水位降低至底板以下，以减少或消除地下水影响。外排法适用于地下水位高于地下室底板，且不宜采用隔水法的建筑，同时在地形、地质、经济、功能上有条件时采用，如图 6.36(a)所示。内排法是将渗入地下室的水通过永久性自流排水

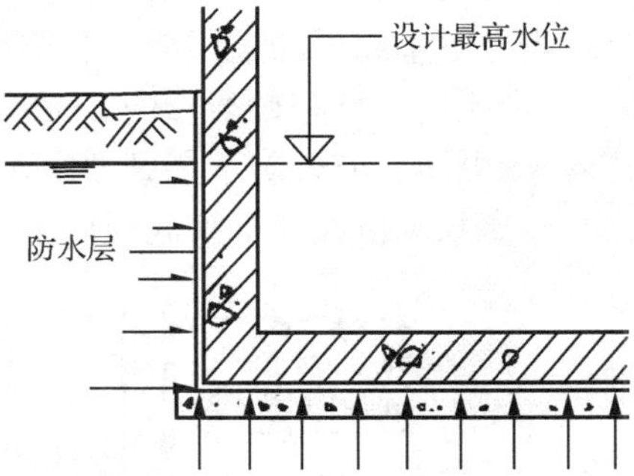

图 6.35　隔水法示意

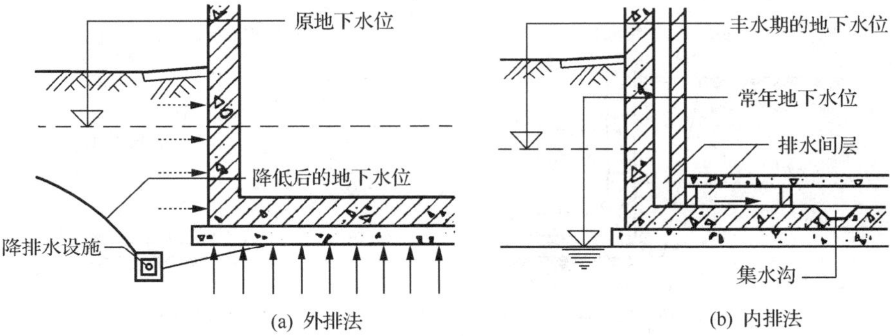

(a) 外排法　(b) 内排法

图 6.36　排水法示意

系统排至集水坑再排至室外管道，如图 6.36(b)所示。内排法适用于当水位高、水量大，难以采用外排法，或常年水位虽低于底板，但丰水期高于底板且水位小于 0.5m 时。

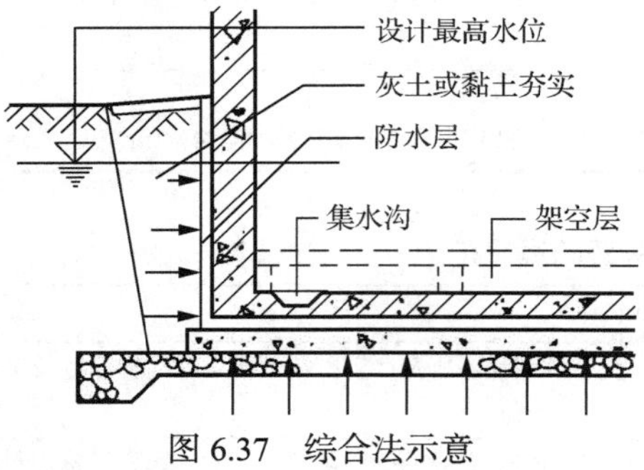

图 6.37 综合法示意

(3)综合法，是同一工程中采用多种措施，以达到防水要求，提高防水可靠性，如图 6.37 所示。采用综合法应分清主次，以降排为主，隔水为辅；或以隔水为主，降排为辅。通常当地下室的防水要求较高时，必须确保防水的可靠性，并在有效高度允许情况下采用综合法。

3)合理确定设防高度

地下室宜根据城市总体规划及排水体系进行合理布局，并确定工程标高。设计应考虑各种类型水作用下最不利的情况，使地下室防水措施有足够的保证。除考虑潜水(在地面下第一个有自由表面的地下水)及承压水等作用外，尚应考虑地表水、上层滞水和由于地下水而产生的毛细水的影响。

(1)当潜水水位在地下室底板以上，且地下室周围的土层属于强透水性的土，渗透系数每昼夜大于 1m 及有裂隙的坚硬岩石层，无滞水存在时，应设防水层至潜水水位以上 1m，防水层以上做防潮层到地面，如图 6.38(a)所示。

(2)当潜水水位在地下室底板以下，且地下室周围的土层属于强透水性的土，渗透系数每昼夜大于 1m 及有裂隙的坚硬岩石层，无滞水存在时，可以考虑在毛细管带区以上设一般防潮层到地面，如图 6.38(b)所示。

(3)当地下室周围的土层属于弱透水性的土，为渗透系数每昼夜小于 0.001m 的黏土、重黏土及密实的块状坚硬岩石时，无论潜水水位在地下室底板以下还是以上，都有潜水或滞水存在的可能，应设防水层到地面，如图 6.38(c)所示，同时防水层应按有水压考虑。

(4)当潜水水位在地下室底板以上，且地下室周围的土层属于一般性地基，渗透系数为

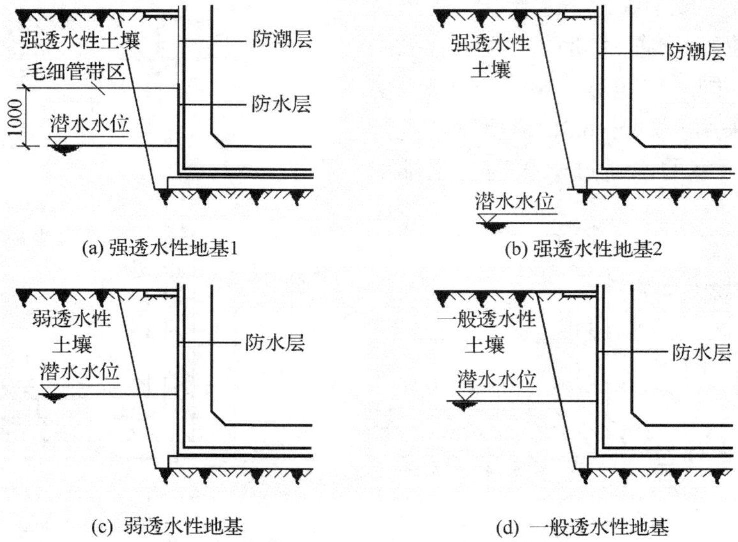

图 6.38 防潮、防水设防高度的确定示意

每昼夜 0.001～1m，如黏土、亚黏土及裂隙小的坚硬岩石时，有潜水或滞水存在的可能，应设防水层到地面，如图 6.38(d)所示，同时防水层应按有水压考虑。

2. 地下室防潮构造

当地下水的常年水位和最高水位都在地下室地坪标高时，砌体必须用水泥砂浆砌筑，墙外侧抹防水砂浆或涂防水涂料，对混凝土墙体可不必另做处理。然后，回填低渗透性的土壤，如黏土、灰土等，并逐层夯实。这部分回填土的宽度为 0.5m 左右。此外，垂直防潮层须做到室外散水以上。地下室所有的墙体都必须设两道水平防潮层，一道设在地下室地坪附近，一般设置在内、外墙与地下室地坪交接处；另一道设在距室外地面散水以上 0.15～0.2m 的墙体中，以防止土层中的水分因毛细管作用沿基础和墙体上升，导致墙体潮湿和增大地下室及首层室内的湿度。防潮做法如图 6.39 所示。

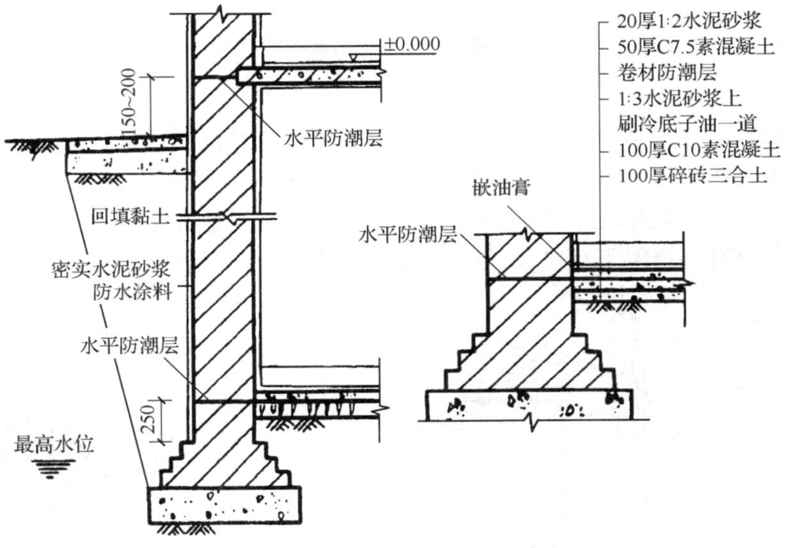

(a) 墙身防潮　　(b) 地下室地坪防潮

图 6.39　地下室防潮做法

3. 地下室防水构造

地下室防水构造按选用材料的不同，主要有刚性防水、柔性防水、涂膜防水、金属板防水等几种。

1) 刚性防水

刚性防水采用较高强度和无延伸防水材料，如防水砂浆、防水混凝土所构成的防水层。防水混凝土是依靠材料自身的密实性起防水作用，耐久性强，刚度和整体性好，有较高的抗渗性，能同时起承重、围护和防水作用。它比柔性防水层造价低，施工方便，但施工质量不易保证。防水混凝土的质量不仅取决于混凝土材质本身及其配比，还取决于施工质量。在施工过程中的搅拌、运输、浇筑、振捣、养护、细部构造等工序对防水混凝土的防水效果有极大影响。这些环节应采取严密措施，保证质量，以免造成混凝土渗漏等后患。刚性防水构造做法如图 6.40 所示。

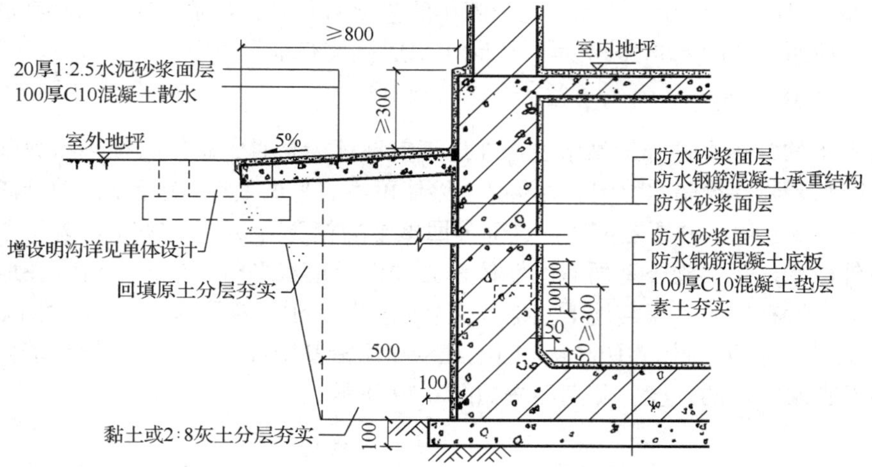

图 6.40　刚性防水构造做法示例

2）柔性防水

地下工程卷材防水适用于在混凝土结构或砌体结构迎水面铺贴，能适应结构微量变化和抗一般地下水化学侵蚀，效果比较可靠。一般采用外防外贴和外防内贴两种施工方法。由于外防外贴法的防水效果优于外防内贴法，所以在施工场地和条件不受限制时一般均采用外防外贴法，只有在修缮工程中才做于内侧。卷材防水构造做法如图 6.41 所示。

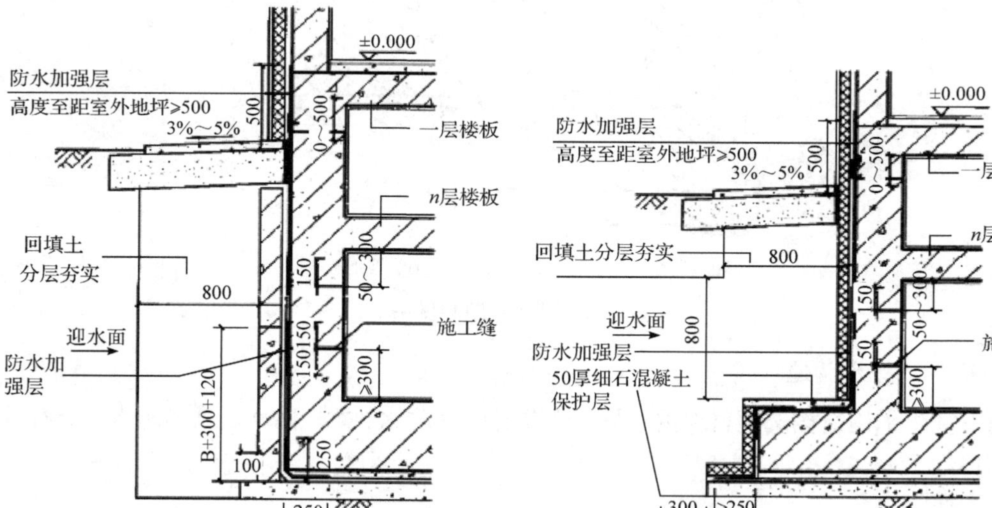

(a) 防水层外侧砖墙保护层　　(b) 防水层外侧保温层材料软保护层

图 6.41　卷材防水构造做法示例

3）涂膜防水

涂膜防水泛指在施工现场（混凝土墙体或砖砌体的找平层表面）以刷涂、刮涂、滚涂等方法将液态涂料在适宜温度下涂刷于地下室主体结构外侧或内侧的一种防水方法。涂料固化后形成一层无缝薄膜，能防止地下有压水及无压水的侵入。适用于新建砖石或钢筋混凝土结构的迎水面做专用防水层或新建防水钢筋混凝土结构的迎水面做附加防水层，加强防水、防腐能力；或已建防水或防潮建筑外围结构的内侧，做补漏措施。不适用或慎用于含有油脂、汽油或其他能溶解涂料的其他地下环境，且涂料和基层应有很好的黏结力，涂料层外侧应做砂浆或砖墙保护层。

防水涂料可分为无机防水涂料和有机防水涂料，有机防水涂料主要包括合成橡胶类、合成树脂类和橡胶沥青类。氯丁橡胶防水涂料、SBS 改性沥青防水涂料等聚合物乳液防水涂料属挥发固化型，聚氨酯防水涂料属反应固化型。涂料固化成膜后形成柔性防水层，与防水混凝土主体组合为刚性、柔性两道防水。无机防水涂料主要包括聚合物改性水泥基防水涂料和水泥基渗透结晶型防水涂料，是在水泥中掺有一定的聚合物，不同程度地改变水泥固化后的物理力学性能，但与防水混凝土主体组合仍应认为是刚性两道防水设防，不适用于变形较大或受振动部位。

防水涂料按其液态类型可分为水乳型、溶剂型及反应型。由于涂膜防水材料施工固化前是一种无定型的黏稠状液态物质，对于任何形状的复杂管道的纵横交叉部位都易于施工，特别在阴阳角、管道根部以及端部收头处便于封闭严密，形成一个无缝整体防水层，而且施工工艺简单，对环境污染较小。防水层有一定的弹性和延伸能力，对基层伸缩或开裂等有一定的适应性。

涂膜防水层一般由底涂层、多层涂料防水层及保护层组成，要求基层平整、涂膜厚度均匀，宜设在迎水面，若设在背水面必须做抗压层。底涂层是做一道与涂料相适应的基层涂料，使涂层与基层黏结良好。多层涂料防水层一般分 2～3 层进行涂敷，使防水涂料形成多层封闭的整体涂膜。为保证涂料防水层在工序进行中或涂膜完成后不受破坏，应采取相应的临时或永久性保护措施，如水泥砂浆保护层、120mm 厚砖墙保护层、聚苯板保护层等。

4) 金属板防水

金属板防水适用于抗渗性能要求较高的地下室。金属板包括钢板、铜板、铝板、合金钢板等。金属板防水有内防水和外防水之分。当金属板防水层为内防水时，防水层是预先设置的，防水层应与结构内的钢筋焊牢，并在防水层底板上预留浇捣孔，以保证混凝土浇筑密实，待底板混凝土浇筑完后再补焊严密。当金属防水层为外防水时，金属板应焊在混凝土的预埋件上，如图 6.42 所示。金属防水板之间的接缝为焊缝，焊缝必须密实。一般适用于工业厂房地下烟道、热风道等高温高热、振动较大、防水要求严格的地下防水工程。

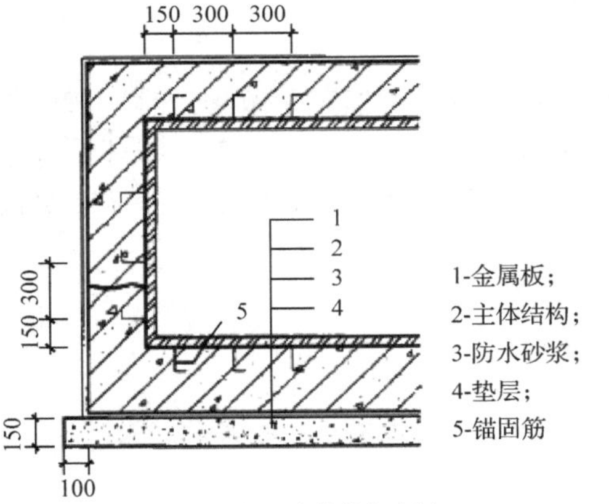

(a) 金属防水层(主体结构内侧)

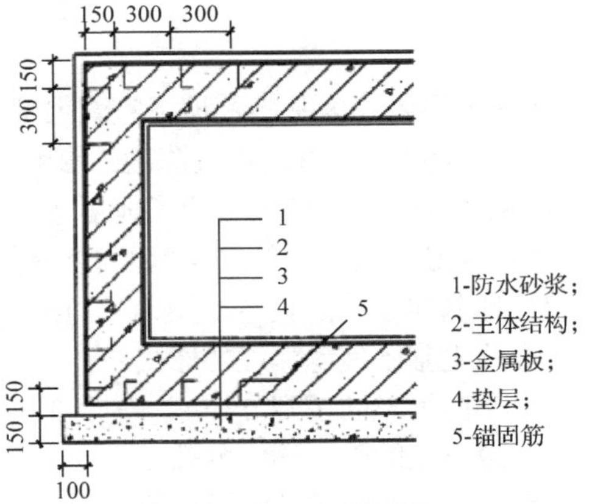

(b) 金属防水层(主体结构外侧)

图 6.42　金属板防水做法示例

6.5.4　地下室采光井构造

为防止雨水、地面水等灌入地下室，地下室通向地面的各种孔口应采取防地面水倒灌措施，出入口应高出地面不小于 300mm，并应有防雨措施。考虑地下室平时利用，在采光窗的外侧一般设置采光井，采光井由底板和侧墙组成。底板为混凝土浇注，侧墙可为砖墙或钢筋混凝土板墙。窗井内的底板应比窗下缘低 200～300mm；窗井墙应高出地面 300mm；窗井外地面宜做散水，如图 6.43 所示。通风口竖井窗下缘离室外地面高度不得小于 500mm。采光井底板应有 1%～3%的坡度，把积存的雨水用钢筋水泥管或陶管引入地下管网。采光井的上部应有铸铁箅子或尼龙瓦盖，以防止人员、物品掉入采光井内。

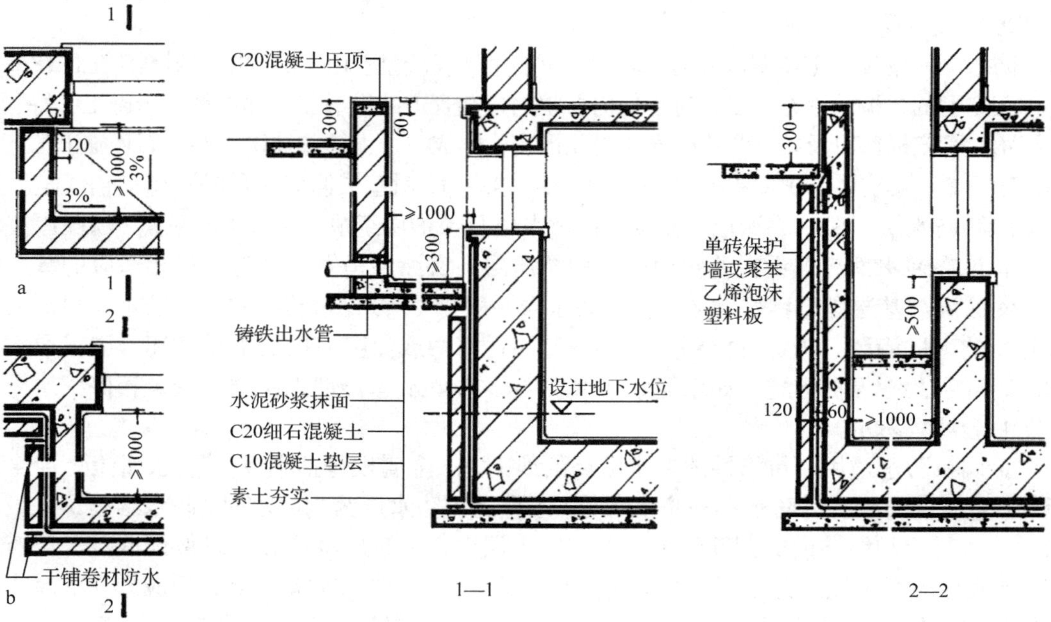

图 6.43　采光井构造做法

小　　结

本章主要内容为基础及地下室两大部分，结合新规范及工程实际做法，前一部分介绍了地基基础的关系、基础埋置深度的影响因素、基础的材料及构造类型、各类基础的构造做法及适用条件。后一部分介绍了地下室的分类、地下室防潮防水设计原则及地下室防水防潮构造。学习过程中应着重掌握以下问题。

(1) 地基与基础的关系。

(2) 确定基础埋置深度的原则。

(3) 不同形式的基础分类。

(4) 地下室的防水等级分类。

(5) 地下室的防潮防水设计原则。

(6) 各类地下室防水构造做法及适用范围。

(7) 地下室采光井构造做法。

第7章 墙

墙体是建筑的竖向联系组成部分，是建筑内外分隔、房间分隔的界面，主要作用是围护场所、划分空间和结构承重，此外，还应满足保温、隔热、隔声、降噪等物理性能方面的需求。作为承重构件，墙体承受由屋顶和楼板层传来的荷载，并将荷载传递给基础。作为围护构件，外墙可以抵御和调节外界各种因素的影响；内墙分隔空间可以保障室内环境的舒适性。因此，墙体应具有足够的强度、稳定性，以及良好的保温、隔热、隔声、防火、防水等性能。建筑外墙与外界环境进行能量交换，具有采光、通风、热工等方面的要求，同时也是建筑形态的主要视觉载体，因此在建筑设计中，外墙作为建筑的表皮，对创作的技术与艺术交融性有着较高的要求。

7.1 概 述

7.1.1 墙体的设计要求

学习重点

重点关注：

1. 墙体的设计要求。
2. 墙体的类型。

分析与思考：

1. 墙体有几种类型？
2. 墙体有哪些作用？

(1)强度和稳定性方面的要求。墙体的强度是指墙体承受荷载的能力，它与墙体采用的材料、墙体尺寸、墙体构造和施工方式有关。墙体的稳定性与墙的厚度、高度和长度有关，当墙身的高度、长度确定后，通常可通过增加墙体厚度，增设墙垛、壁柱、圈梁等方法增强墙体稳定性。

(2)保温和隔热等热工方面的要求。作为围护的外墙，对热工的要求十分重要，在严寒及寒冷地区要求外围护结构具有良好的保温性能，以减少室内热量的损失，同时还应防止在围护结构内表面出现凝结水现象。在炎热地区要求外围护结构具有一定的通风隔热措施，以防止夏季室内温度过高。

(3)隔声和防潮方面的要求。作为房间围护构件的墙体，必须具有足够的隔声功能，以符合有关隔声标准的要求，同时根据需要，墙体还应具有防潮、防水的能力。

(4)防火要求。墙体材料及墙身厚度应符合防火规范中相应的燃烧性能和耐火极限的要求，必要时还应设置防火墙、防火门等。

(5)适应工业化生产的要求。墙体适应新的墙体材料，是建筑工业化的一项改革内容，可为工业化生产及机械化施工创造条件，从而降低工人劳动强度和提高施工速度。

7.1.2 墙体类型

根据墙体在平面图中所处的位置不同，有内墙和外墙之分。外墙是指建筑物的外围护结构，起挡风、隔雨、保温、隔热等作用。内墙是指建筑物内部墙体，主要起分隔房间的作用。墙体有纵墙、横墙之分，沿建筑物短轴方向布置的墙称为横墙，横向外墙又称山墙。沿建筑物长轴方向布置的墙称为纵墙。在一片墙上，窗与窗或门与窗之间的墙称为窗间墙，窗洞下部的墙体称为窗肚墙。墙体各部分名称如图 7.1 所示。

根据墙体结构受力情况不同，有承重墙和非承重墙之分。直接承受楼板和屋顶传来荷载的墙称为承重墙，不承受这些外来荷载的墙称为非承重墙。非承重墙包括隔墙、填充墙和幕墙。作为分隔空间不承受外力的墙称为隔墙，框架结构中的墙称为框架填充墙，悬挂于外部骨架的轻质外墙称为幕墙，它包括金属幕墙、玻璃幕墙等。

根据墙体的材料不同，可分为土墙、砖墙、石墙、混凝土墙和利用工业废料的各种砌块墙。砖是传统的建筑材料，应用很广。黏土砖的取材需占用大量农田，破坏生态环境。近年来，我国已经开始限制黏土实心砖的使用。石墙多在产石地区应用，有很好的经济价值。土墙是就地取材，造价低廉的地方性做法，混凝土墙可现浇、可预制，在高层建筑中广泛应用。利用工业废料发展各种墙体材料，是对墙体改革的重要措施，目前得到了积极的推广和应用。

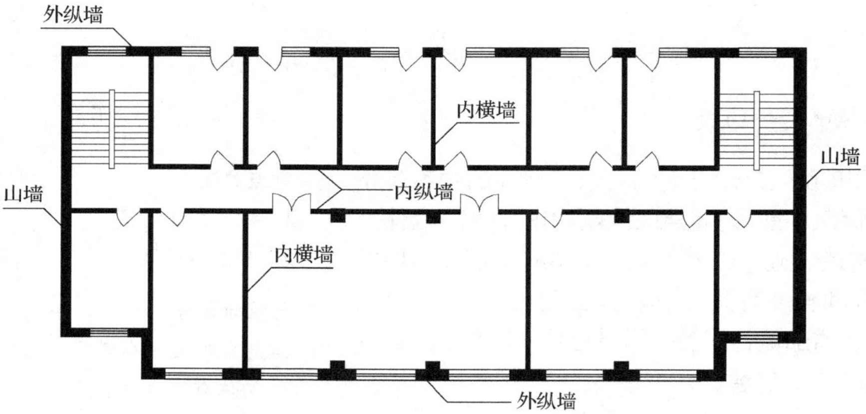

图 7.1　墙体各部分名称

根据墙体的构造加工形式，可分为块材墙、板筑墙和装配式板材墙。块材墙包括实砌砖墙，借手工和小型机具砌筑而成。板筑墙则是施工时，直接在墙体部位竖立模板，然后在模板内夯筑或浇注材料捣实而成的墙体，如现浇式混凝土墙等。装配式板材墙是以工业化方式在预制构件厂生产的大型板材构件，在现场进行安装的墙体。这种墙体机械化程度高，施工速度快，工期短，不受气候的影响，是建筑工业化的发展方向。

根据墙体的构造材料工艺不同，又可以分为砌筑墙体和悬挂幕墙，其中悬挂幕墙是当代建筑外饰面做法中比较普及的一种做法。按照幕墙的饰面材料可以分为玻璃幕墙、金属幕墙和石材幕墙等，按照幕墙的工艺可以划分为干挂法和湿贴法。干挂法又名空挂法，该方法以金属挂件将饰面材料直接吊挂于墙面或空挂于钢架之上，不需再灌浆粘贴。图 7.2 为几种材料的建筑幕墙。玻璃幕墙按照工艺做法主要可以分为点式连接、明框式连接、隐框式连接。

(a) 玻璃幕墙　　(b) 金属幕墙　　(c) 石材幕墙

图 7.2　各种材料的建筑幕墙

7.2　砌　体　墙

砌块一般用混凝土、水泥、石灰、石膏等胶结料，与硅酸盐、煤矸石、煤灰、煤渣、砂石等骨料混合，经原料处理加压或冲击、振动成型，再以干或湿热养护而制成的砌墙块材。由于不需要进窑焙烧，因此单块体积比砖大，其规格介于砖和大型墙板之间，施工时可采用简单机具吊装和砌筑，生产简单，砌筑效率较高，且整体刚度和抗震性能较好。

7.2.1　砌体墙的材料

1. 砌块的类型与规格

砌块与砖的区别在于外形尺寸比砖大，砌块按不同尺寸分为大型砌块、中型砌块和小型砌块。高度大于 115mm 而又小于 380mm 的称为小型砌块，高度为 380～980mm 的称为中型砌块，高度大于 980mm 的称为大型砌块，使用中以中小型砌块居多。

砌块按构造方式可分为实心砌块和空心砌块，空心砌块有单排方孔、单排圆孔和多排扁孔三种。其中，多排扁孔对保温有利，如图 7.3 所示。

图 7.3　砌块孔洞的类型

1) 砖

砖墙是用砂浆将一块块砖按一定规律砌筑而成的砌体，其主要材料是砖和砂浆。

2) 硅酸盐砌块

硅酸盐砌块是利用工业废料，如炉渣和煤矸石等材料，经过加工处理而制成，强度比实心砖低。使用这种砌块的好处是，综合利用了废料，节省了能源和土地改善了环保条件。

砌块的规格有 390mm×190mm×190mm、290mm×190mm×190mm、190mm×190mm×190mm、90mm×190mm×190mm。

3) 陶粒混凝土空心砌块

陶粒混凝土空心砌块是由水泥、陶粒加水制成的，有竖向方孔和扁孔空心砌块，陶粒混凝土空心砌块外形尺寸常见的有 190mm×190mm×190mm、90mm×190mm×190mm、290mm×190mm×

190mm。其特点是砌块尺寸大，重量轻，砌筑速度快，保温性能良好。陶粒混凝土空心砌块一般强度比实心砖低，多用于非承重隔墙和框架结构的填充墙。

4) 加气混凝土砌块

加气混凝土砌块是含硅材料（如砂、粉煤灰、尾矿粉等）和钙质材料（如水泥、石灰等）加水并加适量的发气剂和其他外加剂，经混合搅拌、浇注发泡、胚体静停与切割后，经蒸压或常压蒸气养护制成。加气混凝土制成的砌块具有容重轻、承重和保温的性能。

(1) 加气混凝土砌块的分类。

加气混凝土砌块按原材料分，主要有水泥、矿渣、砂，石灰、粉煤灰等材料制成的加气混凝土砌块。按强度分级有 10 级、25 级、35 级、50 级、75 级（强度 50 级的含义是立方体抗压强度平均值>500MPa）；按密度分级有 03 级、04 级、05 级、06 级、07 级、08 级（密度 05 级含义是密度<500kg/m^3）；按尺寸偏差密度范围分有优等品、一等品、合格品三种。

(2) 加气混凝土砌块的规格。

加气混凝土砌块的规格尺寸有两个系列。

系列一：600mm×100mm×200mm、600mm×150×200mm、600mm×100mm×250mm、600mm×150mm×250mm、600mm×75mm×250mm、600mm×200mm×200mm。

系列二：600mm×60mm×240mm、600mm×120mm×240mm、600mm×180mm×240mm、600mm×240mm×240mm、600mm×60mm×300mm、600mm×120mm×300mm。

5) 混凝土空心砌块

混凝土空心砌块是由水泥、砂、石子加水制成的。

(1) 混凝土空心砌块的分类。

混凝土空心砌块按原材料分有普通混凝土砌块、工业废渣骨料混凝土砌块、天然轻骨料混凝土砌块和人造轻骨料混凝土砌块等，按砌块型体尺寸分有小型砌块和中型砌块，按承重性能分有承重砌块和非承重砌块。而在每类砌块中各有不同的强度等级。

学习重点

重点关注：

1. 砌块的类型与规格。
2. 块材墙拼接方法。
3. 墙身加固的主要措施。
4. 防火墙的设置。
5. 窗台的作用。
6. 勒角构造设计。
7. 墙身水平防潮层构造设计。
8. 散水构造设计。
9. 复合墙的特点与构造。

分析与思考：

1. 砖墙由哪些材料组成？
2. 砌块墙的特点是什么？
3. 何为砂浆？砌筑墙体常用的砂浆有哪几种？
4. 砂浆的强度等级分为几级？
5. 圈梁的类型、作用位置与构造是什么？
6. 简述构造柱的作用与构造。
7. 砌块墙的缝型、通缝如何处理？
8. 窗台有几种构造做法？
9. 简述勒角的位置和作用。
10. 勒角通常有几种构造设计方法？
11. 简述墙向水平防潮层的位置和作用。
12. 墙身水平防潮层通常有几种构造做法？
13. 墙向垂直防潮层的作用、位置和做法？
14. 简述复合墙的类型及其优缺点。

普通混凝土砌块一般可分为 MU3.5、MU5、MU7.5、MU10、MU15。工业废渣骨料混凝土砌块一般可分为 MU3.0、MU5、MU7、MU10。轻骨料混凝土砌块一般可分为 MU2.5、MU3.5、MU 4.5。由于强度等级不同，可使用于不同的房屋建筑工程部位。

(2)混凝土空心砌块的规格。

混凝土空心砌块的规格尺寸为 390mm×190mm×190mm，如图 7.4 所示。

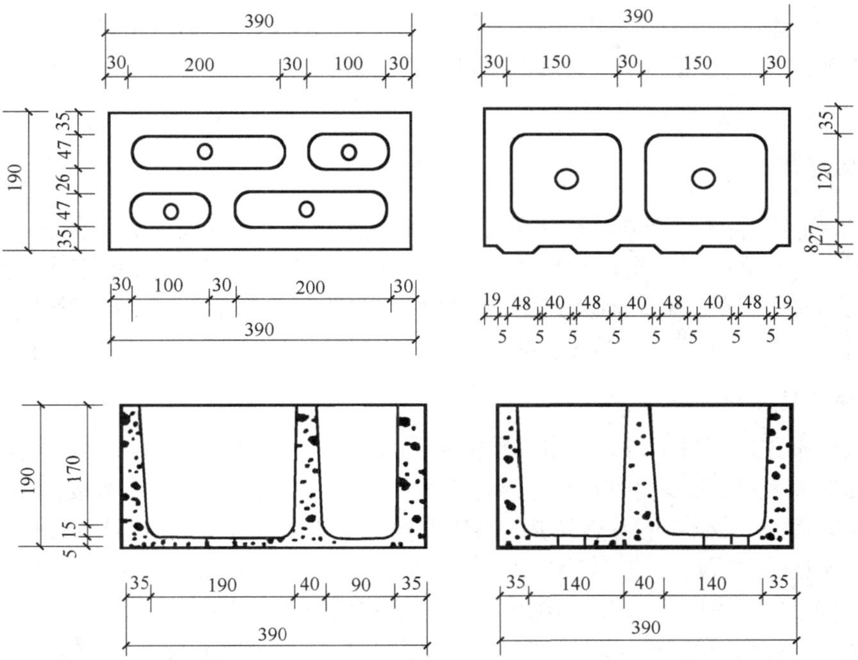

图 7.4　砌块的尺寸规格

混凝土空心砌块分小型砌块和中型砌块，同一种砌块又分为标准块、1/2 标准块、3/4 标准块、1/4 标准块，不同的砌块构造不同，如图 7.5 所示。

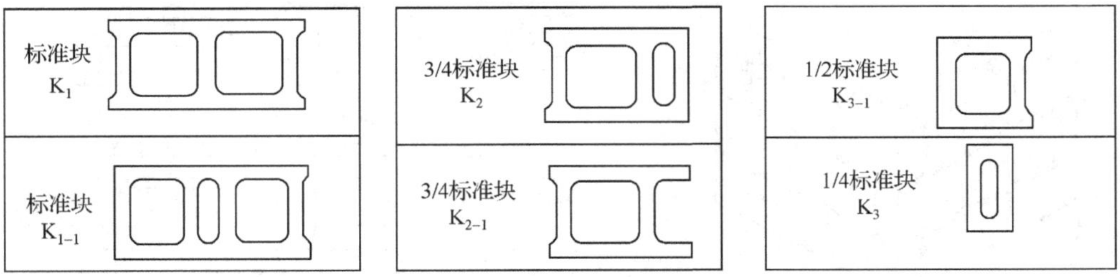

图 7.5　砌块的标准块和分标准块

2. 砂浆

砂浆也叫灰浆，是用胶凝材料、细骨料和水等按适当比例调制而成的浆状混合料，有砌筑砂浆、抹面砂浆和防水砂浆等，多用于砌筑砖石结构，也常涂抹于建筑物的表面，起装饰和防护的作用。砌筑砂浆将砖胶结成整体，并将砖块之间的空隙填实，便于使上层砖块所承受的荷载能逐层均匀地传至下层砖块，以保证砌体的强度。砂浆有水泥砂浆、石灰砂浆和混合砂浆三种。水泥砂浆是由水泥、砂和水按一定比例拌合而成，它属水硬性材料，强度高，较适合于砌筑潮湿环境的砌体；石灰砂浆是由石灰、砂和水拌合而成，它属气硬性材料，强度不高，多用于砌筑一般次要性的民用建筑中地面以上砌体；混合砂浆是由水泥、石灰膏、砂加水拌合而成，这种砂浆强度较高，和易性和保水性好，常用于砌筑地面上砌体。依据《建设用砂》GB/T 14684 和《建筑砂浆基本性能试验方法标准》JGJ/T 70，砂浆等级分为 M5、M7.5、M10、M15、M20、M25、M30、M40、M50、M60、M70、M80、M100 等 13 个等级。其中，M 表示混凝土的强度等级，数字表示 28 天龄期下的抗压强度设计值，单位为 MPa。砂浆的尺寸一般指其厚度，砂浆厚度应符合设计要求，一般不宜小于 3mm，也不宜大于 40mm。

7.2.2 砌体墙构造

用砌块墙砌筑墙体时必须将砌块彼此交错搭接砌筑，以保证墙体和房屋有一定整体性。但也有与砖墙不同的地方，砌块的尺寸比砖大，只靠砂浆黏结不可能保证砌体的整体性，必须采取加固措施。另外，由于砌块为配合组砌具有多种规格，而不是像砖一样在同一种规格的基础上任意砍断，为了适应砌筑的需要，必须在多种规格间进行砌块的排列设计。

1. *砌块墙的组砌方法*

砌块墙应事先进行排列设计，也就是把不同规格的砌块在墙体中的具体安放位置用平面图和立面图加以表示。砌块排列设计应满足下列要求：上下皮砌块应错缝搭接，排列整齐有规律，尽量减少通缝，使砌块墙具有足够的整体性和稳定性，内外墙的交接处和转角处应依砌块彼此搭接优先选用大规格砌块，如图 7.6 所示，使主砌块的总数量在 70%以上。为减少砌块的规格，允许在砌筑中用少量的砖来镶砌填缝。当采用混凝土空心砌块时，上下皮砌块应孔对孔、肋对肋，使上下皮砌块间有足够的接触面以扩大受压面积砌块的排列组合，如图 7.7 所示。

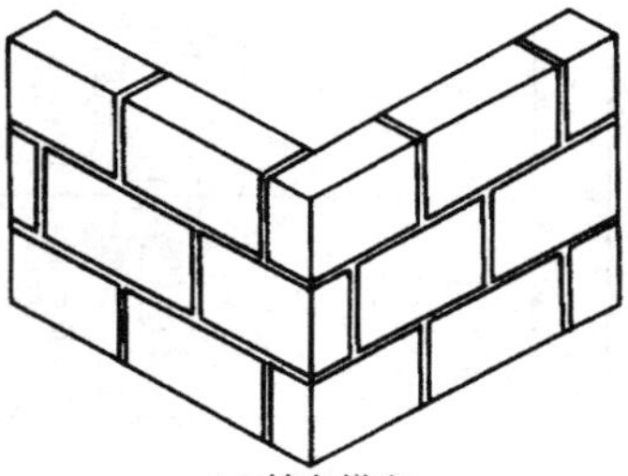

(a) 转角搭砌

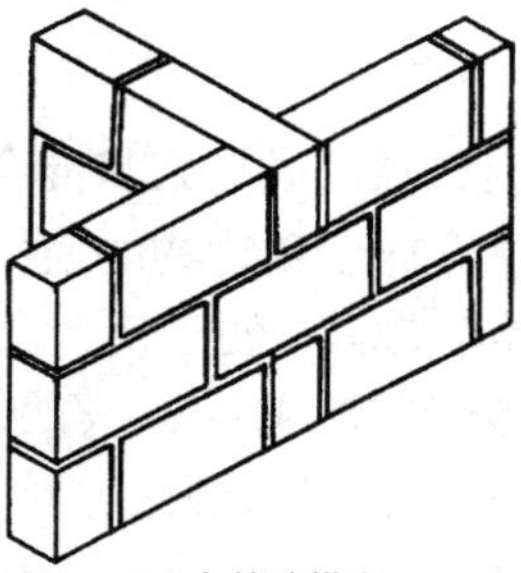

(b) 内外墙搭砌

图 7.6 砌块的转角搭接

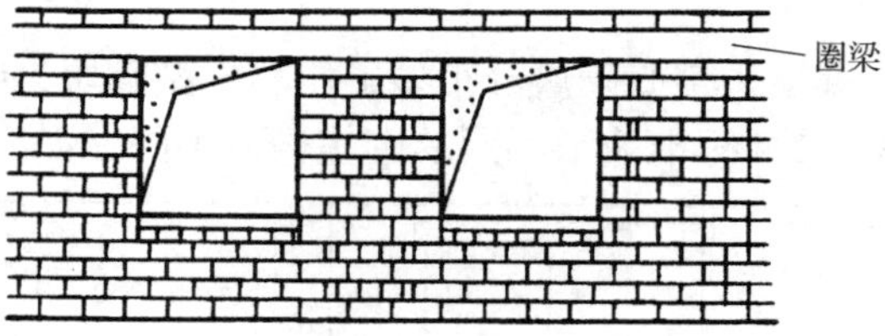

(a) 小型砌块排列示例

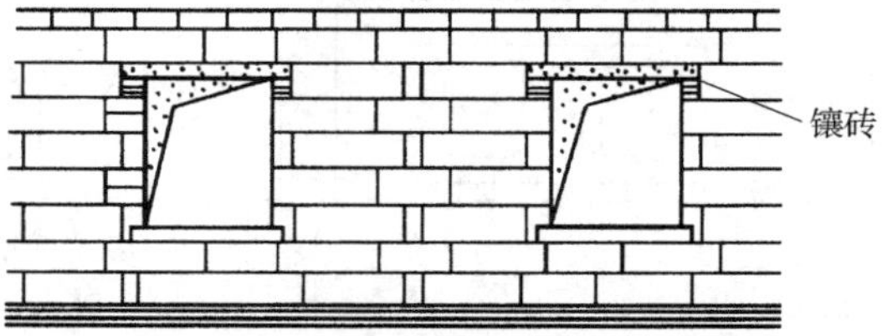

(b) 中型砌块排列示例之一

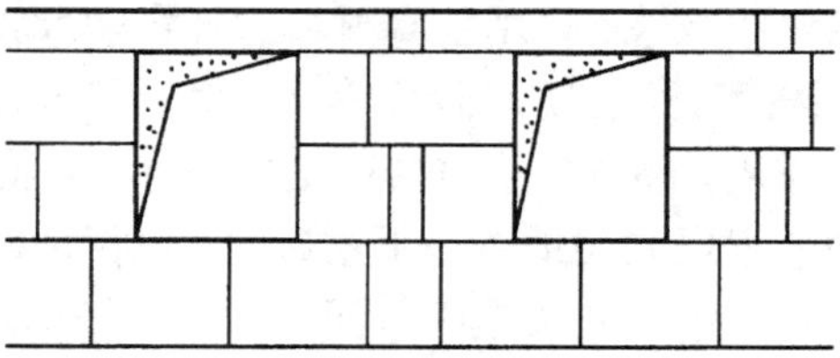

(c) 大型砌块排列示例之一

图 7.7 不同规格砌块组合

2. 墙的加固

若墙的长度和高度大于规范规定，墙身稳定性较差，因而需要加固时，可采用以下措施。

(1) 加墙墩。墙墩为柱状突出部分，通常为一直到顶，承受上部梁及屋架的荷载，并增加墙身强度及稳定性。

(2) 加扶壁。扶壁与墙墩的主要不同点在于扶壁主要是增加墙的稳定性，并不考虑承担荷载。

(3) 加圈梁。圈梁又称腰箍，是沿外墙四周及部分内隔墙设置的连续闭合的梁。圈梁配合楼板的作用可提高建筑的空间刚度和整体性，增强墙体的稳定性，减少由地基不均匀沉降而引起的开裂。对于抗震设防地区，利用圈梁加固墙身尤为重要。圈梁宜设在楼板标高处，尽量与楼板结构连成整体，也可设在门窗洞口上部，兼起过梁作用。

圈梁有钢筋砖圈梁和钢筋混凝土圈梁两种，钢筋砖圈梁多用于非抗震地区，结合钢筋砖过梁使其沿外墙兜圈而成。钢筋混凝土圈梁的宽度一般与墙同厚，但在寒冷地区，由于钢筋混凝土导热系数较大，其宽度则不应贯通砌体整个厚度，并应局部做保温处理。高度一般不小于 120mm，常见的为 180mm、240mm。当遇到门窗洞口使圈梁不能闭合时，应在洞口上部设置一道不小于圈梁截面的附加圈梁。附加圈梁与圈梁的搭接长度应不小于 $2h$，亦不小于 1000mm，如图 7.8 所示。

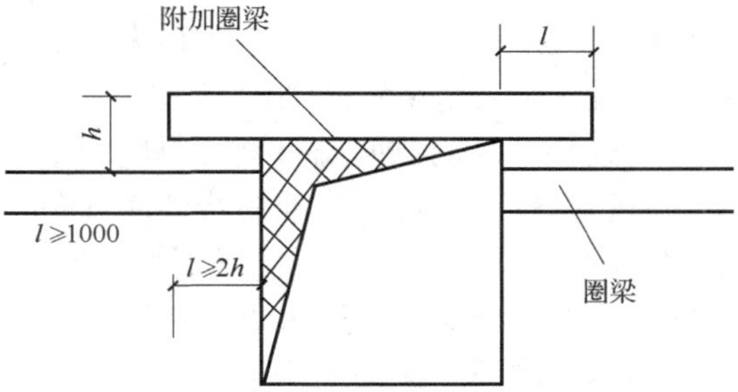

图 7.8　附加圈梁

(4) 设构造柱。由于砖砌体系脆性材料抗震能力较差，因此在地震设防区，对砖石结构建筑的高度、横墙间距、圈梁设置以及墙体的局部尺寸都提出了一定的限制和要求，必须按抗震设计规范考虑。此外，为增强建筑物的整体刚度和稳定性，还要求提高砌体砌筑砂浆的强度以及设置钢筋混凝土构造柱。钢筋混凝土构造柱是从构造角度考虑设置的，一般设在建筑物的四角、内外墙交接处、楼梯间、电梯间及较长的墙体中。

构造柱必须与圈梁及墙体紧密连接，对整个建筑物形成空间骨架，从而增强建筑物的整体刚度，提高墙体的应变能力，使墙体由脆性变为延性较好的结构，做到裂而不倒。构造柱下端应锚固于钢筋混凝土基础或基础梁内。构造柱截面尺寸应与墙体厚度一致，砖墙构造柱最小柱截面应不小于 180mm×240mm。主筋一般采用 $4\phi12$ 或 $4\phi14$，箍筋采用 $\phi6$，间距不大于 250mm，墙与柱之间应沿墙高每 500mm 设 $2\phi6$ 拉接钢筋，每边伸入墙内不少于 1000mm，施工时先砌墙，把墙砌成马牙状，随着墙体的上升而逐段现浇混凝土柱身，如图 7.9 所示。构造柱的设置应与结构设计统一考虑。

3. 防火墙

为防止火灾的发生、蔓延、扩大，除建筑设计时考虑到防火分区分隔、选用难燃和不燃烧材料制作构件、增加消防设施外，在墙体构造上，尚需注意防火墙的设置。防火墙的作用在于截断火源，防止火势蔓延。

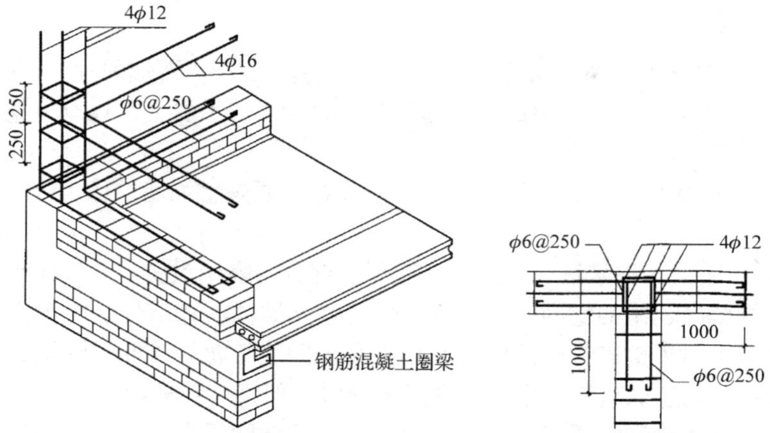

(a) 立体示意图　　(b) 平面示意图

图 7.9　构造柱构造做法

根据防火规范规定，防火墙的耐火极限应不小于 4.0h，防火墙上不应开设门窗洞口，若必须开设，应采用甲级防火门窗，并应能自动关闭；防火墙内不应设置排气道，民用建筑若必须设置，其两侧的墙身截面厚度均不应小于 120mm；防火墙应截断燃烧体或难燃烧体的屋顶结构，并应高出非燃烧体屋面不小于 400mm，高出燃烧体或难燃烧体屋面不小于 500mm，如图 7.10 所示。建筑物内的防火墙不应设在转角处。若设在转角附近，内转角两侧上的门窗洞口之间最近的水平距离不应小于 4m；紧靠防火墙两侧的门窗洞口之间最近的水平距离不应小于 2m，若装有耐火极限不低于 0.9h 的非燃烧体固定窗扇的采光窗(包括转角墙上的窗洞)，可不受距离的限制。有关防火墙的要求，参见《建筑防火通用规范》。

图 7.10　防火墙的设置

4. 过梁与圈梁

当墙体上开设门窗洞口时，为了支撑洞口上部砌体传来的各种荷载，并将这些荷载传给窗间墙，常在门窗洞口上设置横梁，被称为过梁。过梁的形式较多，可直接用砖砌筑，也可用钢筋混凝土、木材和型钢制作。砖砌过梁和钢筋混凝土过梁采用较广。

钢筋混凝土过梁一般不受跨度的限制，过梁宽度一般同墙厚，高度与砖的皮数相适应，常为 120mm、180mm、240mm。过梁伸入两侧支座处不少于 240mm，钢筋混凝土过梁分为现浇和预制两种类型，预制钢筋混凝土过梁具有施工方便、速度快、省模板和便于窗洞口上挑出装饰线条等优点，应用较广。钢筋混凝土过梁是砌体中导热系数最大的嵌入体，在严寒及寒冷地区不应贯通砌体整个厚度，应做局部保温处理以避免冷桥，如图 7.11 所示。

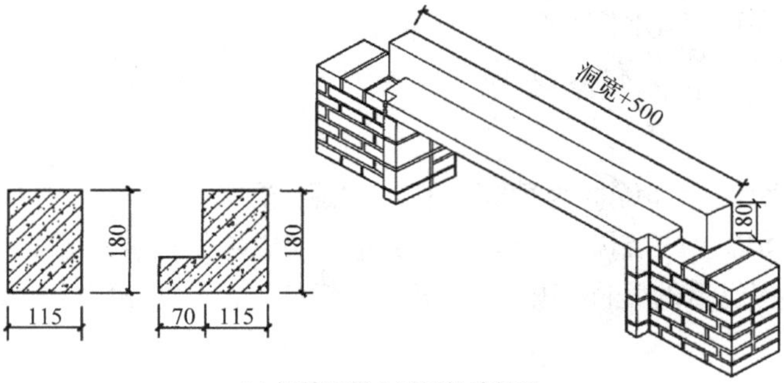

(a) 钢筋混凝土过梁构造做法

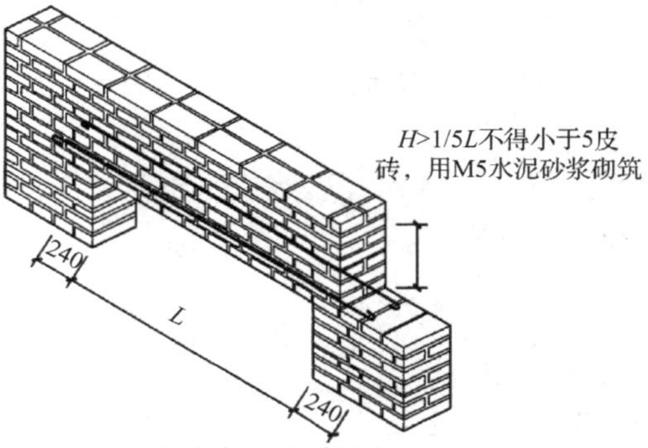

(b) 钢筋砖过梁构造做法

图 7.11　过梁的构造做法

过梁是砌块墙的重要构件之一，既起连系梁和承受门窗洞口上荷载的作用，又是一种可调砌块。层高和砌块出现差异时，过梁高度的变化可起调节作用，从而使砌块的通用性更大。

砌块建筑每层应设圈梁，用以加强砌块墙的整体性，当圈梁与过梁位置接近时，往往圈梁与过梁合二为一。圈梁有现浇和预制两种，现浇圈梁整体性强，对加固墙身较为有利，但施工麻烦，故不少地区采用 U 形砌块代替模板，然后在凹槽内配置钢筋，再现浇混凝土。

5. 窗台

为避免顺窗面淌下的雨水聚集窗洞下部或沿窗下框与窗洞之间的缝隙向室内渗流，也为了避免污染墙面，应在窗沿下靠室外一侧设置窗台。窗台有挑窗台、平窗台、不悬挑窗台三种，常见做法是将砖侧立斜砌，凸出外面约 60mm，然后上表面抹水泥砂浆或用水泥砂浆嵌缝，如图 7.12(a)所示。也可将砖平砌，如图 7.12(b)所示，再用水泥砂浆抹成斜面，以利

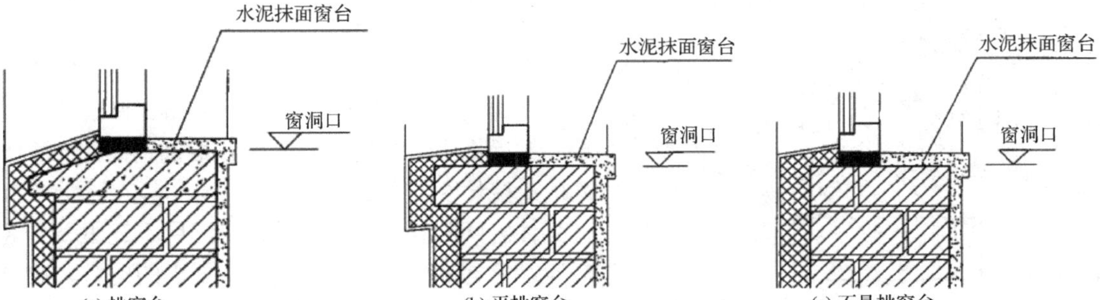

(a) 挑窗台　(b) 平挑窗台　(c) 不悬挑窗台

图 7.12　窗台构造

于排水。窗台下边必须抹滴水槽，避免水污染墙面。但也有不少建筑取消了悬挑窗台，采用在上表面抹水泥砂浆斜面的窗台，如图 7.12(c)所示，此种做法易出现墙面湿渍现象。

6. 勒脚

外墙与室外地面接近部位称为勒脚，它经常遭受雨水的浸溅，同时由基础吸收土壤中的水分，上升到地面以上的墙体内，这些水分造成墙身风化，墙面潮湿，滋生霉菌，粉刷脱落，冻融破坏，影响建筑的坚固、耐久、使用、美观，需采取相应的措施加以防范。

1)勒脚种类

(1)石砌勒脚。

石砌勒脚采用较坚固的材料(如石块)进行砌筑，标准较高的建筑可用斩假石或以石板贴面进行保护，如图 7.13(a)、(b)所示。

(2)抹灰勒角。

抹灰勒角在勒角部位用 1∶2.5 水泥砂浆或水刷石外抹，这种做法简单经济，得到了广泛的应用，如图 7.13(c)、(d)所示。

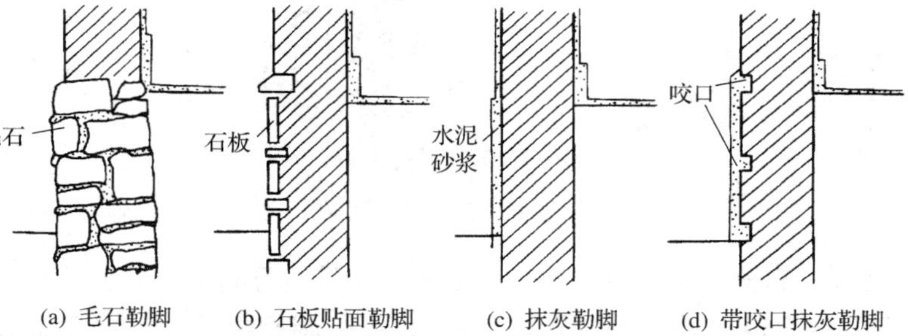

图 7.13　勒角示意图

2)勒角的防潮

除雨、雪的侵袭外，地表水和土壤潮气很容易侵入勒角，由于砌体的毛细作用，水分不断上升，严重时可高达二层楼。墙身受潮影响建筑物的使用质量、人体健康和建筑物的耐久性，如图 7.14 所示，因此在构造上，需采取防潮措施，通常是设置水平防潮层和垂直防潮层。

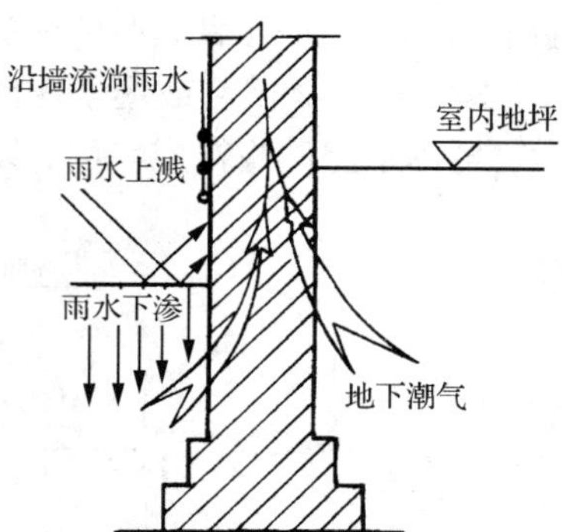

图 7.14　墙身受潮示意

(1)水平防潮层。水平防潮一般是指建筑物墙体内靠室外地坪附近沿水平方向设置的防潮层，以隔绝地潮等对墙身的影响。水平防潮层根据材料的不同，有油毡防潮层、防水砂浆防潮层和配筋细石混凝土防潮层，如图 7.15 所示。

油毡防潮层具有一定的韧性、延伸性和良好的防潮性。在铺油毡前，铺设一层 10～15mm 厚的砂浆找平层，然后将比墙厚宽 10～20mm 的油毡铺上，油毡之间的搭接长度不小于 700mm。由于油毡层降低了上下砖砌体之间的黏结力，故油毡防潮层不宜用于下端按固定端考虑的砌体和有抗震设防要求的建筑。油毡的使用年限一般只有 20 年，因此长期使用也极为不利。

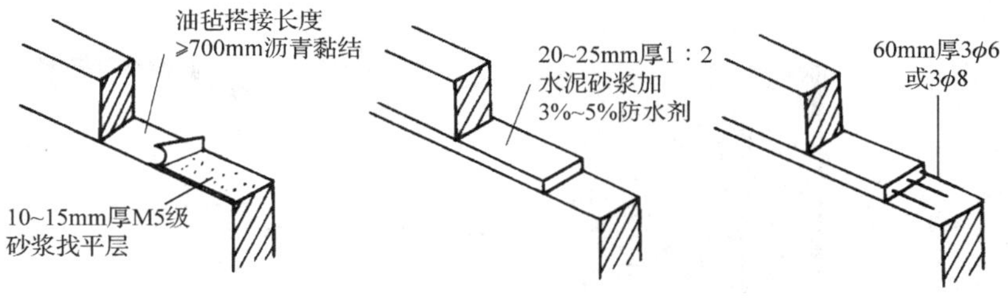

(a) 油毡防潮层　(b) 防水砂浆防潮层　(c) 配筋细石混凝土防潮层

图 7.15　墙身水平防潮层

防水砂浆防潮层是在需要设置防潮层的部位铺设防水砂浆或用防水砂浆砌筑 2～3 皮砖。防水砂浆是在水泥砂浆中加入 3%～5%防水剂而制成的。防潮层厚 20～25mm。防水砂浆防潮层克服了油毡防潮层的缺点，故特别适用于抗震地区。但由于砂浆系脆性材料，易开裂，不适于地基会产生变形的建筑中。

为了提高防潮层的抗裂性能，常采用 60mm 厚的配筋细石混凝土防潮层，内配 2～3 根 ϕ6 或 ϕ8 钢筋。由于它抗裂性能好，且能与砌体结合为一体，故适用于整体刚度较高的建筑中。水平防潮层应设置在距室外地面 150mm 以上的勒角砌体中，以防止地表水溅渗。同时，考虑到建筑物室内地坪层填土或垫层的毛细作用，故将水平防潮层设置在底层地坪混凝土结构层之间的砖缝中(标高为–0.060m)使其更有效地起到防潮作用，如图 7.16 所示。

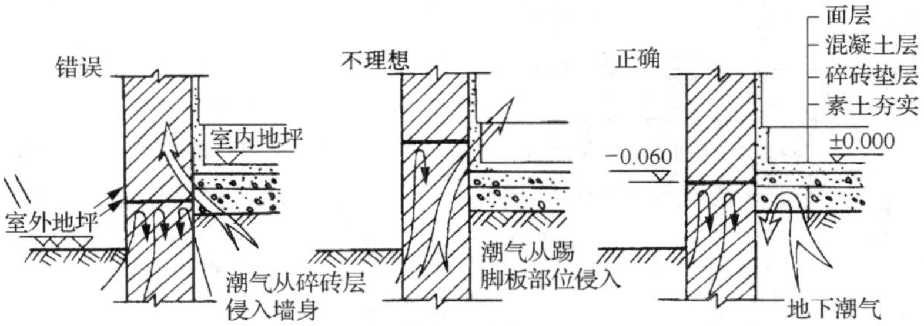

图 7.16　水平防潮层的设置位置

(2)垂直防潮层。当室内地坪出现高差或室内地坪低于室外地面时，对墙身不仅要求按地坪高差的不同设置两道水平防潮层，而且为了避免高地坪房间填土中的潮气侵入低地坪房间的墙面，对有高差部分的垂直墙面也要采取防潮措施。其具体做法是，在高地坪填土前，于两道水平防潮层之间的垂直墙面上，先用水泥砂浆抹灰 15～20mm，然后刮热沥青两道，如图 7.17 所示。

7. 明沟和散水

1)明沟

明沟是设置在外墙四角，将屋面落水有组织地导向地下排水集井的排水沟，其主要目的是保护外墙墙基。明沟材料一般用素混凝土现浇，面层抹水泥砂浆，或用砖砌筑，水泥砂浆抹面，如图 7.18 所示。

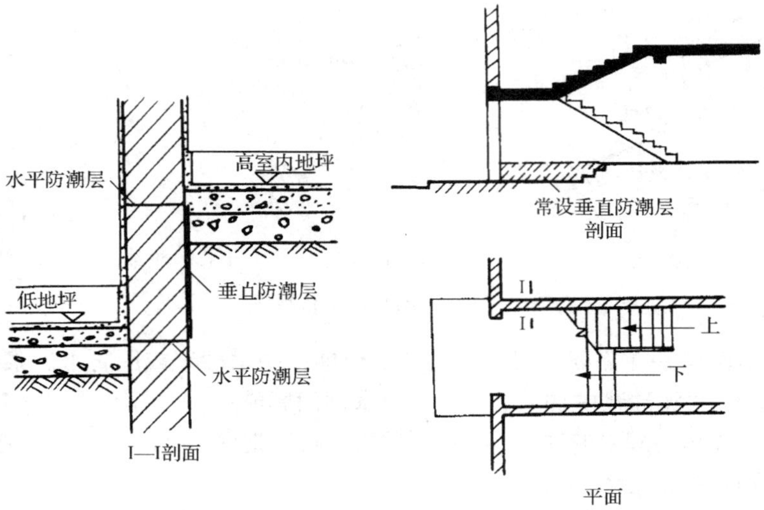

图 7.17　墙身垂直防潮层

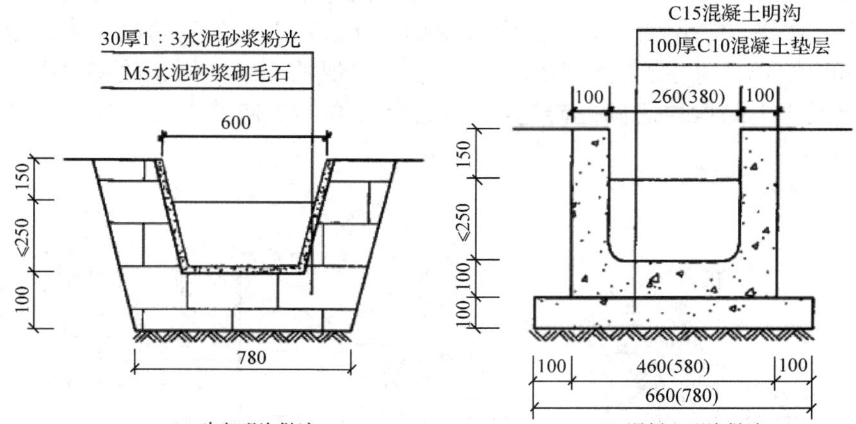

(a) 砖砌明沟做法　　(b) 混凝土明沟做法

图 7.18　明沟构造

2) 散水

为保护墙基不受雨水的侵蚀，常在外墙四周将地面做成向外倾斜的坡面，以便将屋面雨水排至远处，这一坡面称为散水。散水所用材料与明沟相同，如图 7.19 所示。散水坡度约 5%，宽度一般为 600～1000mm。当屋面排水方式为自由落水时，要求其宽度比屋檐长出 200mm。有的散水为了美观可以做到室外地坪以下，上面覆盖绿化种植，这种散水称为种植散水，又称暗散水。

7.2.3　复合墙

我国北方采暖地区，为改变建筑采暖能耗大、热环境质量差的状况，按国家节约能源政策，依据国家住房城乡建设部颁发的建筑节能设计标准可采用复合墙，利用不同性能的材料进行组合，构成既承重又可保温的复合墙体。在这种结构中，轻质材料起保温作用，黏土砖负责承重，让不同性质的材料各自发挥其功能作用。在这种结构中，保温材料设置的位置

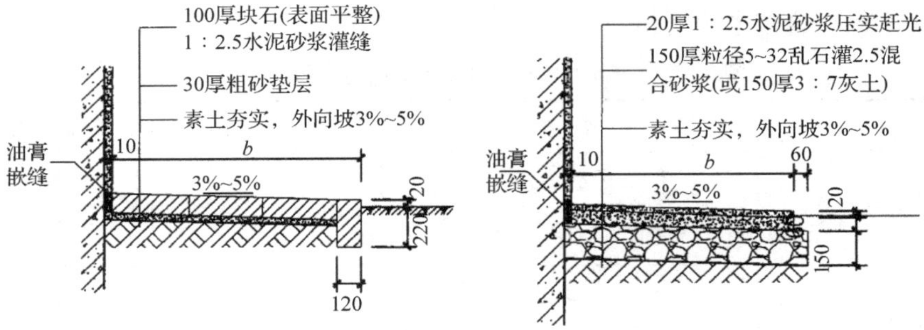

图 7.19　散水构造

是构造设计中必须考虑的问题。

按保温材料的设置，复合墙分为外保温墙、内保温墙和夹芯保温墙。

外保温墙是将保温材料设置于室外低温一侧，将容重大、质地密实的砖砌体设于室内一侧，如图 7.20(a)所示。这时墙体的表面温度波动小，当供热不均匀或室外温度变化大时，可保证墙的内表面温度不会急剧下降。保温材料设于低温一侧，减少了保温材料内部产生凝结水的可能性，也避免了墙体内出现热桥。但是目前多数保温材料不能防水，且耐久性差，必须在其外侧增设保护层和防雨措施，增加了构造的复杂性和造价。

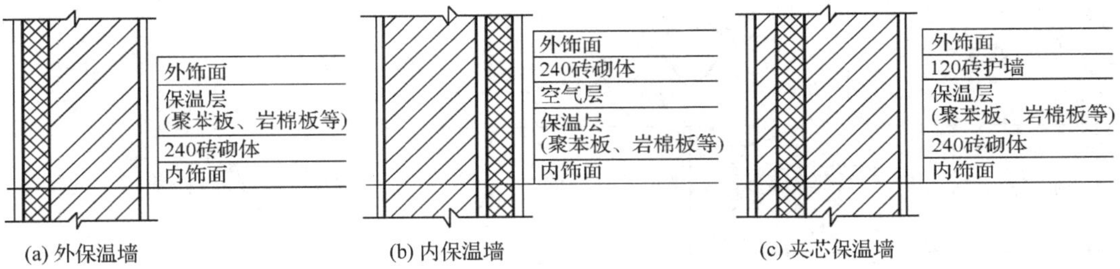

图 7.20　复合墙的构造

保温材料设在室内高温一侧的墙称为内保温墙，如图 7.20(b)所示。它施工简单，造价较低，但室内的热稳定性差，保温材料内部容易产生凝结水，墙体中的热桥也不易消除。一般用于室内温度不高的原有建筑外墙保温改造，还需做好隔气层。

夹芯保温墙是将保温材料放在两层砖砌体中间，如图 7.20(c)所示。保温材料常用膨胀珍珠岩及其制品、聚苯板、岩棉板等。设计时应注意内外两层墙体之间的可靠拉结，并在勒角、窗台等处另加处理，以免保温层受水潮，降低保温性能和墙的耐久性。

7.3　板　材　墙

7.3.1　压型钢板墙

> **学习重点**
>
> **分析与思考：**
>
> 1. 压型钢板墙如何固定？
> 2. 简述压型钢板墙的连接方式。

压型钢板是用 0.5～1.5mm 厚的镀锌钢板、冷轧钢板或铝合金板，经辊压或冷弯成各种不同形状的板材，见表 7.1，应用于建筑的外墙面。它具有质轻、强度高、刚度大、防火、抗震、美观和施工方便等优良性能和良好的综合技术经济指标。

表 7.1　压型钢板的板型及零件

型号	断面形状	有效宽度/mm	有效利用系数/%	展开面积/mm²
V-115	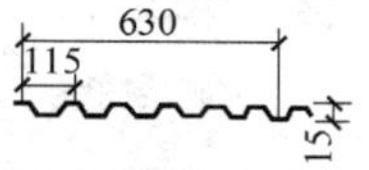	630	63	1000
V-115	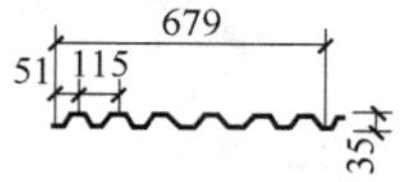	677	74	914
V-125	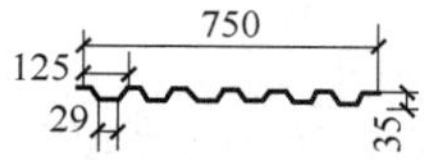	750	75	1000
V-220	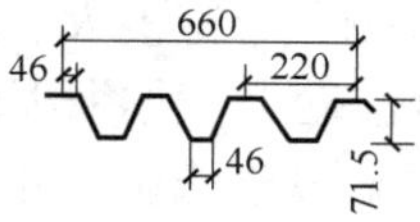	660	70	943
W-550	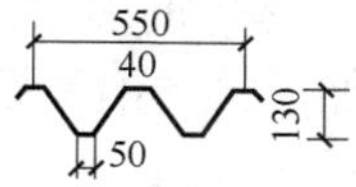	550	60	914
S-60	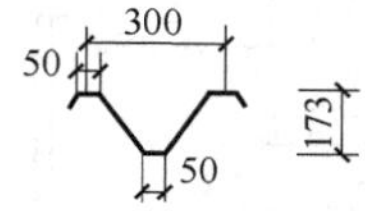	300	49	610
开花螺栓	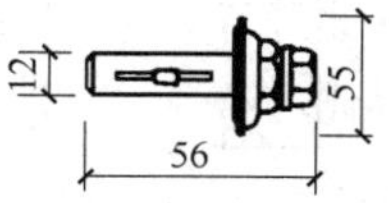	自攻螺丝	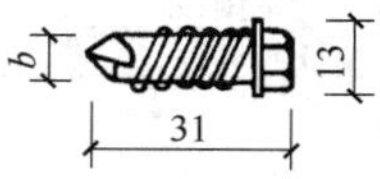	
膨胀铆钉	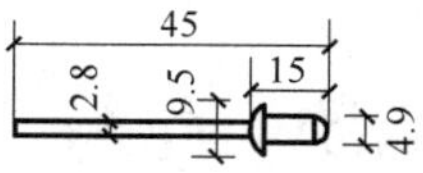	挂钩螺栓	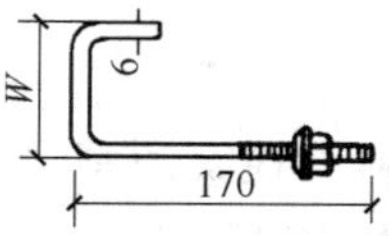	
清头板	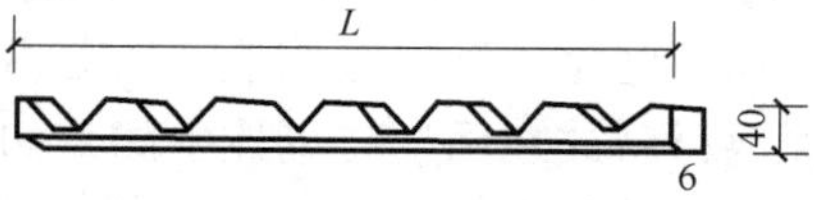			

压型钢板墙板是靠固定在柱上的水平梁固定的，墙梁与连系梁相似，采用型钢制作，墙梁的间距随墙板的大小而定，墙梁与柱的连接有焊接和螺栓连接两种，如图 7.21 所示。压型钢板墙的构造应简单、施工方便、与墙梁连接可靠、墙板在墙上的接缝应越少越好，这不仅施工简单，且能减少透风的缝隙。压型钢板的铺设从边部开始，由下而上依次进行，转角和泛水等各细部都应有足够的搭接长度，以利防水和防风。

压型钢板与墙梁的连接，是在压型钢板上钻 ϕ6.5mm 的孔洞，然后用 M6 螺栓固定在墙梁上，亦可用电钻打孔及木螺丝式膨胀铆钉固定，如图 7.22 所示。对外墙转角和有伸缩缝处的细部构造如图 7.23 所示。

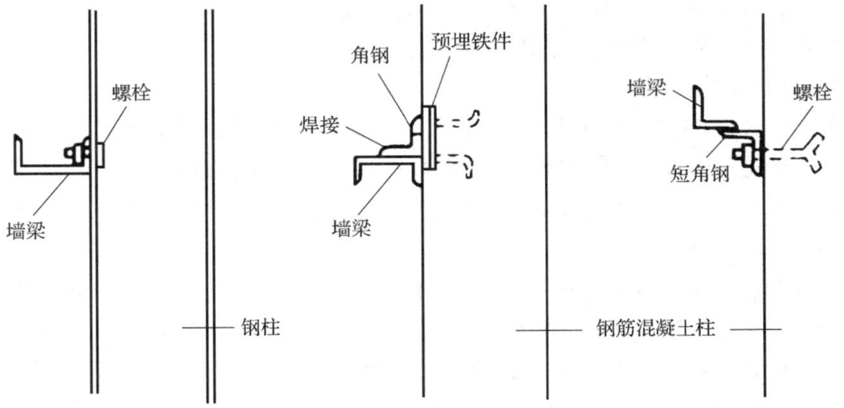

图 7.21　墙梁与柱的连接

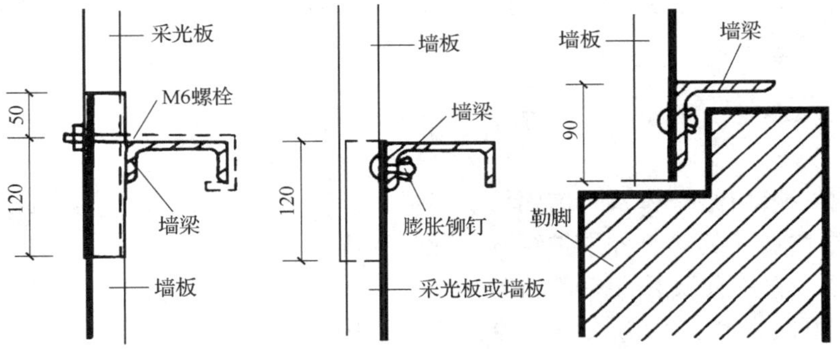

图 7.22　压型钢板上下搭接

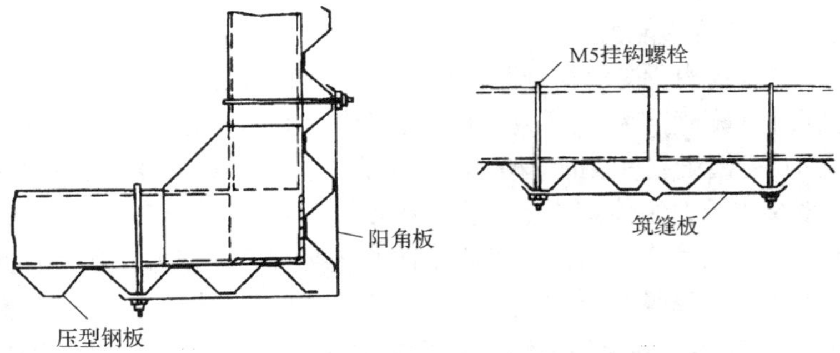

图 7.23　压型钢板墙板转角和伸缩缝处理

7.3.2　保温复合板材墙

1) 压型钢板保温复合墙

压型钢板保温复合墙是由压型钢板与保温材料复合而成的新型板材墙，它具有较高的强度、较好的隔热性能与防水性能。此外，还具有自重较轻、外观平整、耐久性较好等特点。其广泛用于大型工业厂房、轻体建筑、冷库、移动房屋、展馆、体育馆、购物中心、机场、电厂、别墅、医院、办公楼等领域。

按照与压型钢板复合的保温材料来分，保温复合板材墙主要有硬质聚氨酯保温板材墙、玻璃棉夹芯保温板材墙、岩棉夹芯保温板材墙等。

2) 模塑聚苯乙烯板材墙

模塑聚苯乙烯(EPS)板材墙是由 EPS 板、特种聚合胶泥、耐碱玻璃纤维网格布和饰面材料按照一定方式复合在一起，设置于建筑物外表，对建筑物起隔热、保温、防水、防火、装饰和保护作用的新型建筑构造体系。该技术将保温材料置于建筑物外墙外侧，不占用室内空间，保温效果明显。

EPS 是可发性聚苯乙烯板的简称，是原料经过预发、熟化、成型、烘干和切割等制成的。它既可以制成不同密度、不同形状的泡沫制品，又可以生产出各种不同厚度的泡沫板材。EPS 泡沫板是一种热塑性材料，每立方米体积内含有 300 万～600 万个独立密闭气泡，内含空气的体积为 98%以上，由于空气的热传导性很小，且又被封闭于泡沫塑料中而不能对流，因此 EPS 是一种隔热保温性能非常优良的材料。目前为适应国家建筑节能要求，已经广泛用于建筑外墙外保温、冷库、室内地板采暖、建筑房顶保温隔热、电器电子包装、轻质隔热耐火砖等行业。

7.4 幕　墙

学习重点

重点关注：

1. 建筑幕墙的分类。
2. 点式玻璃幕墙的构造。
3. 玻璃幕墙的优缺点。
4. 金属幕墙面的特点。

分析与思考：

1. 简述玻璃幕墙的分类。
2. 简述金属幕墙的构造要求。

建筑幕墙一般由结构体系与饰面板材组成，是不承担主体结构载荷的建筑外围护结构。建筑幕墙不同于填充墙，它具有以下的特点：

(1) 它是由面板和支承结构组成的完整的结构系统。

(2) 它在自身平面内可以承受较大的变形或相对于主体结构有足够的位移能力。

(3) 它不分担主体结构所受的荷载和作用。

幕墙通常由面板(玻璃、铝板、石板、陶瓷板等)和后面的支承结构(铝横梁立柱、钢结构、玻璃肋等)组成。这个外墙系统支承在主体结构上，通常包封主体结构。由于面板之间有宽缝，面板与横梁立柱的连接有活动能力，因此幕墙在平面内，可以承受 1/100 的大变形。幕墙如果采用螺栓、摇臂、弹簧机构与主体结构连接，则可以在两者之间产生大的相对位移，甚至当主体结构侧移达到 1/60 时，幕墙也不会破坏。按照材料和行业应用情况，目前主流的建筑幕墙有玻璃幕墙、金属幕墙和石材幕墙三种。

7.4.1 玻璃幕墙

玻璃幕墙是当代建筑用于外围护结构的一种新型墙体，它将建筑美学、建筑功能和建筑结构等因素有机地统一起来。它由支承结构体系与玻璃面层组成，可相对主体结构有一定的位移能力，不分担主体结构所受的荷载。建筑外观随自然光、照明光的变化而变化，从不同角度呈现出丰富的光影效果。由玻璃幕墙组成的摩天楼建筑群已经成为很多城市地标名片，是现代化、国际化大都市的体现。

玻璃幕墙在使用上存在着局限性，如光污染、能耗大、高造价等问题。此外，玻璃幕墙光洁透明的表皮不耐污染，尤其在大气含尘量较多、空气污染严重、干旱少雨的北方地区，玻璃幕墙易蒙尘纳垢。此外，幕墙对选材、施工等要求很高，否则会出现色泽不均匀、波纹参差等，由于光反射的不可控制性，光环境杂乱。

玻璃幕墙有单层、两层和三层之分，单层幕墙无空气层，两层中空玻璃由两层玻璃加密封框架，形成一个空气夹层；三层玻璃则是由三层玻璃构成两个空气夹层。空气夹层一般抽成真空或充入惰性气体，因此有隔音、隔热、防结霜、防潮、抗风压、强度大等优点。夏天阳光可以透过玻璃幕墙，但晒在身上不会感到炎热，使用的房间可以做到冬暖夏凉，极大地改善了生活环境。

1. 明框玻璃幕墙

如图 7.24 和图 7.25 所示，明框玻璃幕墙是金属框架构件显露在外表面的玻璃幕墙。它以特殊断面的铝合金型材为框架，玻璃面板全嵌入型材的凹槽内。其特点是铝合金型材本身兼有骨架结构和固定玻璃的双重作用。

图 7.24　明框玻璃幕墙的外观和内部效果

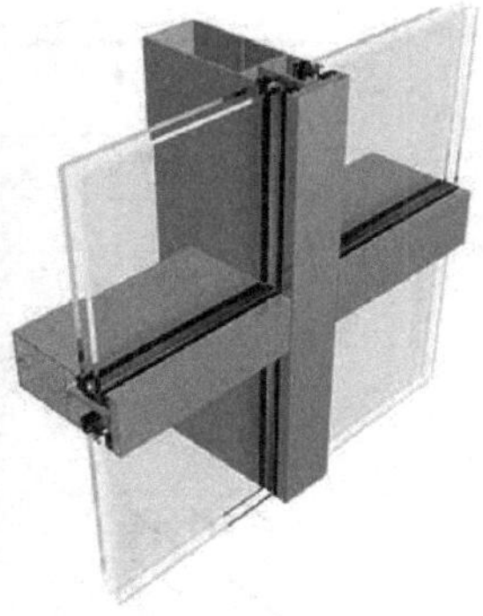

图 7.25　明框玻璃幕墙固结

2. 隐框玻璃幕墙

如图 7.26～图 7.28 所示，隐框玻璃幕墙的金属框隐蔽在玻璃的背面，室外看不见金属框。隐框玻璃幕墙又可分为全隐框玻璃幕墙和半隐框玻璃幕墙两种，半隐框玻璃幕墙可以是横明竖隐，也可以是竖明横隐。隐框玻璃幕墙的构造特点是，玻璃在铝框外侧，用硅酮结构密封胶把玻璃与铝框黏结。幕墙的荷载主要靠密封胶承受。

3. 点式玻璃幕墙

1) 点式玻璃幕墙的分类

按照支承结构的不同，点式玻璃幕墙在形式上可分为以下几种。

(1) 金属支承结构点式玻璃幕墙，是目前采用较多的一种形式，它是用金属材料做支承结构体系，通过金属连接件和紧固件将玻璃牢固地固定，利用金属结构的灵活多变以满足建筑造型的需要。

(2) 全玻璃结构点式玻璃幕墙，通过金属连接件及紧固件将玻璃支承结构（玻璃肋）与玻璃连成整体。玻璃面和肋构成开阔的视野，使建筑物室内、室外空间达到最大程度的视觉交融。

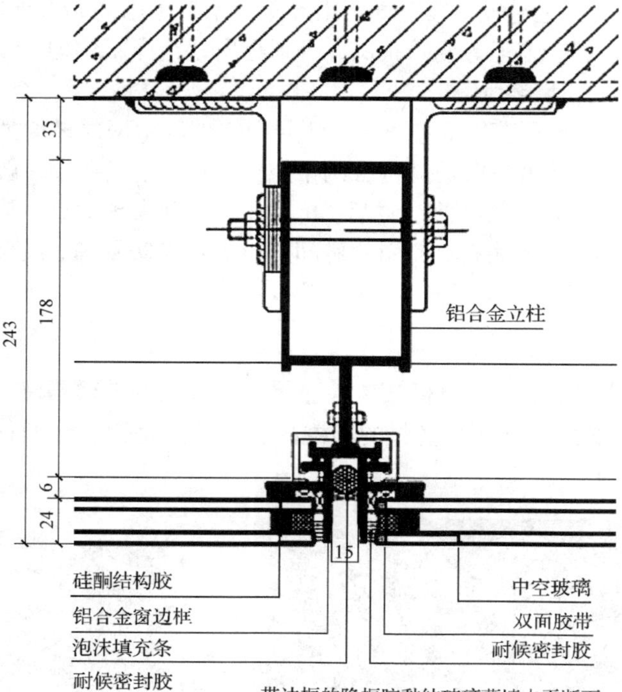

图 7.26　隐框玻璃幕墙水平连接构造

图 7.27　隐框玻璃幕墙固结

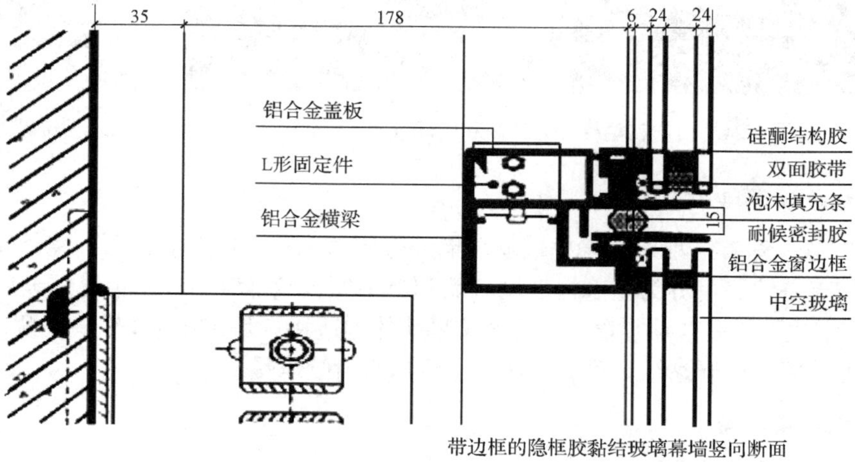

图 7.28　隐框玻璃幕墙竖向连接构造

(3) 拉杆(索)结构点式玻璃幕墙，采用不锈钢拉杆或用与玻璃分缝相对应的拉索做成幕墙的支承结构。玻璃通过金属连接件与其固定。在建筑中充分运用机械加工的精度，使构件均为受拉杆件，因此施工时要加以预应力，这种柔接可降低震动时玻璃的破损率，如图 7.29 所示。

图 7.29　拉杆(索)结构点式玻璃幕墙

2) 点式玻璃幕墙的组成

(1) 支承体系。支承体系是将玻璃所受的各种荷载直接传递到建筑主体结构上，因此它是主要受力构件。一般是根据承受的荷载大小和建筑造型来确定结构形式和材料，如玻璃肋、不锈钢立柱、铝型材柱或加上适当的防腐、表面处理的钢桁架、钢立柱及不锈钢拉杆(索)等，如图 7.30 和图 7.31 所示。

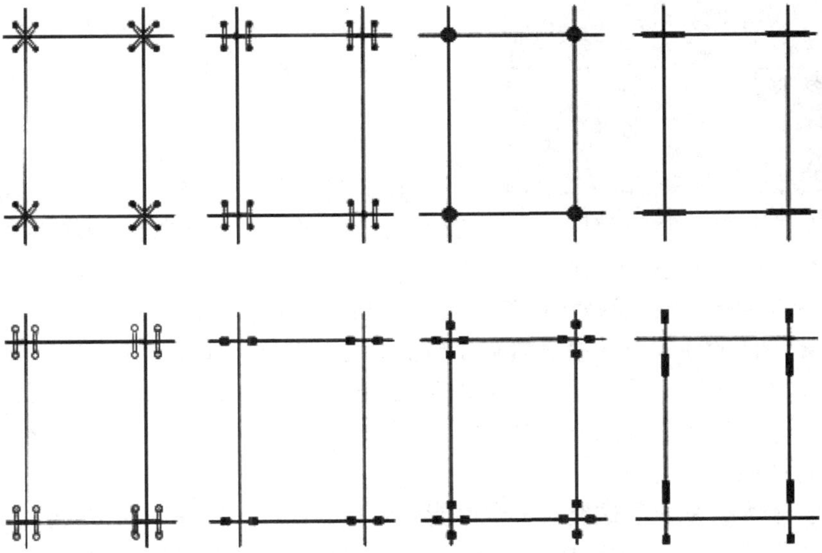

图 7.30　点式玻璃幕墙的锚点方式

(2) 金属连接件。金属连接件包括固定件(俗称爪座和爪子)和扣件。固定件通常用不锈普通钢铸造而成，而扣件是不锈钢机加工件。考虑到金属相容性，爪座必须采用与支承体系

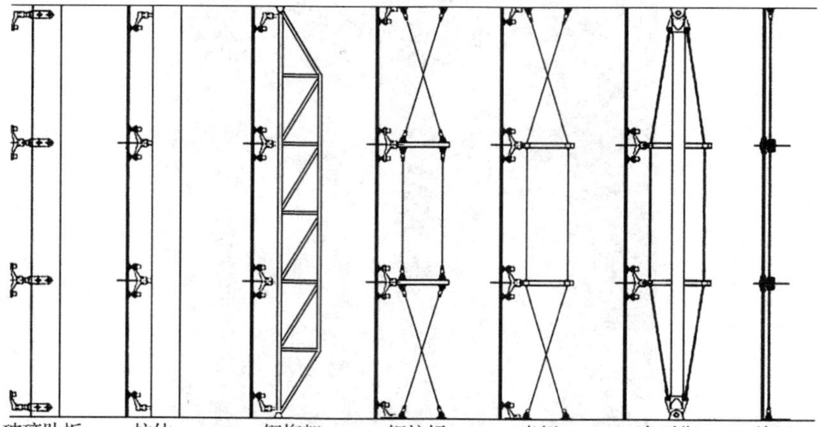

图 7.31 玻璃与不同支撑构件的连接构造

图 7.32 点式玻璃幕墙连接件

相同的材质，或使用机械固定，如图 7.32 所示。金属连接件是点式玻璃幕墙的精华所在。它把面玻璃固定在支承结构上，不仅产生玻璃孔边缘附加应力，而且能够允许少量的位移来调节由于建筑安装带来的施工误差，同时还有减震措施以提高抗震能力，因此设计时考虑的因素是多方面的。

金属连接件还可以产生装饰效果，因此它除满足功能上的要求外，还要有优美的造型设计和精细的加工制造。

3）点式玻璃幕墙的选材

点式玻璃幕墙由于钻孔而孔边玻璃强度降低约 30%，因此建筑点式玻璃幕墙必须采用强度较高的钢化玻璃（钢化玻璃的抗冲击/抗弯强度是浮法玻璃的 3.5 倍和 2.5 倍），钢化玻璃另外一个特性是使用安全，在遇到较大外力而破坏时产生无锐角的细小碎块，不易伤人。

严寒和寒冷区的建筑对保温隔热有较高要求的建筑物，往往采用中空玻璃，它是在两层或三层玻璃之间设有干燥的真空层或惰性气体层，中空玻璃能大幅度提高保温隔热性能，原因是玻璃的传热系数 K 值为 0.8W/$(\mathrm{m}^2\cdot\mathrm{K})$，而空气的 K 值为 0.03W/$(\mathrm{m}^2\cdot\mathrm{K})$，中空玻璃防结露和隔音性能都比较好。

在人流比较大或采光顶这类对安全性能要求高的场合，往往选用夹胶玻璃，即在两层玻璃之间夹入聚乙烯醇缩丁醛 PVB 胶片，使碎片与 PVB 胶片粘在一起，避免玻璃掉落而造成人员伤害或财产损失。

4）点式玻璃幕墙的密封材料

玻璃与玻璃之间采用耐候硅酮胶密封，玻璃与金属结构之间采用结构硅酮胶黏结。建筑点式玻璃技术中密封胶只起密封作用，不必进行强度计算。在使用前必须进行胶与接触材料的相容性试验，性能检测合格，并且在有效期内使用，严格遵守操作规程，以确保施工质量。

此外，还有双层表皮的玻璃幕墙技术。这是一种把生态技术融入建筑材料中的节能措施，充分利用了自然通风、遮阳等被动式技术，大幅度降低了对不可再生能源的利用，成功地把美学、技术以及功能有机地结合在一起，从而形成了自己独特的建筑风格，如图 7.33 和图 7.34 所示。

图 7.33　双层皮玻璃幕墙外观

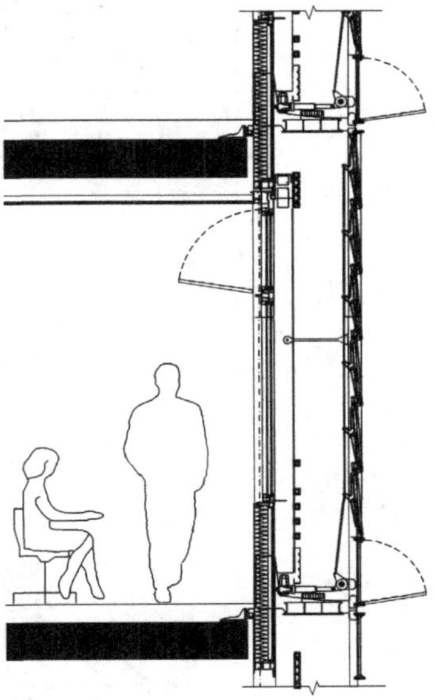

图 7.34　双层皮玻璃幕墙构示意

7.4.2　金属幕墙

1. 概述

金属幕墙由结构系统与金属饰面层组成，是不承担主体结构载荷与作用的建筑外围护结构。饰面层有铝板、铝镁锰合金板、钛板和铜板以及塑铝板、陶瓷板、高压层板、水泥纤丝维板、玻璃、无机玻璃钢等。金属幕墙具有更高的安全性能、更灵活快捷的施工方式、更高的防水性能、更长的使用寿命、环保节能等特点，如图 7.35～图 7.37 所示。

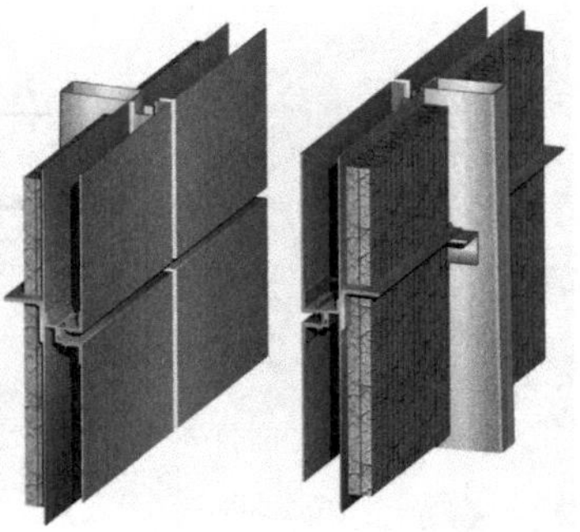

图 7.35　干挂金属板与墙面连接

1) 优点

铝板幕墙在金属幕墙中占主导地位，铝板是轻量化的材质，可以减少建筑的负荷。铝板防水、防污、防腐蚀性能优良，耐久性好；加工、运输、安装施工等都比较容易，应用广泛。铝板色彩的多样性及组合加工的灵活性拓展了建筑师的设计空间；同时，还有较高的性能价格比，易于维护，使用寿命长。因此，金属幕墙作为一种综合性能好的建筑表皮形式，备受青睐，如中国国家大剧院就选用了钛合金板的金属幕墙，如图 7.38 所示。

2) 缺点

金属幕墙造价偏高，已经在建筑中应用的钛金属板，过高的造价使其并不能普及使用。金属幕墙施工工艺要求高，对防火、防锈蚀要求高，在空气中容易氧化，板之间的接缝容易出现浸渗而影响建筑外观效果。

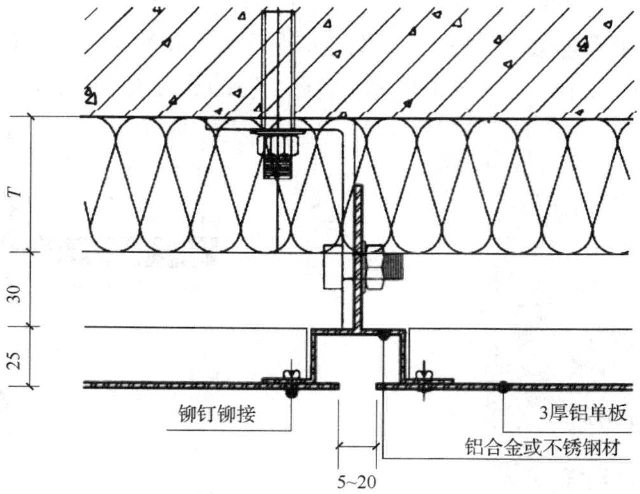

图 7.36　单层铝板露明铆钉开缝式构造

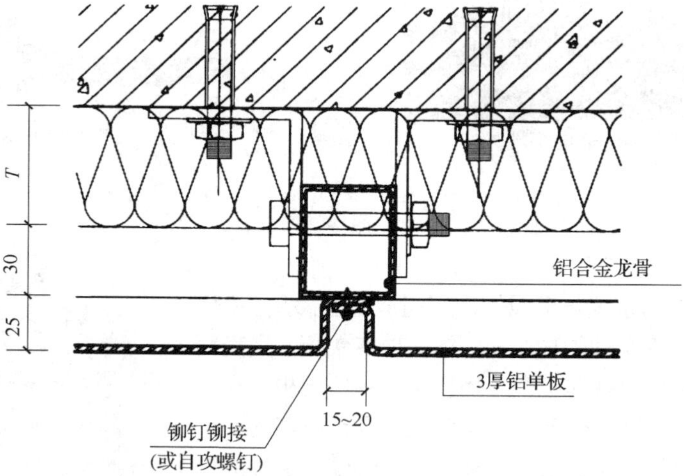

图 7.37　单层铝板开缝式构造

图 7.38　中国国家大剧院的钛金属幕墙

2. 金属幕墙的构造要求

(1)幕墙系统的抗变形能力。

必须对幕墙系统的每个重要部位进行科学的力学计算，考虑风压、自重、地震、温度等作用对幕墙系统的影响，对埋件、连接系统、龙骨系统、面板及紧固件进行仔细校核，确保幕墙的安全性。

(2) 板块是否采用浮动连接。

浮动式连接保证了幕墙变形后的恢复能力，保证幕墙的整体性，不会使幕墙因受作用力而造成变形，避免幕墙表面鼓凸或凹陷情况的发生。

(3) 板块的固定方式。

板块的固定方式对板块的安装平整度起着决定性作用。板块各个固定点的受力不一致会造成面材的变形，影响外饰效果，所以板块的固定方式必须采用定距压紧的固定方式，保证幕墙表面的平整度。

(4) 复合型面材材料拆边处应有补强措施。

因复合型面板材料的折边只保留了正面板材厚度，厚度变薄，强度降低，所以拆边必须有可靠的补强措施。

(5) 板背面应合理设置加强筋，以增加板面的强度和刚度。

加强筋的布置距离以及加强筋本身的强度和刚度，必须均满足要求，以保证幕墙的使用功能及安全性。

(6) 选择防水密封方式。

防水密封方式有很多，如结构防水、内部防水、打胶密封，不同密封方式的价格也不尽相同，选择适合的密封方式用于工程中，保证幕墙的功能及外饰效果。

(7) 选用材料应满足规范、标准及设计要求。

7.5　隔　　墙

非承重的内墙称为隔墙，起着分隔房间的作用。隔墙根据所处条件不同，应分别具有自重轻、隔声、防潮、防水等不同的要求。常见的有块材隔墙、轻骨架隔墙、板材隔墙、钢丝网架苯板墙、玻璃隔断等。

学习重点

重点关注：

1. 块材隔墙构造。
2. 木骨架隔墙构件组成。
3. 木骨架隔墙构造。
4. 金属骨架隔墙构造。

分析与思考：

1. 简述砌块隔墙常用的砌块种类、特点与构造。
2. 简述木骨架隔墙的特点及构造。
3. 木骨架隔墙饰面由哪些材料组成？
4. 简述灰板条隔墙的构造做法。
5. 金属骨架隔墙有哪些优缺点？
6. 简述金属骨架隔墙的组成。
7. 简述金属骨架隔墙的饰面材料。
8. 简述板材隔墙常用的种类。
9. 墙面装修有哪些类型？

7.5.1　块材隔墙

块材隔墙主要是用普通砖(实心黏土砖)、空心砖、加气混凝土砌块、轻集料砌块及石膏砌块等轻质块材砌筑而成，常用的有半砖隔墙、砌块隔墙。

1. 普通砖砌隔墙

实心黏土砖的规格为 240mm×120mm×53mm。半砖隔墙(120mm)用普通砖顺砌，在构造上应与主体墙或柱拉接，一般沿高度 0.5m 预埋 $\phi6$ 拉接钢筋两根，砌筑砂浆强变不小于 M5。顶部与楼板相连处用立砖斜砌，填塞墙与楼板间的空隙。为保证其稳定性，当墙高度大于 3m、长度超 5m 时，还应加设构造柱及圈梁等加固措施，如图 7.39 所示。

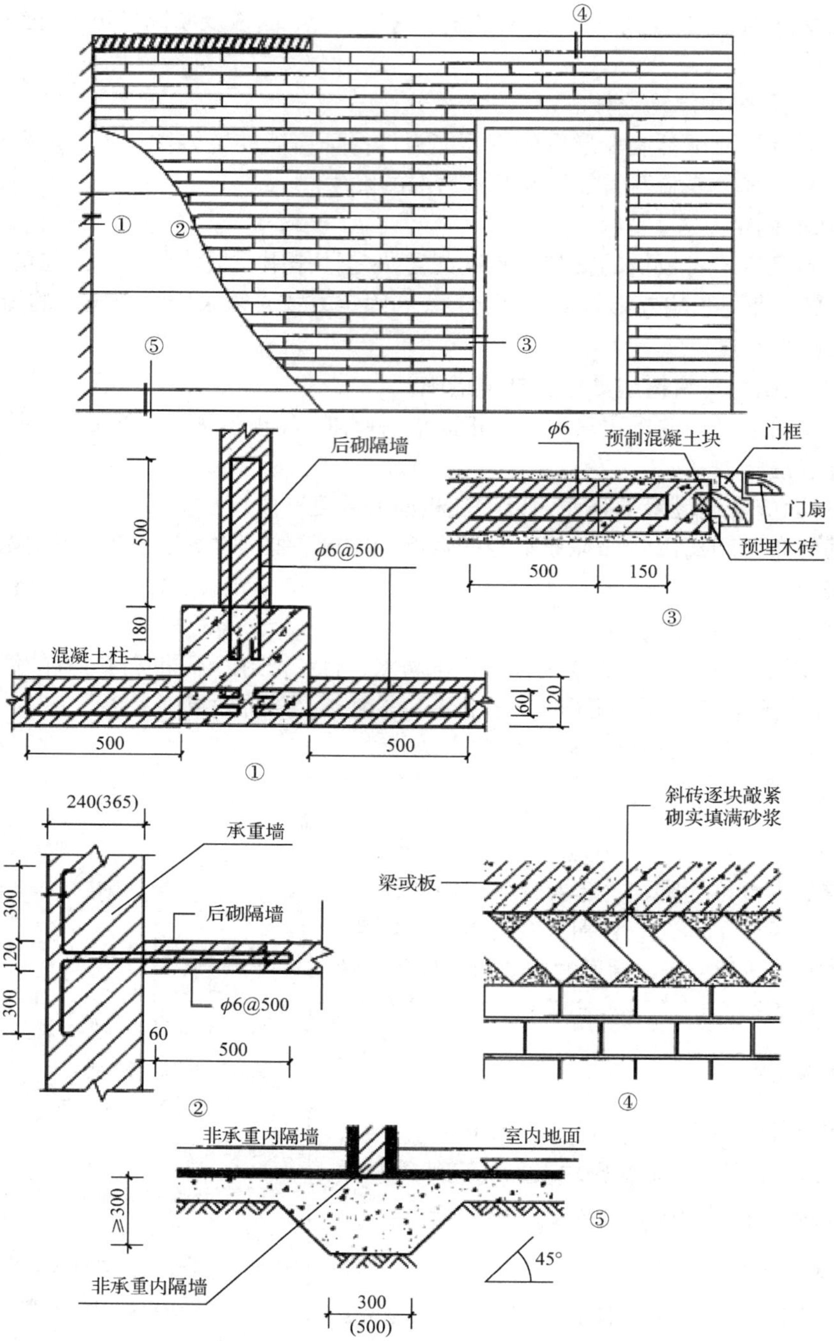

图 7.39　普通砖砌隔墙

2. 多孔砖、空心砖及砌块墙

多孔砖或空心砖做隔墙多采用立砌，厚度在 90mm、60mm 和 120mm 厚砖墙之间，其加固措施可以参照普通砖砌隔墙进行构造处理。在接合处如果没有半块砌块，可采用普通砖填嵌空隙。砌块隔墙多采用粉煤灰硅酸盐、加气混凝土、陶粒混凝土、水泥煤渣制成的实心或空心砌块砌筑而成。砌块隔墙大多具有质轻、孔隙率大、隔热性能好的特点，但吸水性强，因此有防潮、防水要求时应在墙下设置 C20 混凝土条形基础。墙厚由砌块尺寸决定，一般厚为 150～200mm。由于墙体稳定性较差，需要对墙身加固处理。一般沿墙水平方向配以钢筋，如图 7.40 和图 7.41 所示。

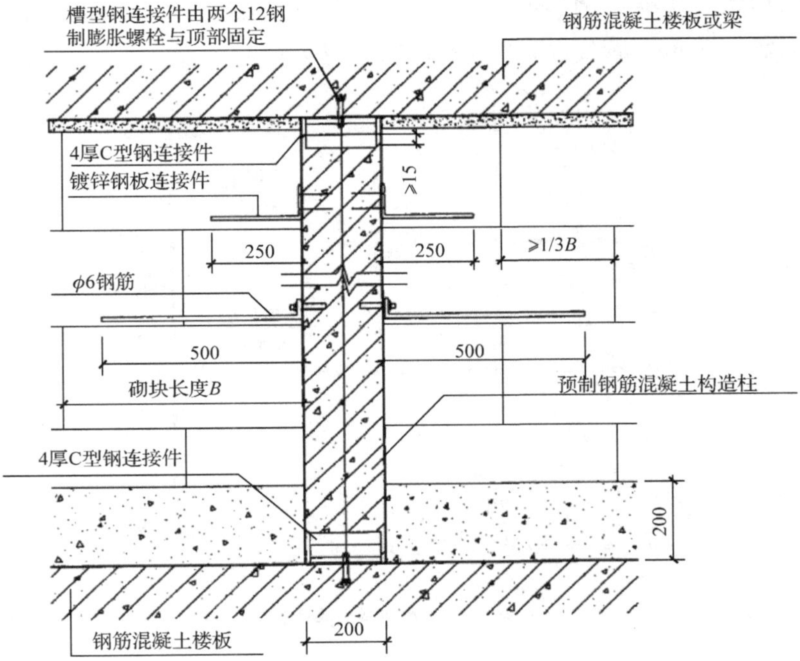

图 7.40　砌块隔墙

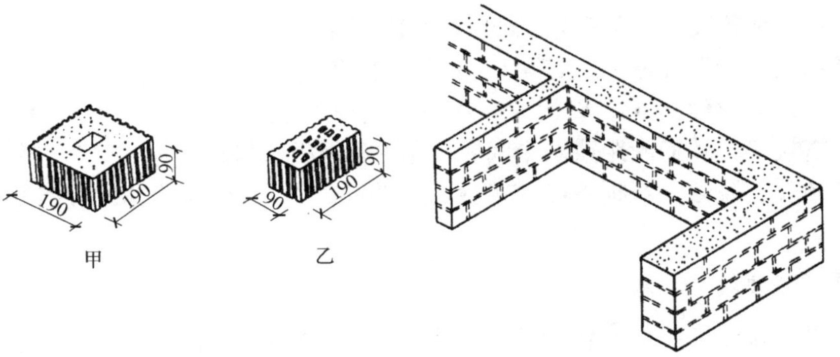

图 7.41　多孔砖的规格及墙的砌结

7.5.2　轻骨架隔墙

轻骨架隔墙由骨架和面层组成，根据骨架材料分为木筋骨架隔墙和金属骨架隔墙。

1. 木筋骨架隔墙

木筋骨架隔墙根据饰面材料的不同有灰板条隔墙、装饰板隔墙和镶板隔墙等。由于它们自重轻、构造简单而应用较广。

1）木骨架

木骨架由上槛、下槛、墙筋、斜撑及横档等构成，如图 7.42 所示，墙筋靠上下槛固定。上、下槛及墙筋断面一般为 50mm×70mm 或 50mm×100mm。墙筋之间沿高度每隔 1500mm 左右设斜撑一道，以减小木骨架的变形，当表面为铺钉面板时，斜撑改为横挡。斜撑或横挡的断面与墙筋相同，墙筋与横挡的间距由饰面材料规格而定，通常取 400mm、600mm。一般灰板条饰面取 400mm，胶合板、纤维板饰面取 600mm。

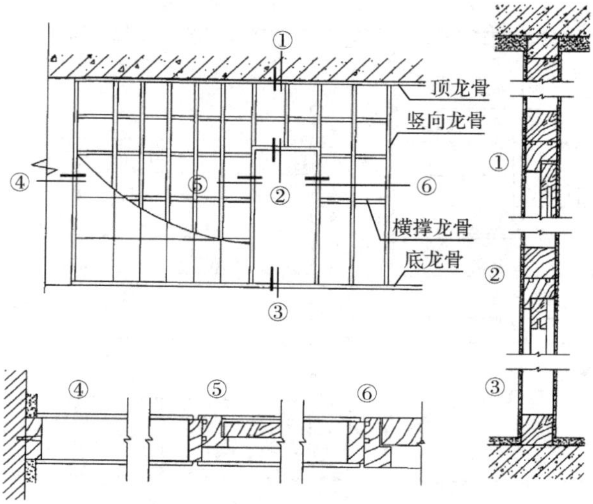

图 7.42　木筋骨架隔墙

2）隔墙饰面

隔墙饰面系在木骨架上铺饰各种饰面材料，包括灰板条抹灰、装饰吸声板、钙塑板、纸面石膏板、水泥刨花板、水泥石膏板纤维板和胶合板。

灰板条抹灰隔墙系在墙筋上钉灰板条，然后抹灰。灰板条一般为 6mm×30mm×1200mm 钉在墙筋上，其间隙为 9mm，以便让底灰挤入板条间隙的里边，咬住灰板条。钉板条时，一根灰板条搭接三个墙筋间距或两个间距。为避免因板条搭接接缝在一根墙筋上过多，导致外部抹灰开裂、脱落，当板条搭接接缝达 600mm 时，必须使接缝位置错开，如图 7.43 所示。

2. 金属骨架隔墙

金属骨架隔墙是在金属骨架外铺钉面板而制成的隔墙，它具有重量轻、强度高、刚度大、结构整体性好、防火、防潮、易于加工和大批量生产等特点。骨架由各种形式的薄壁型钢加工而成，如图 7.44 所示。

钢板厚 0.6～1.5mm，经冷成型为槽钢断面，其尺寸为 100mm×50mm×（0.6～1.5）mm。骨架包括上槛、下槛、墙筋和横档，骨架与楼板墙、柱等构件相接时，多用螺栓或螺钉固结。螺钉间距 300～600mm，螺钉用射钉枪射入。墙筋横挡等各种配件相互连接，墙筋间距由面板尺寸而定，一般为 400～600mm。面板多为胶合板、纤维板、纸面石膏板和石棉水泥板，以及各种新型饰面材料等，难燃或不燃材料，面板用镀锌螺钉、自攻螺钉、膨胀螺钉或金属夹子固定在骨架上，如图 7.45 所示。详细内容将于装修构构中论述。

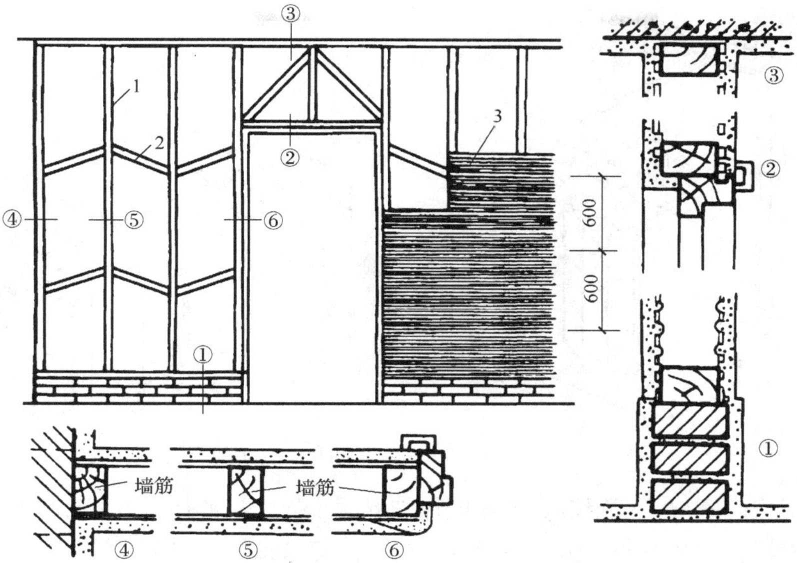

图 7.43　灰板条抹灰隔墙

1-墙筋；2-斜撑；3-板条

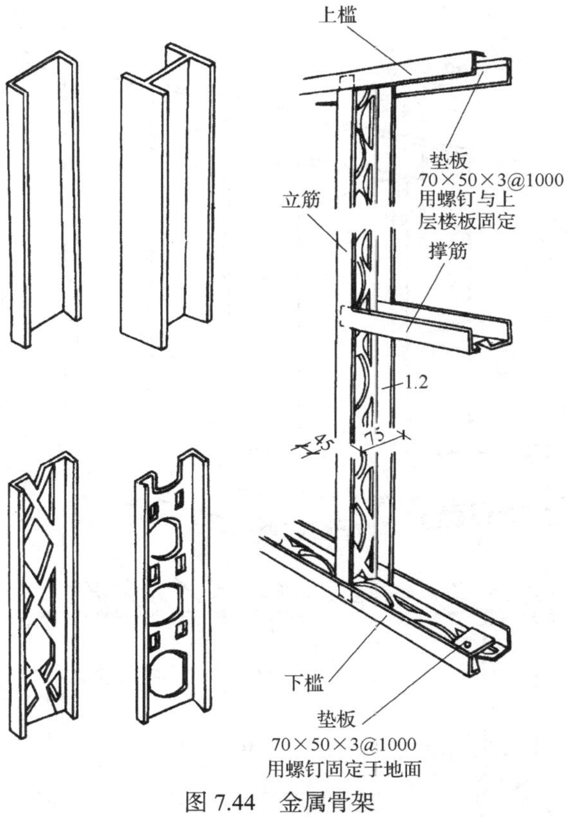

图 7.44　金属骨架

7.5.3　板材隔墙

板材隔墙是采用具有一定刚度和厚度的条形板材，用各类胶黏剂和连接件安装固定并

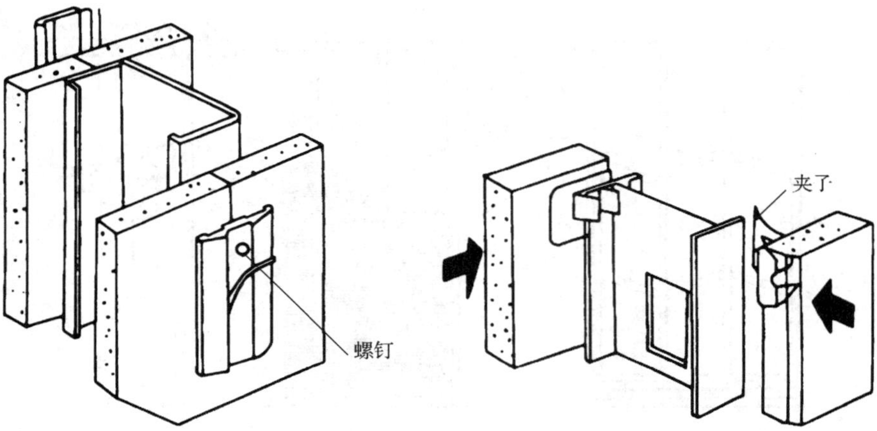

图 7.45　金属骨架与面板的固结方式

拼合在一起形成的隔墙。常用板材为蒸压加气混凝土板、各种轻质条板和各种复合板材等。这些条板自重轻，安装方便，防火性能好，并可以有效抵抗雨水的渗透，但不宜用于高温、高湿或有化学有害空气介质的建筑中。条板的安装、固定主要靠各种黏结砂浆或黏结剂进行黏结，待安装完毕，再于表面进行装修，如图 7.46 所示。

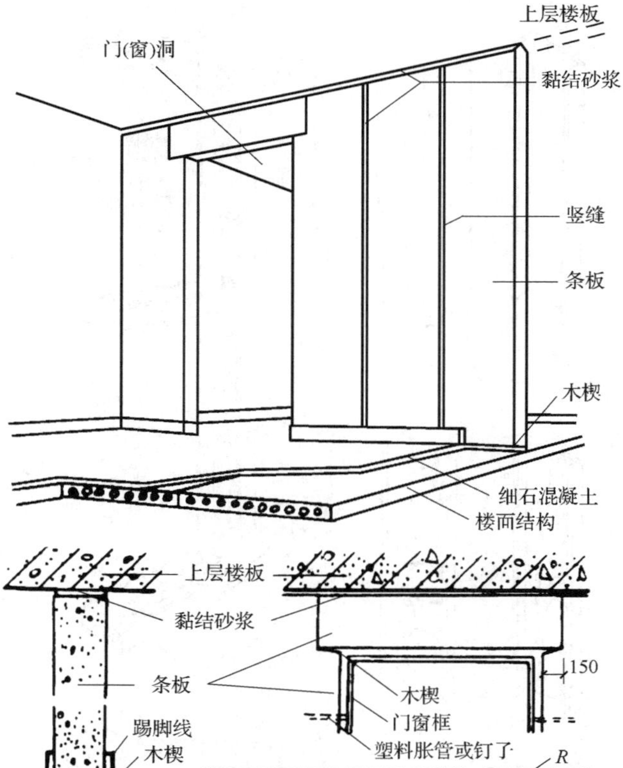

图 7.46　板材隔墙

7.5.4　钢丝网架苯板墙

钢丝网架苯板墙又叫泰铂板墙，是由钢丝焊接成钢丝网片，中间填充 50mm×57mm 聚苯乙烯泡沫塑料条构成的轻质板材。现场安装并双面抹灰喷涂水泥砂浆而组成的复合墙体，如图 7.47 所示。泰柏板厚 70～75mm，宽 1220～1400mm，长 2140～2740mm。它自重轻($3.8～4.0kg/m^2$)、强度高(轴向抗压允许荷载≥74kg/m，横向抗折允许荷载>2.0kg/m)，具有一定隔声能力(隔声指数为 40dB)和防火性能(耐火极限为 1.22h)。故广泛用于建筑的内、外墙和轻型屋面等。在高层建筑和旧房的改造中，亦是可用的墙体材料，如图 7.48 所示。泰柏板墙体与楼、地坪的固结如图 7.49(c)、(d)所示。墙体转角及 T 型墙处的构造如图 7.49(a)、(b)所示。

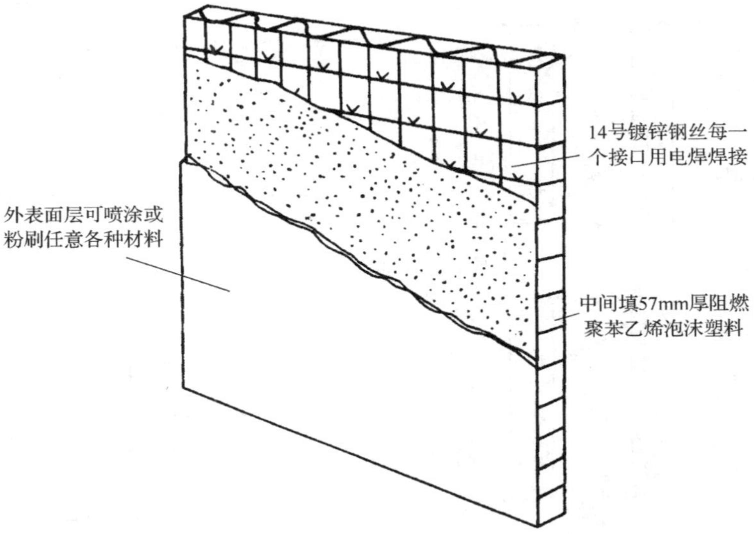

图 7.47　金属骨架

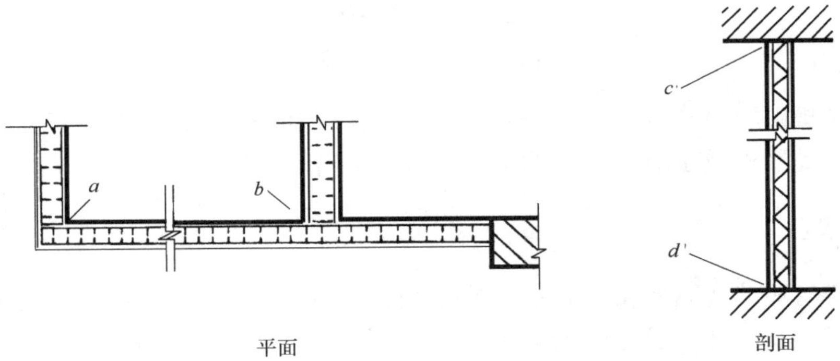

图 7.48　泰柏板构造 1

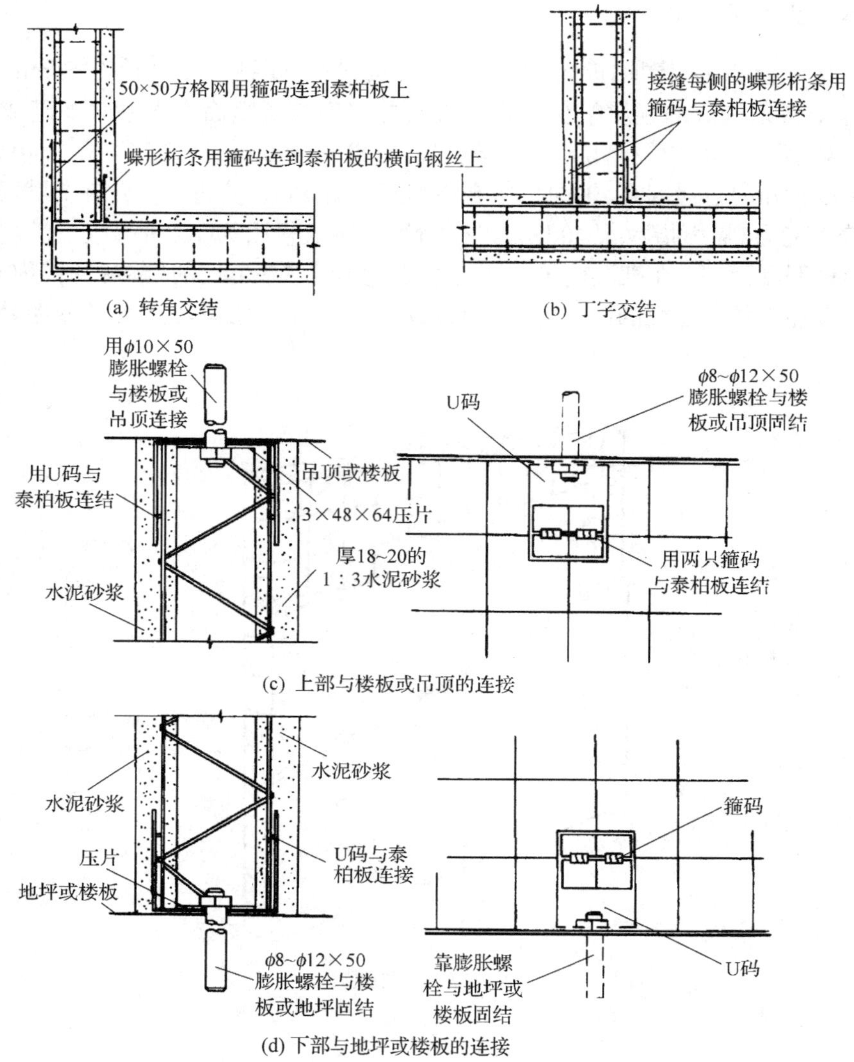

图 7.49　泰柏板构造 2

由于泰柏板的填芯材料系聚苯乙烯原料，易燃烧，在高温下能挥发出有害有气体，不利防火疏散，因此泰柏板在用作内走廊两侧内墙时，应慎重采用。

7.5.5　玻璃隔断

玻璃隔断有玻璃砖隔断和透空玻璃隔断两种。玻璃砖隔断是采用玻璃砖砌筑而成，即分隔空间，又透光，常用于公共建筑的接待室、会议室等，如图 7.50 所示。

透空玻璃隔断采用普通平板玻璃、磨砂玻璃、刻花玻璃、压花玻璃以及各种颜色的有机玻璃等嵌入木框或金属框的内架中，具有透光性。当采用普通玻璃时，还具有透视性，它主要用于幼儿园、医院病房、精密车间走廊以及仪器仪表控制室等。例如，采用彩色玻璃、压花玻璃或彩色有机玻璃，除遮挡视线外，还具有丰富的装饰性，可用于餐厅、会客室、会议室等，如图 7.51 所示。

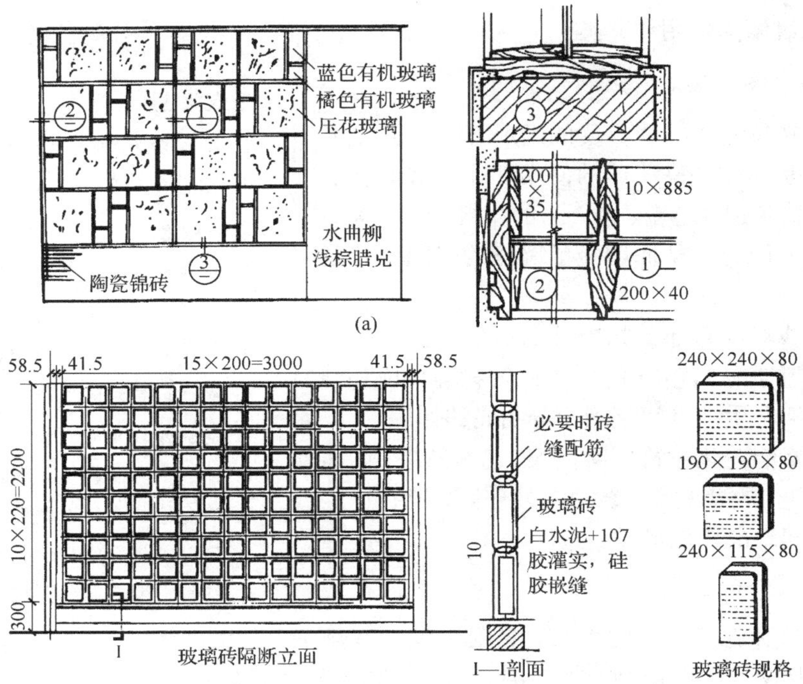

图 7.50 玻璃隔断

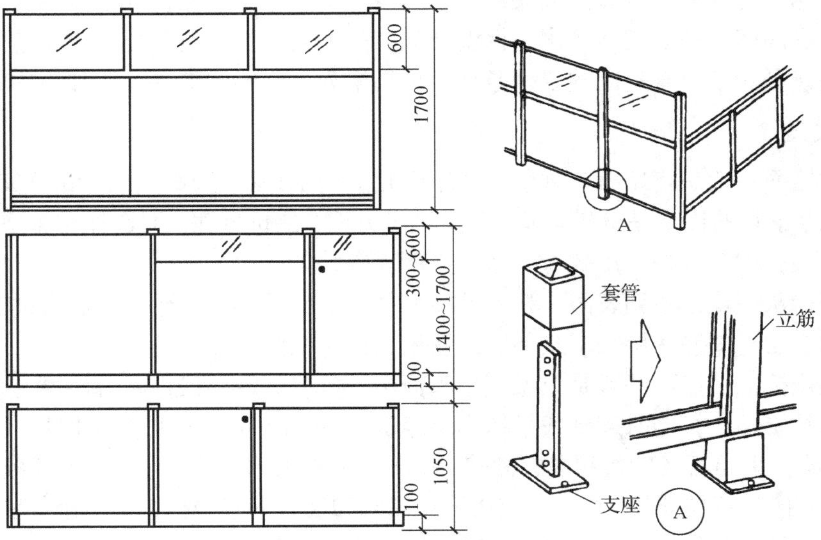

图 7.51 屏风式隔断

7.6 墙面装修

7.6.1 墙面装修的作用和分类

学习重点

重点关注：

1. 墙面装修的作用。
2. 裱糊墙面的构造做法。

分析与思考：

1. 抹灰类墙面有哪些做法?
2. 简述水刷石墙面的构造做法。
3. 简述斩假时墙面的构造做法。
4. 简述墙护角的作用。
5. 简述外墙角的做法。
6. 简述大理石构造做法。
7. 简述涂料类构造做法。
8. 铺钉类墙面的构造组成?
9. 铺钉墙面有哪些面板?

1. 墙面装修的作用

墙面装修是墙体构造重要的组成部分，其主要作用是保护墙体和提高墙体的使用功能。墙面装修可以保护结构免遭风、霜、雨、雪的直接侵袭，提高墙体抗风化的能力，从而增强了墙体的坚固性和耐久性。

墙面装修对改善建筑物内外的清洁卫生条件，提高墙体热工性能，优化声学、光照等物理环境和创造良好的生活和生产空间起到十分明显的作用。

墙面装修能美化建筑环境，提升艺术效果。墙面的色彩、肌理、质感效果、线角的处理等，能在一定程度上改善建筑的内外形象。

2. 墙面装修的分类

由于材料和施工方式的不同，常见的墙面装修做法可分为抹灰类、贴面类、涂料类、裱糊类和铺钉类等五类。

7.6.2 墙面装修构造

墙面装修分为外墙装修和内墙装修。外墙装修主要是为了保护外墙体不受风、霜、雨、雪的侵袭，提高墙体的防潮、防水、保温、隔热的能力，同时也美化了建筑艺术效果。

内墙装修是为了改善室内的卫生条件，提高采光和声响的效果，增加室内的美观。

1. 抹灰类

抹灰类墙面一般是指用石灰砂浆、混合砂浆、水泥砂浆以及纸筋灰、麻刀灰等作为饰面层的装修做法。它的优点是材料来源广泛，施工方便，造价低廉。但也存在着现场湿作业量较大，易开裂，耐久性差，工效低，劳动强度大等缺点。

为保证抹灰质量，做到表面平整，黏接牢固，色彩均匀，不开裂，施工时应分层操作。抹灰一般分 3 层，即底灰层、中灰层、面灰层，如图 7.52 所示。

普通装修标准的墙面一般是只做底层和面层。各层抹灰不宜过厚，总厚度为 15～25mm。底层主要与基层黏结，同时起到找平作用，厚度为 6～10mm。底层灰浆用料视基层材料而定：普通砖墙常采用石灰砂浆和混合砂浆；混凝土墙应采用水泥砂浆；对木板条墙由于与灰浆黏结力差，抹灰容易开裂、脱落，应在石灰砂浆和混合砂浆中掺入适量纸筋和麻刀。中层主要起找平作用，其所用材料与底层基本相同，厚度一般为 6～8mm。

面层主要起装饰作用，要求表面平整，色泽均匀、无裂纹等。根据面层所用材料，抹灰装修有很多类型，如表 7.2 所示。

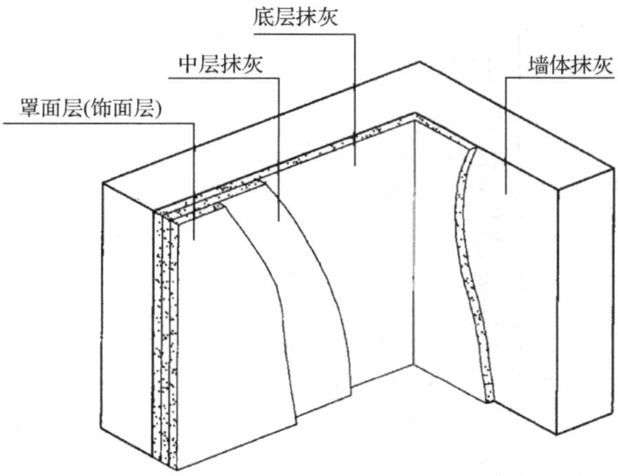

图 7.52　分层墙面抹灰

表 7.2　常用抹灰做法举例

抹灰名称	做法说明	适用范围
纸筋灰墙面	① 喷内墙涂料 ② 2 厚纸筋灰罩面 ③ 8 厚 1：3 石灰砂浆 ④ 13 厚 1：3 石灰砂浆打底	砖基层的内墙
混合砂浆墙面	① 喷内墙涂料 ② 5 厚 1：0.3：3 水泥石灰混合砂浆面层 ③ 15 厚 1：1：6 水泥石灰混合砂浆打底找平	内墙
水泥砂浆墙面	① 6 厚 1：2.5 水泥砂面罩面 ② 9 厚 1：3 水泥砂浆刮平扫毛 ③ 10 厚 1：3 水泥砂浆找底扫毛或划出纹道	砖基层的外墙或有防水要求的内墙
水刷石墙面	① 8 厚 1：1.5 水泥石子(小八厘)或 10 厚 1：1.25 水泥石子(中八厘)罩面 ② 2 厚刷素水泥浆一道(内掺水重的 3%～5%107 胶) ③ 12 厚 1：3 水泥砂浆打底扫毛	砖基层外墙
斩假石墙面(剁斧石)	① 斧剁斩毛两遍成活 ② 10 厚 1：1.25 水泥石子(米粒石内掺 30%石屑)罩面赶平压实 ③ 刷素水泥浆一道(内掺水重的 3%～5% 107 胶) ④ 12 厚 1：3 水泥砂浆打底扫毛或划出纹道	外墙
水磨石墙面	① 10 厚 1：1.25 水泥石子罩面 ② 刷素水泥浆一道(内掺水重的 3%～5% 107 胶) ③ 12 厚 1：3 水泥砂浆打底扫毛	墙裙、踢脚等处

在人群活动频繁，易受碰撞或有防水、防潮要求的墙面，常做墙裙对墙身加以保护。墙裙高度一般为 1.5m，个别为 1.8m，如图 7.53 所示。

对易于碰撞的内墙阳角，还需作护角保护，如图 7.54 所示。

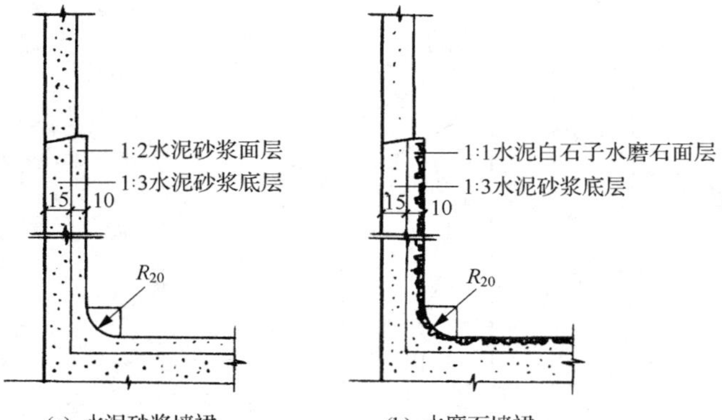

(a) 水泥砂浆墙裙　　(b) 水磨石墙裙

图 7.53　墙裙做法

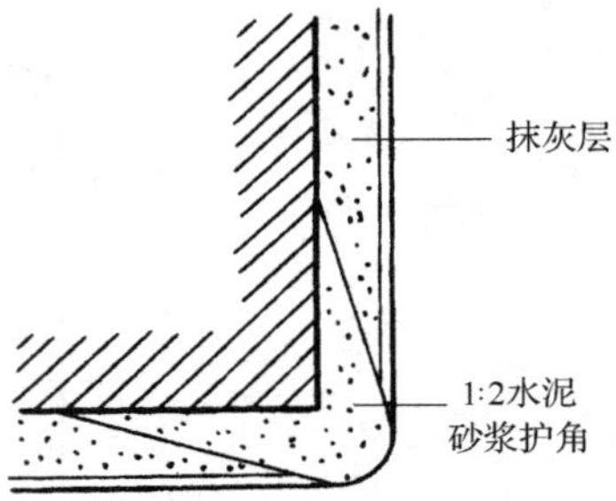

图 7.54　护角做法

外墙抹灰面积较大，为防止面层开裂和便于操作，或立面处理的需要，常将抹灰面层做线脚分隔处理，面层施工前设置不同形式的塑料引条，即形成线脚，如图 7.55 所示。

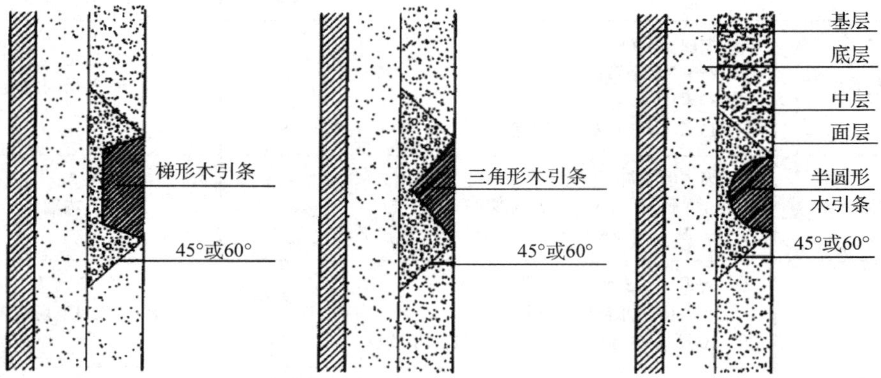

图 7.55　墙面凹线脚做法

2. 贴面类

贴面类装修是利用各种人造石板和天然石板、块等，通过绑、挂和直接粘贴于基层表面的饰面做法，它具有装饰性强、耐久性好、施工方便、容易清洗等优点。常用的贴面材料有面砖，包括瓷砖、锦砖等陶瓷和玻璃制品。水磨石板和剁斧石板等水泥制品以及花岗岩板和大理石板等天然石板。一般质感细腻、耐候性差的材料常用于室内装修，如瓷砖、大理石板等。而质感粗犷、耐候性好的材料用于外墙装修，如陶瓷面砖、马赛克，花岗岩板等。

1) 陶瓷面砖、马赛克装修

陶瓷面砖是以陶土为原料，经压制成型煅烧而成的饰面砖。面砖又称为釉面砖，色彩和规格多种多样。面砖质地坚硬、防冻、耐腐蚀，常用的规格有 240mm×60mm、113mm×77mm、145mm×113mm、233mm×113mm、265mm×113mm 等多种，厚度为 5～9mm。

面砖的贴铺用 1∶3 水泥砂浆打底并刮毛，之后用 1∶2.5 的水泥砂浆满刮于面砖背面，其厚度不小于 10mm，然后将面砖贴于墙上。目前也可采用专用黏贴剂粘贴，厚度为 3～5mm 即可。

一般面砖背面有凹凸纹路，有利于面砖粘贴牢固，此时，贴于外墙的面砖，常常在面砖之间留有 10mm 左右的缝隙，以增加材料的透气性，并用 1∶1 水泥砂浆勾缝。

马赛克是以优质陶土烧制而成的小块瓷砖，有挂釉和不挂釉之分，常用的规格有 18.5mm×18.5mm×5mm、39mm×39mm×5mm、39mm×18.5mm×5mm 等，有方形、长方形和其他不规则形。马赛克一般用于内墙面，也可以用于外墙面装修。马赛克具有造价低、耐腐蚀、耐磨、不吸水、美观、易清洗等特点。马赛克一般按设计图案要求，在工厂反贴在标准尺寸为 325mm×325mm 的牛皮纸上，施工时将纸面朝外整块粘贴在 1∶1 水泥砂浆上，用木板压平，待砂浆硬结后，洗去牛皮纸即可。

近年来，出现一种玻璃马赛克外墙饰面材料，应用亦较广泛，其施工方法及特点与以上面砖相同。

2) 天然石板及人造石板装修

常见的天然石板有花岗岩板、大理石板等，它们具有强度高、结构致密、色彩丰富、不易被污染等优点，但由于施工复杂，价格较高，多用于高级装修。

人造石板一般由白水泥、彩色石子、颜料等配制而成，具有强度高、表面光洁、色彩多样、造价较低等优点，有水磨石板、仿大理石板等。

这类贴面材料的平面尺寸有 500mm×500mm×20mm、600mm×600mm×20mm、600mm×800mm×20mm 等。由于每块板重量大、面积大，不能用砂浆直接粘贴，而多采用绑或挂的做法。

天然石板墙面的构造做法，一般在墙体结构中预埋ϕ6 钢筋头或 U 形铁件，中距 500mm 左右，上绑ϕ6 或ϕ8 纵横向钢筋，形成钢筋网，网格大小视石材尺寸而定，用镀锌铁丝或铜丝穿过石板上下边预凿的小孔，将石板绑于钢筋网架上或用ϕ6 钢筋勾住。上下石板用 Z 形钢丝或ϕ6 钢筋锚件钩牢。石板与墙之间保留 30mm 宽的缝隙，缝中灌 1∶3 水泥砂浆，使石板与基层连接紧密，如图 7.56 所示。

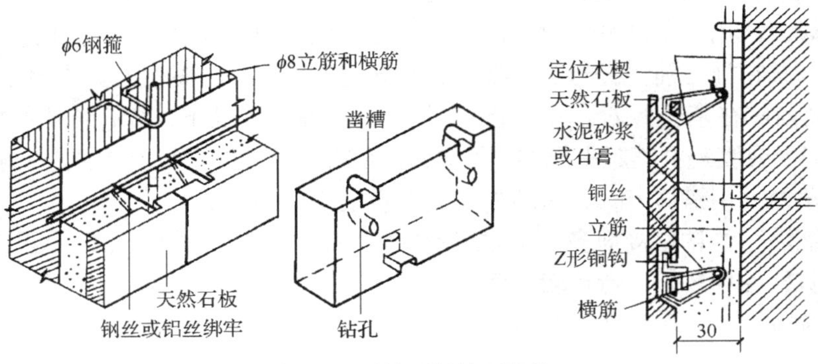

图 7.56　天然石板墙面装修

人造石板墙面装修构造与天然石板相同，但不必在板上钻孔，而是利用板背面预留的钢筋挂钩，用镀锌铁丝铜丝将基绑扎在水平钢筋上，就位后再用砂浆填缝，如图 7.57 所示。

3. 涂料类

涂料类墙面装修是将各种涂料敷于基层表面，形成完整牢固的膜层，从而起到保护墙面和美观的一种装饰做法。

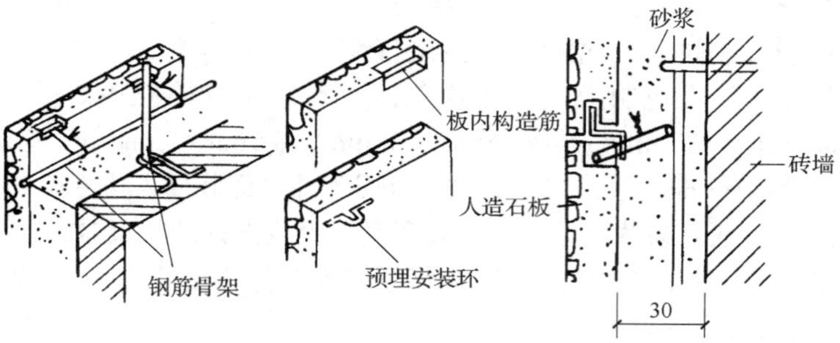

图 7.57　人造石板墙面装修

建筑内外墙面用涂料做饰面是饰面做法中最简便的一种方式。与传统的墙面相比，尽管大多数涂料的使用年限较短，但由于省工、省料、工期短、工效高、自重轻、更新方便以及经济等特点，是一种很有前途的装饰材料。

建筑涂料品种繁多，应根据建筑的使用功能、墙体所处环境、施工和经济条件等，尽量选择附着力强、无毒、耐久、耐污染、装饰效果好的涂料。

涂料按其成膜物的不同分为无机涂料和有机涂料两大类。无机涂料包括石灰浆、水泥浆及各种无机高分子涂料等。有机涂料依其稀释剂的不同，分溶剂型涂料、水溶性涂料和乳胶涂料等，如建筑外墙涂料、内墙涂料、乳胶涂料等。在设计中，应充分了解涂料的性能特点，合理、正确地选用。

4. 裱糊类

裱糊类装修是将各种装饰性壁纸、墙布等卷材用黏结剂裱糊在墙面上的一种饰面做法。材料和花色品种繁多，主要有塑料壁纸、纸基涂塑壁纸、纸基织物壁纸、玻璃纤维印花墙布、无纺墙布等。

粘贴壁纸墙布要求墙面基层有一定强度，表面平整光洁，不松散掉灰。当墙面基层有局部麻面缺陷时，需用腻子刮平，可采用聚醋酸乙烯乳液滑石粉腻子和石油腻子等。

墙纸或墙布在施工前先进行润水处理，为防止基层吸水过快，可涂刷墙纸基膜，再涂刷黏结剂。裱糊前应在基层上划分垂直准线，裱糊的顺序由上而下，墙纸或墙布的长边对准垂直准线，用刮板或胶辊将其赶平压实。面材的接缝有对缝或搭缝两种方式，一般墙面采用对缝，阴、阳角处采用搭缝方式，搭缝方式面材重叠 10～20mm。

粘贴壁纸墙布的粘贴接剂多采用建筑专用胶（如 107 胶），因其黏结力强，耐老化、防潮、耐碱和防毒性均较好，造价较经济。

5. 铺钉类

铺钉类装修是将各种天然或人造薄板镶钉在墙面上的饰面做法，其构造与骨架隔墙相似，由骨架、面板两部分组成。

(1) 骨架。骨架有木骨架和金属骨架之分。木骨架可借埋在墙上的木砖固定在墙身上，金属骨架（轻钢龙骨）可借埋入墙内的膨胀螺栓固定，而目前多用更为简单的射钉枪固定方法，用钢钉直接将木或金属龙骨射钉在砖或混凝土墙上。为防止受潮使骨架和面板受损或变形，可在墙基层上涂刷两道热沥青做防潮层。

(2) 面板。装饰面板种类很多，如硬木条、纸面石膏板、胶合板、装饰吸声板等。

纸面石膏板为常用的室内墙面装修材料，具有轻质，变形小，施工时可钉、可粘贴等优点。其规格主要有 3000mm×800mm×12mm、3000mm×800mm×9mm、600mm×600mm×10mm。

纸面石膏板与骨架的固接主要靠木螺丝、自攻螺丝，亦可用黏结剂粘贴，如图 7.58 所示。

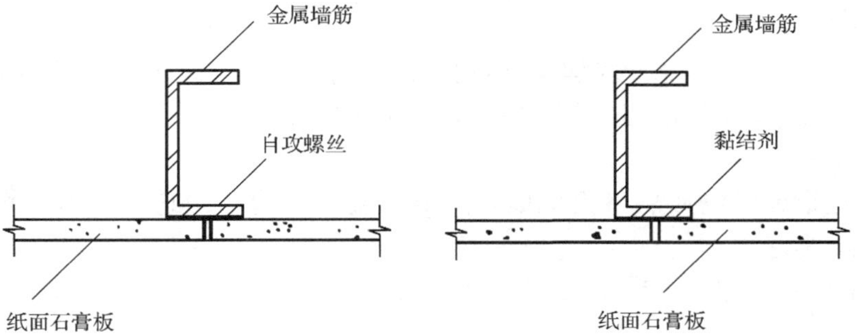

图 7.58　石膏板与骨架的固结方式

(3) 石膏板与骨架的固结方式。胶合板、纤维板等均借无钉或木螺丝与墙筋和横挡固定。为保证面板有微量伸缩，在钉面板时，在板与板之间留出 5～8mm 的缝隙，缝可用木压条或金属压条嵌固，如图 7.59 所示。

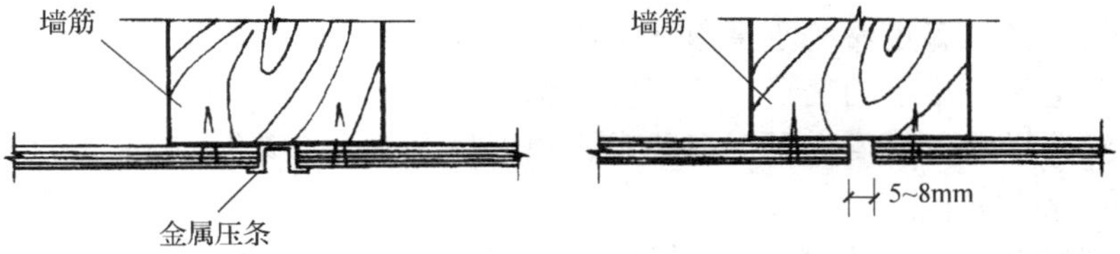

图 7.59　人造板缝处理

小　　结

(1) 墙体是房屋的重要围护、分隔、承重结构，由于墙体在建筑中的位置不同，功能和作用也不同，设计要求也不同。墙体应具有足够的强度和稳定性，满足保温、隔热等方面的要求，满足防潮、防水要求，满足隔声、防火要求以及适应工业化生产的要求。

(2) 墙体根据结构受力情况不同，有承重墙和非承重墙之分。非承重墙包括隔墙、填充墙和幕墙。

(3) 外墙身构造主要包括门窗洞口、墙脚及墙身加固等。

(4) 建筑幕墙的类型。

(5) 墙面装修可分为抹灰类、贴面类、涂料类、裱糊类、铺钉类。

第 8 章　楼板层、地坪层

8.1　概　　述

楼板层也称为楼层，是分隔建筑空间的水平承重构件。它把作用于其上面的各种荷载(人、家具等)传递给承重的墙或梁、柱，同时对墙体(或梁、柱)起水平支撑和加强结构整体性的作用。

地坪层是指建筑物底层室内地面与土壤相接触的构件，它把作用于其上面的各种荷载直接传给地基。

由于它们所处的位置及受力状况等不同，因此对其结构、构造有不同的设计要求。

8.1.1　楼板层和地坪层的设计要求和类型

学习重点

分析与思考：

1. 何为楼板层？何为地坪层？
2. 楼板层的设计要求是什么？
3. 楼板层由哪些层次组成?各层的作用是什么？
4. 地坪层由哪些层次组成?各层的作用是什么？

1. 楼板层、地坪层的设计要求

1) 楼板层的设计要求

(1) 安全方面的要求。楼板层结构应具有足够的强度，以保证在各种不同荷载作用下安全可靠而不被破坏，同时应具有足够的刚度以保证在允许荷载作用下不发生超过规定的变形，所以在结构、构造设计及材料选择等方面要满足上述要求，以保证建筑物和使用者的安全。

(2) 功能方面的要求。楼板层应满足防火、隔声、防水、保温、隔热、耐久等基本使用功能，以及室内环境的舒适性和安全、卫生等要求。

(3) 经济方面的要求。楼板层结构的跨度确定应在结构构件的经济合理范围内，以免造成结构层厚(高)度过大，产生浪费，同时还应注意结合实际正确选择结构形式和材料。

2) 地坪层的设计要求

地坪层是受压构件，应满足在其上面各种荷载作用下而不被破坏、不变形的要求，此外，还应满足防水、防潮以及热工方面的设计要求，以保证保温、隔潮的良好效果。

无论是楼板层还是地坪层，其面层设计要求基本相同，在材料选择上主要满足耐磨、保暖、防滑、易清洗、美观及装饰性等要求。

2. 楼板层与地坪层的类型

1) 楼板层的类型

楼板的分类一般是按主要承重构件结构材料来划分的。民用建筑中常见的有以下几种类型。

(1) 木楼板层。这种楼板层具有自重轻、构造及施工简单等特点，但其耐久性、防火、防腐等性能较差，且木材耗量过大而不利于环保，故除少量用于新建或维修改建的纯木结构建筑外，一般采用较少。

(2) 钢筋混凝土楼板层。这种楼板层是我国目前应用量最大的一种，也是使用效果好、造价相对较低的一种，它具有强度大、刚度好、耐久、防火、防潮、施工方便、材料易获得等特点，根据其施工方式不同有预制和现浇两种做法，如图 8.1 (a)、(b) 所示。

(3) 压型钢板式楼板层。这种楼板层主要用于钢结构的建筑中，是采用压型钢板为底衬模，再于其上现浇钢筋混凝土，形成整体性非常好的楼板层，但造价相对要高些，如图 8.1 (c) 所示。

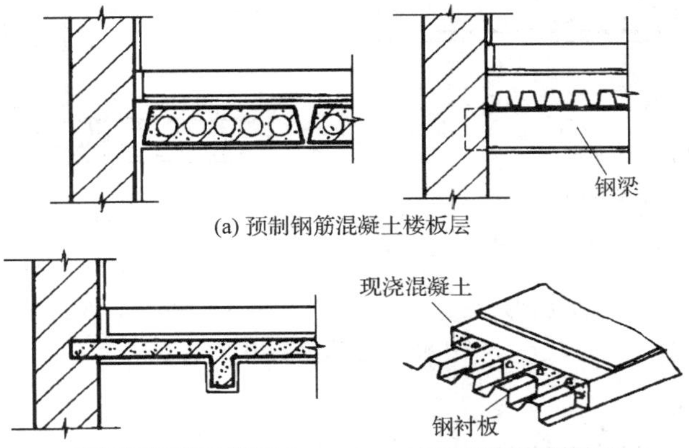

(a) 预制钢筋混凝土楼板层

(b) 现浇钢筋混凝土楼板层　(c) 压型钢板式楼板层

图 8.1　楼板层类型

(4) 其他材料楼板层。除上述三种主要类型的楼板层外，还有一些组合式楼板层的做法，如现浇钢筋混凝土空心楼板层、钢筋混凝土空心模壳楼板层等。

2) 地坪层的类型

(1) 空铺类地坪层。这种类型的地坪层一般是先在夯实的地基土层上砌筑地垅墙或砖墩，再于其上搭钢筋混凝土薄板或带木龙骨的木地板，在地坪层面层与土壤间形成架空层，详细做法会在后面地坪层构造中讲到。

(2) 实铺类地坪层。这种类型的地坪层一般是在夯实的地基土层上直接做三合土或素混凝土垫层 (可做一层或两层)，再于其上做饰面层。根据不同的使用要求可增加附加构造层次。

8.1.2　楼板层与地坪层的组成

1. 楼板层的组成

如图 8.2 所示，楼板层由若干层次组成，各层所起作用如下：

(1) 面层。面层是建筑地面直接承受各种物理和化学作用的表面层，主要起满足使用功能要求、装饰和保护结构层的作用。

(2) 结合层。结合层是面层与下面构造层之间的连接层。

(3) 找平层。找平层是在楼板或填充层上起抹平作用的构造层。

(4) 结构层。结构层是楼板层的承重部分，它将作用于其上面的各种荷载传递给承重墙或柱，是楼板层中的核心层次。

(5) 顶棚层。顶棚层是楼板层底面的构造部分，它对室内空间的装饰性、功能改善和技术协调有良好的效果，同时对结构层也起到一定的保护作用。

(6) 附加层。对有特殊要求的室内空间，楼板层应增加一些附加的构造层次，如隔声防振层、保温层、防水层、浮筑层等。

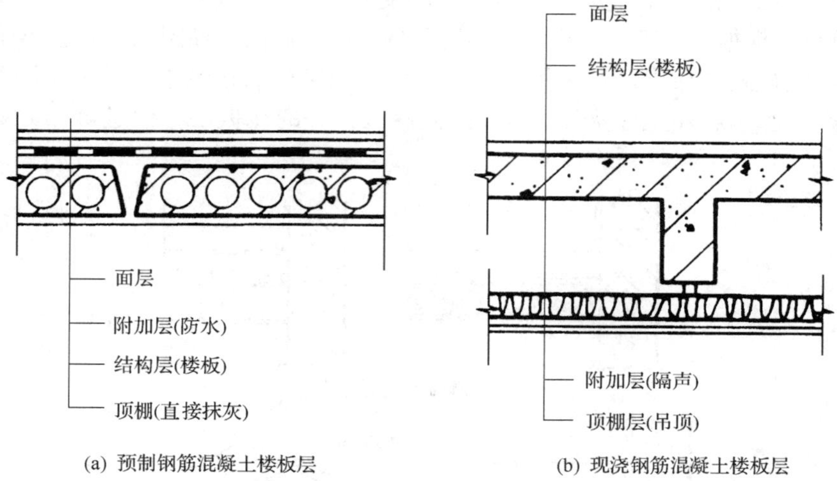

图 8.2　楼板层的组成

2. 地坪层的组成

地坪层也是由若干层次组成的，如图 8.3 所示，各层所起的作用如下。

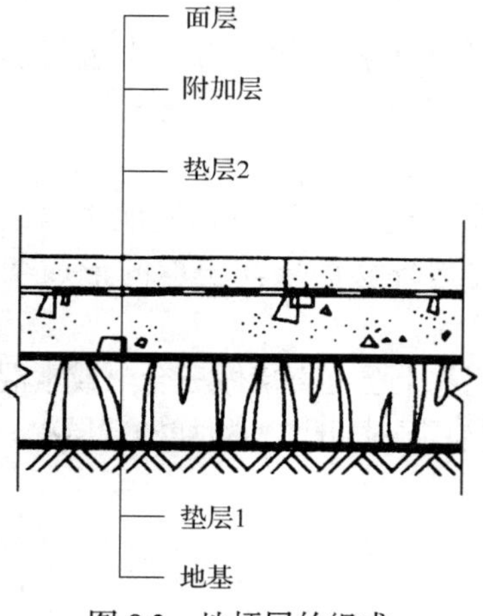

图 8.3　地坪层的组成

(1) 面层。地坪层面层的做法和作用与楼板层面层基本相同。

(2) 垫层。垫层是承受并传递荷载给地基的结构层，垫层材料分为刚性和柔性两大类。刚性垫层常用低强度等级混凝土，多用于对地面要求高、薄而脆的面层，如水磨石地面、瓷砖地面、大理石地面等；柔性垫层常用砂、碎石、炉渣等松散材料，主要用于厚而不易开裂的面层，如混凝土地面、水泥制品块地面等。

(3) 基层。基层是直接支承垫层的土壤，也可称地基。在无特殊要求和土层条件较好的民用建筑，基层一般都采用素土直接夯实的做法。

(4) 附加层。与楼板层一样，当有特殊要求时，地坪层也应增加一些附加的构造层次，如防潮层、防水层、保温层等，以满足相应的使用功能要求。

8.2　钢筋混凝土楼板

8.2.1　现浇整体式钢筋混凝土楼板

1. 板式楼板

现浇钢筋混凝土板式楼板因支承方式不同分为两种类型，即墙承式楼板和柱承式楼板。

1) 墙承式楼板

这种楼板的四边由承重墙支承，其上面的荷载是由板直接传递给墙体。这种楼板结构具有整体性好、房间内板底面平整、隔水性好等特点，多用于居住建筑中的居室、厨房、卫生间、走廊等小跨度空间。

楼板依其受力特点和支承情况有单向板和双向板之分，如图 8.4 所示。

当四边支承板长短边长度 L_2 与 L_1 的比值大于或等于3.0时，板可按沿短边方向受力的单向板计算；当 L_2 与 L_1 的长度之比大于 2.0，但小于 3.0 时，宜按双向板计算；当 L_2 与 L_1 的长度之比不大于 2.0 时，应按双向板计算。钢筋混凝土单向板的跨厚比不应大于 30，且板厚不小于 60mm；双向板的跨厚比不应大于 40，且板厚不小于 80mm。

学习重点

重点关注：

现浇钢筋混凝土楼板构造。

分析与思考：

1. 钢筋混凝土楼板有哪些类型？各有什么特点？
2. 简述现浇钢筋混凝土楼板的类型、特点及适用范围。
3. 现浇钢筋混凝土梁式楼板各构件的经济尺寸是多少？

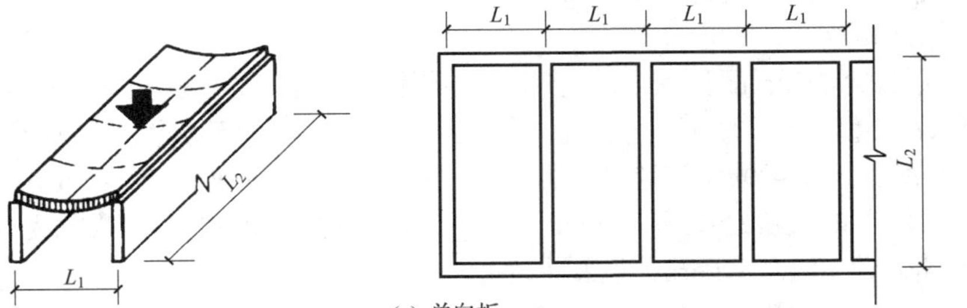

(a) 单向板

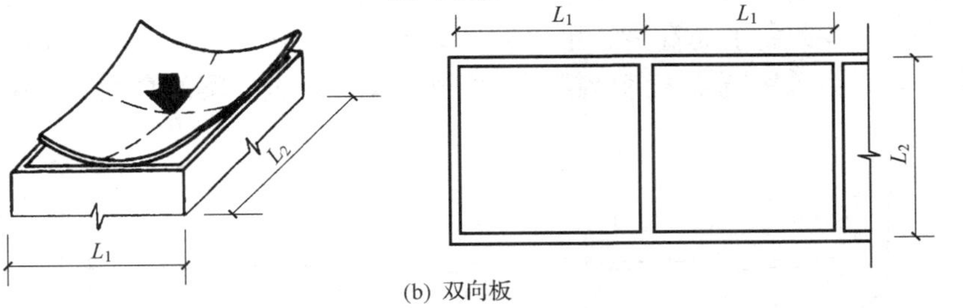

(b) 双向板

图 8.4　单向板与双向板

2) 柱承式楼板

柱承式楼板是楼板结构直接由柱子支承的一种形式，亦称无梁楼板或无梁楼盖。

由于柱子直接支承楼板，为防止与柱接触的楼板局部受到剪切破坏，同时也为了减小板跨，要增大柱子与楼板的接触面积，通常要在柱的顶部设置柱帽和托板，如图 8.5 所示。无梁楼板的柱网布置应为正方形或接近正方形，柱距一般不超过 6m，板厚不宜小于 150mm。这种楼板结构天棚平整，室内净高大，采光通风好，通常用于商场、仓库、展厅等大型空间中。

2. 梁板式楼板

当房间平面尺寸较大时，仅靠板做结构层难以满足结构要求（不经济也不合理），要设

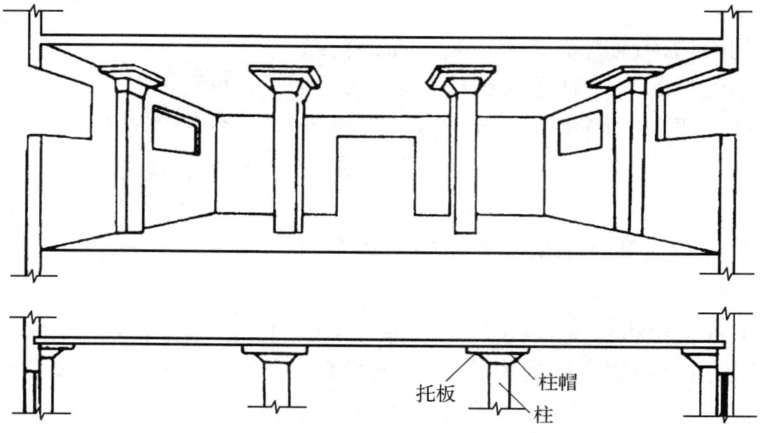

图 8.5　无梁楼板

置梁为板的中间支点来减小板的跨度，以免板厚过大。这时作用于楼板上的荷载传递方式为板传递给梁，再由梁传递给承重墙或柱，这种楼板称为梁板式楼板。根据梁的布置及尺寸等不同，有以下几种形式的梁板式楼板。

1) 主次梁式楼板

主次梁式楼板常用于面积较大的空间中，具体做法是，主梁沿房间的短跨方向或承重框架方向布置，置于承重墙或柱上，次梁置于主梁上，板置于次梁上，梁板柱整浇在一起，如图 8.6 所示。主梁的经济跨度通常为 5～8m，梁高为跨度的 1/14～1/8，梁宽为梁高的 1/3～1/2；次梁的经济跨度为 4～6m，梁高为跨度的 1/18～1/12，梁宽为梁高的 1/3～1/2；板的经济跨度为 1.7～2.5m，板厚常为 60～120mm。

若施加预应力，则梁的跨度可以达到 20m，梁高为跨度的 1/22～1/18。也有一些特殊的情况，为了降低建筑物的总高度，可以通过降低层高来达到目的，但又要满足室内净高的最低要求，有时会采用宽梁来降低梁高，即梁的宽度超过了梁的高度。宽梁一般都施加预应力。

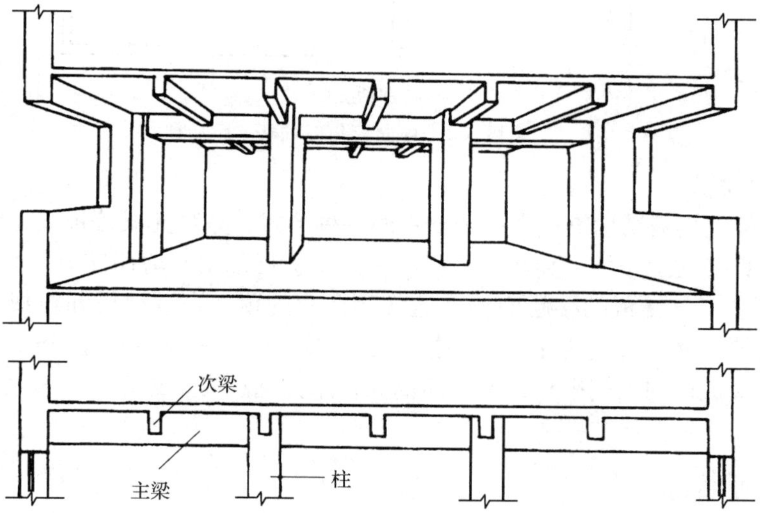

图 8.6　主次梁式楼板

2) 井格式楼板

井格式楼板常用于房间平面尺寸较大并接近正方形的无柱或少柱空间，做法是沿房间两个方向布置高度相同的梁，再与楼板整浇在一起形成井格式楼板，如图 8.7 所示。井格的布置形式有正交正放、正交斜放、斜交斜放等，使楼板下部自然形成有韵律的图案，如图 8.8 所示。这种楼板常用于门厅或其他大厅中，其跨度可达 20～30m，梁高不小于梁跨的 1/15，梁宽为梁高的 1/4～1/2，板厚度不少于 120mm，跨度在 3m 左右。

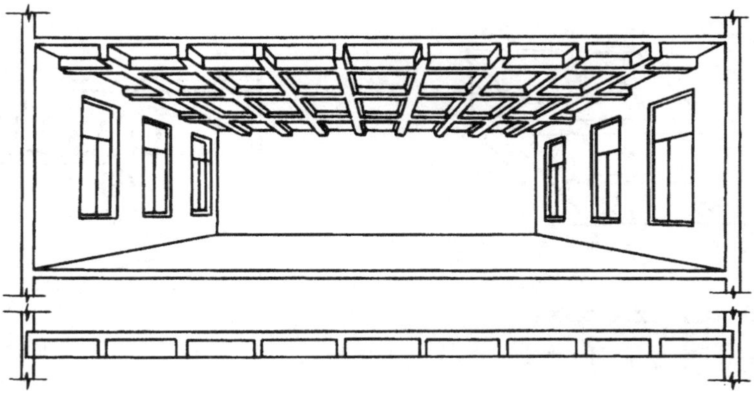

图 8.7　井格式楼板

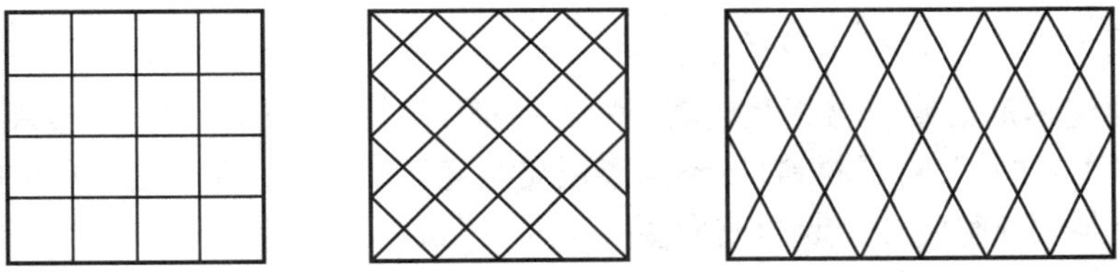

(a) 正交正放　(b) 正交斜放　(c) 斜交斜放

图 8.8　井格的布置形式

3) 密肋式楼板

密肋式楼板的做法是把梁的间距和截面尺寸变小，使梁成为肋。由于梁(肋)的数量增加，每个梁(肋)所承担的荷载相应减少，所以在保证梁(肋)高相对稳定的情况下适当加大梁(肋)的跨度(可做到 7m 以上)。此种类型的楼板较适用于跨度大且不宜设大梁的房间，尤其适用于跨度较大、平面形状狭长的建筑空间中。

密肋式楼板要求板伸入墙内不小于 110mm，梁(肋)高为跨度的 1/25～1/20，梁(肋)间距为 700mm 左右，如图 8.9 所示。当跨度大于 6m 时，需加模肋。设备穿管仅限在肋高中间 1/3 内。

3. 压型钢板式楼板

压型钢板式楼板由钢梁、压型钢板、现浇钢筋混凝土、连接件等部分组成，如图 8.10 所示。这种楼板做法是用截面为凹凸型的压型钢板作为底衬模板(与钢梁有抗剪栓连接)，上面现浇钢筋混凝土面层组合形成整体性很强的一种楼板结构。

压型钢板既作为面层混凝土的模板，又起结构作用，从而增加楼板的侧向和竖向刚度。

此种楼板具有现浇钢筋混凝土楼板的一切优点，并且还可以利用压型钢板肋间的空腔敷设电力、通信等管线。

由于压型钢板式楼板相对用钢量较大，造价偏高，目前在普通民用建筑中应用较少，在高层建筑和厂房建筑中应用较多。

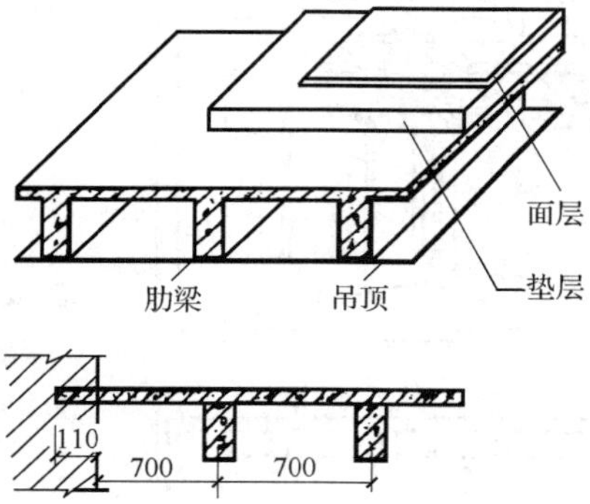

图 8.9　密肋式楼板

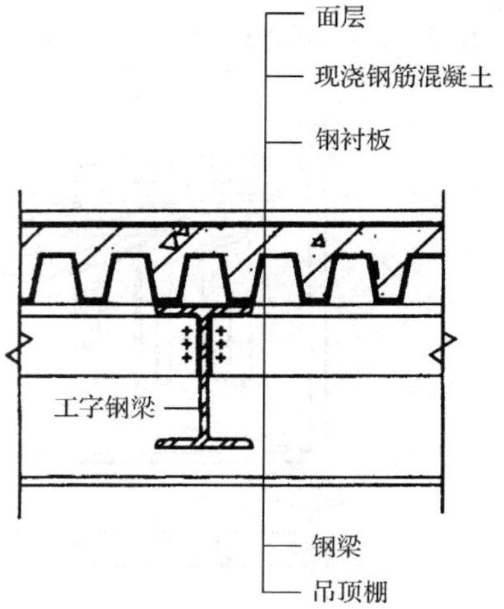

图 8.10　压型钢板式楼板的基本组成

4. 模壳型现浇钢筋混凝土楼板

模壳型现浇钢筋混凝土楼板是较新型的一种楼板结构，具体做法是在楼板支模时，将预先设计好的模壳(通常为合成材料)按不同楼板类型置于模板上，模壳之间形成的空隙部分现浇钢筋混凝土与模壳整浇在一起而成为楼板。因模壳形式不同(常用的有管形和箱形)，可做成现浇钢筋混凝土空心楼板或现浇钢筋混凝土井格式、密肋式楼板。由于模壳的采用，此种楼板能充分发挥钢筋混凝土的性能，降低了自重，所以可适应较大的结构跨度，可以达到20m。其较明显的优点是节约了普通模板、施工较方便，缺点是结构厚度(或称高度)偏大、模壳造价偏高。

现浇钢筋混凝土楼板因整体性好、抗震性能高、施工方便，从而大量应用于工程实践中。

8.2.2　装配式及装配整体式钢筋混凝土楼板

1)装配式钢筋混凝土楼板

装配式钢筋混凝土楼板的类型主要有预制实心板、预制空心板、预制 T 形板、预制槽型板等。这种楼板抗震性能较差、板间及板端部细部构造处理要求较高，目前在工程实践中各种预制式楼板均较少采用。

2)装配整体式钢筋混凝土楼板

装配整体式钢筋混凝土楼板的主要类型为叠合式楼板，即预制楼板吊装就位后，于其上现浇一层钢筋混凝土板与预制板形成整体楼板。它兼有现浇和预制楼板的双重特点，主要在装配式建筑中采用。

8.3　混凝土地坪层

地坪层是指建筑物底层与土壤直接相接或接近土壤的那部分水平构件，它承受作用其上的荷载，并将荷载均匀地传给土壤或通过地垅墙传给土壤。

对地坪层的设计要求基本与楼板层相仿，要符合坚固、卫生、造价等要求。同时，由于地坪层的特殊位置，还应根据需要采取防潮、防水、保温、防止地基土冻胀或膨胀、防止不均匀沉陷等措施。地坪层按其与土壤的关系分为实铺地坪层和空铺地坪层两类。

学习重点

重点关注：

1. 混凝土地坪层的构造要点。

分析与思考：

1. 简述地坪层的种类及其特点。
2. 简述实铺地坪层的构造组成及各部分的作用。

1. 实铺地坪层

(1) 基层：基层为地坪层的承重层，一般为土壤。当地坪层上荷载较小，且土壤条件好时，采用原土夯实或填土分层夯实；当地坪层上的荷载较大时，需对土壤进行换土或夯入碎石、砾石等。

(2) 垫层：是承受并传递荷载给地基的结构层，垫层有刚性垫层和非刚性垫层之分。刚性垫层常采用低标号混凝土，一般强度等级不应低于 C15 混凝土，其厚度不小于 80mm；非刚性垫层常采用砂垫层、碎石灌浆、石灰炉渣、三合土(石灰、炉渣、碎石)等材料。

(3) 面层：是地坪层中人与家具、设备等直接接触的表面层，主要起到满足使用功能要求、装饰和保护结构层的作用。由于室内使用和装饰要求不同，面层所用材料和做法也各不相同。

(4) 附加层：对于有特殊要求的地坪层，还应在垫层和面层之间加设一些附加层，如防水层、保温层及为埋置管线而设的层次等。

2. 空铺地坪层

为避免建筑物底层受潮，影响地坪层的耐久性和房间的使用质量，或为满足某种特定的使用要求(如舞台、体育馆比赛场等功能空间要求地坪层有较好的弹性)，有时将地坪层架空，形成空铺地坪层。地坪层与土壤之间的空间具有组织通风、带走地潮的功能。空铺地坪层的基本做法是在夯实土或混凝土垫层上布置地垅墙或墩垛架梁，在墙上或梁上铺设钢筋混凝土预制板，或在墙、梁上设木龙骨，然后做木地面，如图 8.11 所示。

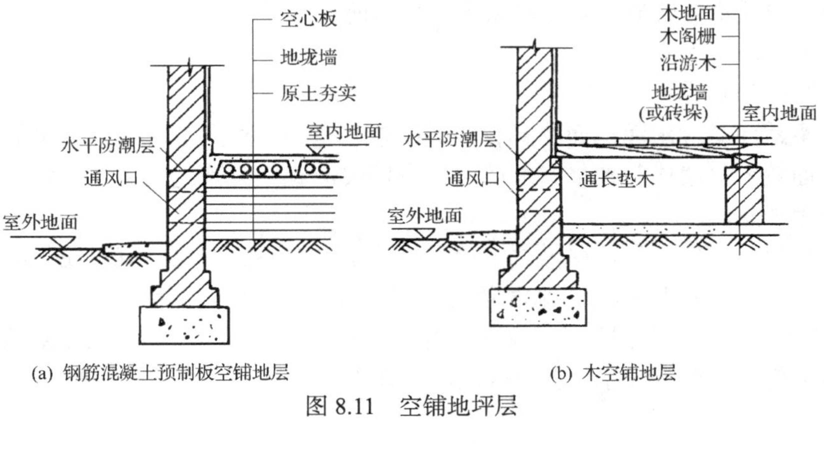

(a) 钢筋混凝土预制板空铺地层　　(b) 木空铺地层

图 8.11　空铺地坪层

8.4 楼地面构造

楼板和地坪基层上面的装修层分别称为楼面和地面，它们的类型、设计要求与构造做法基本是相同的。

学习重点

重点关注：

1. 楼地面的设计要求。
2. 楼地面的类型及构造要点。

8.4.1 楼地面的设计要求

楼地面是室内重要的装修层，起到保护楼地层结构、改善房间使用质量和增加美观的作用。与墙面装修不同的是，它与人、家具、设备等直接接触，承受荷载并经常受到磨损、撞击和洗刷，因此应满足下列要求：

(1) 具有足够的坚固性，即要求在外力作用下不易破坏和磨损。

(2) 表面平整、光洁、不起尘、易于清洁。

(3) 有良好的热工性能，保证寒冷季节脚部舒适。

(4) 具有一定的弹性，使人驻留或行走其上有舒适感，弹性大的楼地面对隔绝撞击声也有益。

(5) 对于特殊房间应具有防潮、防水、防火、耐腐蚀等性能。对有水房间，如浴室、厕所等，要求能抗潮湿、不透水；对遇火房间，如厨房、锅炉房等，要求防火、耐燃烧；对有酸碱作用的房间，则要求具有耐腐蚀的能力等。

8.4.2 楼地面的类型及构造

按面层所用材料和施工方式不同，常见的楼地面做法可分为整体地面、板块地面、木(竹)地面等，除此之外，还有一些用在特殊场合的地面，如防静电地面、不发火花地面、防油渗地面、防腐蚀地面等。

1. 整体地面

整体地面包括水泥类整体地面和树脂类整体地面。水泥类整体地面包括水泥砂浆、水磨石、细石混凝土、耐磨混凝土、钢纤维混凝土或混凝土密封固化剂等地面；树脂类整体地面包括丙烯酸涂料、聚氨酯涂层、聚氨酯自流平涂料、聚酯砂浆、环氧树脂自流平涂料、环氧树脂自流平砂浆或干式环氧树脂砂浆等地面。

1) 水泥类整体地面

(1) 水泥砂浆地面。

水泥砂浆地面又称水泥地面，具有构造简单、坚固、防潮、防水、造价低廉等特点，并且在其上面较容易改成其他材料的面层，应用较广泛。但该地面表面冷硬、易起尘，有时会产生反潮现象。

水泥砂浆地面有单层和双层做法。单层做法是先在垫层上抹一道水泥浆结合层，直接抹 20～25mm 厚 1∶2 或 1∶2.5 水泥砂浆，抹平后待其终凝前用铁抹压光。双层做法一般是以 15mm 厚 1∶3 水泥砂浆打底、找平，再以 5～10mm 厚 1∶2 的水泥砂浆抹面、压光。双层做法虽然增加了施工程序，但可以保证质量。

(2)细石混凝土地面。

细石混凝土地面做法是在混凝土垫层上直接做 40mm 厚 C20 细石混凝土，表面撒 1∶1 水泥细砂，随打随压实抹光。其主要优点是经济、施工简单、不易起尘。

(3)水磨石地面。

水磨石地面具有表面光洁、整体性好、不易起尘、防水、防潮等特点，常用于公共建筑中的大厅、走道等处，与水泥砂浆、细石混凝土地面相比，施工复杂，且更冷硬。

水磨石地面做法通常是在混凝土垫层上用 20mm 厚 1∶3 水泥砂浆打底、找平，再用玻璃条或铜(铝)条按设计的图案分格，采用 1∶1 水泥砂浆临时固定，面层用 15mm 厚 1∶2 水泥石子浆抹平，浇水养护，待达到一定强度时用磨石机加水磨光、打蜡即成，如图 8.12 所示。

水泥石子浆中的石子用坚硬可磨的石子(白云石、大理石等)。水磨石分普通水磨石和美术水磨石两种，普通水磨石采用灰水泥和白石子，玻璃条分格；美术水磨石则采用白水泥加色和彩色石子，铜条分格。分格的作用是减少开裂的可能，也便于维修，同时也增加了地面美观。

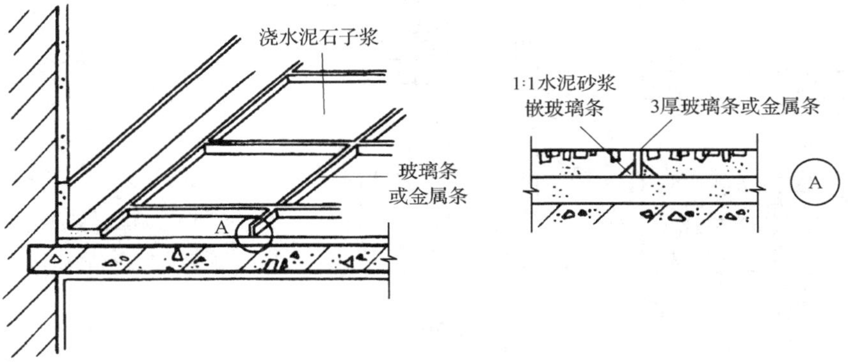

图 8.12　水磨石地面

2)树脂类整体地面

树脂类整体地面具有整体性强、便于施工、地面平整光滑、易于维护和更新等优点。由于是自成膜，与基层结合性好，易于清洁，具有良好的耐磨、防滑、耐腐蚀、耐冲击性能。常见的有丙烯酸涂料、聚氨酯涂层、聚氨酯自流平涂料、聚酯砂浆、环氧树脂自流平涂料、环氧树脂自流平砂浆或干式环氧树脂砂浆等地面。

2. 板块地面

板块地面是把地面材料加工成板块状，如陶瓷锦砖、陶瓷地砖、水泥花砖、大理石、花岗石、玻璃板、聚氯乙烯板、塑胶板、橡胶板、铸铁板等，然后借助胶粘材料贴或铺砌在结构层上。

1)陶瓷类地面

陶瓷类地面有陶瓷地砖、陶瓷锦砖、缸砖等种类，这一类材料主要是用陶土或瓷土为原料烧制而成。该地面花色品种繁多，经久耐用，易保持清洁，主要用于人流大、耐磨损、清洁要求高或较潮湿的场所。

陶瓷地砖有釉面地砖、哑光釉面地砖、抛光地砖等类型，一般厚 10mm 左右，其规格尺寸多样，从 100mm×100mm 到 1000mm×1000mm 不等，常用的尺寸集中在 300mm×300mm 左右。

陶瓷锦砖又称马赛克，是一种小尺度瓷砖镶铺而成的地面，根据其花色品种不同可拼成各种图案，故名锦砖。这种砖质地坚实、经久耐用、色泽多样、耐酸、耐碱、耐火、耐磨、不透水、易清洗、抗压强度大、吸水率低，可做浴厕、化验室、精密工作间等处的地面，尤其适用有找坡要求的地面，其单个小砖的形状有正方形、矩形、六角形以及对角、斜长等不规则形状，可拼成各种图案，砖背面有凹槽便于与基层结合。正方形尺寸一般为 39mm×39mm、18.5mm×18.5mm，厚为 5mm。在工厂制作时，预先将马赛克拼成 300mm×300mm 或 600mm×600mm 大小的整体，块与块之间留至少 1mm 的缝隙，并以牛皮纸贴于正面进行固定。施工时，在混凝土垫层上铺 20mm 厚 1∶3 水泥砂浆找平层，再用 10mm 厚 1∶1 水泥细砂浆贴马赛克，待粘贴牢固后，用水洗去牛皮纸，露出正面。最后，进行校正，并用素水泥浆擦缝即成，如图 8.13(a)所示。

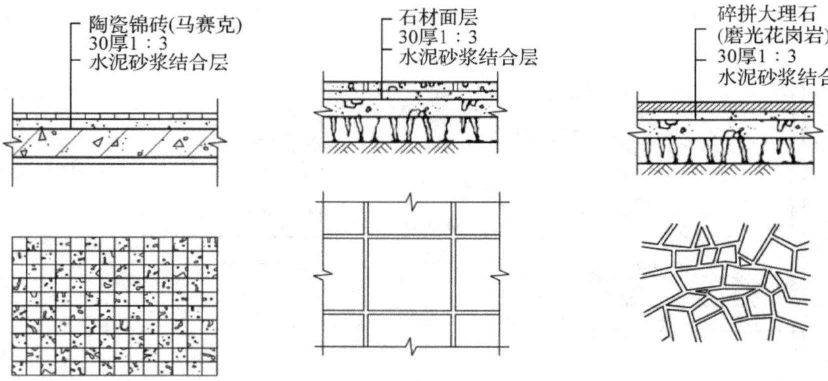

(a) 陶瓷锦砖　　(b) 石材地面　　(c) 碎拼石材地面

图 8.13　板块地面

2) 石材地面

石材地面主要采用人造石材和天然石材。其构造做法是先在混凝土基层表面刷水泥浆一道，随即铺 1∶3 水泥砂浆或 C20 细石混凝土 30mm 厚抹平，然后按定位线铺石材，待干硬后再用白水泥稠浆或填缝剂嵌实，如图 8.13(b)、(c)所示。

3) 塑料板块地面

塑料板块地面主要采用聚氯乙烯板、塑胶板、橡胶板等，这类地面具有装饰性好、施工简单、维修保养方便、脚感舒适、隔声、隔热、防潮、绝缘等特点。但它有易老化、日久失去光泽、受压后产生凹陷、不耐高热、硬物刻划易留痕等缺点，主要用于住宅、医院、学校、办公建筑等场所。通常做法是用专用胶粘贴于找平层上。

3. 木(竹)地面

木(竹)地面具有弹性好、导热系数小、不起灰、易清洁等特点，常用于住宅、宾馆、剧场、舞台、办公等建筑中。

木(竹)地面按面层使用材料的不同，可分为实木地板、强化复合地板、软木地板和竹材地板等；按构造形式可分为架空式和实铺式两种。架空式木地面就是有龙骨架空的木地板地面；实铺式木地面是将面层地板直接浮搁、胶粘于地面结构层或找平层之上。实铺式木地面省去了龙骨，构造简单，但应注意保证粘贴质量和基层平整。

8.4.3　踢脚板

踢脚板也称踢脚线，是地面的延伸部分，其主要作用是遮盖地面与墙面的接缝，保护近地部分的墙面。它的材料与楼地面材料基本相同，高度一般为 120～150mm。构造亦按分层制作，通常比墙面抹灰突出 4～6mm，如图 8.14 所示。近年来为二次装修方便，也有不做踢脚线抹灰而采用素水泥浆或涂料刷踢脚线的做法。

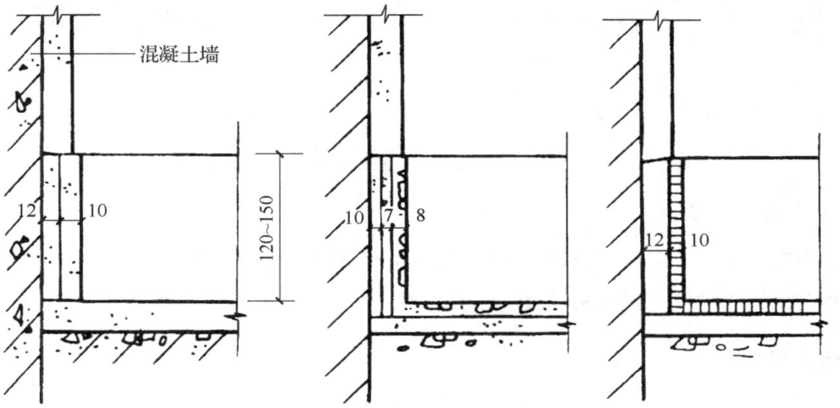

(a) 水泥砂浆　(b) 现浇水磨石　(c) 陶板

图 8.14　踢脚板构造

8.5　顶 棚 构 造

顶棚又称天棚或天花板，是楼板下面的装饰层。作为普通房间的顶棚，其下表面常常是平面的，所以要求它表面平整、光洁，能起一定反射光照的作用，以改善室内的亮度。对于某些特殊要求的房间，还要求顶棚具有隔声、防火、保温、隔热、隐蔽管线等功能。顶棚依其构造方式不同可分为直接式顶棚和悬吊式顶棚两种。

学习重点

重点关注：

1. 顶棚构造方式的种类。
2. 直接式顶棚和悬吊式顶棚的构造要点。

8.5.1　直接式顶棚

直接式顶棚是指直接在钢筋混凝土楼板下喷刷、抹灰或粘贴装修材料而成的顶棚。这种顶棚构造简单、施工方便。

1. 直接喷、刷涂料顶棚

当楼板底面够平整，室内装饰要求不高时，直接在楼板底面喷或刷石灰浆、大白浆或白色、浅色涂料，以改善室内卫生环境和增加顶棚的光线反射能力。

2. 直接抹灰式顶棚

当楼板底面不够平整，室内装饰要求较高时，可在板底进行抹灰装修。常用的抹灰材料有水泥砂浆和混合砂浆，如图 8.15(a)所示。

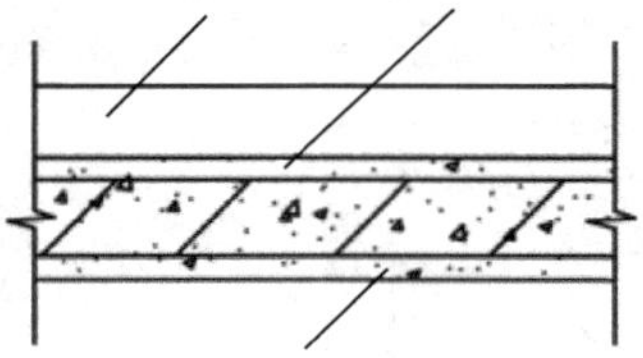

(a) 直接抹灰式顶棚

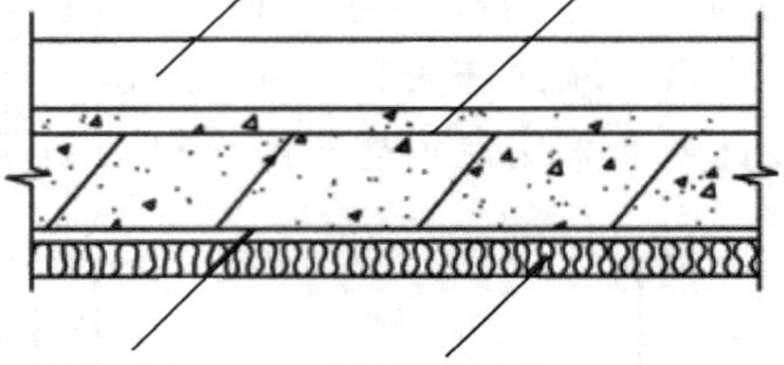

(b) 直接粘贴式顶棚

图 8.15　直接式顶棚

3. 直接粘贴式顶棚

对于某些有装饰、保温、隔热、吸声要求的房间，可在楼板底面直接粘贴装饰墙纸、泡沫塑料板、铝塑板等，如图 8.15(b)所示。

8.5.2　悬吊式顶棚

当楼板底部需隐蔽管道，或有特殊的功能(如声学、光学)要求、艺术处理要求，或只为降低局部空间高度时，常将天棚悬吊于楼板下一定距离，形成悬吊式顶棚，简称吊顶。

吊顶一般由龙骨系统和面板组成。按龙骨系统所用材料的不同，分为木龙骨吊顶和金属龙骨吊顶。

1. 木龙骨吊顶

木龙骨吊顶是在楼板下吊挂木龙骨系统，在木龙骨系统下铺钉各种面板而成的悬吊式顶棚。木龙骨系统主要由吊筋、主龙骨和次龙骨组成。主龙骨截面为 45mm×45mm 或 50mm×50mm，借助楼板内预留的金属锚栓通过螺杆或木吊筋吊挂，吊筋间距一般为 900～1200mm。主龙骨下钉次龙骨，截面为 40mm×40mm，间距视面层类型和规格而定，如图 8.16 所示。木龙骨吊顶耗用大量木材，且可燃，不利防火，目前已很少采用。

2. 金属龙骨吊顶

金属龙骨吊顶是在楼板下悬挂金属龙骨系统，在金属龙骨系统下固定各种面板而成的顶棚，如图 8.17 所示。金属龙骨系统由吊筋、主龙骨、次龙骨和横撑等组成。

吊筋一般采用$\phi6$ 钢筋或 8 号铁丝或$\phi8$ 螺栓等，中距为 900～1200mm。它与钢筋混凝土楼板的固定方式有预埋式、钉入式和吊装式，如图 8.18 所示。吊筋下端悬挂主龙骨，主龙骨下挂次龙骨。为铺、钉装饰面板，应在龙骨间增设横撑，间距视面板类型及规格而定。最后在次龙骨和横撑上铺、钉装饰面板。

装饰面板有人造板和金属板，人造板有纸面石膏板、水泥石棉板、矿棉板及铝塑板等，可借自攻螺钉固定在龙骨上，如图 8.19(a)所示，亦可放置在倒 T 形龙骨的翼缘上，如图 8.19(b)所示。

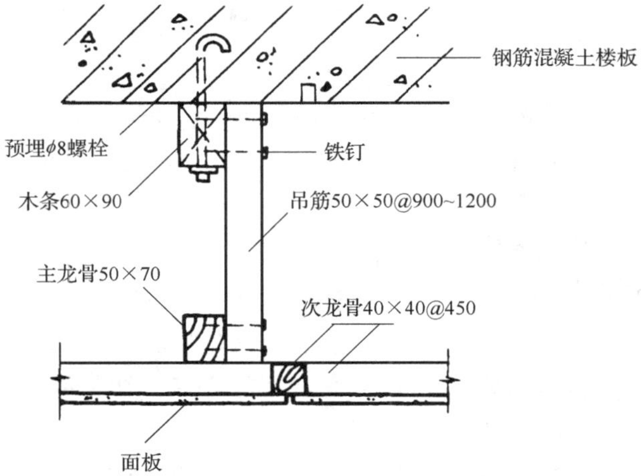

图 8.16　木龙骨吊顶

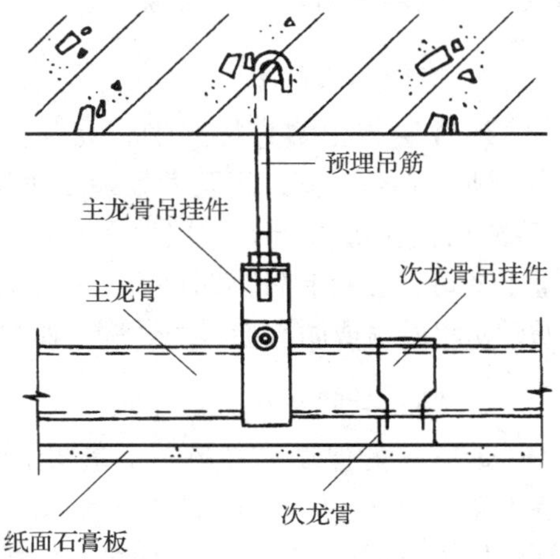

图 8.17　金属龙骨吊顶

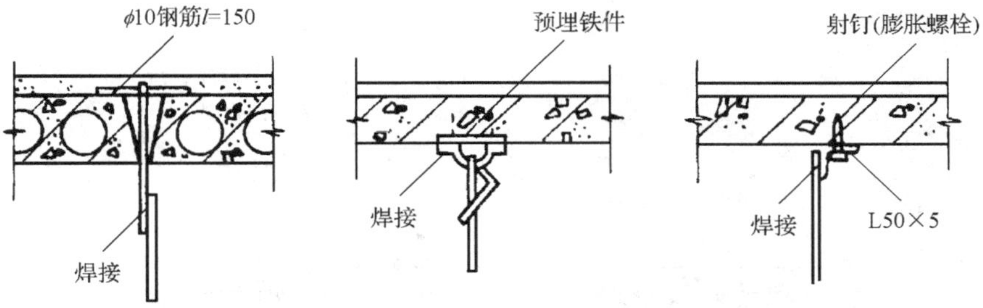

(a) 吊装式　(b) 预埋式　(c) 钉入式

图 8.18　吊顶的固定

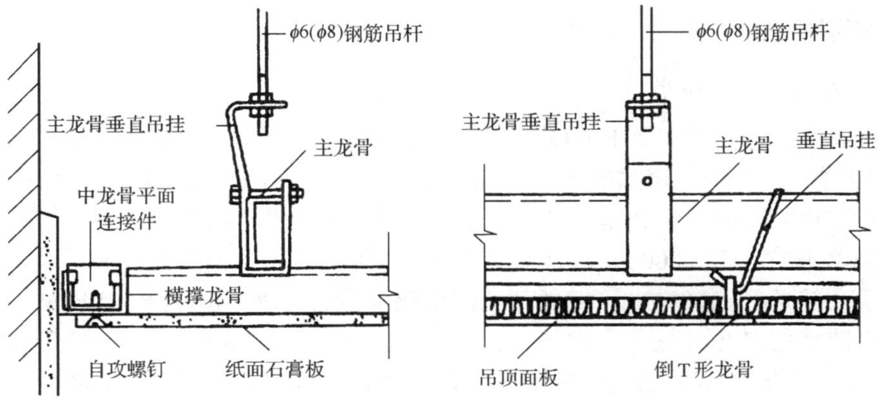

(a) 面板用自攻螺丝固定　(b) 面板搁置于倒T形龙骨上

图 8.19　金属骨架吊顶构造

8.6 楼地层的保温、防潮、防水与隔声

8.6.1 地坪层的防潮、保温

学习重点

重点关注：

1. 地坪层的防潮、保温构造要点。
2. 楼板层的防水、保温、隔声构造要点。

分析与思考：

1. 简述地坪层的防潮构造要点。
2. 简述地坪层的保温构造要点。
3. 简述楼板层的防潮、防水构造要点。
4. 简述楼板层的隔声构造要点。

1. 地坪层的防潮

地坪层与土壤直接接触，易受土壤中潮气的影响，所以必须对其进行防潮处理。通常对于无特殊防潮要求的地坪层构造，垫层采用 60mm 厚的 C15 素混凝土即可；面对有较高防潮要求的地坪层，则需采用增设防水卷材或防水涂料的做法，如图 8.20 所示。

2. 地坪层的保温

地坪层的保温是在第一个垫层上满铺(或在距外墙内侧 2m 范围内)一层保温材料(如 30～50mm 厚的高密度聚苯板)，再于其上铺钉一层钢板网，然后现浇第二层素混凝土垫层，最后做面层饰面，如图 8.21 所示。

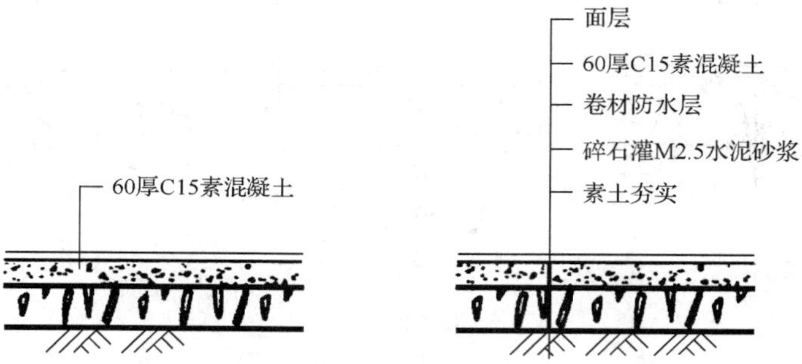

图 8.20 地坪层的防潮

8.6.2 楼板层的防潮、防水、保温

1. 楼板层的防潮、防水

对于无特殊防潮、防水要求的楼层，通常采用 C15 细石混凝土垫层 40mm 厚，再于其上做面层即可。对于经常用水的场合，如厕所、浴室、盥洗室等，地面防水等级应为一级，防水设防道数不应少于 2 道，其中防水卷材或防水涂料不应少于 1 道。淋浴区墙面防水层翻起高度不应小于 2000mm，且不低于淋浴喷淋口高度；盥洗池盆等用水处墙面防水层翻起高度不应小于 1200mm；墙面其他部位泛水翻起高度不应小于 250mm。在门洞口处，可采取防水层向外水平延展措施，延展宽度不宜小于 500mm，向外两侧延展宽度不宜小于 200mm。同时，楼地面应设排水坡，并应坡向地漏或排水设施，排水坡度不应小于 1.0%。有防水要求的用水空间与非用水空间楼地面交接处应有防止水流入非用水房间的措施，如楼地面低于相邻楼地面 15mm，设门槛等挡水设施，如图 8.22 所示。

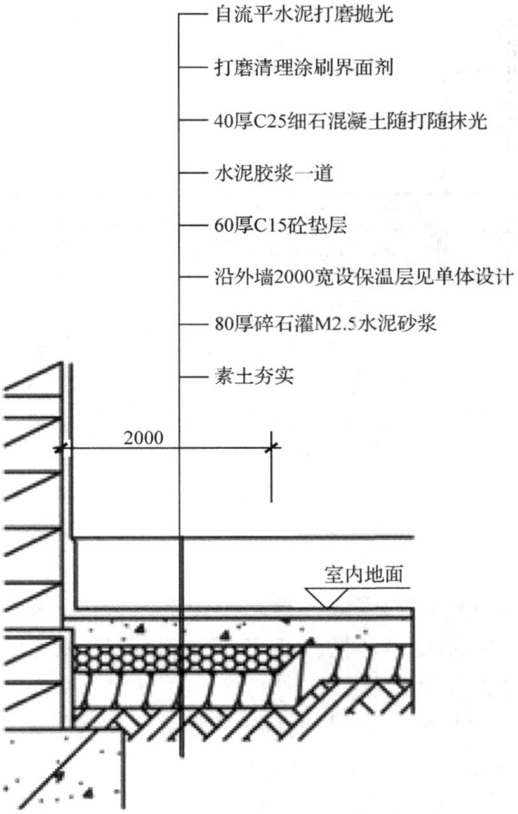

图 8.21　地坪层的保温

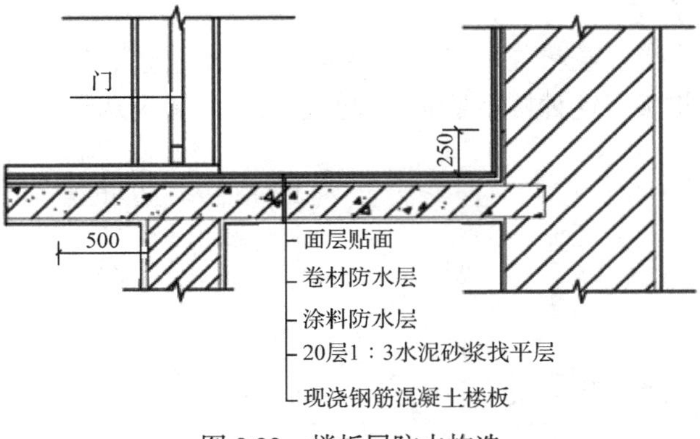

图 8.22　楼板层防水构造

2. 楼板层的保温

楼板层的上下通常均为室内环境，所以通常情况下不需要特殊的保温处理。但对于悬挑出去的楼板层或穿过建筑物门洞处的上部楼板以及封闭凹阳台的底板等，在北方寒冷地区则必须做好保温处理。一般将高密度聚苯板粘贴于挑出部分的楼板下面再做饰面抹灰处理即可，如图 8.23 所示。

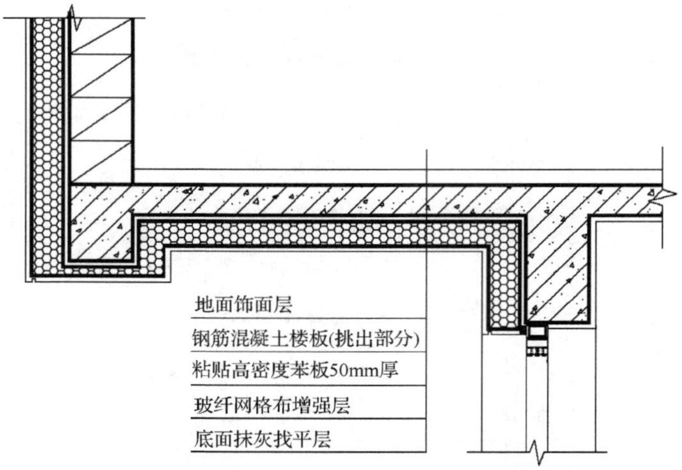

图 8.23　楼板层的保温构造

8.6.3　楼板层的隔声

噪声的传播途径有空气传声和固体传声两种。空气传声，如说话声、弹奏乐器声等，都是通过空气来传播的；固体传声是指脚步声、移动家具对楼板的撞击声、设备振动对楼板发出的噪声等，是通过固体(楼板层)传递的。

楼板层隔绝空气声的主要措施为增加楼板层容重，使楼板密实，避免裂缝、孔洞等。隔绝固体传声时，主要采取以下三种途径(图 8.24)：

(1) 面层。采用弹性面层以减弱撞击楼板时振动所产生的声能，如铺设地毯、橡胶、塑料等。这种方法比较简单，隔声效果也较好，同时还起到了装饰美化室内空间的作用，是采用较广泛的一种方法。

(2) 垫层。设置片状、条状或块状的弹性垫层(如橡胶垫、软木片、玻璃棉板等)，其上做面层形成浮筑式楼板。这种楼板是通过弹性垫层的设置来减弱由面层传来的固体声能，

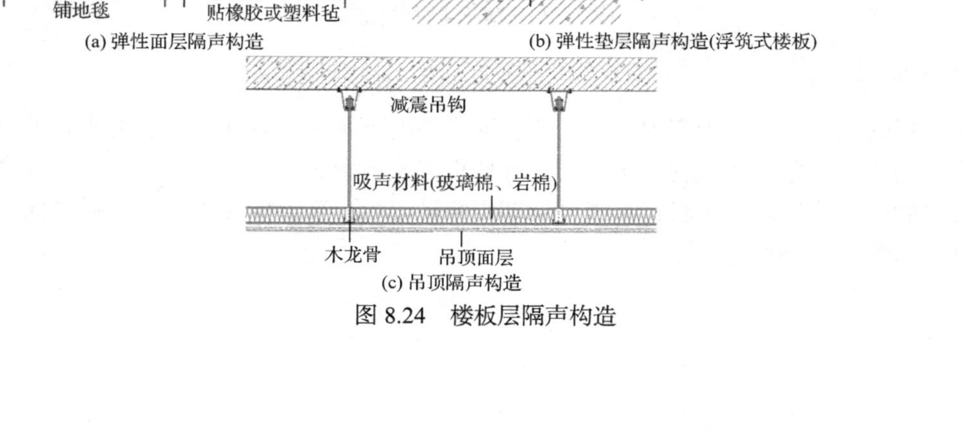

图 8.24　楼板层隔声构造

达到隔声的目的。

(3) 吊顶。结合室内空间的要求，在楼板下设置吊顶，使撞击楼板产生的振动不能直接传入下层空间。由于在楼板与顶棚间留有空气层，同时吊顶与楼板采用弹性挂钩连接，可以使声能减弱。对隔声要求高的房间，还可在顶棚上铺设吸声材料，或顶棚直接使用吸声板面层，加强隔声效果。

8.7　阳台与雨篷

8.7.1　阳台

学习重点

重点关注：

1. 阳台的类型与设计要求。
2. 阳台的结构布置类型。
3. 雨篷的类型与设计要求。

阳台是室内和室外接触的平台，人们可以在阳台上休息、眺望、晾晒衣物或从事其他家务活动，是多、高层住宅建筑中不可缺少的部分。

1. 阳台的类型及设计要求

1) 阳台的类型

按使用要求不同可分为生活阳台和服务阳台，按阳台平面与建筑外墙的相对关系可分为凸阳台、凹阳台、半凸半凹阳台，按阳台在外墙上所处的位置可分为中间阳台和转角阳台，如图 8.25 所示，按阳台的开敞与否分为开敞式阳台和封闭式阳台。

2) 阳台的设计要求

阳台首先要考虑安全性的要求，主要是保证阳台底板及阳台栏板(或栏杆)的安全可靠。如果是凸阳台，一般为悬挑结构，应保证阳台在施加荷载的情况下不致发生倾覆。阳台的挑出深度在考虑结构安全的同时也应考虑其适用性。对于凹阳台来说，阳台底板为简支结构，按一般现浇钢筋混凝土楼板考虑即可。

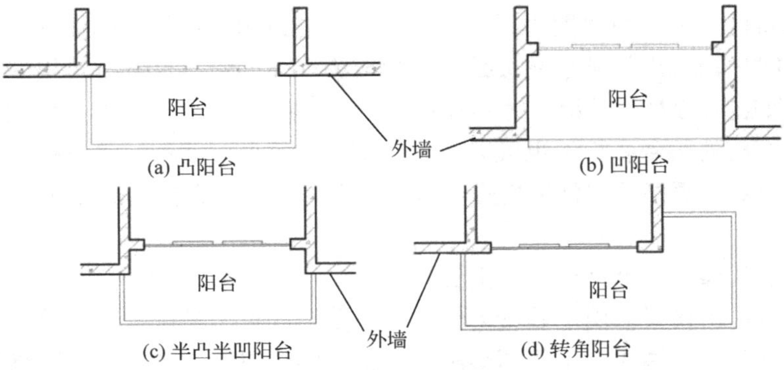

(a) 凸阳台　(b) 凹阳台　(c) 半凸半凹阳台　(d) 转角阳台

图 8.25　阳台的类型

对于阳台栏板(栏杆)的安全性，规范要求栏板(栏杆)的垂直高度不应小于 1.10m；公共场所临空且下面有人员行走的部位，栏杆离地面 0.1m 高度范围内不应留空；少年儿童专用活动场所的栏杆应采取防止攀滑措施，当采用垂直杆件做栏杆时，其杆件净间距不应大于 0.11m。另外，栏板(或栏杆)要与阳台底板有可靠的连接构造。如果阳台栏板(或栏杆)

上设有花盆架，应有防坠措施。

阳台还需要满足功能方面的要求，主要是保证阳台的使用方便及环境良好。一般阳台的宽度多与房屋开间相一致，深度以 1.2～1.5m 较适宜。另外，北方寒冷地区为保证冬季时阳台的环境较好，常对阳台进行封闭，并且采用保温的阳台栏板，如图 8.26 所示。

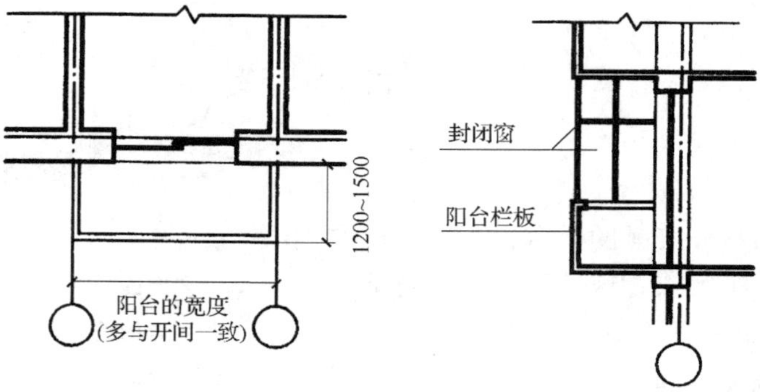

(a) 阳台的尺度　　(b) 阳台封闭

图 8.26　阳台的尺度及阳台封闭

2. 阳台的结构布置

阳台的结构布置按其受力及结构形式的不同，主要有搁板式和悬挑式，而悬挑式又分为挑板式和挑梁式。

1) 搁板式

搁板式一般适合于凹阳台，它是将阳台底板（现浇或预制）支承于两侧凸出的承重墙上，阳台底板的尺寸与楼板一致，施工方便。这种阳台的进深尺寸可以做得较大些，使用较方便，如图 8.27(a) 所示。

2) 挑板式

这种结构布置方式有两种做法：一种是利用现浇或预制的楼板延伸外挑而形成挑出的阳台底板，此时平衡挑出的阳台底板是靠与之成为一体的室内这部分楼板的重量及压在两板端的横墙，如图 8.27(b) 所示；另一种是将阳台底板与过梁、圈梁整浇在一起，借助梁的重量来平衡挑出的阳台底板，也可以将过梁室内一侧做成凹槽，将第一块预制板压住过梁，这样抗倾覆效果更好。这种挑板式阳台的挑出长度一般宜在 1m 以内。

3) 挑梁式

这种做法是从横墙上外挑梁，梁上置板而成。挑梁与板通常整浇在一起，靠两侧置于梁上的横墙重量平衡挑梁。由于是梁挑出，因此阳台的挑出长度可稍大些，但挑梁式在阳台立面上可以看到梁的端头，不仅不够美观，也对阳台封闭不利，因此可增设边梁解决这一问题，但边梁会对室内采光有一定影响，如图 8.27(c) 所示。

3. 阳台的构造

1) 阳台的栏杆（栏板）和扶手

阳台栏杆（栏板）是阳台的围护构件，它起着保障阳台上人安全及装饰作用。从外观上看，有镂空的栏杆、半镂空的栏杆和实心栏板，如图 8.28 所示；从材料上看，有金属栏杆、钢筋混

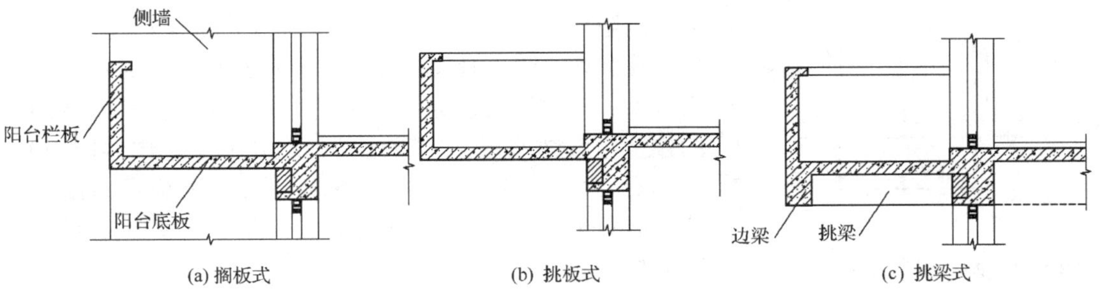

图 8.27　阳台的结构布置

凝土栏杆、砌砖栏板、钢筋混凝土栏板、玻璃栏板，以及不同材料混合组成的栏杆或栏板。

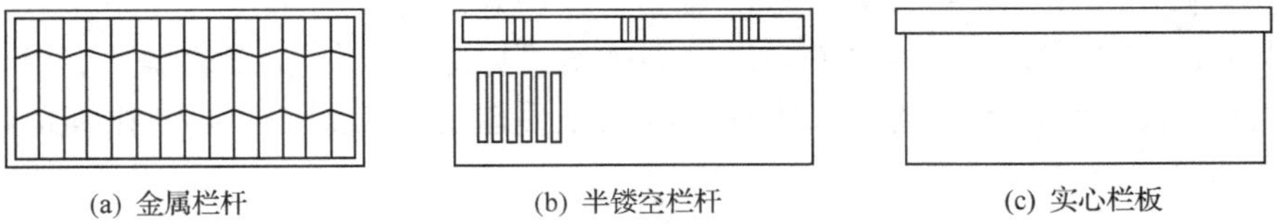

图 8.28　阳台栏杆(栏板)举例

镂空栏杆一般由金属或预制钢筋混凝土构件构成，金属栏杆多为竖向的圆钢或方钢，它们与阳台板周边预埋的通长扁钢焊牢或直接埋入阳台周边的预留洞内，如图 8.29(a)所示；预制钢筋混凝土栏杆则采用插入预留槽内再现浇钢筋混凝土的办法固定，为装饰也可在竖向栏杆上增加一些花饰。镂空栏杆在南方炎热地区应用较为广泛，北方寒冷地区很少采用。

现浇钢筋混凝土栏板的做法是将预埋于阳台底板的钢筋扶起，按设计要求绑扎好再整浇混凝土栏板及扶手，如图 8.29(b)所示。

2)阳台的保温

为改善阳台空间的热环境，提高其空间利用率，北方严寒和寒冷地区居住建筑宜对阳台进行保温处理。保温处理主要有三个环节：一是对阳台进行封闭处理，采光部分采用节能窗体；二是对阳台栏板进行保温处理；三是对阳台底板进行保温处理，避免或减少热桥作用，如图 8.30 所示。

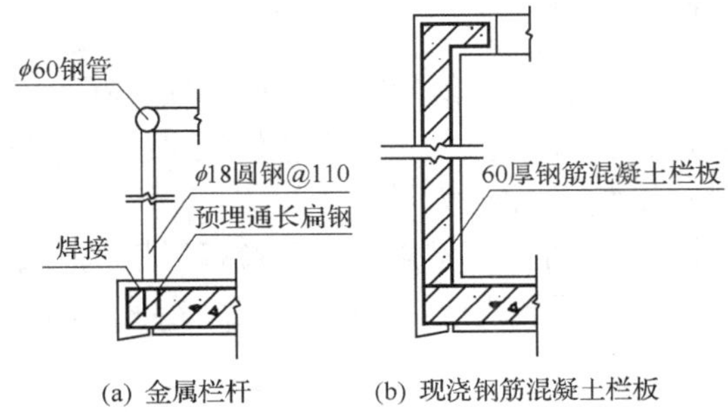

图 8.29　阳台栏杆、栏板构造举例

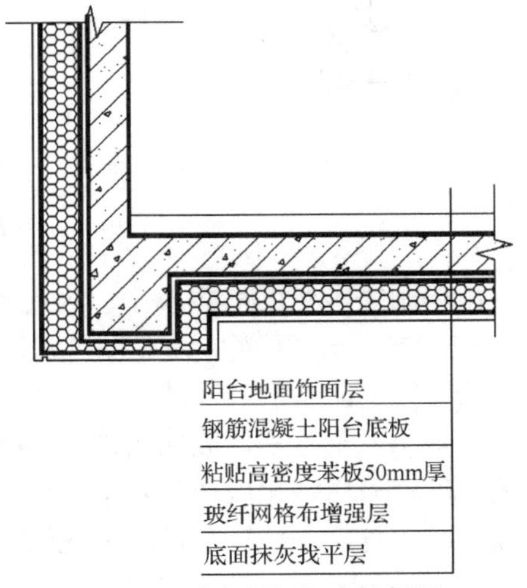

图 8.30　阳台栏板与底板保温

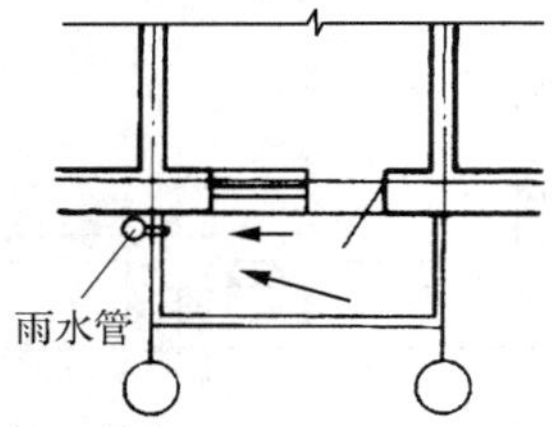

图 8.31　阳台雨水管排水示意图

3) 阳台的排水

我国南方地区住宅大量存在开敞式阳台，且该地区降雨量大，气候潮湿，为提升住宅整体防水性能，开敞阳台的楼面应设防水层。阳台地面一般要低于室内地面 20～50mm，并向排水口处找 1%的排水坡，并应通过雨水立管接入排水系统，水落口周边应留槽嵌填密封材料，如图 8.31 所示。

8.7.2　雨篷

雨篷是建筑物出入口上部用以遮挡雨水、保护外门免受雨水侵蚀和防止人们进出时被滴水淋湿或空中落物砸伤的水平构件，同时也可以起到装饰立面的作用。由于受房屋性质、出入口大小和位置、地区气候特点以及立面造型等因素的影响，雨篷的形式也多种多样。

1. 小型雨篷

这里所说的小型雨篷特指无柱支承的悬挑式雨篷，多为钢筋混凝土结构，常见的有板式和梁板式两种。雨篷挑出较小时采用挑板式，挑出长度通常为 1～1.5m；挑出较大时，一般做成梁板式，梁从雨篷两侧的横墙或室内进深梁直接挑出。为使雨篷板底平整，可将梁上反或在板下做吊顶处理；为防止雨篷倾覆，常将雨篷与入口处过梁整浇在一起，如图 8.32 所示。

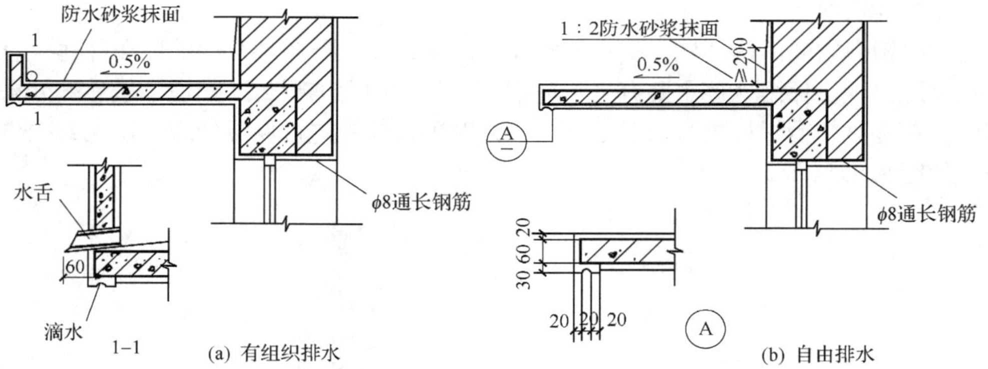

图 8.32　小型雨篷构造

由于雨篷承受的荷载较小，因此雨篷板的厚度较薄，常做成梯形截面形式，板上沿厚度为 50～70mm。雨篷应设置外排水，坡度不应小于 1%，且外口下沿应做滴水线。雨篷与外墙交接处的防水层应连续，且防水层应沿外口下翻至滴水线。

有些小型雨篷采用玻璃-钢结构组合式的做法，这种雨篷常采用钢斜拉杆以抵抗雨篷的倾覆，玻璃采用钢化玻璃等安全玻璃，与钢结构常采用点式连接方式，如图 8.33 所示。还有在钢结构骨架外包铝塑板的雨篷做法。

2. 大型雨篷

这里所说的大型雨篷是指有立柱支承的雨篷。采用这种雨篷的多是大型或高层建筑的主要入口，为与主体建筑相协调做出外伸较大的雨篷，此时应有立柱支承，立柱除起结构支承作用外，也有强调入口的装饰作用。

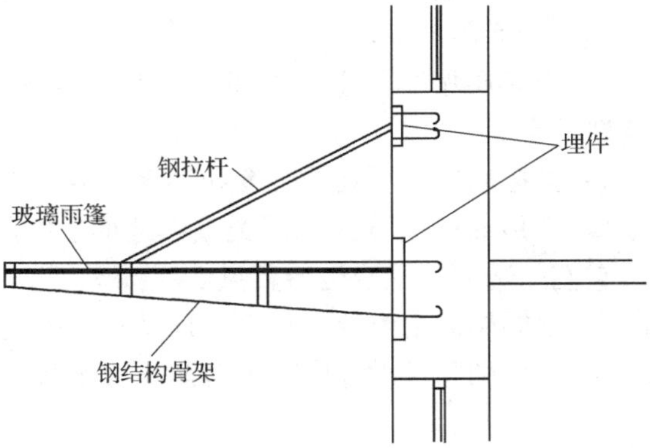

图 8.33　玻璃-钢组合雨篷示意

立柱支承式的大型雨篷在结构处理上比小型雨篷复杂，一般有三种情况：一是立柱及支承的雨篷与主体建筑脱开，柱子有单独的基础可以自由沉降，如图 8.34(a)所示；二是立柱与主体建筑连成一体，二者均采用桩基础，使二者沉降量均得到控制，不至于因沉降不均将二者拉裂，如图 8.34(b)所示；三是立柱的基础与主体建筑的基础连成一体，这样可使二者同步沉降，如图 8.34(c)所示。

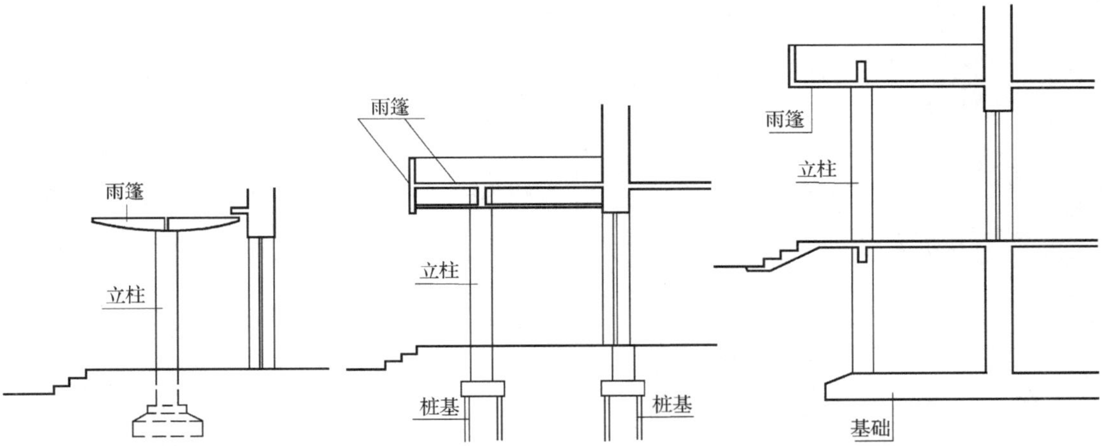

图 8.34　雨篷示例

由于立柱式雨篷面积较大，因此通常雨篷顶面均须做防水处理，并根据雨篷面积的大小设置雨水斗。雨篷结构一般采用钢筋混凝土梁板式，也有采用钢网架结构上置玻璃或阳光板的做法。

小　　结

本章主要讲述民用建筑楼地层、阳台和雨篷的常见类型、基本构造和设计要求，其重点是现浇钢筋混凝土楼板层的构造和结构概念设计。在学习过程中应注意以下几方面。

(1) 现浇钢筋混凝土楼板、装配式钢筋混凝土楼板和装配整体式钢筋混凝土楼板的区别、类型和适用范围。

(2) 地坪层按其与土壤之间的关系分实铺地坪层和空铺地坪层两类，它们的适用范围及构造要点。

(3) 根据楼地层所处的位置和环境，需采取相应的防潮、防水、保温、隔声等措施。

(4) 楼地面构造分为水泥类整体地面、树脂类整体地面、板块地面、木(竹)地面等类型，它们的适用范围及构造要点。

(5) 顶棚构造主要分为直接式顶棚和悬吊式顶棚，它们的适用范围及构造要点。

(6) 阳台和雨篷设计应考虑功能、安全和美观要求。

第 9 章　楼梯、电梯、台阶和坡道

建筑内部(或外部)各楼层之间和高差处的垂直交通联系，是依靠楼梯、电梯、自动扶梯、爬梯、台阶和坡道等交通设施实现的。本章重点介绍楼梯、电梯、台阶、坡道等的组成和类型、设计要求、设计尺度，其中以讲解钢筋混凝土楼梯的形式、特点、构造及细部构造处理为主，了解室外台阶和坡道的构造做法及电梯和自动扶梯的基本知识。

学习重点

重点关注：

1. 楼梯的设计要求。
2. 楼梯的组成，各部分的作用。
3. 楼梯的形式分类，各种类型的使用特点。
4. 楼梯尺度的确定依据。
5. 几个常用的梯面和踏面的尺寸。
6. 栏杆扶手高度的确定。
7. 平台下做出入口时净空高度的规定。
8. 现浇钢筋混凝土楼梯的几种结构形式，各自特点。
9. 预制踏步墙承式、梁承式和悬挑式楼梯特点和适用范围及其构造要点。

分析与思考：

1. 如何确定楼梯平台的深度？
2. 如何确定楼梯的坡度和踏步尺寸？在不改变梯段长度的情况下如何加宽踏面？
3. 楼梯底层休息平台下做通道时平台净空高度不满足要求时，常采取哪些办法？
4. 如何确定楼梯梯段尺寸？
5. 小型预制构件装配式楼梯的预制踏步有哪几种断面形式和支撑方式？
6. 中型构件装配式楼梯的预制梯段和平台各有哪些形式？
7. 预制梯段的搁置构造要点是什么？
8. 楼梯踏面如何做防滑构造？
9. 楼梯栏杆有哪些形式？
10. 如何连接栏杆与梯段、扶手？
11. 如何处理栏杆扶手在平行楼梯平台的平台转弯处？

9.1　楼　　梯

楼梯是建筑各楼层间的主要交通设施，除交通联系功能外，还是紧急情况下安全疏散的主要通道，因此楼梯设计既要满足使用功能要求，也要确保使用安全需要。

9.1.1　概述

1. 楼梯的设计要求

楼梯的设计应满足以下几方面的要求。

(1) 为满足使用功能，楼梯要求通行顺畅、行走舒适，楼梯的数量、位置、楼梯段的宽度，以及整个建筑物楼梯的总宽度都应满足一些基本的规定。主要楼梯应与主要出入口近邻，位置明显，同时还应避免垂直交通与水平交通在交接处的拥挤堵塞。楼梯间内应有良好的自然采光。

(2) 符合结构、构造、施工、防火等方面要求。楼梯属于承重结构，除承受自重，还承担使用中产生的活荷载，并且楼梯是整个建筑中刚度较薄弱的部分。因此，楼梯应具有足够的强度、刚度及稳定性，并适当考虑楼梯间的位置，采用一定的加强措施，以保证结构的坚固、安全。选择合适的材料和合理的构造方案，使施工简单，经济合理。民用建筑的室内疏散楼梯宜设置楼梯间。楼梯间在受火灾时又起竖向井筒的烟囱作用，因此要具有一定的防火能力，并符合国家防火规范的规定。从防火、防烟的角度看，楼梯间可分为开敞式楼梯间、封闭式楼梯间和防烟楼梯间等形式。供疏散用的楼梯间，除一、二、三级耐火等级的公共建筑和六层以下的单元住宅建筑外，其余如医疗、影剧院、体育类建筑、超过五层的其他民用建筑，均应设置封闭楼梯间。此外，高层建筑中一类建筑和高度超过 32m 的二类建筑(单元式和走廊式住宅除外)，以及塔式住宅，均应设防烟楼梯。

(3)注意美观。楼梯也是建筑装饰、装修设计的重要部分之一，尤其是公共建筑的主要楼梯，楼梯的形式、栏杆的式样、细部处理都要考虑建筑环境空间的艺术效果。

2. 楼梯的组成和类型

1)楼梯的组成

楼梯一般由楼梯段、楼梯平台和栏杆(或栏板)、扶手三部分组成，如图 9.1 所示。

(1)楼梯段。楼梯段俗称梯段或梯跑，是联系两个不同标高平台的倾斜构件，该倾斜构件是由若干踏步组成上下行走的通道段落。为减少人们上下楼梯时的疲劳和适应人们的习惯，一段楼梯段的踏步数最好不超过 18 级，最少不少于 3 级。

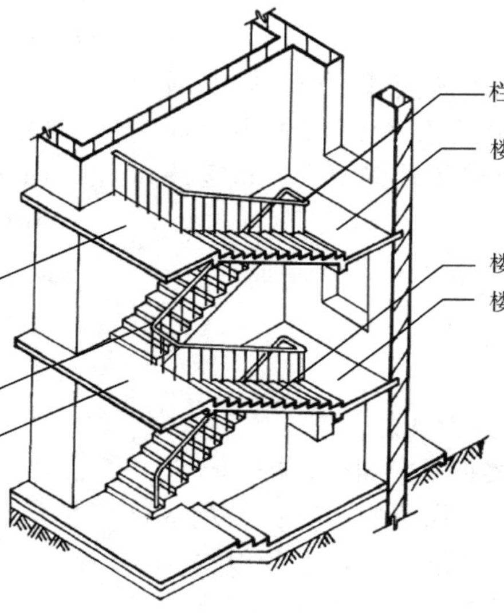

图 9.1　楼梯的基本组成

(2)楼梯平台。楼梯平台是指两楼梯段间的水平板，起缓解行人疲劳和改变行进方向的作用。楼层之间的平台让人们在连续上楼时可稍加休息，故也称为中间平台或休息平台。与楼层地面标高相同的平台还有用来缓冲、分配从楼梯到达各楼层的人流的功能，称为楼层平台。

(3)栏杆(或栏板)和扶手。栏杆是指楼梯段及平台边缘设置的安全保护构件，并有上下楼梯时倚扶之用，因此要求其可靠、坚固并有足够的安全高度。实心的称为栏板，镂空的称为栏杆。栏杆、栏板上部供人们倚扶的配件称为扶手。

当楼梯宽度小于 1.4m 时，可只在梯段临空面设置栏杆扶手；当楼梯段宽度为 1.4～2.2m 时，非临空面也应增设扶手；当楼梯段宽度大于 2.2m 时，还应在梯段中间增设扶手，扶手增设数量根据楼梯段宽度而定。

2）楼梯的类型

楼梯的类型和形式选择主要受建筑物的使用性质、楼层高度和楼梯位置等因素的影响，同时应结合楼梯间的平面形状、人流规模（如人流股数、人流量等）等因素综合考虑。

（1）楼梯按使用性质可分为主要楼梯、辅助楼梯和消防楼梯等。

① 主要楼梯：一般布置在建筑门厅内明显的位置或靠近主入口的位置。

② 辅助楼梯：在建筑次要出入口或建筑适当的位置设置，如建筑走道转折处，容纳比较小的人流，或仅供紧急疏散用。

③ 消防楼梯：专为防火使用。当建筑内部楼梯的数量与位置未满足防火要求时，经常在建筑的端部设置开敞式疏散楼梯。

（2）楼梯按外形可分为单跑楼梯、双跑楼梯和多跑楼梯等，楼梯形式示意图如图 9.2 所示。

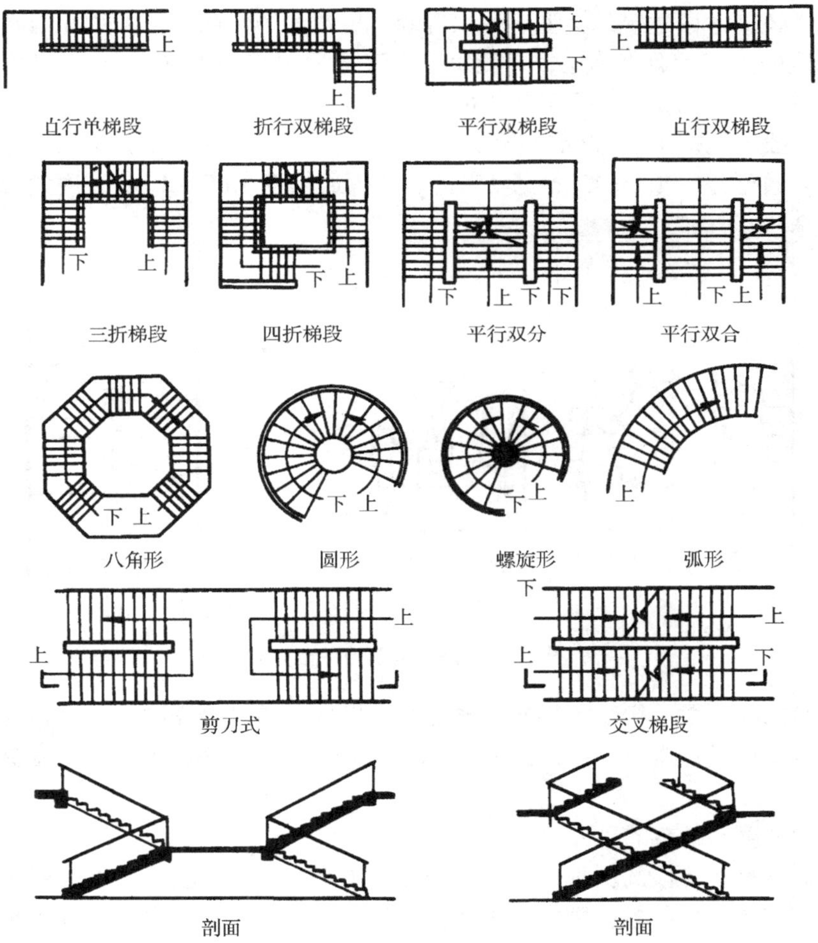

图 9.2　楼梯形式示意图

① 单跑楼梯：直行单跑楼梯多用在层高不大或楼梯较陡的建筑中。弧形单跑楼梯和螺旋楼梯具有很好的装饰性，但其受力复杂，施工难度较大，因此使用受到限制，尤其是螺旋楼梯，坡度较陡，不宜作为疏散楼梯。对人流较大和防火要求较高的多层公共建筑应考虑使用交叉楼梯。

② 双跑楼梯：平行双跑楼梯是建筑中常见的楼梯类型，平面形状和尺寸与一般房间相近，便于建筑平面组合，常见平行双跑楼梯主要分为直行双跑、折行双跑、双分式、双合式、剪刀式和交叉式等。其中，直行双跑楼梯适用于人流很大、楼层很高的大厅内主楼梯，导向性较强；折行双跑楼梯适用于小住宅、过厅等。

③ 三跑楼梯：将层高分成三个梯段，并围成较大尺寸的楼梯井。一般在层高较大、楼梯间接近方形时采用，也常用于结合楼梯井设置电梯时采用。

此外，有些公共建筑中也采用四跑或多跑楼梯。

3. 楼梯的尺度

1)梯段宽度与平台宽度

梯段宽度是指梯段边缘或墙面之间垂直于行走方向的水平距离。梯段宽度应满足安全疏散的要求，还应考虑建筑的类型、耐火等级、层数和居住或工作人数等因素。梯段宽度由通过该梯段的人流股数来确定，一般每股人流宽为 0.55+(0～0.15)m，尺寸(0～0.15m)为人流在行进中人体的摆幅，人流较多的公共建筑中应取上限值。通常情况下，梯段两侧均为墙时的单股人流按大于0.9m宽度考虑；梯段一侧为墙时的单股人流按不小于0.75m宽度考虑，双人通行时按 1.1～1.4m 宽度考虑，三人通行按 1.65～2.1m 宽度考虑，其余以此类推，如图 9.3(a)所示。

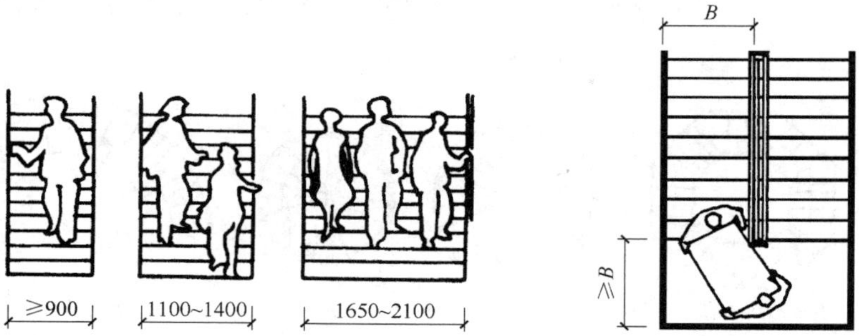

(a)　(b)

图 9.3　梯段的宽度与平台宽度

楼梯平台的净宽度不得小于梯段的净宽度，以确保通过楼梯段的人流和货物也能顺利地在楼梯平台上通过，避免发生拥挤堵塞(图 9.3(b))。当有搬运大型物件需要时，应再适量加宽。

2)楼梯的坡度与踏步的尺寸

楼梯的坡度是指梯段的斜率，一般用斜面与水平面的夹角表示，也可用梯段在垂直面上的投影高与在水平面的投影宽之比表示。楼梯坡度小，行走舒适，但占地面积大，增加造价。反之，行走吃力，但节约面积。一般楼梯的坡度范围为 25°～45°，室内楼梯坡度常用 26°～35°为宜。小于 20°应采用坡道，大于 45°采用爬梯(图 9.4)。

楼梯的坡度应根据各种房屋使用性质、楼梯通行安全、楼梯间尺度、人流行走舒适性和占地面积等因素综合权衡设计，如人流量大的公共建筑中楼梯应较平坦，其坡度一般采用 1∶2；人流量小的居住建筑的户内楼梯或辅助楼梯可较陡，最高可达 45°，但专供老人和幼儿使用的楼梯则需平坦些。

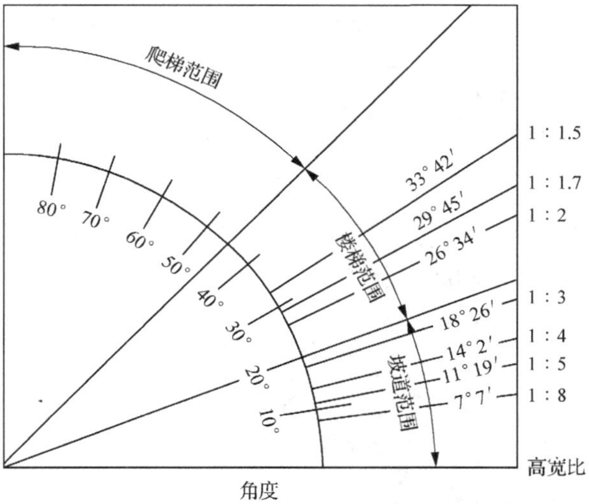

图 9.4　楼梯坡道爬梯的坡度范围

踏步的高宽比构成楼梯的坡度，一般以 h 表示踏步高，b 表示踏步宽。踏步尺寸与人们的步幅有关，通常用下列经验公式表示：

$$2h + b = 600 \sim 620\text{mm} \quad 或 \quad h + b \approx 450\text{mm}$$

式中，600～620mm 表示一般人的步幅。

踏步尺寸的确定主要依据建筑类型、使用功能、使用对象、楼梯位置等因素，民用建筑中楼梯踏步的最小宽度和最大高度的限值如表 9.1 所示。

表 9.1　楼梯踏步最小宽度和最大高度

楼梯类别	最小宽度/mm	最大高度/mm
以楼梯作为主要垂直交通的公共建筑、非住宅类居住建筑的楼梯	260	165
住宅建筑公共楼梯、以电梯作为主要垂直交通的多层公共建筑和高层建筑裙房的楼梯	260	175
以电梯作为主要垂直交通的高层和超高层建筑楼梯	250	180

注：① 该表引自《民用建筑通用规范》GB 55031—2022。
② 表中公共建筑及非住宅类居住建筑不包括托儿所、幼儿园、中小学及老年人照料设施。

踏步由踏面(踏步宽度)和踢面(踏步高度)或踢板组成(图 9.5)。为了适应人在上楼梯时脚的活动情况，踏面应适当放宽，在不增加楼梯间进深的情况下可加踏口或将踢面做倾斜，使踏面宽度增大。踏口长度挑出踢面 20～40mm，楼梯越陡，踏口出挑应越大。这样也能解决楼梯间深度受到限制致使踏面宽度不足最小尺寸的情况。

3)栏杆、扶手的高度高

扶手高度是指自踏步前缘线至扶手顶面的垂直距离。扶手高度由人体重心高度和楼梯坡度大小等因素决定。楼梯坡度较大时，对应扶手高度相应大些，一般扶手高度为 900mm。

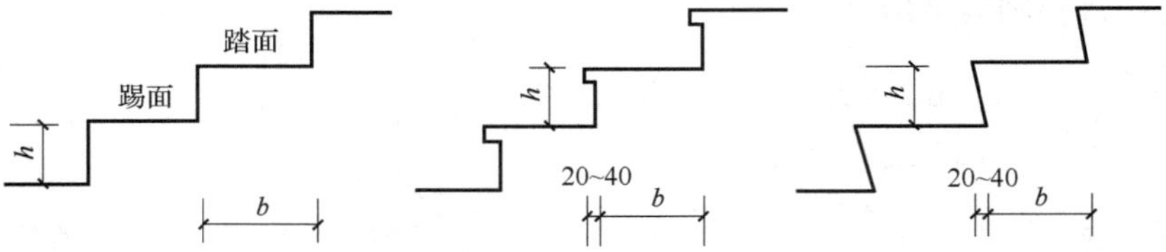

(a) 踢面和踏面　　(b) 踏面出挑　　(c) 踢面做倾斜

图 9.5　踏步尺寸

靠楼梯井一侧水平扶手超过 0.5m 时，其扶手高度不应小于 1.1m。托幼建筑应符合儿童身体特征，扶手高度通常为 0.5～0.6m(图 9.6)。

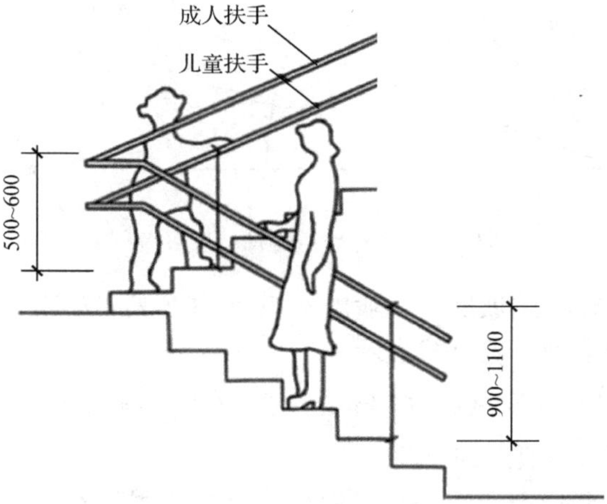

图 9.6　楼梯栏杆的高度

4) 楼梯净空高度

楼梯净空高度是指楼梯平台下或梯段下人或物件通行的竖向净空高度，一般情况下，梯段下净高应大于等于 2.2m，如图 9.7(a)所示；楼梯平台下净空高度应大于等于 2m；底层楼梯间平台下的出入过道，净高应不小于2m，如图 9.7(b)所示。楼梯的净空高度应特别注意楼梯平台构件所需的高度。

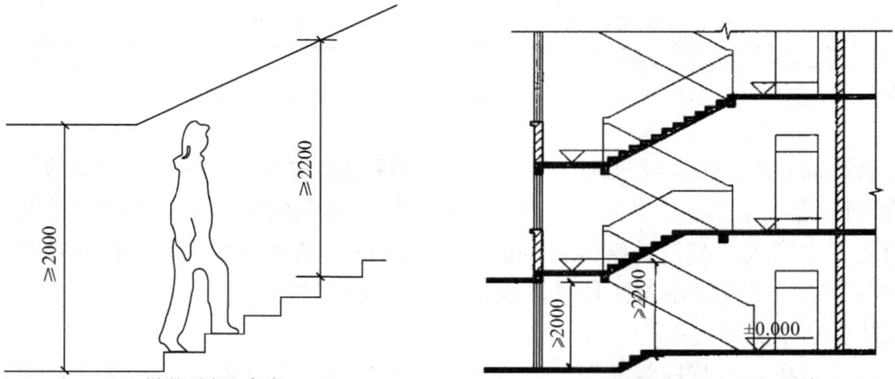

(a) 梯段下净空高度　　(b) 楼梯平台下净空高度

图 9.7　楼梯的净空高度

当楼梯平台下做通道或出入口时，如果平台净空高度不满足要求，可采取以下办法：

(1) 在楼梯间进深较大、底层平台较宽的条件下，可采用将底层首跑加长、形成长短跑的办法解决(图 9.8(a))。

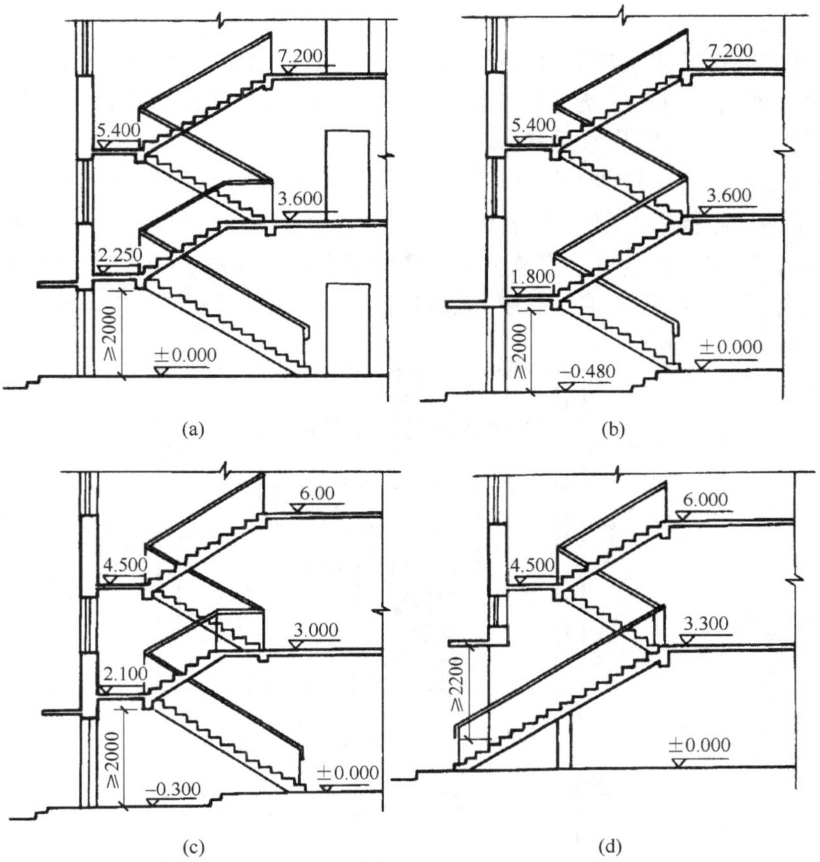

图 9.8　楼梯平台下设入口的几种方式

(2) 当梯段长度不变时，可利用建筑物的室内外高差，降低入口处平台下地面的标高，使平台下净高达到要求，与此同时，为防雨水内溢，入口平台应比室外地坪至少高一级台阶(图 9.8(b))。

(3) 综合上述(1)和(2)，可采用长短跑和降低平台下的地坪标高相结合的办法满足净空高度要求(图 9.8(c))。

(4) 在气候炎热的南方地区，也可在建筑底层采用直行单跑或直行双跑楼梯直接从室外上到二层(图 9.8(d))。

5) 楼梯梯段尺寸

楼梯梯段尺寸包括梯段宽度、梯段长度和梯段高度。

(1) 梯段宽度。如前所述(详见“梯段宽度与平台宽度”)，梯段宽度主要由通过该梯段的人流股数来确定，若楼梯间的开间已定，应按开间确定梯段宽度，如双跑楼梯的梯段宽度 B_1 为

$$B_1 = \frac{B - B_2}{2}$$

式中，B 为楼梯间的净宽；B_2 为梯井宽度。

梯井宽度是指上下两梯段内侧之间缝隙的水平距离。考虑梯段的施工，应有一定的梯井宽度，一般为 60～200mm。

梯段宽度应采用基本模数的整数倍，必要时可采用 1/2 的整数倍。

(2) 梯段长度。梯段长度是指梯段始末两踏步前缘线之间的水平距离。梯段长度 (L) 与踏步宽度 (b) 及该梯段的踏步数量 (N) 有关。

梯段的踏步数量与该梯段所在楼层的高度 (H) 和踏步高度 (h) 有关。若为双跑楼梯，且两个梯段为等跑，则梯段的踏步数量为 $N = H/2h$。由于梯段上行最后一个踏步面的标高与平台一致，在计算梯段长度时，应减去一个踏步宽度梯段长度，为 $L = (N-1)b$。

(3) 梯段高度。与梯段的踏步高度和数量有关，楼梯各部分尺寸如图 9.9 所示。

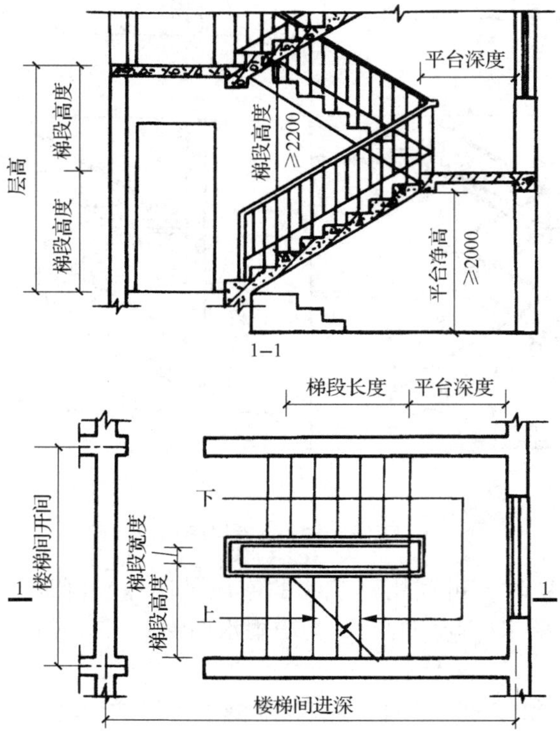

图 9.9　楼梯梯段各部分尺寸

例如，某一梯两户住宅层高 2.80m，楼梯间开间 2700mm，进深 5400mm，入户门宽 900mm，门侧墙垛 120mm。室内外高差 0.6m。设计一平行双跑楼梯，要求平台板下做出入口。

梯段宽度为 $B_1 = (2700-2\times120-60)\div2 = 1200$mm (120mm 为半砖墙厚，60mm 为梯井尺寸)，中间休息平台宽度应不小于 B_1。

根据楼层高度 H 确定每层楼梯踏步高度 h 和踏步数量 N。按关系式 $h=H/2N$，采用等跑梯段，$h = 2800/(2\times8) = 175$mm，$h = 2800/(2\times9) = 155.6$mm，16 步和 18 步的踏步高度 h 都在正常范围内，考虑住宅建筑的性质，确定 $N = 8$ 步，$h = 175$mm；又根据 $2h + b = 600$～620mm，则有 $b = 600-2\times175 = 250$mm。根据规范规定住宅踏步宽度应大于 260mm，故取 $b = 260$mm，标准层梯段长度 $L = (N-1)b = (8-1)\times260 = 1820$mm。

为了平台板下做出入口，根据所给条件，采用长短跑和降低平台板下地坪相结合的办法。楼梯间和室外地面留一级 150mm 高台阶，则平台板下地坪标高为–0.45m。首层第一跑楼梯加长到 11 步，则首层中间平台标高为 1.925m，该平台梁下净高为 1925+450–250(平台梁高)= 2125mm，满足大于 2m 的要求。

9.1.2　钢筋混凝土楼梯

由于钢筋混凝土的耐火及耐久性能均比其他材料好，并且具有较高的强度和刚度，因此在一般建筑中采用最为广泛。它有现浇式(又称整体式)和预制装配式两种。为加强楼梯间的整体性能，现大多采用现浇式钢筋混凝土楼梯，亦有采用装配整体式楼梯，较少采用预制装配式楼梯。

1. 现浇式钢筋混凝土楼梯

现浇式钢筋混凝土楼梯是指楼梯段、楼梯平台等整浇在一起的楼梯。它整体性好，刚度大，对抗震有利。但模板耗费多，施工速度慢，故多用于工程比较大、抗震设防要求高或形状复杂的楼梯形式。现浇式钢筋混凝土楼梯有板式楼梯和梁板式楼梯两种。

1)板式楼梯

板式楼梯是指楼梯段作为一块整板搁在楼梯梁上，是以板的受力方式承受荷载，两个平台梁的距离就是板式梯段的跨度(图 9.10(a))；若平台梁影响其下部空间高度或认为视觉不美观，可取消平台梁，将梯段与楼梯平台形成一块整体折板，但这样会增加楼梯段板的计算跨度，增加板厚(图 9.10(b))。板式楼梯底面平整、外形简洁、支模容易。

公共建筑和庭园建筑的外部楼梯也较多采用悬臂板式楼梯，其特点是梯段和平台均无支承，完全靠梯段与平台组成空间板式结构与上下层楼板结构共同受力，造型新颖、空间感好(图 9.10(c))。

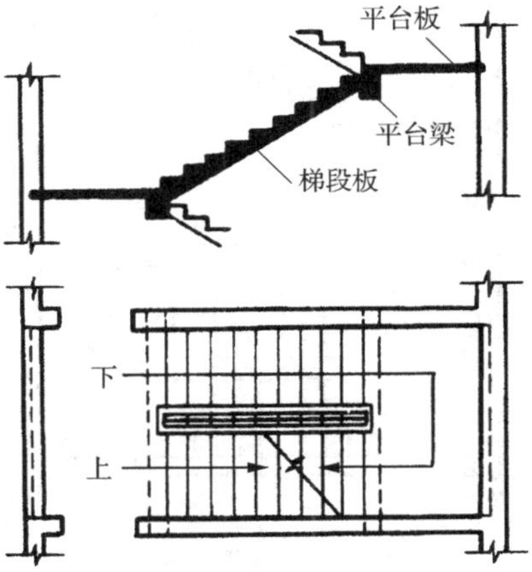

(a) 带平台梁的板式梯段

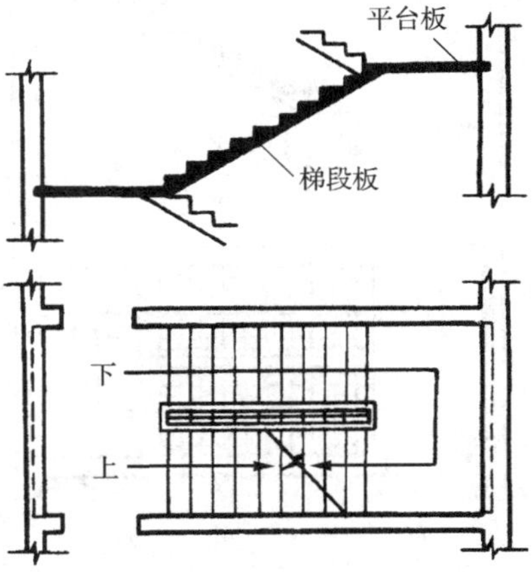

(b) 无平台梁的板式梯段

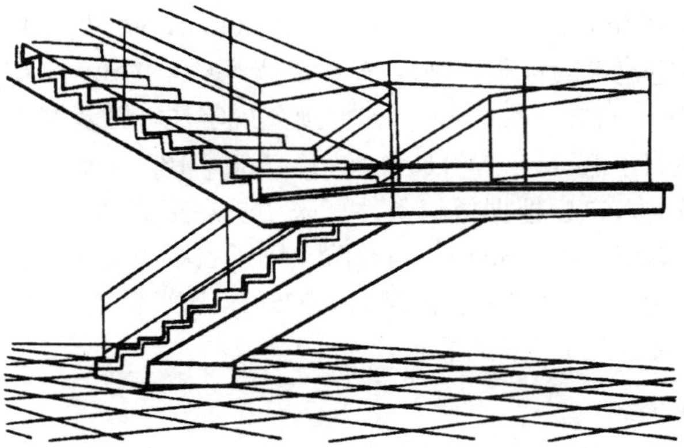

(c) 悬挑式平台板的梯段

图 9.10　现浇钢筋混凝土板式楼梯

板式楼梯梯段上踏步的三角形截面不能起结构作用，板厚和混凝土耗量较大。因此，宜在梯段长度的水平投影不大于 3.6m 时使用。

2) 梁板式楼梯

当楼梯段较宽或负荷较大时，采用板式楼梯往往不经济，这时增加梯段斜梁，以承受板的荷载并将荷载传给平台梁，这种梯段称为梁板式楼梯。这种形式能减小板的跨度，从而减小板的厚度，节省用料，结构合理。缺点是模板比较复杂，当楼梯斜梁截面尺寸较大时，造型显得比较笨重。梁板式楼梯在结构布置上有双梁布置和单梁布置两种。

双梁式梯段是将梯段斜梁布置在梯段踏步的两端，这时踏步板的跨度便是梯段的宽度。这样板跨小，对受力有利(图 9.11)。梯梁在板下部的称正梁式梯段，也称明步楼梯。有时为了让梯段底表面平整或避免洗刷楼梯时污水沿踏步端头下淌，弄脏楼梯，常将楼梯斜梁上反，梯段下表面平整，这种形式称为反梁式梯段，也称暗步楼梯。

在梁板式结构中，单梁式楼梯的每个梯段由一根梯梁支承踏步。梯梁布置有两种方式，一种是将梯段斜梁布置在踏步的一端，而将踏步的另一端向外挑出做成单梁悬臂挑板

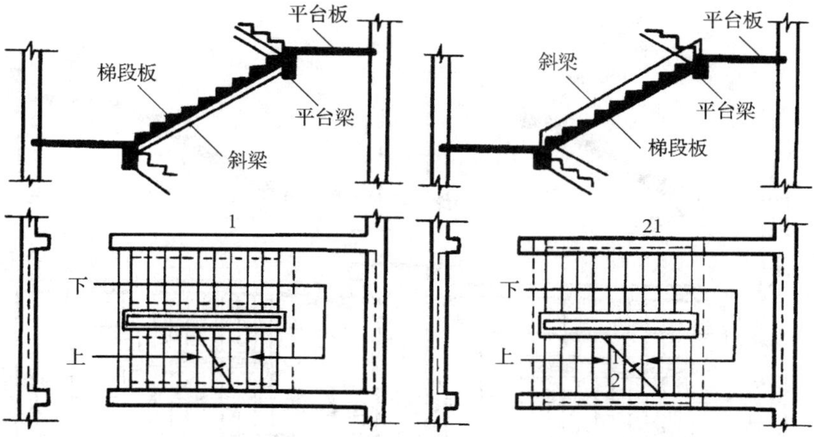

(a) 明步楼梯　　(b) 暗步楼梯

图 9.11　现浇钢筋混凝土梁板式楼梯

式楼梯(图 9.12(a))；另一种是将梯段斜梁布置在梯段踏步的中间，让踏步从梁的两侧悬挑，称为单梁挑板式楼梯。单梁楼梯受力复杂，梯梁不仅受弯，而且受扭，特别是单梁悬臂式楼梯，更为明显。但这种楼梯外形轻巧、美观，常为建筑空间造型所采用。

单梁挑板式楼梯受力比单梁悬臂式楼梯合理，其梯梁的支承方式有两种：一种是将双跑梯的两根梯梁组合成一刚架，支承在与楼层同高的平台或立柱上，而中间平台部分与梯梁刚接(图 9.12(b))；另一种则在中间平台处设平台梁，由平台梁支承梯梁，并将荷载传到平台梁下的立柱上。

也有靠墙的梯段，在踏步板的一端设斜梁，而踏步板的另一端搁置在楼梯间的承重墙上，或将踏步板的一侧插入墙体，另一侧悬空形成悬臂式楼梯。有时将暗步楼梯的斜梁减薄加高，结合栏板设计，形成栏板梁式楼梯，将建筑要求与结构形式有机结合。

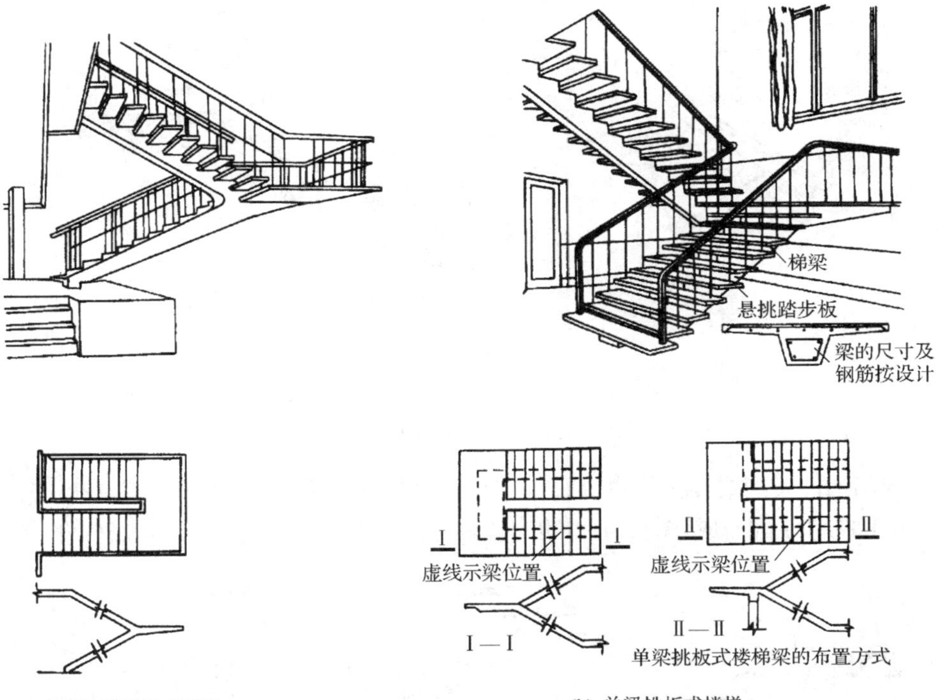

(a) 单梁悬臂挑板式楼梯　　(b) 单梁挑板式楼梯

图 9.12　现浇钢筋混凝土单梁式楼梯

2. 装配式钢筋混凝土楼梯

装配式钢筋混凝土楼梯是将梯段、平台等构件单独预制、现场装配的楼梯。这种形式的楼梯，工业化程度高，施工速度快，现场湿作业少，不受季节性施工限制。根据生产、运输、吊装和建筑体系的不同，一般可分为中小型构件装配式楼梯和大型构件装配式楼梯两类。

中、小型构件有基本预制一字形、L 形和三角形踏步和预制矩形、L 形平台梁和平台板等构件，是由预制斜梁支撑预制踏步板所构成的楼梯。楼梯斜梁的两端搁置在平台梁上，平台梁搁置在两侧墙上，平台板大多搁置在横墙上，也有的一端搁置在平台梁上，而另一端搁置在纵墙上(图 9.13)。

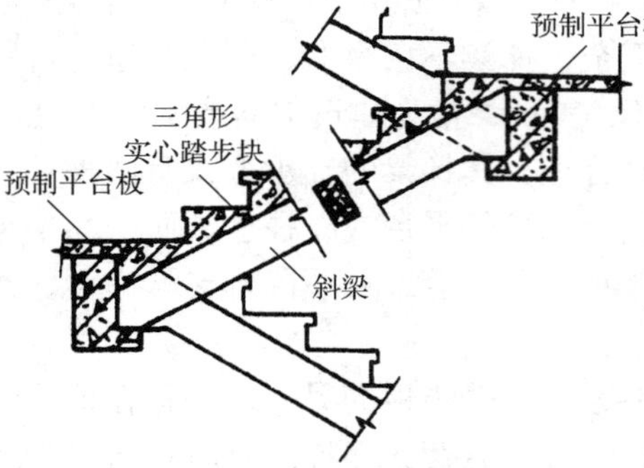

(a) 三角形踏步与矩形斜梁组成

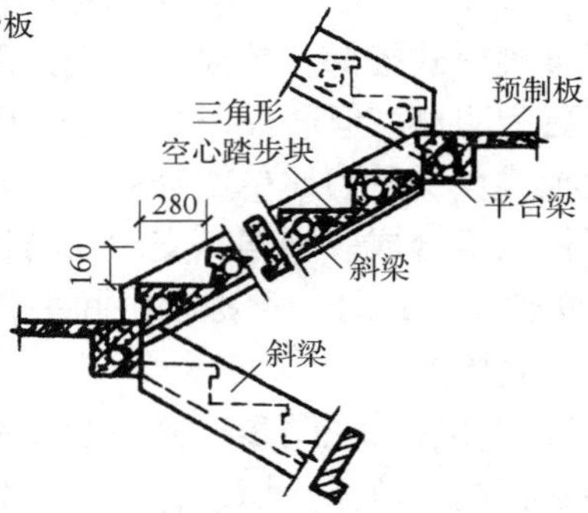

(b) 三角形踏步与L形斜梁组成

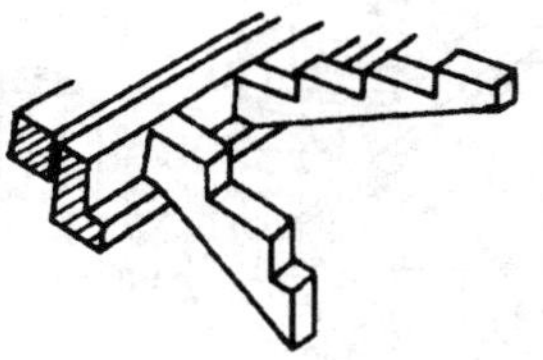

(c) 锯齿形斜梁与L形平台梁

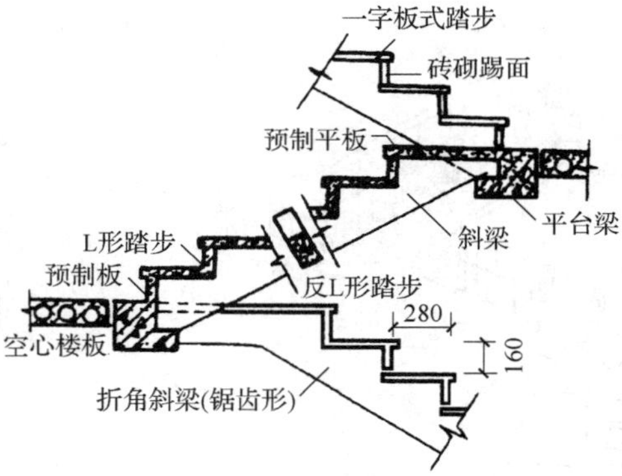

(d) 正反L形或一字踏步与锯齿形斜梁组成

图 9.13　中小型预制楼梯构造

大型预制构件装配式楼梯是由实心、空心断面的楼梯梯段和槽形板、空心板的楼梯平台各为一个单独构件装配而成(图 9.14)，也有楼梯梯段连平台预制楼梯共同预制构件(图 9.15)。

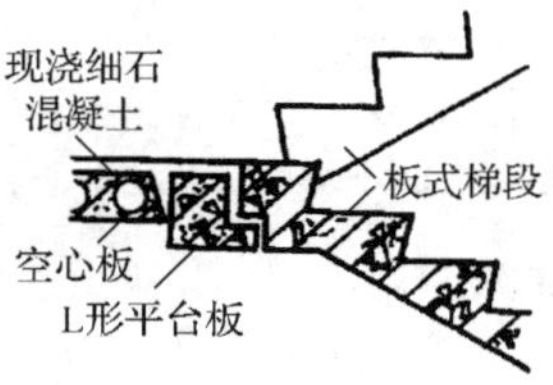

(a)

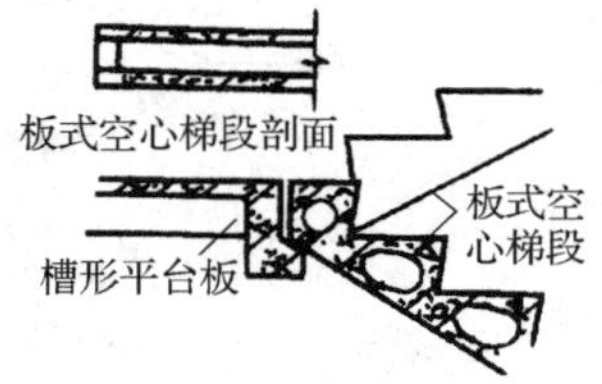

(b)

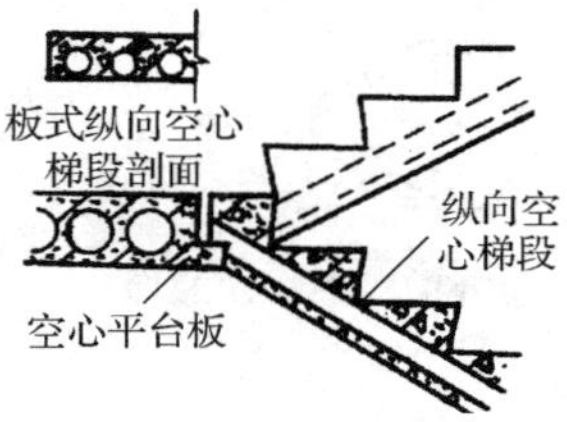

(c)

图 9.14　大型预制楼梯构造

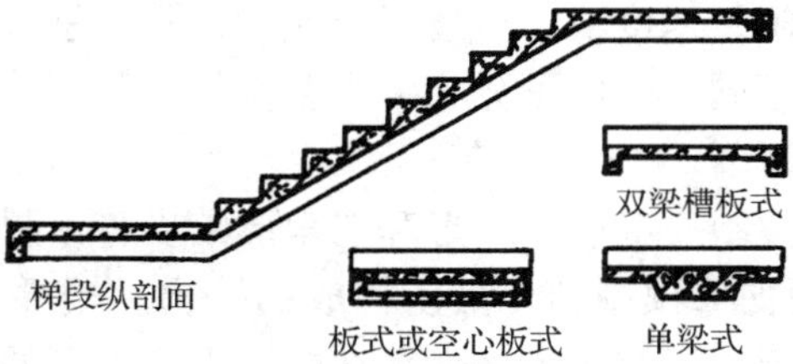

图 9.15　梯段连平台预制楼梯

9.1.3　楼梯的细部

1. 踏步

1) 踏步的面层

楼梯踏步的踏面应耐磨、防滑、耐冲击、易于清扫。常采用水泥砂浆面层、水磨石面层、缸砖面层及石材面层等。在有些高级或特殊要求的建筑中尚有木面层及铺设地毯做面层(图 9.16)。

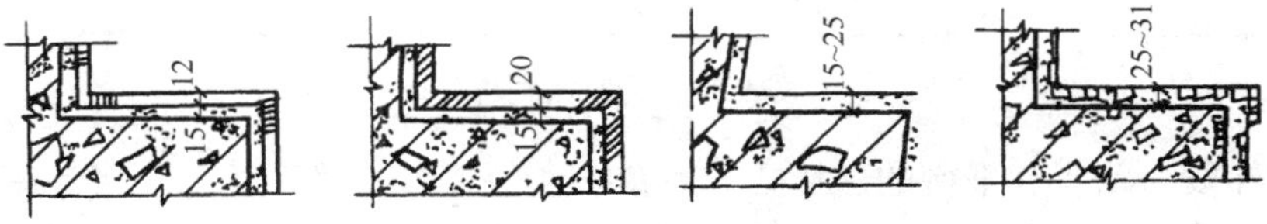

图 9.16　踏步面层构造

2) 踏步的防滑构造

为防止行人在上下楼梯时滑倒，尤其是在人流较集中拥挤的楼梯中，踏步表面应做防滑和耐磨处理。一般是在踏步近踏口处用不同于面层的材料，如水泥铁屑、金刚砂、金属条、马赛克、橡皮条等，做出略高出踏面的防滑条；也可用带有槽口的陶土块或金属板包住踏口，做成防滑包口(图 9.17)。

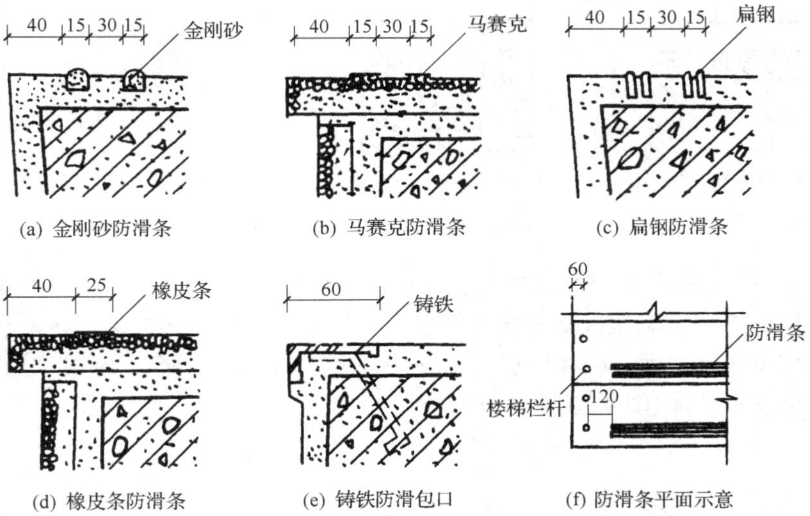

(a) 金刚砂防滑条　(b) 马赛克防滑条　(c) 扁钢防滑条

(d) 橡皮条防滑条　(e) 铸铁防滑包口　(f) 防滑条平面示意

图 9.17　踏步的防滑构造

2. 栏杆(栏板)扶手

楼梯的栏杆(栏板)是防护措施，应安全、坚固、耐久和造型美观。

1) 栏杆(栏板)

(1) 透空式栏杆(图 9.18)。栏杆多采用方钢、圆钢、钢管或扁钢等材料，并可焊接或铆接成各种图案，既有防护作用又起装饰作用。方钢截面的边长与圆钢的直径一般为 15～25mm，扁钢截面不大于 6mm×40mm。栏杆钢条花格的间隙对居住建筑或儿童使用的楼梯均不宜超过 110mm，在儿童使用的建筑楼梯中，为防止儿童攀爬，应不宜设水平横杆栏杆，也有用铝合金、木材制作的栏杆。

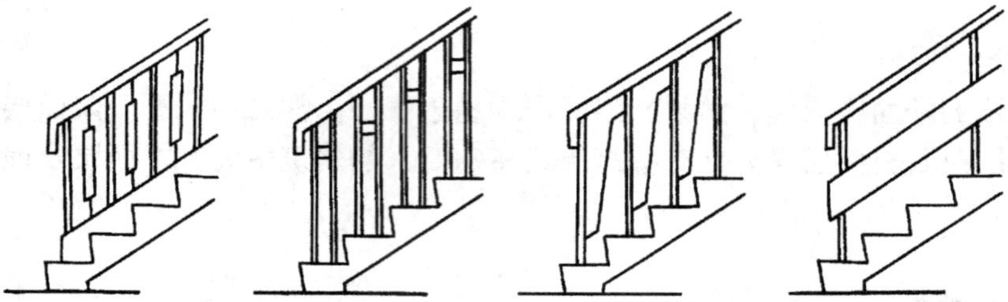

图 9.18　透空式栏杆

栏杆与梯段、踏步、平台的连接方式有锚接、焊接和栓接三种。锚接是在梯段或平台上预留孔洞，孔宽 50mm×50mm，深至少 80mm，将栏杆插入孔内，用水泥砂浆或细石混凝土嵌固。焊接则是在梯段平台预埋铁件与栏杆焊接。在折板式楼梯中宜采用栓接，利用螺栓将栏杆固定在踏步上(图 9.19)。

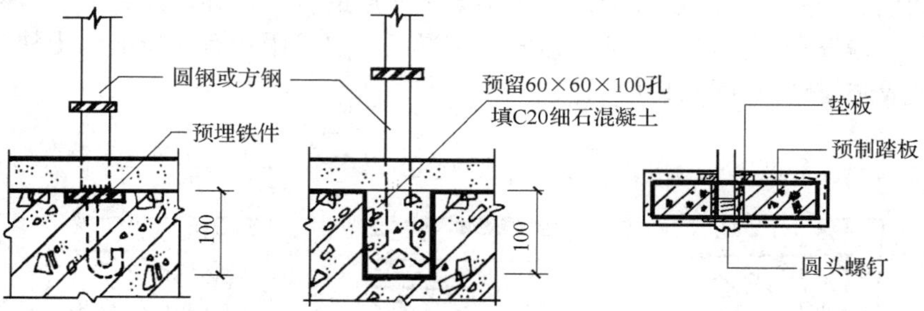

(a) 梯段预埋铁件焊接　(b) 梯段预留孔锚固　(c) L形梯段预留孔螺栓连接

图 9.19　栏杆与梯段的连接构造

(2)栏板。栏板多采用钢筋混凝土、加筋砖砌体以及用钢丝网水泥板制作，也可用透明的钢化玻璃或有机玻璃镶嵌于栏杆立柱之间，把栏板做得空透简洁。砖砌栏板常做立砖砌筑，侧部用钢筋网加固，或在栏板内每隔 1000～1200mm 设竖向小构造柱，并与现浇钢筋混凝土扶手连成整体(图 9.20(a)、(b))。

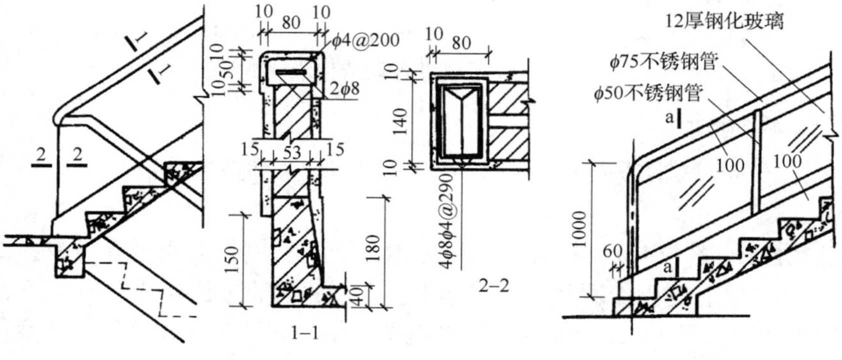

(a) 1/4砖砌栏板　(b) 钢化玻璃栏杆

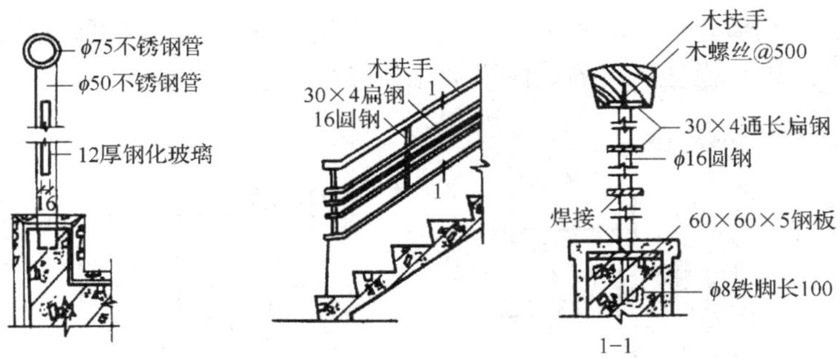

(c) 组合式栏杆

图 9.20　栏板式、组合式栏杆构造

(3)组合式栏杆。组合式栏杆是将空花栏杆和栏板结合在一起构成的一种栏杆形式，栏板部分采用砖、钢筋混凝土、钢丝水泥板等，也可采用木板、玻璃金属板等轻质美观的材料(图 9.20(c))。

2)扶手

扶手位于栏杆顶部，是供人们上下楼梯倚扶之用，扶手一般多用硬木制作，也有金属扶手、塑料扶手、水磨石扶手、天然或人造石材扶手等。按构造分有空花栏杆扶手、栏板扶手和靠墙扶手等。

3)栏杆扶手的连接构造

(1)栏杆与扶手的连接。木扶手靠木螺丝通过一通长扁钢与空花栏杆连接，扁钢与栏杆顶端焊接并每隔 300mm 左右开一小孔，穿过木螺丝固定；金属扶手是通过焊接的方法连接；塑料扶手是利用其弹性卡在扁钢带上；靠墙扶手则是靠预埋开叉扁钢用木螺丝来固定。栏板上的扶手多采用水磨石或用水泥砂浆黏结的石材、面砖扶手(图 9.21)。

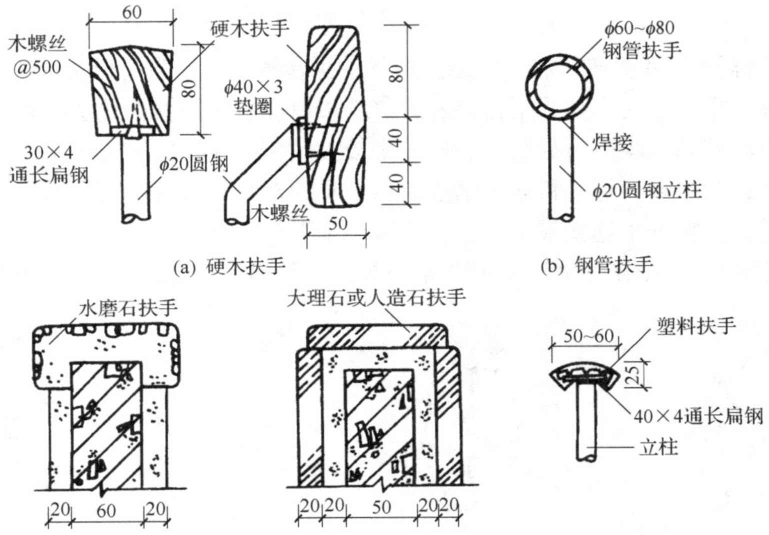

(a) 硬木扶手　　(b) 钢管扶手

(c) 水泥砂浆或水磨石扶手　　(d) 天然或人造石材扶手　　(e) 塑料扶手

图 9.21　扶手形式及扶手与栏杆的连接构造

(2)栏杆扶手与墙、柱的连接。靠墙扶手以及楼梯顶层的水平栏杆扶手应与墙、柱连接，可以在砖墙上预留孔洞，将栏杆扶手铁件插入洞内并嵌固；也可以在混凝土柱相应的位置上预埋铁件，再与栏杆扶手的铁件焊接(图 9.22)。

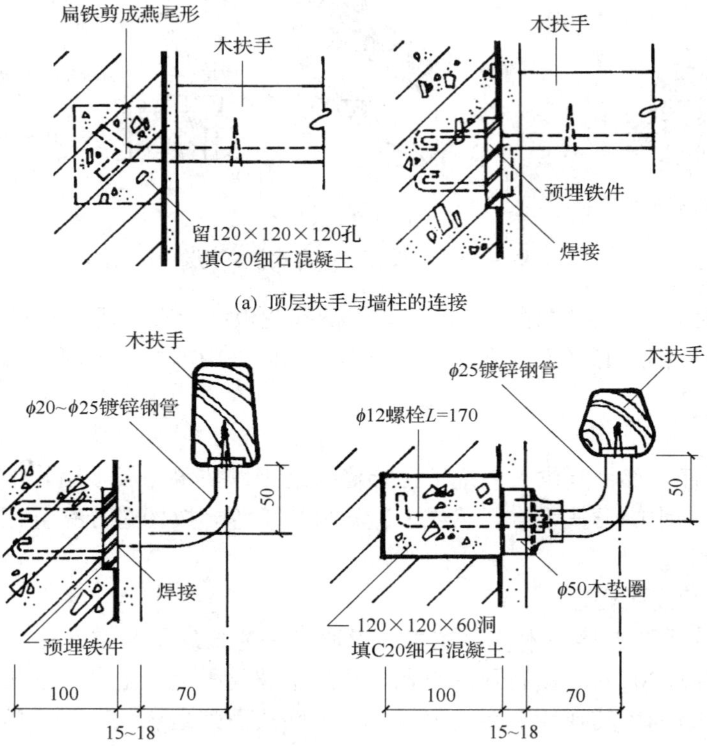

(a) 顶层扶手与墙柱的连接

(b) 中间各层扶手与墙柱的连接

图 9.22　栏杆扶手与墙柱的连接构造

(3) 楼梯转折处扶手处理。在平行双跑楼梯的平台转折处，当上行楼梯和下行楼梯的第一个踏步口设在一条线上时，如果平台栏杆紧靠踏步口设置，则栏杆扶手的顶部高度会出现高差，这时可以将楼梯扶手进行处理，做成一个较大的弯曲线，以解决扶手的高差变化，即鹤颈扶手；也可以将平台处栏杆移至距踏步口约半步的地方，或将上下行梯段的第一步踏步口错开一步布置，这样扶手连接较为顺畅，但减小了平台的有效宽度；还可以将上下行扶手在转折处断开各自收头，因扶手断开，栏杆的整体性受到影响，需在结构上互相联系(图 9.23)。

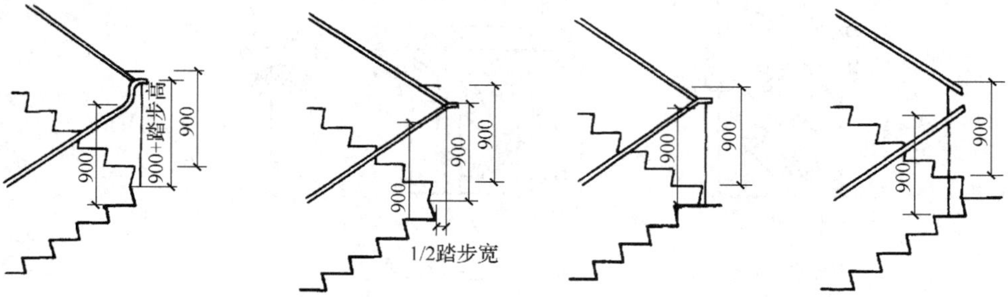

(a) 鹤颈扶手　(b) 栏杆长出梯段1/2踏步宽　(c) 上下梯段错开一级　(d) 上下扶手断开

图 9.23　转折处扶手高差处理方法

9.2 电　梯

当房屋的层数较多(如 6 层以上的住宅，或最高住户入口层楼面距底层室内地面的高度在 16m 以上的住宅，或高层建筑等)，或建筑层数不多但建筑级别较高(如宾馆、医院等)，或有特殊功能使用需求(如养老院等)，或经常有较重的货物运送需求(如商店、多层仓库等)时，建筑需要设置电梯作为垂直交通工具。

学习重点

重点关注：

1. 电梯细部的构造方法。

分析与思考：

1. 常用电梯有哪几种?
2. 电梯候梯厅有哪些常用尺寸?
3. 电梯井道有哪些常用尺寸?
4. 电梯井道的设计要求有哪些?

9.2.1 概述

1. 电梯的种类

电梯按其使用功能可分为住宅电梯、医用电梯、载货电梯、杂物电梯等，如表 9.2 所示。各类电梯的井道平面如图 9.24 所示。

表 9.2　电梯的种类

类别	名称	性质、特点
Ⅰ类	住宅电梯	运送乘客电梯
Ⅱ类	一般用途电梯	主要为运送乘客，同时亦可运送货物的电梯
Ⅲ类	医用电梯	运送病床(包括病人)和医疗设备的电梯
Ⅳ类	载货电梯	运送通常有人伴随的货物而设计的电梯
Ⅴ类	杂物电梯	运送图书、资料、杂物、食品的提升装置，轿厢内不能进入
Ⅵ类	频繁使用电梯	为适应大交通流量和频繁使用而特别设计的电梯，如速度为 2.5m/s 以及更高速度的电梯

注：左栏分类标准摘自《电梯主参数及轿厢、井道、机房的型式与尺寸 第 1 部分：Ⅰ、Ⅱ、Ⅲ、Ⅳ类电梯》GB/T 7025.1—2023，该标准等效采用国际标准《电梯安装》ISO 4190-2—2001。

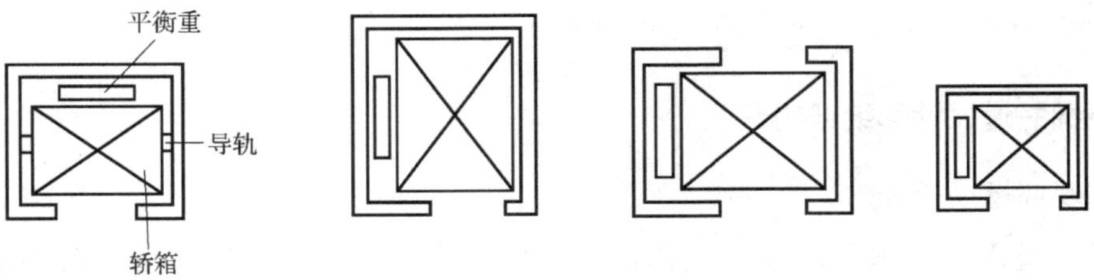

(a) 普通客梯　(b) 病床电梯　(c) 货梯　(d) 小型杂物梯

图 9.24　各类电梯的井道平面

2. 电梯的构成

电梯由轿厢、电梯井道及机械设备等三部分组成。电梯轿厢是直接做载人或载货之用，其内部造型应美观、选材耐用和易于清洗；电梯井道是电梯运行的垂直通道，主要包括井道和底坑，梯井应具有足够的强度和刚度；电梯机械设备通常包含井壁导轨、导轨支架、牵引轮及其钢支架、钢丝绳、平衡锤、轿厢开关门、检修起重吊钩等。

3. 电梯的布置方式

在以电梯为主要垂直交通的建筑中，每栋建筑物内或建筑物内每个服务区，乘客电梯的台数不应少于 2 台。多群组电梯以集中布置为宜，并应位于建筑中醒目的位置，且有明显标识。常见的电梯布置方式如图 9.25 所示，候梯厅最小深度要求见表 9.3。

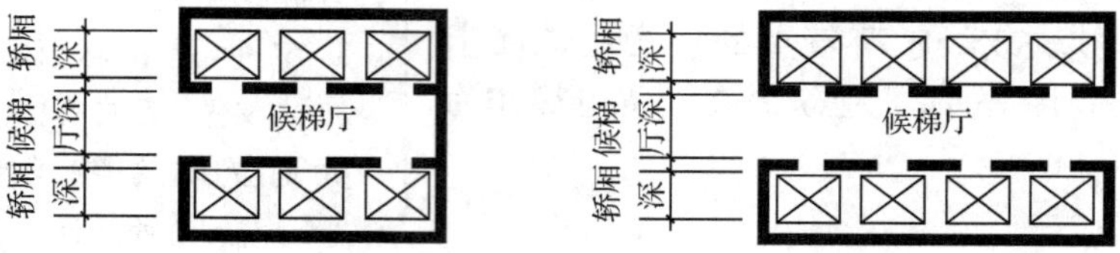

图 9.25　电梯布置方式

表 9.3　候梯厅最小深度要求

电梯类型	布置方式	候梯厅深度
住宅电梯	单台	≥B，且≥1.5m
	多台单侧布置	≥B_{max}，且≥1.8m
	多台双侧布置	≥相对电梯≥B_{max}之和，且<3.5m
公共建筑电梯	单台	≥B，且≥1.5m
	多台单侧布置	≥1.5B_{max}，且≥2m， 当电梯群为 4 台时应≥2.4m
	多台双侧布置	≥相对电梯 B_{max}之和，且<4.5m
病床电梯	单台	≥1.5B
	多台单侧布置	≥1.5B_{max}
	多台双侧布置	≥相对电梯 B_{max}之和

注：① B 为轿厢深度。
② 本表摘自《民用建筑设计统一标准》GB 50352—2019。

9.2.2　电梯井道设计和细部构造

1. 电梯井道的设计

电梯井道内设有电梯轿厢、电梯出入口以及导轨、导轨撑架、平衡重和缓冲器等（图 9.26）。

1)井道的尺寸

应根据电梯的型号、机器设备的大小和检修需要来确定井道的平面尺寸。一般井道净尺寸为 1800mm×2100mm、1900mm×2300mm、2200mm×2200mm、2400mm×2300mm、2600mm×2300mm、2600mm×2600mm 等。

2) 井道的防火

井道是在高层建筑中穿通各层的垂直通道，在火灾中将加速火焰及烟气的漫延，因此井道和机房四周的围护结构必须具备足够的防火性能，其耐火极限不低于该建筑物的耐火等级的规定，一般采用钢筋混凝土墙。当井道内超过两部电梯时，需用防火围护结构隔开。

3) 井道的通风

为有利于通风和一旦发生火警时能迅速将烟和热气排出室外，井道的顶层和中部适当位置(高层时)及坑底处设置不小于300mm×600mm或其面积不小于井道面积的 3.5%的通风口，并且通风口总面积的 1/3 应经常开启。通风管道可在井道顶板上或井道壁上直接通往室外。

4) 井道的隔声

为了减轻机器运行时对建筑物产生振动噪声，应采取适当的隔声措施。一般在机房机座下设置弹性垫层隔振。当电梯运行速度超过1.5m/s时，除设弹性垫层外，还应在机房与井道间设隔声层，高度为 1500～1800mm(图 9.27)。

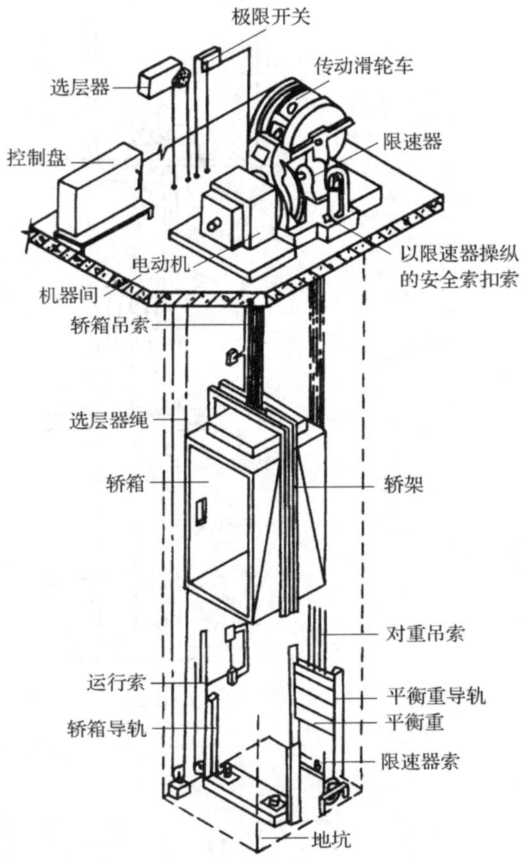

图 9.26　电梯井道内部示意

电梯井应避免与起居室、卧室等相邻，否则应注意设置隔声措施，最好楼板与井道壁脱离开，另作隔声层，也可只在井道外加砌混凝土块衬墙。

5) 井道的检修

为了井道检修和电梯的缓冲，井道的上下均应留有必要的空间，尺寸与运行速度有关。井道底、坑壁及底需要进行防水处理，坑底设排水设施。为便于检修需考虑在坑壁设置爬梯和检修灯槽。坑底位于地下室时，宜从侧面开检修小门。坑内预埋件按电梯要求确定。

2. 细部构造

1) 电梯厅门门套

电梯厅门即井道各层的出入口，是人流或货流频繁经过之处，要坚固、适用、美观，因此在厅门洞口上部和两侧应装上门套。门套构造做法应与电梯厅的装修统一，可采用水泥砂浆抹面，水磨石、大理石及硬木板或金属板贴面。除金属板为电梯厂定性产品外，其余材料均为现场制作或预制(图 9.28)。

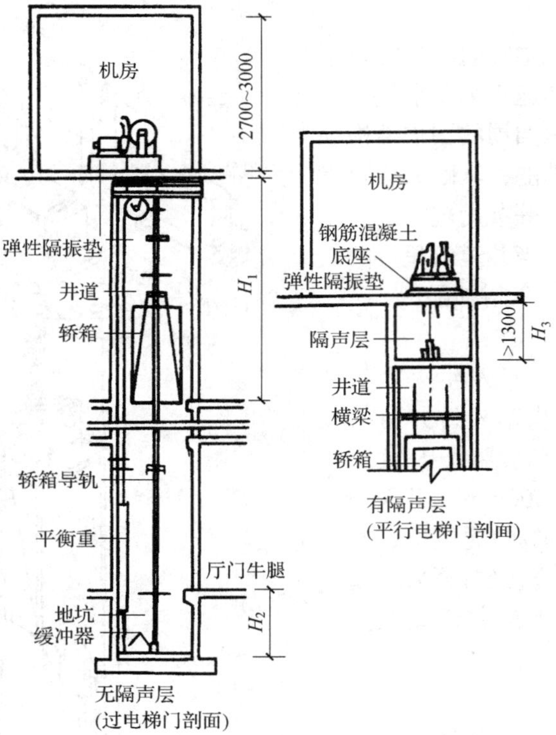

图 9.27　电梯机隔振、隔声构造

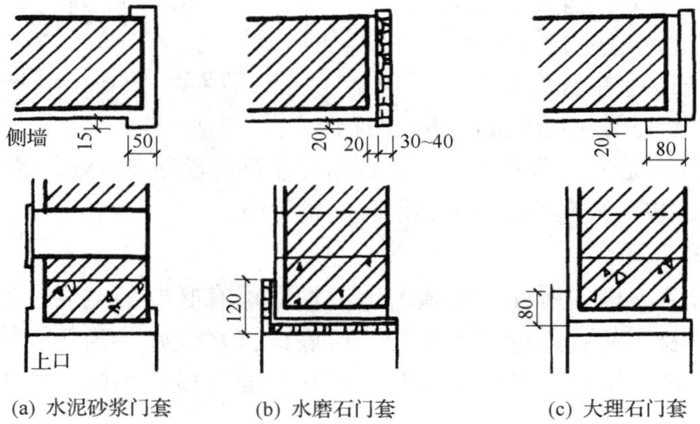

图 9.28　电梯厅门门套构造

2) 电梯厅门地面

在电梯出入口处的地面，应在电梯门洞下缘的位置向井道内挑出一牛腿，作为乘客进入轿厢的踏板。牛腿出挑长度随电梯规格而定，通常由电梯厂提供数据。牛腿一般为钢筋混凝土现浇或预制构件(图 9.29)。

3) 电梯导轨的固定

导轨撑架与井道内壁的连接构造可采用锚接、栓接和焊接(图 9.30)。

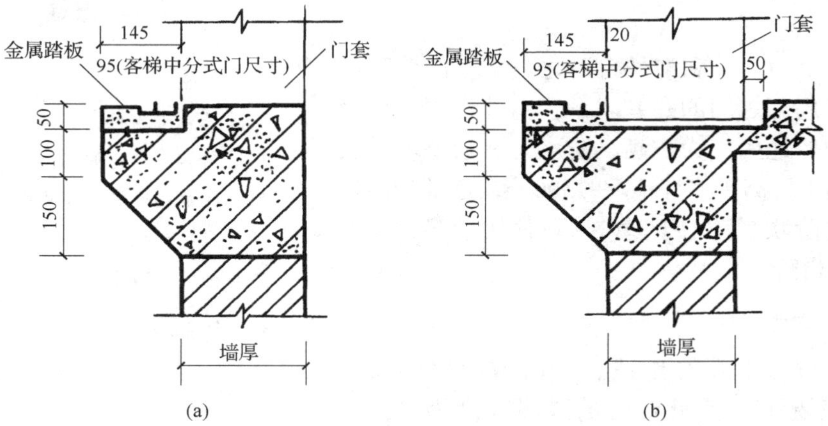

图 9.29　门厅牛腿构造

4) 电梯机房

电梯机房一般设在电梯间的顶部。机房的平面尺寸须根据机械设备尺寸的安排和管理维修等需要来确定。常用平面尺寸有 1800mm×3600mm、1900mm×3900mm、3800mm×3600mm、4000mm×3900mm、2400mm×3900mm、5000mm×3900mm、2600mm×4000mm、5400mm×4000mm 等。

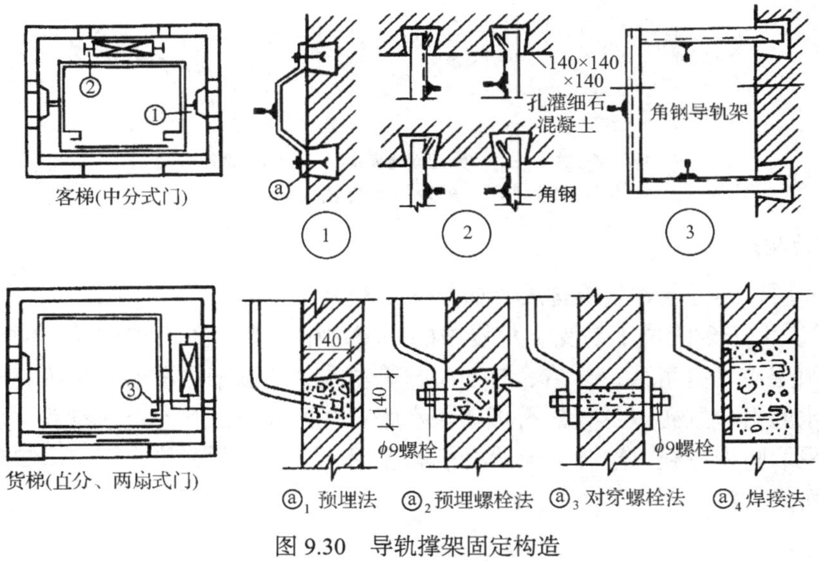

图 9.30　导轨撑架固定构造

9.3　台阶与坡道

台阶与坡道多是设置在建筑物出入口处的辅助构件，目的是联系不同高差地面。在民用建筑中，坡道一般在有车辆通行、走廊内有高差和残疾人使用需求的特殊情况下设置。台阶和坡道在出入口处对建筑物的立面具有一定的装饰作用，因而设计时既要考虑实用，还要注意美观。

9.3.1 台阶

学习重点

重点关注：

1. 室外台阶的组成和作用。
2. 台阶和坡道的形式。
3. 台阶的构造要求和做法。
4. 坡道的形式。
5. 坡道的构造要点。

分析与思考：

1. 台阶在寒冷地区如何处理抗冻问题？
2. 如何解决台阶和建筑主体沉降不一致的情况？
3. 坡道的坡度如何确定？
4. 坡道如何进行防滑处理？

台阶有室内台阶和室外台阶之分，室内台阶主要用于室内局部之间的高差联系，室外台阶主要用于联系室内外地面。为防潮、防水，一般要求首层室内地面至少要高于室外地坪 150mm，这部分高差需要设置台阶联系。由于室外台阶使用较多，本节仅介绍室外台阶。

1. 台阶的形式

台阶由踏步和平台组成，台阶坡度比楼梯平缓。通常情况下，室外台阶的踏步高度为 100～150mm，踏面宽度为 300～400mm。当台阶高度超过 1m 时，宜设有护栏。在台阶与建筑出入口之间，常设一缓冲平台，作为室内外空间的过渡，平台深度一般不应小于 1500mm。平台表面需向外设置排水坡度 1%～3%，以利雨水排出，防止雨水倒灌。

台阶按形式可分为单面踏步式、双面踏步式和三面踏步式等(图 9.31)。

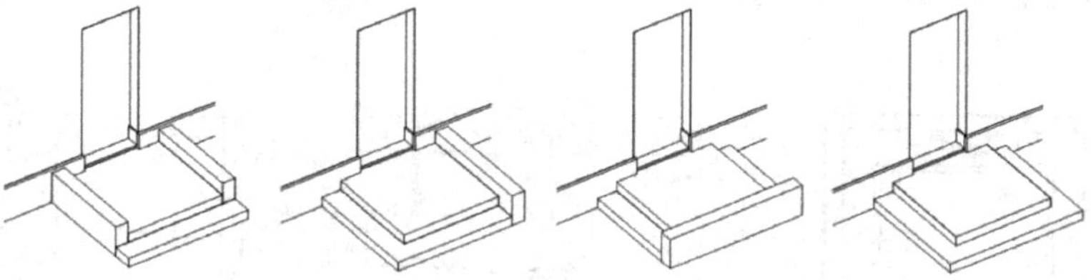

(a) 单面踏步式　　(b) 双面踏步式　　(c) 三面踏步式

图 9.31　台阶与坡道的形式

2. 台阶的构造

台阶由面层、结构层和基层构成，如图 9.32 所示。

(1) 面层。由于台阶位于易受雨水侵蚀的环境之中，需慎重考虑倒灌、防滑和抗风化等问题，其面层应具有耐磨、光洁、易于清扫等功能，一般采用耐磨、抗冻材料。常见有水泥砂浆、水磨石、缸砖以及天然石板等。水磨石在冰冻地区容易造成滑跌，应慎用，若使用，必须采取防滑措施。缸砖、天然石板等多用于大型公共建筑大门出入口处，但也应慎用光滑表面的材料。

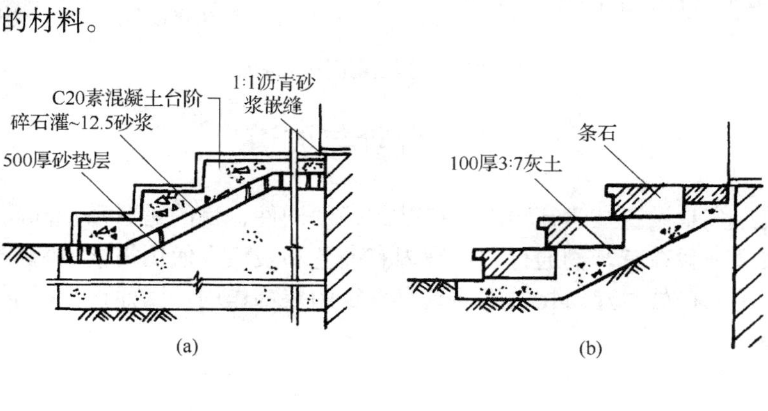

(a)　　(b)

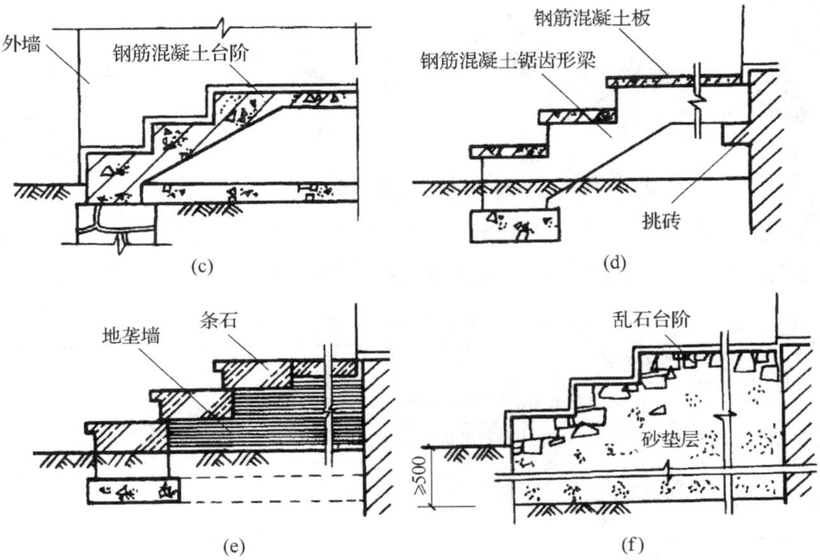

图 9.32　台阶的构造类型

(2) 结构层。结构层承受作用在台阶上的荷载，应采用抗冻、抗水性能好，且质地坚实的材料，常见有砖、混凝土、天然石材等。大量的民用建筑多采用混凝土台阶。

(3) 基层。基层为结构层提供良好均匀的持力基础，一般较为简单，只要挖去腐殖土做一垫层即可。在严寒地区，如台阶下为冻胀土(黏土或亚黏土)，可采用换土法(砂土)来保证台阶基层的稳定。

为预防建筑物主体结构下沉时拉裂台阶，应将建筑主体结构与台阶分开，并待主体结构有一定沉降后，再做台阶；或者把台阶基础和建筑主体基础做成一体，使二者一起沉降，这种情况多用于室内台阶或位于门洞内的台阶；也有将台阶与外墙连成整体，做成由外墙的挑出式结构。

9.3.2　坡道

1. 坡道的形式

建筑室外门前有车辆或有特殊通行需求的使用时须设置坡道，如医院、宾馆、幼儿园、行政办公楼以及工业建筑的车间大门等处。坡道多为单面坡形式。有些大型公共建筑，为考虑车辆能在出入口处通行，常采用台阶与坡道相结合的形式，如图9.33所示。在有残疾人轮椅车通行的建筑门前，常在台阶处增设坡道，以方便出入。

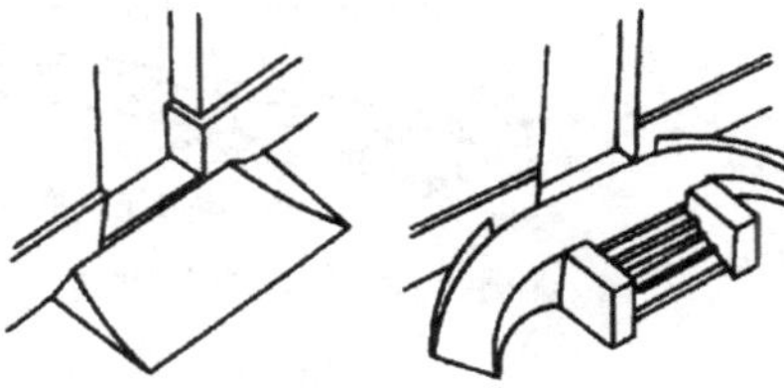

图 9.33　坡道的形式

坡道的主要形式为一字形坡道、L 形坡道、U 形坡道、一字形多段式坡(图 9.34)。

坡道的坡度一般在 1：8～1：12。室内坡道不宜大于 1：8；室外坡道不宜大于 1：10；供轮椅使用的坡道不宜大于 1：12，且每段坡道的水平投影长度不应大于 9000mm，当长度超过时，需在坡道中部设休息平台，休息平台的深度在坡道直行、转弯时均不应小于 1500mm，在坡道的起点和终点处应留有深度不小于 1500mm 的轮椅缓冲区，对于建筑物出

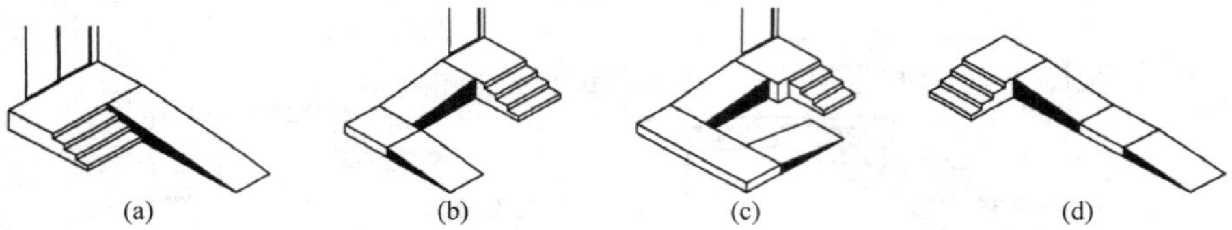

图 9.34　坡道的形式

入口的无障碍坡道，应设置不小于 1500mm×1500mm 的平坦轮椅回转平台。不同位置坡道的坡度和宽度详见表 9.4，坡道的坡度、坡段高度和水平长度的规定详见表 9.5①。

表 9.4　不同位置坡道的坡度和宽度

坡道位置		最大坡度	最小宽度/m
建筑入口	全宽式单面坡缘石坡道入口	1∶20	与人行道宽度相同
	三面坡缘石坡道入口	1∶12	≥1.20
	其他形式的缘石坡道入口	1∶12	≥1.50
室内坡道		1∶8	≥1.00
室外坡道		1∶10	≥1.50
自行车推行坡道		1∶5(1∶4)	≥1.50
设备房、锅炉房、小型库房等入口坡道		1∶5～1∶6	根据入口大小定

表 9.5　坡道的坡度、坡段高度和水平长度的规定

坡度	1∶20	1∶16	1∶12	1∶10	1∶8
最大高度/m	1.20	0.90	0.75	0.60	0.30
水平长度/m	24.00	14.40	9.00	6.00	2.40

2. 坡道的构造

坡道由面层、结构层和基层三部分组成。坡道要求其材料具有良好的耐久性和抗冻性，且面层耐磨。坡道结构层常采用混凝土或石块等，面层以水泥砂浆居多，当坡度大于 1∶8 时，其面层须做防滑处理，一般做锯齿状或做防滑条。坡道的构造做法如图 9.35 所示。此外，坡度构造还应注意避免不均匀沉降和冻胀土的影响。

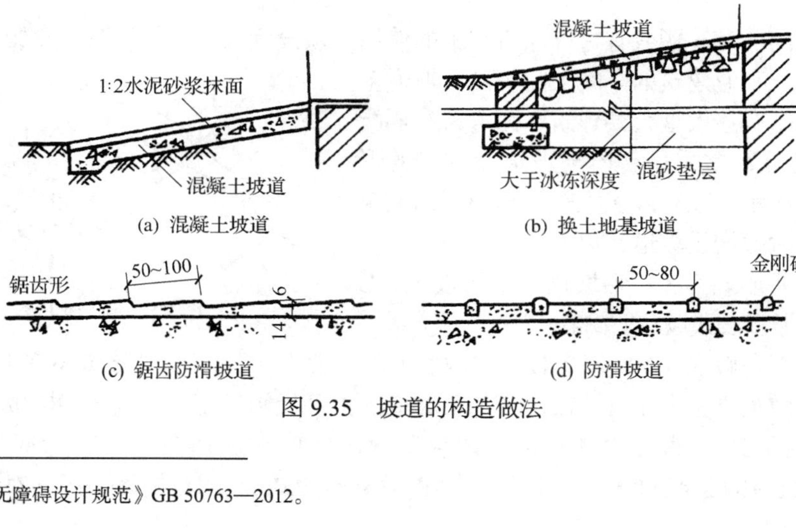

图 9.35　坡道的构造做法

① 摘自《无障碍设计规范》GB 50763—2012。

小　结

楼梯是建筑中楼层间的垂直交通联系的构件，应满足交通和疏散要求，还应符合结构、施工、防火、经济和美观等方面的要求。楼梯由梯段、平台和栏杆及扶手组成。

本章应重点掌握以下几个方面。

(1) 楼梯设计方面的知识，包括楼梯组成、功能、形式等，另外楼梯段的宽度、坡度及楼梯有关的净空高度等必须掌握，楼梯的坡度既要便于通行，又要节省面积，一般不宜超过 38°。踏步尺寸与楼梯坡度、人脚长度、人的步距等有关。楼梯平台深度不应小于梯段宽度，梯段净高不应小于 2200mm，平台净高不应小于 2000mm。

(2) 钢筋混凝土楼梯构造，包括现浇式钢筋混凝土楼梯的特点及结构形式，预制装配式钢筋混凝土楼梯的构造特点与要求，以及楼梯的细部处理等。现浇式钢筋混凝土楼梯有板式和梁板式；装配式钢筋混凝土楼梯的预制构件有小型、中型和大型。楼梯踏步面层应耐磨、易于清洁，踏面通常应做防滑处理。楼梯栏杆与踏步以及与扶手应有可靠的连接，并应做好扶手转弯处理。

(3) 电梯的构造，电梯由轿厢、电梯井道及机械设备等部分组成。电梯应注意井道的防火、通风、防潮或防水以及机房的隔声、防火防水和保温隔热等构造。其细部构造包括厅门的门套装修、厅门牛腿的处理、导轨与井壁的固结处理。

(4) 室外台阶和坡道的构造，主要掌握台阶和坡道的形式和构造。台阶和坡道应坚固耐磨，具有较好的耐久性、抗冻性和抗水性。

第 10 章　屋　　顶

屋顶是房屋的重要组成部分，也是房屋建筑学的重点章节之一。本章根据屋顶的使用功能介绍屋顶的设计要求、组成和类型，以及屋顶的构造原理、构造做法和细部构造等，重点介绍平屋顶、坡屋顶和大跨建筑屋顶三种类型屋顶的坡度、排水防水、保温隔热等具体设计内容。

10.1　概　　述

屋顶是建筑最上部的水平围护结构，由屋面和支撑结构组成，用于抵御雨雪、日晒等自然界的影响，使其下部有一个良好的使用环境。屋面设计首要解决防水、排水问题，并根据地区的不同，同时解决屋顶的保温或隔热问题。同时，还应具有足够的强度和刚度，并应防止因结构变形引起的屋面防水层开裂漏水。

学习重点

重点关注：

1. 屋顶的组成。
2. 屋顶的类型及其特点。
3. 屋顶坡度形成的方法及其优缺点。
4. 各种屋顶的坡度适用范围。
5. 屋顶坡度表示方法。
6. 屋顶的排水方式。

分析与思考：

1. 屋顶的外形有哪些形式？
2. 影响屋顶坡度的因素有哪些？
3. 什么是有组织排水和无组织排水？

10.1.1　屋顶的组成与类型

1. 屋顶的组成

屋顶主要由屋面、支撑结构和吊顶组成，屋面应根据防水、保温、隔热、隔声、防火以及上人与否等功能需要，进行合适的构造层次和材料选择的设置，并结合室内空间功能与效果的需求进行合适的吊顶形式设置。

2. 屋顶的类型

1) 按屋面防水材料分类

(1) 柔性防水屋面，也称为卷材防水屋面。将防水卷材与胶黏剂结合在一起形成连续致密的构造层，以达到防水的目的，如改性沥青油毡、橡胶卷材、合成高分子防水卷材等，这种屋面有一定的延伸性和适应变形的能力。

(2) 刚性防水屋面。用细石混凝土等刚性材料做防水层，构造简单，施工方便，造价低，但这种做法韧性差，屋面易产生裂缝而导致渗漏，在寒冷地区应慎用。

(3) 瓦屋面。用黏土瓦、小青瓦、筒板瓦等按上下顺序排列做防水层。这种屋面防水材料一般尺寸不大，需要有一定的搭接长度和坡度才能使雨水排出，块瓦屋面的坡度不应小于 30%，沥青瓦屋面坡度不小于 20%。

(4) 波形瓦屋面。有石棉水泥波瓦、镀锌铁皮波瓦、铝合金波瓦、玻璃钢波瓦及压形薄钢板波瓦等，宽度一般为 600～1000mm。由于每张瓦的覆盖面积较大，排水坡度一般为 25%～40%。

(5) 金属薄板屋面。用镀锌铁皮、涂塑薄钢板、铝合金板和不锈钢板等做屋面，常采用折叠接合，使屋面形成一个密闭的覆盖层。该屋面的坡度可小些，为 10%～20%，可用于曲面屋顶。

(6) 涂料防水屋面。屋面板采用涂料防水，板缝用嵌缝材料防水的一种屋面。

(7) 粉剂防水屋面。用一种惰水、松散粉末状防水材料做防水层的屋面，具有良好的耐久性和应变性。

(8) 玻璃屋面。采用有机玻璃、夹层玻璃、钢丝网玻璃、钢化玻璃等做为防水屋面，屋顶具有采光的功能。

2) 按屋顶外形和坡度分类(图 10.1)

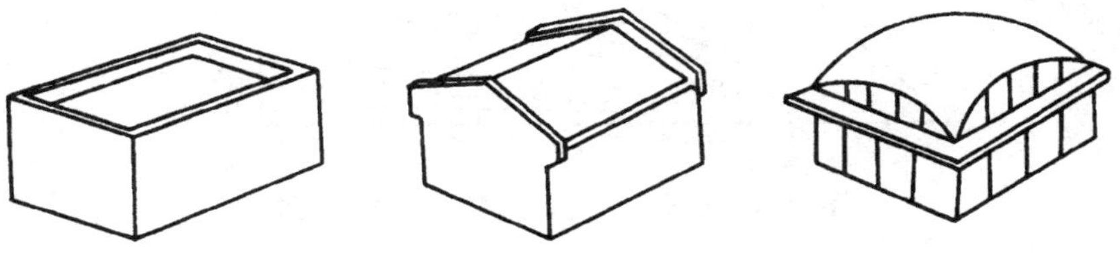

(a) 平屋顶　　(b) 坡屋顶　　(c) 曲面屋顶

图 10.1 屋顶的形式

(1) 平屋顶。平屋顶指屋面坡度小于 10%的屋顶，一般常用坡度为 2%～5%。平屋顶的优点是节约材料，屋面可以利用，如将屋顶做成露台、活动场地、屋顶花园或游泳池等。

(2) 坡屋顶。坡屋顶指屋面坡度大于 10%的屋顶，坡屋顶在我国具有悠久的应用历史。坡屋顶的优点是选材容易，防水和排水性能较好等。

(3) 曲面屋顶。曲面屋顶指因适应建筑大空间需求，产生的大跨度屋顶结构形式，如拱结构屋顶、薄壳结构屋顶、悬索结构屋顶、篷布结构屋顶等，曲面屋顶的优点是空间跨度大，外形丰富等。

10.1.2 屋顶的坡度

1. 形成坡度的原因

屋顶坡度是因建筑的上部围护结构，在应对降水时，需尽快在短时间内将降水排出屋面所需而形成的。同时，屋面应具有防水能力，以免发生漏水现象。

2. 影响坡度的因素

影响屋面坡度的主要因素为当地降雨量、建筑造型、结构形式、屋面防水材料和经济条件等。屋顶坡度太小易漏水，屋顶坡度太大易造成材料和空间浪费等。

1) 屋面防水材料与坡度的关系

对于尺度小、接缝多的屋面防水材料，漏水可能性大，宜应用于大坡度屋面，如瓦屋面；反之，尺度大的屋面防水材料，因其接缝少、整体性好，适用小坡度屋面，如卷材防水屋面常用于平屋顶防水。因此，恰当的屋顶坡度和屋面防水材料选用既能满足防水要求，又做到经济适用。图 10.2 表示各种屋面材料与坡度大小的关系。

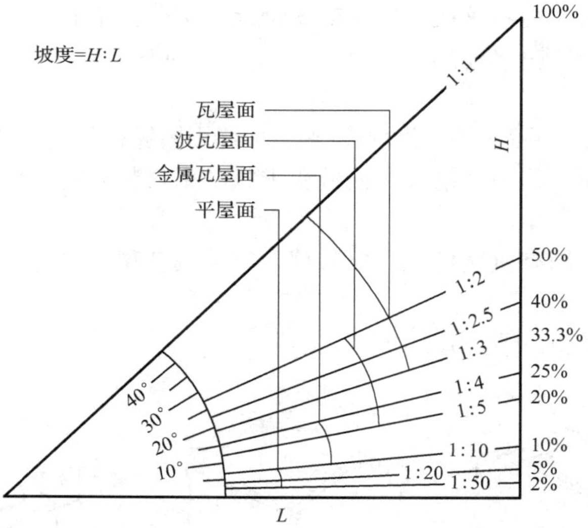

图 10.2　各种屋面材料与坡度大小的关系

2）降雨量大小与坡度的关系

为防止屋面积水过深，水压力增大引起渗漏等屋面防潮防水问题，降雨大的地区，屋顶坡度应大些；反之，降雨小的地区，屋顶坡度可小些。例如，我国南方地区年降雨量较大（一般在 1000mm 以上），北方地区降雨量较小（一般在 700mm 以下），故南方地区屋顶坡度整体较大，同时由于单位小时降雨量各地也有所不同，其屋顶坡度设置稍有差异。

3）建筑造型与坡度的关系

建筑造型主要由建筑的使用功能、空间形式、结构选型等决定，建筑造型的不同也会体现在建筑屋顶的形式上，进而影响到屋顶坡度。例如，对于上人屋面，屋面坡度不能太大，否则使用不方便；拱结构或悬索结构的建筑屋面，会因建筑结构选型形成屋面较大坡度甚至反坡。

3. 坡度形成的方法

屋顶的坡度形成有结构找坡和材料找坡两种方法。

（1）结构找坡：是指屋顶结构自身带有的排水坡度，一般采用上表面呈倾斜的屋面梁或屋架上安装屋面板（图 10.3），也可采用在顶面倾斜的山墙上搁置屋面板，使结构表面形成坡面，这种做法不需另加找坡材料，构造简单，不增加荷载，其缺点是建筑室内的天棚是倾斜的，空间不够规整，有时需架设吊顶。

（2）材料找坡：是指屋顶坡度由垫坡材料形成，一般用于坡度较小的屋面（图 10.4）。垫坡材料通常选用质量轻、吸水率低的材料（如炉渣），或者采用保温层找坡。找坡层最薄处的厚度不宜小于 20mm。

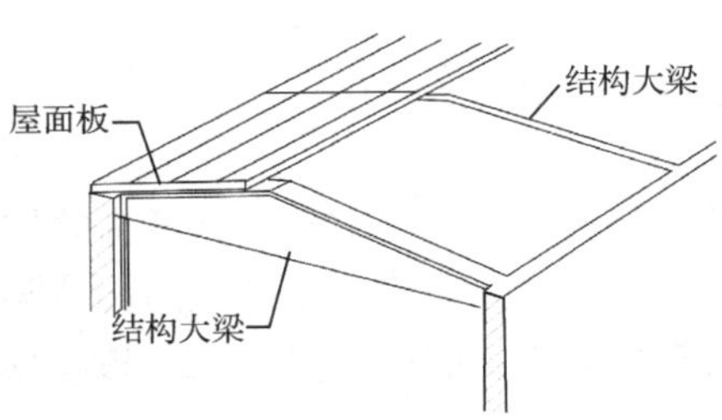

图 10.3　屋顶结构找坡

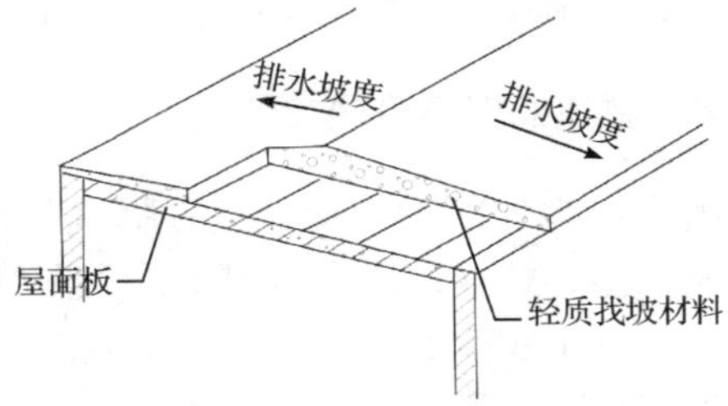

图 10.4　屋顶材料找坡

4. 屋顶常用坡度范围及表示方法

屋顶坡度受地理气候、建筑造型、结构选型、屋面材料、构造组合方式、施工方法以及经济条件等因素影响。不同的防水材料具有各自的排水坡度范围。屋面坡度通常有斜率法、角度法和百分比法三种方式表示。斜率法是脊高与相应的坡面水平投影长度的比值标定，如 1∶2、1∶2.5 等；当屋顶坡度较大时，屋顶坡度可采用角度法标定，如 30°、45°等；当屋顶坡度较平坦时，屋顶坡度可采用百分比法标定，如 2%、5%等(图 10.2)。

10.1.3　屋顶的排水

屋顶排水分为无组织排水和有组织排水两大类。

1. 无组织排水

无组织排水又称为自由落水，是指屋面雨水直接从檐口落至室外地面的一种排水方式(图 10.5)。无组织排水一般适用于低层建筑或檐口高度小于 10m 的屋面、少雨地区建筑及积灰较多的工业厂房。

2. 有组织排水

有组织排水是指将屋面划分成若干个排水区，雨水沿一定方向流到檐沟或天沟内，再通过雨水口、雨水斗、落水管排至地面，最后排往市政地下排水系统的排水方式，屋面排水形式详见图 10.5。屋顶有组织排水在建筑工程中应用广泛，随着建筑节水和水资源利用

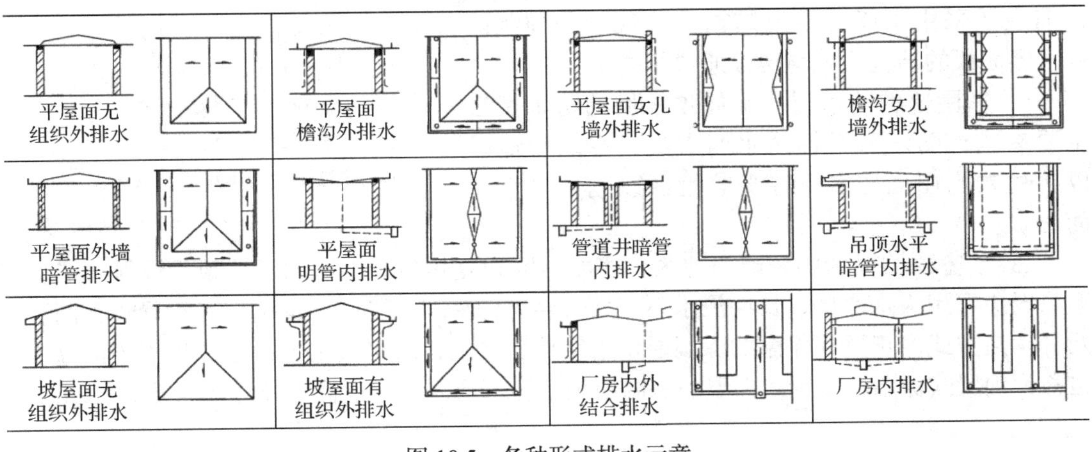

图 10.5　各种形式排水示意

的需求，鼓励在有条件的情况下，采用雨水收集系统。

10.1.4 屋顶的保温隔热

屋顶作为外围护结构，应根据建筑所在不同气候分区要求，进行保温隔热的构造设计。从保温方式看，通常情况下，依据屋顶的形式可采用屋面保温和顶棚保温；从隔热方式看，可采用实体材料隔热、蓄水屋面隔热、种植屋面隔热、通风降温屋面隔热和反射蒸发降温屋面隔热等方式。坡屋顶常采用气窗或老虎窗通风、山墙上百叶窗通风、檐口通风洞通风和双层瓦屋顶通风等方式。

10.2 平 屋 顶

10.2.1 平屋顶的特点及组成

1. 平屋顶的特点

平屋顶的支承结构常采用钢筋混凝土梁板，构造简单，建筑外观简洁。采用预制钢筋混凝土构件时，具有提高预制安装程度、加快施工速度、降低造价等优点。但平屋顶坡度较小，排水慢，屋面易积水而产生渗漏现象。因此，屋面排水和防水是平屋顶的主要设计内容。

2. 平屋顶的组成

平屋顶主要由支承结构、防水层、保温层和面层等组成。设计中主要解决防水、排水、保温、隔热和结构承载等问题，一般做法是结构层在下，防水层在上，其他层次位置视具体情况而定。

(1) 平屋顶的支承结构。平屋顶的结构层要承担屋面上的全部荷载，应具有足够的强度和刚度。目前主要采用钢筋混凝土结构，分现浇和预制两种，屋面板的结构形式与楼板通常相同。

(2) 平屋顶的防水层。平屋顶常用的防水做法主要有刚性防水和柔性防水两大类，在寒冷地区以柔性防水屋面居多，在炎热地区以刚性防水屋面居多。

> **学习重点**
>
> **重点关注：**
>
> 1. 平屋顶的特点。
> 2. 平屋顶的组成。
> 3. 平屋顶的基本构造层次。
> 4. 有组织排水和无组织排水的优缺点和适用范围。
> 5. 屋顶排水设计的内容与要求。
> 6. 确定屋顶排水坡面的数目。
> 7. 确定天沟或檐沟断面大小和天沟纵坡值。
> 8. 确定雨水管的数目和尺寸大小。
> 9. 柔性卷材防水屋面构造层及各层的作用。
> 10. 柔性防水屋面泛水的构造做法。
> 11. 柔性防水屋面檐口的构造要点。
> 12. 柔性防水屋面雨水口等细部构造要点。
> 13. 刚性防水屋面其构造要点。
> 14. 刚性防水平屋面的细部构造要点。
> 15. 平屋顶的保温构造要点。
> 16. 平屋顶的隔热构造要点。
> 17. 坡屋顶的基本组成及其特点。

(3) 平屋顶的保温层。严寒地区、寒冷地区和夏热冬冷地区的平屋顶须设保温层，保温材料应采用吸水率低、长期浸水不变质且轻质的材料。平屋顶保温层有正置式和倒置式两种构造方式。正置式保温的保温层位于结构层之上，防水层之下，形成封闭的保温层，也称为内置式保温；倒置式保温的保温层位于防水层之上，也称为外置式保温。

10.2.2 平屋顶的屋面排水

1. 排水方式的选择

平屋顶的屋面排水方式分为无组织排水和有组织排水两大类。

1) 无组织排水

无组织排水的定义见 10.1.3 节，其优点是节约材料，施工方便，构造简单造价低，但建筑物高或降雨多的地区不宜采用。同时，无组织排水也会对建筑主体形成诸多不可控的影响，如自由下落的雨水对墙面溅湿等。无组织排水方法常适用于低层建筑或檐口高度小于 10m 的屋面。另外，大面积屋顶建筑易形成较大屋面汇水面积，该类建筑屋顶不应采用无组织排水，如多跨建筑屋顶。

2) 有组织排水

有组织排水的定义见 10.1.3 节，其优点是雨水不侵蚀墙面，不影响人行道交通，缺点是构造复杂，造价高。有组织排水分内排水和外排水。

(1) 内排水。大面积、多跨、高层以及特种要求的平屋顶常做成内排水方式，雨水经雨水口流入室内落水管，再排到室外排水系统(图 10.6(a))。

(2) 外排水。雨水经雨水口流入室外排水管的排水方式。

① 女儿墙外排水。设有女儿墙的平屋顶，在女儿墙里面设内檐沟或垫坡。落水管可设在外墙外面，将雨水口穿过女儿墙(图 10.6(b))。

② 檐沟外排水。设有檐沟的平屋顶，檐沟内垫出的纵向坡度，将雨水引向雨水口，进入落水管(图 10.6(c))。

学习重点

分析与思考：

1. 常见的平屋顶有组织排水方式有哪几种？各适用于何种条件？
2. 何谓柔性防水屋面？
3. 卷材防水屋顶出现开裂起鼓的原因是什么？如何采取构造措施加以防止？
4. 上人屋面和不上人屋面在构造上有哪些不同？
5. 刚性防水屋面的基本构造及各层的作用。
6. 刚性防水屋面构造为何要设隔离层？隔离层常采用哪些材料？
7. 刚性防水屋面容易开裂的原因是什么？可以采取哪些构造措施预防开裂？
8. 何为分格缝？其作用是什么？其位置及构造做法怎样？
9. 将刚性防水屋面和柔性防水屋面的泛水、天沟、雨水口等细部构造进行比较，找出它们之间的异同点，绘出典型的构造图。
10. 保温屋顶为何要设隔气层？卷材防水屋顶为何要考虑排气措施？如何构造？
11. 简述倒置保温屋面的构造做法。
12. 平屋顶的隔热措施有哪些？其特点如何？
13. 坡屋顶的形式有哪些？

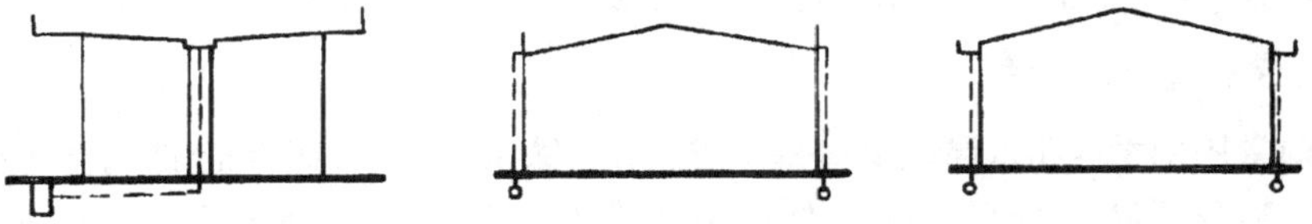

(a) 内排水 (b) 女儿墙外排水 (c) 檐沟外排水

图 10.6 平屋顶有组织排水

2. 平屋顶的排水设计

平屋顶排水设计的目的是使雨水快速排出屋面，因此排水路线布置应简洁顺畅。平屋顶排水需根据屋面的形式、面积和高低情况进行设计，具体设计内容如下：

(1) 划分排水分区；

(2) 确定排水坡面的数目及排水坡度；

(3) 确定檐沟、天沟断面尺寸及纵向坡度；

(4) 确定落水管的规格及间距。

平屋顶排水应根据屋面的水平投影面积均匀设置雨水口，一个雨水口负担屋面水平投影面积为 150～200m^2。排水坡面取决于建筑的进深，进深较大时采用双坡排水或四坡排水，进深较小的房屋和临街建筑常采用单坡排水。

檐沟、天沟应选用恰当的断面尺寸以确保雨水迅速汇集和排出。沿天沟底长度方向设纵向排水坡，称天沟纵坡。天沟纵向坡度通常为 1%。不同材料最小纵坡分别为：卷材防水面层大于 10‰，自防水面层大于 3‰，砂浆或块材面层大于 5‰；天沟的断面尺寸净宽应不小于 200mm，分水线处最小深度应不小于 80mm，沟底水落差不得超过 200mm(图 10.7)。

雨水管常用直径为 75～100mm，且间距不宜超过 24m。雨水管按材料可分为金属和树脂两类，金属雨水管常用彩钢和纯铜等材料，树脂雨水管常用耐候树脂和易锈蚀，不宜在潮湿地区使用。石棉水泥雨水管性脆不宜在严寒地区使用。

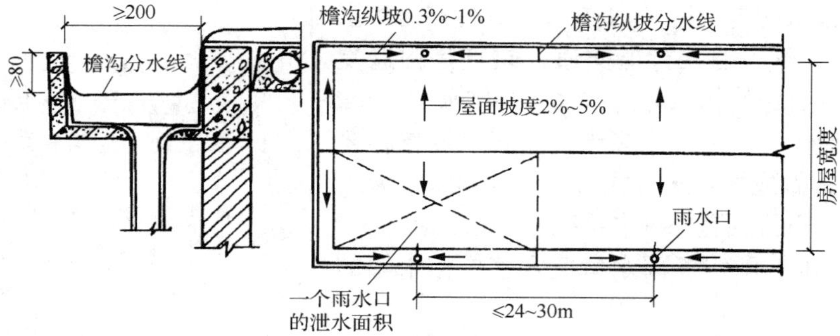

图 10.7　平屋面有组织排水设计

10.2.3　柔性防水屋面

柔性防水屋面是用柔性防水卷材以胶结材料粘贴在屋面上，形成连续致密、封闭的防水覆盖层，从而达到防水的目的。它具有一定延伸性和适应变形的能力，因此称为柔性防水屋面，也称卷材防水屋面。其优点是延伸率大、弹性好、整体性好，能适应温度、振动、不均匀沉降等因素的变化，特别适合于冬夏温度变化幅度较大的寒冷地区。

1. 柔性防水屋面的材料

我国目前常用的柔性防水屋面材料是合成高分子防水卷材、高聚物改性沥青防水卷材等。

(1) 合成高分子防水卷材。合成高分子防水卷材是以各种合成橡胶、合成树脂或两者共混体为基料，加入适量化学助剂和填充料，经混炼、压延或挤出等工序加工而成，是近年来我国广泛使用的一种防水卷材，优点是拉伸强度高、断裂伸长率大、耐老化及冷施工等。常用合成高分子防水卷材主要有三元乙丙橡胶、氯化聚乙烯、聚氯乙烯、氯丁橡胶、聚乙烯橡胶、丙烯酸树脂卷材等，这些材料具有重量轻、使用温度范围宽、耐候性能好、抗拉强度高、延伸率大等特点。

(2) 高聚物改性沥青防水卷材。高聚物改性沥青防水卷材是用改性的沥青做基料，用高密度聚氯乙烯膜、无纺聚酯毡或玻纤毡做胎体，聚乙烯薄膜覆盖面，经滚压水冷成型的卷材，如S型和XS型热熔油毡防水卷材就是用纤维布为主胎体，橡胶、塑料等改性石油沥青为基料成型的卷材。优点是高温不流淌，低温不脆裂，拉伸强度高，延伸率大、抗老化、黏结力强、施工方便等。

目前三元乙丙橡胶防水卷材得到广泛地推广应用，这里主要论述其屋面构造方法。

2. 柔性防水屋面的构造

1) 柔性防水屋面防水基本构造(图10.8)

(1) 找平层和结合层。找平层的作用是保证防水层的基层表面平整。找平层一般用1∶3或1∶2.5水泥砂浆做找平层，厚20mm，抹平收水后应二次压光。在找平层上面均匀地涂刷一层与三元乙丙橡胶卷材配套的胶黏剂，作为结合层。

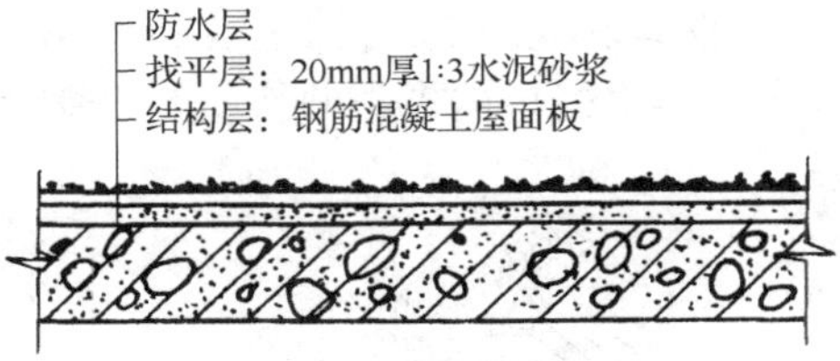

图10.8 柔性防水屋面

(2) 防水层。以合成高分子防水卷材为例，采用氯化聚乙烯和三元乙丙橡胶共混防水卷材做防水层，一般选用一层设防，在屋面易漏水的部位，如天沟、泛水、雨水口与屋面阴阳角等处凸凹部位均需附加一层同类卷材。在做防水层时应注意，防水卷材要干燥，铺卷材之前，必须保证找平层干透，如果找平层含有一定水分，做上防水层后，在太阳的照射下，水就会变成水蒸气，当上面受到防水层的阻挡时，水蒸气无法排出，就聚集形成一定的体积，使屋面防水层鼓泡，易造成防水层破裂，使屋面漏水(图10.9)。因此，为在防水层和找平层之间有一个能让水蒸气扩散流动的场所和渠道，常将防水层采用点铺、条铺，俗称花铺法。当屋面坡度小于3%时，卷材宜平行于屋脊铺贴；当屋面坡度大于3%时，卷材可平行或垂直于屋脊铺贴，满铺搭接缝宽度不少于80mm；空铺、点铺、条铺时，搭接宽度为100mm。

(3) 保护层。保护层的目的是保护防水层，使卷材在阳光和大气的作用下不致迅速老化。保护层的构造做法应视屋面的利用情况而定。对于非上人屋面，其防水层采用非硫化型材料时，强度较好，屋面可不设保护层，如氯化聚乙烯和三元乙丙橡胶共混防水卷材防水层。

对于上人屋面，可在防水层上浇筑30～40mm厚细石混凝土面层，为防止屋面变形导致的保护层开裂，每2m左右留一分格缝，并用配套油膏嵌缝。也可用预制30mm厚490mm×490mm混凝土板或缸砖做面层，铺在20mm厚的水泥砂浆上或砂结合层上，并用水泥砂浆嵌缝(图10.10)。

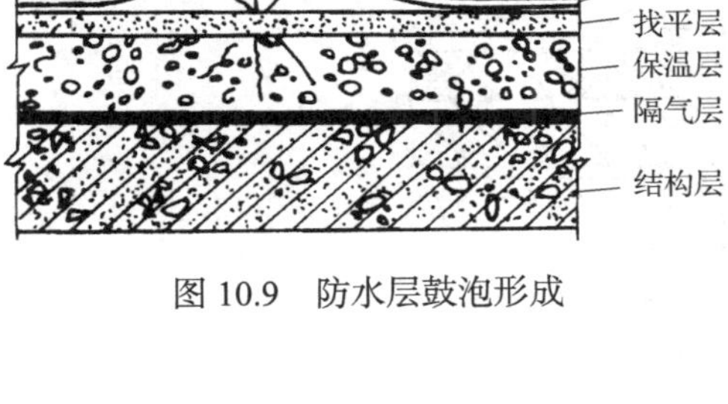

图10.9 防水层鼓泡形成

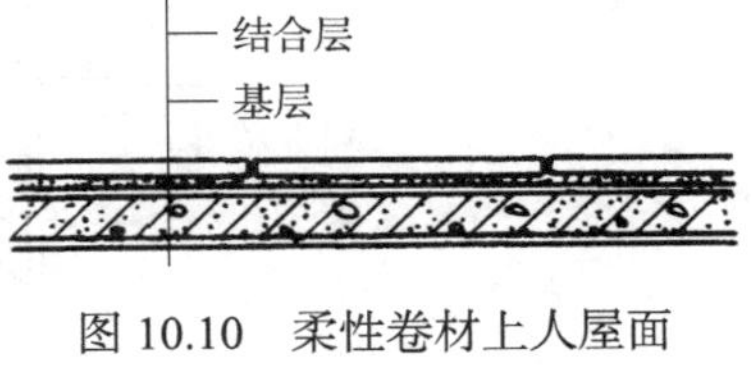

图10.10 柔性卷材上人屋面

2) 柔性防水屋面的细部构造

(1) 泛水构造。泛水指屋面防水层与垂直墙交接处的构造。例如，伸出屋面的女儿墙、烟囱、变形缝等凸出物，当它们穿过防水层时，与屋面交界处容易漏水，必须将屋面防水层延伸到这些凸出物的立墙上，并加铺一层防水卷材，形成立铺的防水层。泛水高度不应小于 250mm，转角处应将找平层做成半径为 20～50mm 的圆弧面，使防水卷材紧贴其上。由于贴在墙上的卷材上口易脱离墙面或张口，导致漏水，因此上口要做收口和挡水处理，收口一般采用钉木条、压铁皮、嵌砂浆、嵌配套油膏和盖镀锌铁皮等处理方法。同时，在泛水上口挑出 1/4 砖用以挡水，并用水泥砂浆做斜口和滴水(图 10.11)。

(2) 檐口构造。檐口构造有自由落水挑檐、挑檐沟、女儿墙外排水等。需要注意的是，自由落水檐口的卷材收头极易开裂渗水，宜采用配套油膏嵌缝(图 10.12(a))。挑檐沟

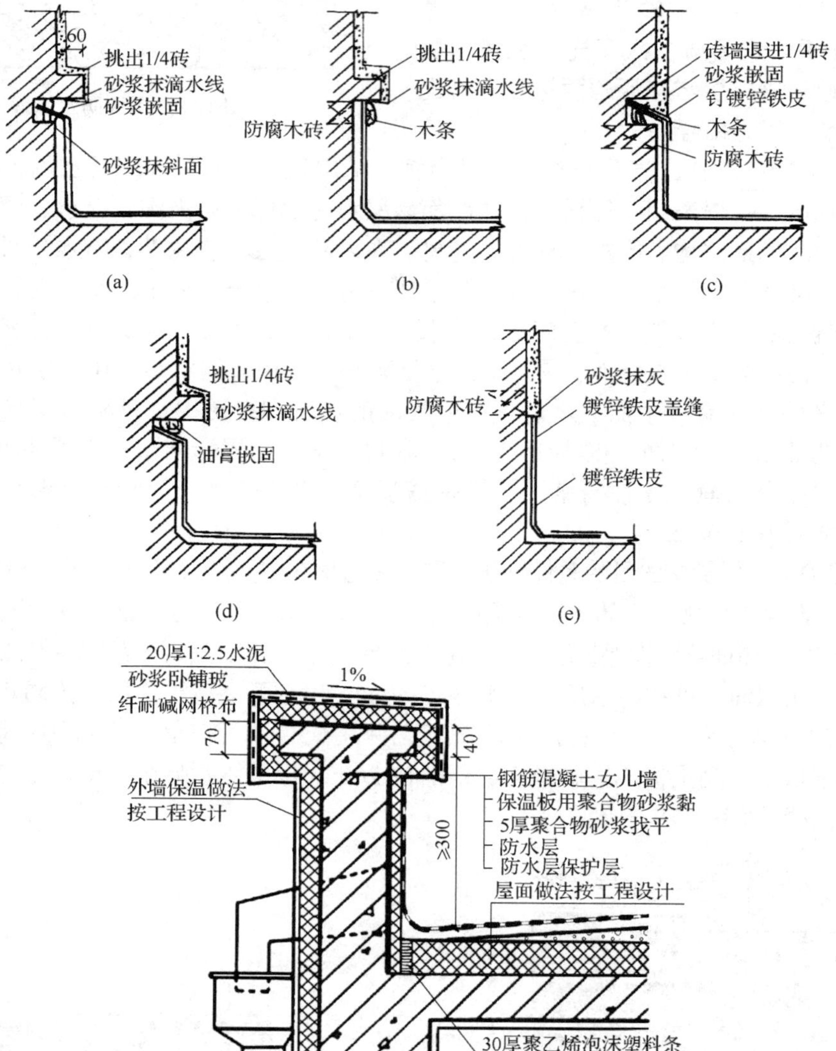

(f) 钢筋混凝土压顶

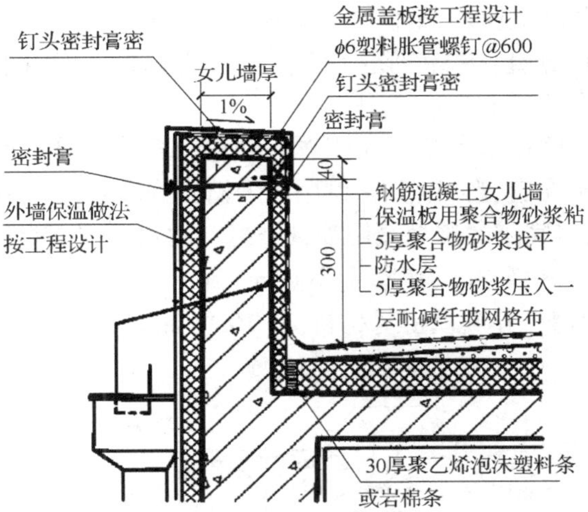

(g) 金属盖板压顶

图 10.11　柔性卷材屋面泛水构造

的檐口在檐沟处要多加一层卷材，可以采用空铺的方法，沟口处的卷材收头一般采用嵌油膏或插铁卡住等方法，其中嵌配套油膏较为合理，且施工方便(图 10.12(b)、(c))。天沟、檐沟内用轻质材料做出不小于 1%的纵向坡度。女儿墙外排水一般直接利用屋顶倾斜坡面在靠近女儿墙屋面最低处做成排水沟，也可采用专用的槽板做成矩形天沟。天沟内防水层应铺设到女儿墙上形成泛水，天沟内做纵向排水坡(图 10.12(d))。新型檐口的卷材收头要嵌油膏，坡面要用 1：3 水泥砂浆抹 20mm 厚(图 10.12(e))。

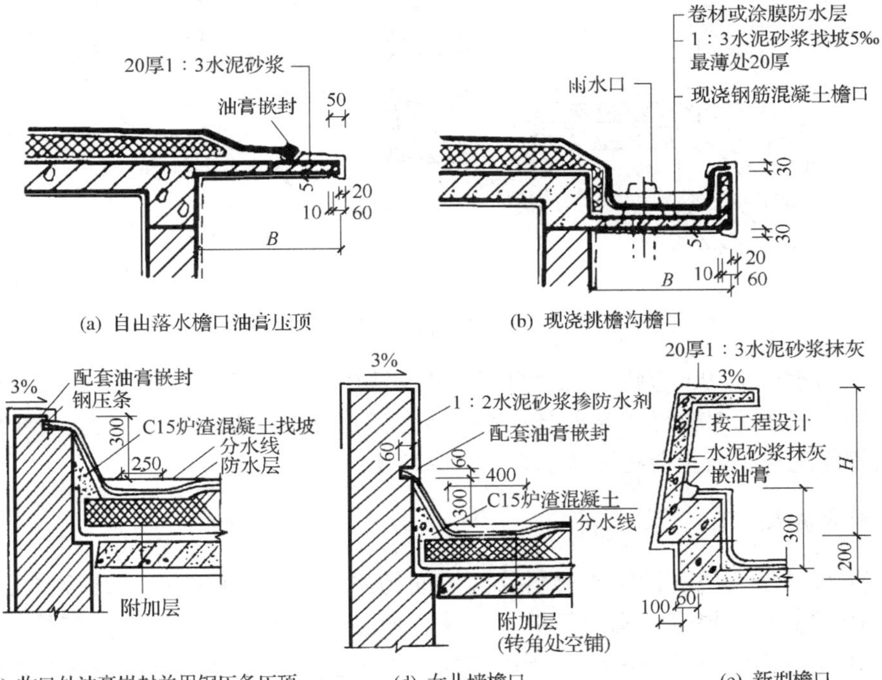

(a) 自由落水檐口油膏压顶　　(b) 现浇挑檐沟檐口

(c) 收口处油膏嵌封并用钢压条压顶　　(d) 女儿墙檐口　　(e) 新型檐口

图 10.12　柔性卷材防水屋面檐口构造

(3) 雨水口。雨水口是屋面雨水排至落水管的连接构件，通常为定型产品，多用铸铁、钢板制作。雨水口分直管式和弯管式两大类。直管式用于内排水中间天沟、外排水挑檐等；弯管式只适用女儿墙外排水天沟。

直管式雨水口根据降雨量和汇水面积选择型号。套管呈漏斗型，安装在挑檐板上，防水卷材和附加卷材均粘在套管内壁上，再用环形筒嵌入套管内，将卷材压紧，嵌入深度不小于 100mm，环形筒与底座的接缝须用油膏嵌缝。雨水口周围直径 500mm 范围内坡度不小于 5%，并用密封材料涂封，其厚度不小于 2mm。雨水口套管与基层交接处应留宽 20mm、深 20mm 的凹槽，并嵌填密封材料(图 10.13(a))。

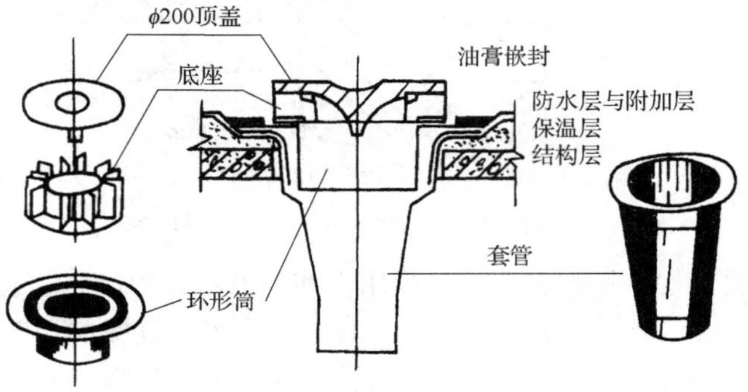

(a) 直管式雨水口

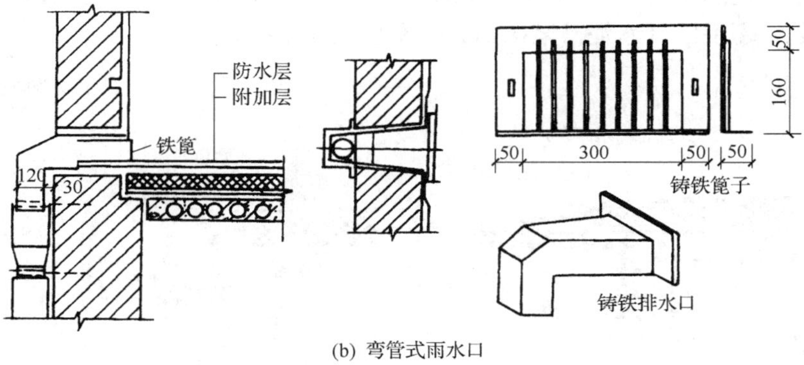

(b) 弯管式雨水口

图 10.13　柔性卷材屋面雨水口构造

弯管式雨水口呈 90°弯状，由弯曲套管和铸铁篦两部分组成。弯曲套管置于女儿墙预留的孔洞中，屋面防水卷材和泛水卷材应铺到套管的内壁四周，铺入深度至少 100mm，套管口用铸铁篦遮挡，防止杂物堵塞水口(图 10.13(b))。

10.2.4　刚性防水屋面

刚性防水屋面采用刚性防水材料作为屋面的防水层，这种屋面具有价格便宜、耐久性好、屋面材料容易提供、构造简单、维修方便、便于施工等优点，但容易开裂，尤其对温度变化和结构变形较为敏感，所以刚性防水屋面多用于冬夏温度变化幅度较小的南方地区。

1. 刚性防水屋面的材料

刚性防水屋面主要采用防水砂浆抹面或密实混凝土浇捣而成的刚性材料做屋面防水层。坡度宜为 2%～3%，并应采用结构找坡。这种防水材料受温差变化影响大，容易开裂，因此多适用于温差相对较小的南方地区。另外，混凝土刚性防水屋面也不宜用在有高温、振动、基础有较大不均匀沉降的建筑中。

2. 刚性防水屋面的构造

1) 刚性防水屋面基本构造(图 10.14)

(1) 结构层。一般采用钢筋混凝土现浇或预制屋面板。

(2) 找平层。结构层采用预制钢筋混凝土板时，应用 20mm 厚 1∶3 水泥砂浆做找平层；采用现浇钢筋混凝土整体结构时，可以不做找平层。

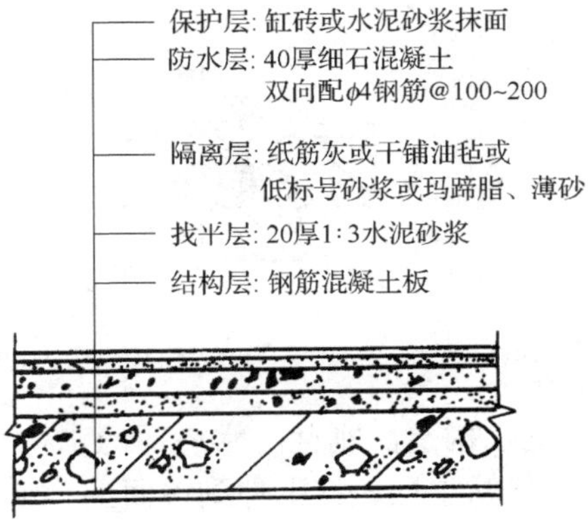

图 10.14 刚性防水屋面构造

(3) 隔离层。结构层在荷载作用下产生挠曲变形，在温度变化时产生胀缩变形，由于结构层刚度相应比防水层大，当结构产生变形时必然会将防水层拉裂，所以在结构层和防水层之间设置隔离层，以允许防水层和结构层之间有相对的变形，从而不会导致防水层开裂。隔离层常采用纸筋灰、低标号砂浆、干铺一层油毡或沥青玛蹄脂等方法。若防水层中加膨胀剂，其抗裂性能有所改善，也可不做隔离层。结构层在温度变化时产生涨缩变形。

(4) 防水层。防水层指用防水砂浆抹面防水层、普通细石混凝土防水层、补偿收缩混凝土防水层、块体刚性防水层等铺设的屋面。细石混凝土强度不应低于 C20，厚度不小于 40mm，在其中双向配置ϕ4～ϕ6 钢筋，间距为 100～200mm，以控制混凝土收缩后产生裂缝，保护层厚度不小于 10mm。水泥砂浆和细石混凝土做防水层时，应掺入外加剂。这是由于防水层在施工时用水量超过水泥在水凝过程中所需的用水量，多余的水在硬化过程中逐渐蒸发形成许多空隙和互相连贯的毛细管网；另外过多的水分在砂石骨料的表面形成一层游离水，相互之间也会形成毛细通道，这些毛细通道都是造成砂浆或混凝土收水干缩时表面开裂和屋面渗水的主要原因，掺入外加剂可改善这些情况，如掺入膨胀剂使防水层在硬结时产生微膨胀效应，抵抗混凝土原有的收缩性以提高抗裂性；加入防水剂使砂浆或混凝土与之生成不溶性物质，堵塞毛细孔道，形成憎水性壁膜，以提高密实性。

2) 刚性防水屋面的细部构造

(1) 分格缝。分格缝是刚性防水层的变形缝，也称分仓缝。为防止大面积整体现浇混凝土防水层受温度变化影响或屋面板产生挠曲变形而引起刚性防水层开裂而设置。分格缝应设在装配式屋面板的支承端、屋面的转折处，泛水上端与立墙交接处，且与板缝对齐，其纵横间距不宜大于 6m，服务面积为 15～25m^2。当建筑进深不超过 10m 时，在屋脊处应设一道纵向分格缝；当进深超过 10m 时，应在屋顶坡面中的某一板缝上再设一道纵向分格缝。防水层内的钢筋网片在分格缝处应断开，缝口应嵌填密封材料，外表用防水卷材盖缝条盖住(图 10.15)。

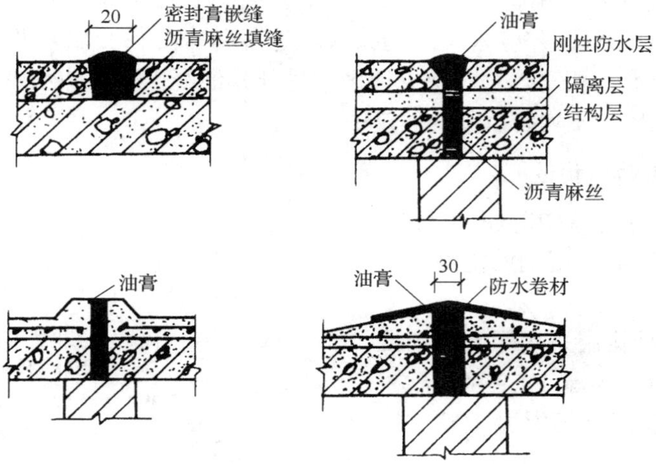

图 10.15　刚性防水屋面分格缝构造

(2)泛水构造。刚性防水屋面泛水构造与柔性防水屋面原理基本相同，一般做法是将细石混凝土防水层直接引伸到墙面上，细石混凝土内的钢筋网片也同时上弯。泛水应有足够的高度，转角外做成圆弧或 45°斜面，与屋面防水层应一次浇成，不留施工缝，泛水上端应有挡雨措施，一般做法是将砖墙挑出 1/4 砖，抹水泥砂浆滴水线。为避免两者变形不一致，使泛水开裂漏水，刚性屋面泛水与墙之间必须设分格缝，缝内用弹性材料充填，缝口应用油膏嵌封或铁皮盖缝(图 10.16)。

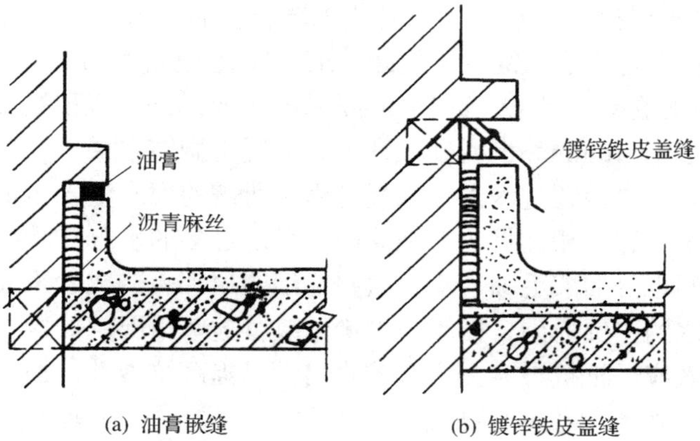

(a) 油膏嵌缝　(b) 镀锌铁皮盖缝

图 10.16　刚性防水屋面泛水

(3)檐口构造。常用的檐口形式有自由落水挑檐、有组织外排水挑檐沟及女儿墙外排水檐口。自由落水挑檐应将防水层做到檐口，注意在收口处做滴水线(图 10.17(a))。挑檐沟有现浇和预制两种，可将屋面防水层直接做到檐沟，并挑出屋面，做出滴水线(图 10.17(b))。女儿墙外排水檐口处常做成矩形断面天沟，做法与前面女儿墙泛水相同，天沟内需设纵向排水坡(图 10.17(c))。

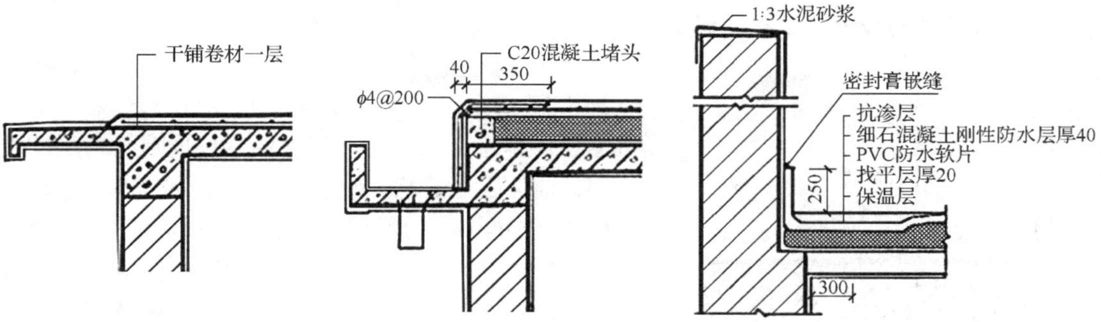

图 10.17　刚性防水屋面檐口

(4) 雨水口。刚性防水屋面雨水口的规格和类型与前述柔性防水屋面所用雨水口相同(图 10.18)。为防止雨水从套管与沟底接缝处渗漏，安装直管式雨水口时应在雨水口四周加铺柔性卷材，并且卷材应铺入套管的内壁。檐口内浇筑的混凝土防水层应盖在附加的卷材上，防水层与雨水口相接处用油膏嵌封。安装弯管式雨水口前，下面应铺一层柔性卷材，然后浇筑屋面防水层，防水层与弯头交接处用油膏嵌封。

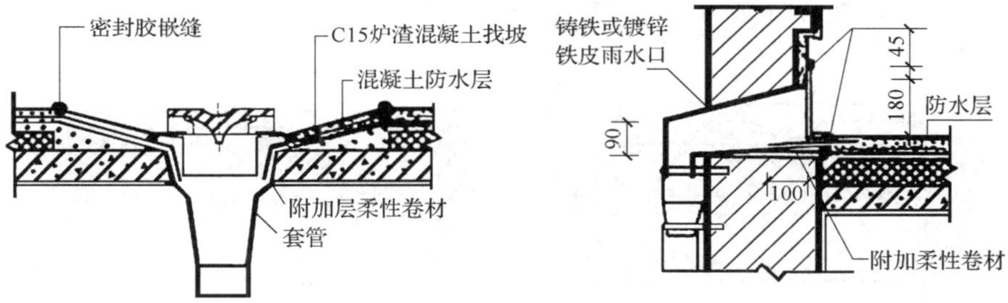

(a) 直管式雨水口　(b) 弯管式雨水口

图 10.18　刚性防水屋面雨水口构造

10.2.5　平屋顶的保温和隔热

1. 平屋顶的保温构造

1) 柔性防水保温平屋顶的基本构造

我国地域辽阔，气温差别很大。北方地区冬季寒冷，需要采暖，室内温度比室外高，为了不使热量散失太快，外围护构件需按保温要求设计，所以屋顶需设保温层。

(1) 保温材料的选择。保温材料要根据使用要求、气候条件、屋顶结构形式、当地资源、工程造价等综合考虑，必须是容重轻、导热系数小的多孔材料，一般分为散料、块材和板材三种材料。散料有炉渣、矿渣、膨胀珍珠岩、膨胀蛭石等，这种材料由于在使用过程中问题太多，如在风较大时不宜施工、炉渣与矿渣重量较大等，并且如果上面做卷材防水层，必须在散状材料上抹水泥砂浆找平层，再铺防水卷材，以保证防水层有一个较好的基层，目前已较少使用；块材有水泥膨胀珍珠岩、加气混凝土块等，施工时先在保温层上面抹水泥砂浆找平层再铺橡胶防水层。这几种保温材料做保温层时可与找坡层结合；目前较多的使用板材，如聚苯乙烯泡沫塑料板、岩棉板等轻质材料，在板材上面做找平层再铺防水层。

(2)保温层的设置。根据保温层在屋顶构造中的位置可分为两种。

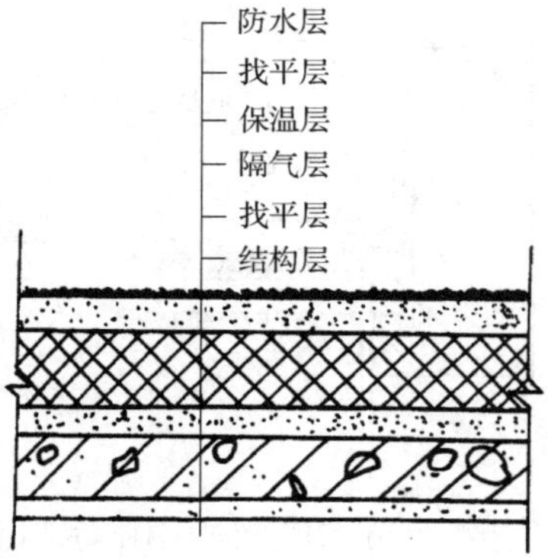

图 10.19　保温层设在防水层下的屋面构造

① 保温层设在防水层下(图 10.19)。这种做法是常用的构造做法，其构造层次从上至下为防水层、保温层、结构层，即保温层包覆在结构层的上面，通常称为正置式保温，也称为外置式保温。保温层厚度根据热工计算确定。这种做法能有效减小外界温度变化对结构的影响，而且结构受力合理，施工方便。由于室内水蒸气能透过结构层进入保温层，产生凝结水，从而降低保温材料的保温性能。另外，凝结水受热膨胀还可使防水层起鼓破坏，导致防水层失效。为防止这种现象产生，除在防水层铺设时采用花铺法外，还应在保温层下做隔气层，一般用和橡胶卷材配套的防水涂料涂刷 2mm 厚，或采用在保温层上加一层砾石或陶粒作为透气层，在其上做找平层和卷材防水(图 10.20(a))，也可在保温层中间做排气通道(图 10.20(b))。保温层中设透气层并预留通风口，通风口一般留在檐口和屋脊处(图 10.21)。后两种方法因构造复杂，很少采用。

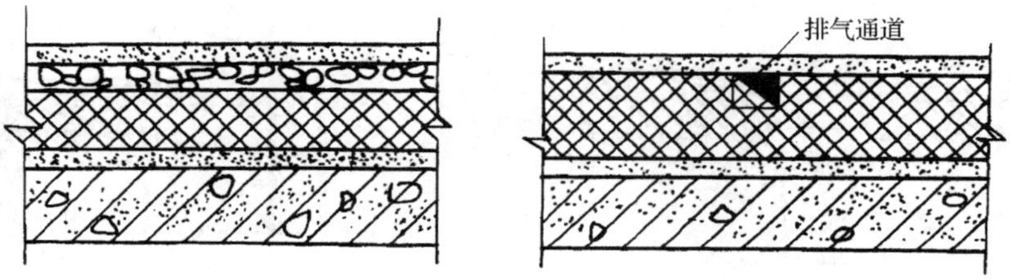

(a) 加砾石或陶粒　　(b) 保温层中间设排气通道

图 10.20　保温层设透气层做法

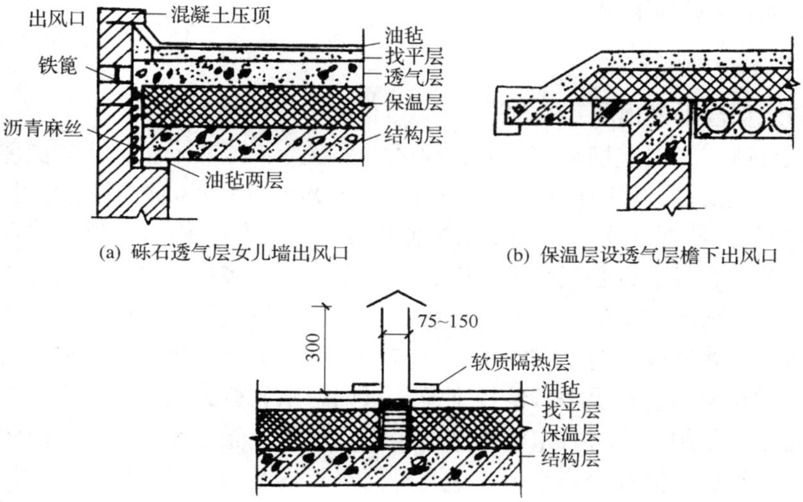

(a) 砾石透气层女儿墙出风口　　(b) 保温层设透气层檐下出风口

(c) 保温层设透气层镀锌铁皮出风口

图 10.21　保温层中透气层通风口构造

在有保温要求的屋面檐口，也应增加保温材料以保证屋面的保温性能(图 10.22)。

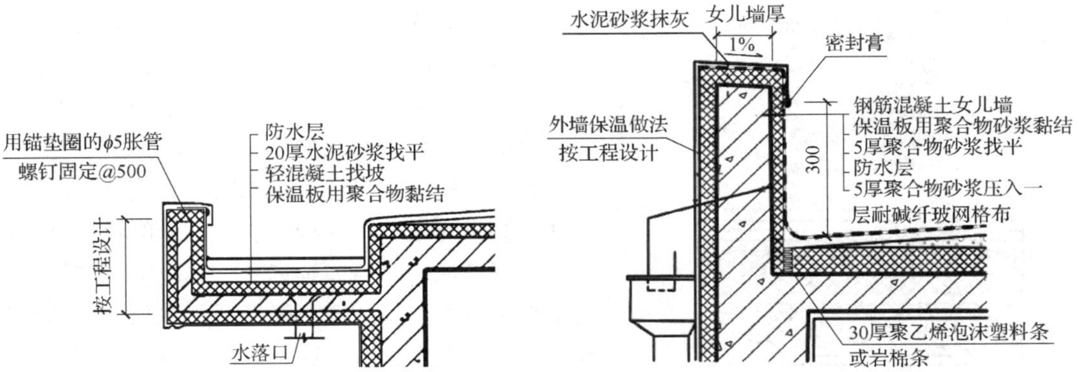

(a) 挑檐保温层构造 (b) 女儿墙檐口保温构造

图 10.22 保温层正铺法檐口构造

② 保温层设在防水层上。构造层次为保温层、防水层、结构层(图 10.23)。由于保温层的位置和通常的设置相反，所以也称为倒铺保温屋面。这种做法的优点是防水层不受外界气候的影响。倒置式保温屋面坡度宜为3%，保温材料应采用吸湿低、耐气候性强的憎水保温材料，如聚氨酯和聚苯乙烯泡沫材料等，而且上面需采用较重的覆盖层(如混凝土块)压住或采用细石混凝土保护层。倒置保温屋面的檐口部位也应采用保温措施(图 10.24)。

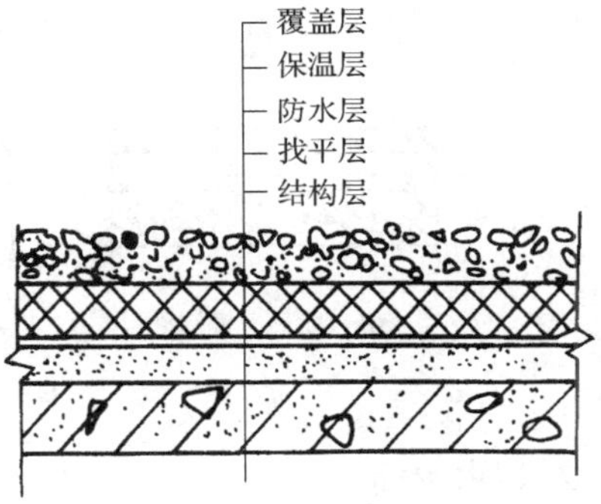

图 10.23 防水层在下保温层在上

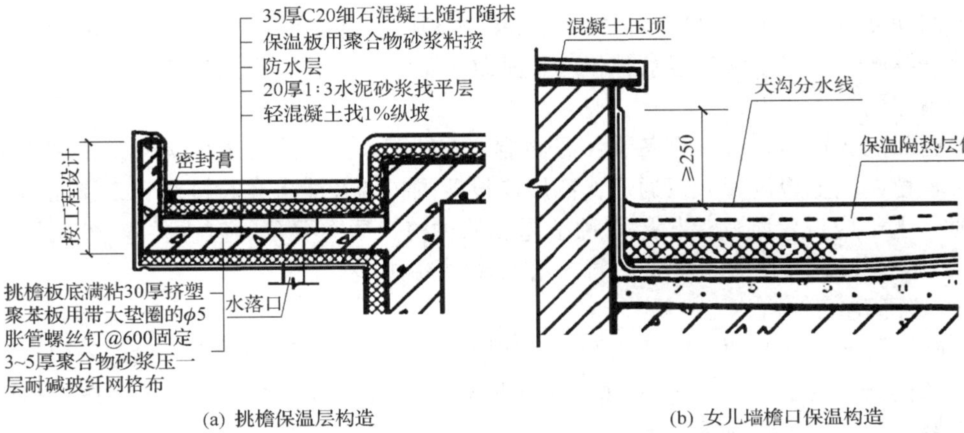

(a) 挑檐保温层构造 (b) 女儿墙檐口保温构造

图 10.24 保温层倒铺法檐口构造

2) 刚性防水保温平屋顶的构造

刚性防水保温平屋顶的保温构造与柔性防水保温平屋顶的构造方式基本相同(图 10.25)。

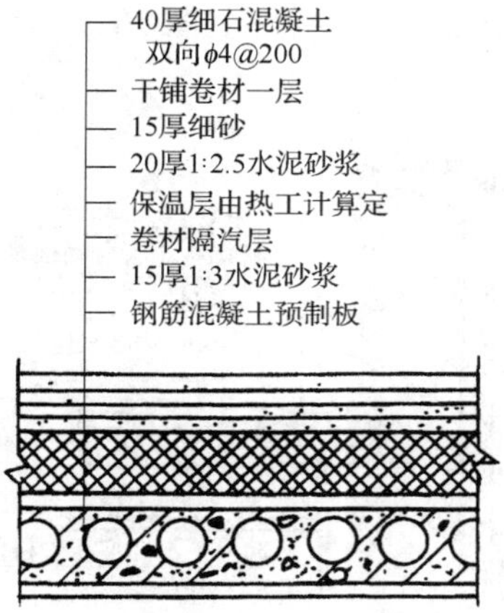

图 10.25　刚性防水保温屋面构造

2. 平屋顶的隔热构造

炎热地区夏季，太阳辐射使屋顶温度剧烈升高，为减轻高温对室内的影响，平屋顶需设降温隔热层或采取降温措施。构造做法有以下几种。

1) 实体材料隔热屋面

利用材料的蓄热性、热稳定性和传导时间的延迟性来做隔热屋顶。这种屋顶在太阳的辐射下，内表面出现高温比外表面延迟 3～5h。由于这种材料的蓄热系数大，晚间气温降低后，屋顶蓄存的热量开始向室内散发，所以这种方法只适用于夜间少用的房间(图 10.26)。

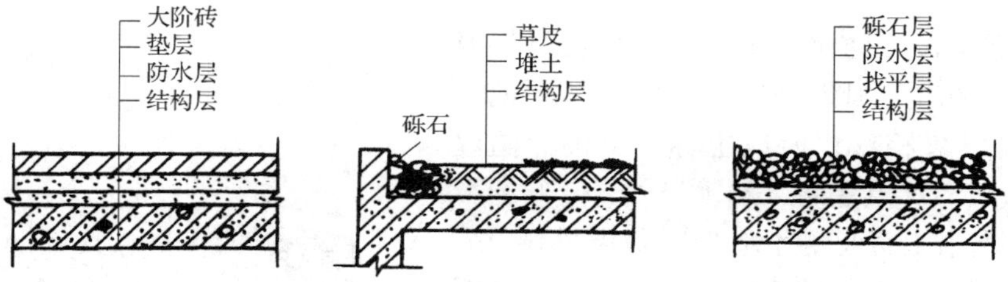

(a) 大阶砖实铺屋面　(b) 堆土屋面　(c) 砾石屋面

图 10.26　实体材料隔热屋面

2) 蓄水屋面

蓄水屋面不宜在寒冷地区、地震区和震动较大的建筑物上使用，屋面的坡度不宜大于 0.5%，屋面应划分不大于 10m 的蓄水区，长度超过 40m 的蓄水屋面应做横向伸缩缝一道。屋面的蓄水深度宜为 150～200mm。蓄水屋面溢水口的上部应距分仓缝顶面 100mm，排水孔设在分仓缝底部，排水管与落水管相连。屋面应设置人行通道(图 10.27)。

3) 种植屋面

种植屋面隔热性能好且具有冬季保温性能，有利于增加防水层的耐久性，也利于美化环境。在种植屋面上应设置人行通道，四周应设置围护墙及泄水孔、排水管，屋面为柔性防水层时，上部应设置刚性保护层。种植屋面的种植介质主要分为有土种植(使用炉渣与土混合)和无土种植(使用蛭石、珍珠岩、锯末等)(图 10.28)。

4) 通风降温屋面

通风降温屋面即在屋顶设置通风的空气间层，利用空气的流动带走热量。一般分两种做法，一种是通风层设在结构层下面，做成顶棚通风层；另一种是通风层设在结构层上面，采用架空大阶砖或预制板的方式(图 10.29)。

5) 反射蒸发降温屋面

屋顶表面涂成浅色，利用浅色反射一部分太阳辐射热，以达到降温的目的，如铺浅色砾石、刷银粉等；或做镀锌铁皮屋面，也可在屋顶装设水管喷嘴。白天气温较高时进行人

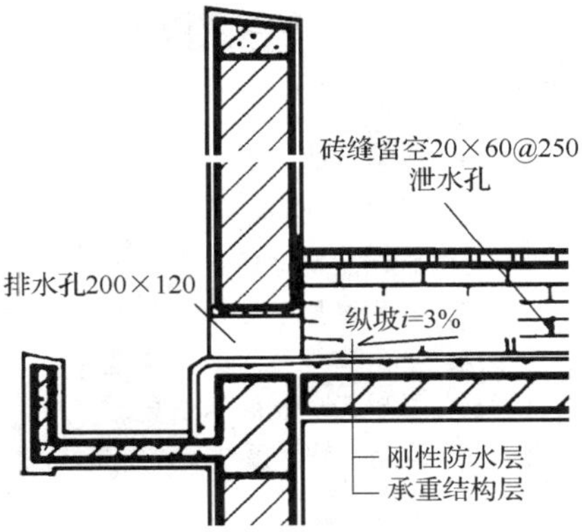

图 10.27　蓄水屋面

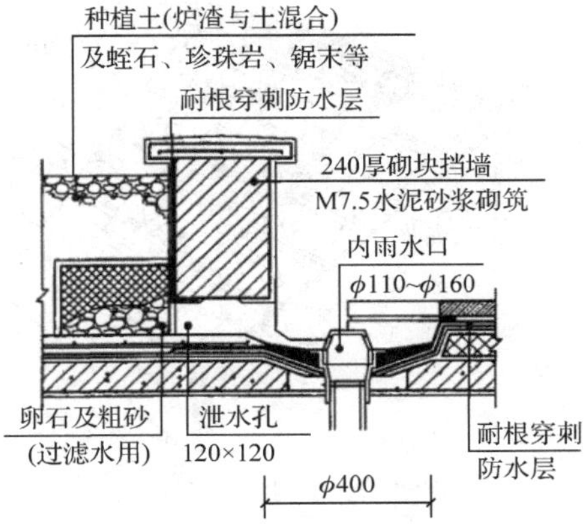

图 10.28　种植屋面

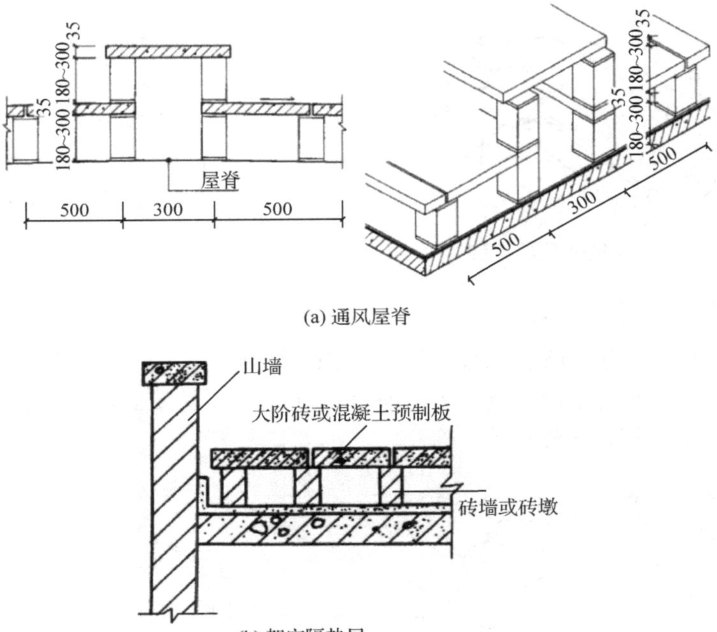

(a) 通风屋脊

(b) 架空隔热层

图 10.29　通风降温屋面

工喷淋；或采用蓄水屋面、种植屋面，利用水吸热蒸发或植物的光合作用的原理吸收热量，降低屋面温度。

10.3　坡　屋　顶

10.3.1　坡屋顶的组成、特点及形式

1. 坡屋顶的组成及特点

坡屋顶是一种排水坡度较大的屋顶形式，由承重结构和屋面两个基本部分组成，如图 10.30 所示。坡面组织由房屋平面和屋顶形式决定，屋顶坡面交接形成屋脊、斜沟、檐口等(图 10.31)，对其屋顶的结构布置和排水方式及造型均有一定影响。

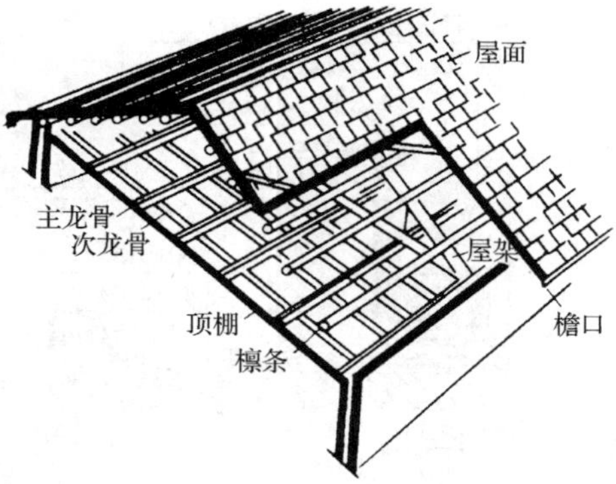

图 10.30　坡屋顶的组成图

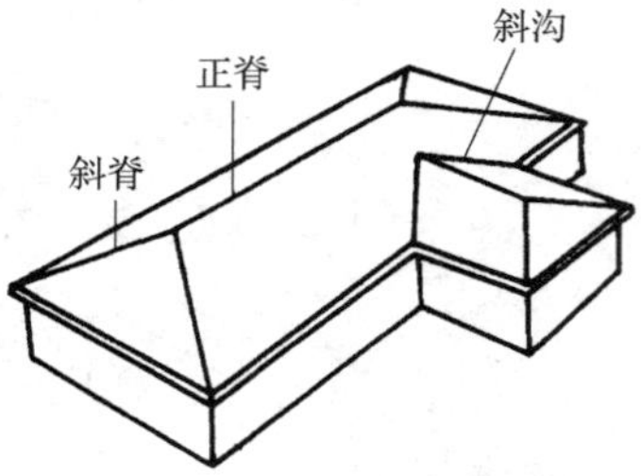

图 10.31　坡屋顶的名称

学习重点

重点关注：

1. 坡屋顶的排水方式。
2. 坡屋顶的承重结构体系，各自的特点及适用范围。
3. 平瓦坡屋面的构造要点。
4. 平瓦坡屋面的细部构造要点。
5. 波形瓦屋面的构造要点。
6. 坡屋顶的保温与隔热构造要点。

分析与思考：

1. 简述坡屋顶的排水方式。
2. 简述平瓦屋顶的檐口天沟及泛水烟囱等细部构造要点。
3. 坡屋顶的保温有哪些构造做法？
4. 坡屋顶的通风隔热方式有哪些？
5. 坡屋顶的隔热有哪些构造做法？

2. 坡屋顶的形式(图 10.32)

常见的坡屋顶形式有单坡、双坡和四坡屋顶，硬山、悬山和庑殿屋顶，圆形和多角形攒尖屋顶等。也可根据屋面材料类型分为平瓦屋面、波形瓦屋面、小青瓦屋面、钢筋混凝土大型屋面板屋面和涂膜防水平屋面等。

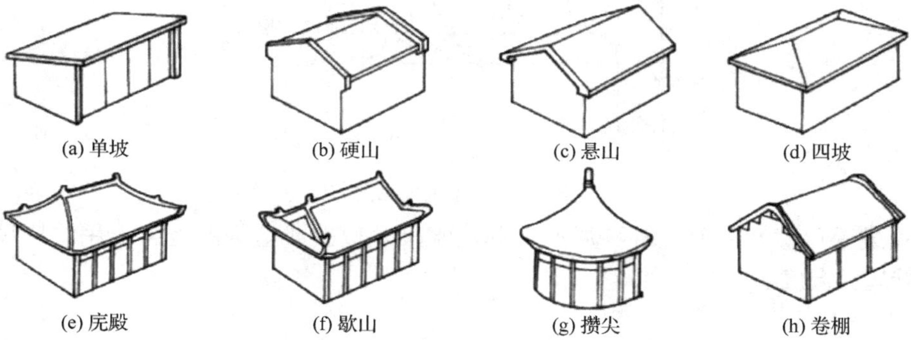

图 10.32　坡屋顶的形式

10.3.2　坡屋顶的排水

坡屋顶的排水方式也分为无组织排水和有组织排水两种。

1. 无组织排水

坡屋顶无组织排水是指雨水经屋脊和坡屋面直接落至地面，屋面不设排水设施。无组织排水适用于雨水少的地区或房屋较低的情况，其优点是构造简单，造价低廉(图 10.33(a))。

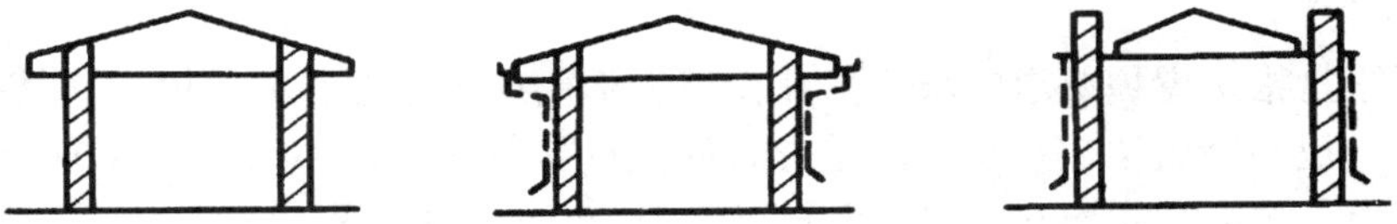

(a) 无组织排水　　(b) 檐沟外排水　　(c) 女儿墙檐沟外排水

图 10.33　坡屋顶排水示意

2. 有组织排水

坡屋顶有组织排水是指雨水经屋面排水设施有组织地疏导引至地面或地下排水管内，其优缺点与平屋顶屋面有组织排水相似。坡屋顶有组织排水分为檐沟外排水和女儿墙檐沟外排水两种。

(1) 檐沟外排水。在坡屋顶挑檐处挂檐沟，雨水经檐沟雨水管排至地面，雨水管和檐沟通常采用镀锌铁皮或石棉水泥轻质耐锈材料制作(图 10.33(b))。

(2) 女儿墙外排水(女儿墙檐沟外排水)。屋顶四周设置檐沟，檐沟外设女儿墙，雨水经过檐沟、雨水口、雨水管排至地面(图 10.33(c))。檐沟一般用镀锌铁皮或钢筋混凝土制成，水斗、雨水管采用镀锌铁皮、铸铁管、石棉水泥、缸瓦管和玻璃钢管等。镀锌铁皮落水管、檐沟规格如表 10.1 所示。

表 10.1　镀锌铁皮落水管、檐沟规格

落水管				檐沟		
断面形式	断面尺寸/mm	展开宽度/mm	净面积/cm²	断面形式	展开宽度/mm	适用跨度/m
	80×60、93×67、99×73、128×90	300、333、360、450	48.0、62.3、72.2、115.1		225	跨度<6
				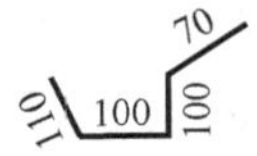	400	6～15
	ϕ65、ϕ90	225、300	33.2、70.8	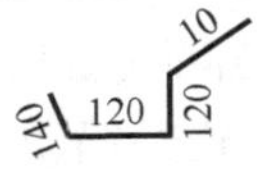	450	跨度>15

注：① 表列规格系按 900×1800、1000×2000 的 24 号镀锌铁皮裁剪。
② 白铁皮容易锈蚀，需经常刷油漆，一般 10～15 年就要更换。

3. 屋面防水材料及其坡度

常见的坡屋顶屋面防水材料有小青瓦、平瓦、波形瓦、金属瓦、琉璃瓦、玻璃屋顶、构件自防水等。使用坡度一般大于 10%(图 10.2)。

10.3.3　坡屋顶的支承结构

坡屋顶支承结构主要有横墙承重和屋架承重两个部分。房屋开间较小的建筑，如住宅、宿舍等采用横墙承重；房屋有较大空间要求的建筑，如食堂、礼堂、俱乐部等采用屋架承重。

1. 横墙承重

横墙承重是指按屋顶要求的坡度，在横墙上部砌成三角形，并在墙上直接搁置檩条承受屋面重量，也叫硬山架檩。这种承重方式的优点是节约木材和钢材，做法简单、经济，房间之间隔声、防火性能均好。但平面布局受到一定的限制(图 10.34)。

采用上述承重方式应注意，横墙的间距，即檩条的跨度尽可能一致，檩条常用木材和钢筋混凝土制作。木檩条跨度在 4m 以内，截面为矩形或圆形；钢筋混凝土檩条跨度最大可达 6m，截面为矩形、L 形、T 形。檩条截面尺寸需经结构计算确定。檩条间距与屋面板的厚度或椽子截面尺寸有关。

设置檩条应预先在横墙上搁置木块或混凝土垫块，使荷载分布均匀。木檩条端头需涂刷沥青以防腐。

2. 屋架承重

屋架承重是指屋架搁置在建筑物外纵墙或柱上，屋架上设檩条，传递屋面荷载。屋架间距通常为 3～4m，一般不超过 6m。这种承重方式的优点是整体性好，建筑物内有较大的使用空间(图 10.35)，平面布局灵活。

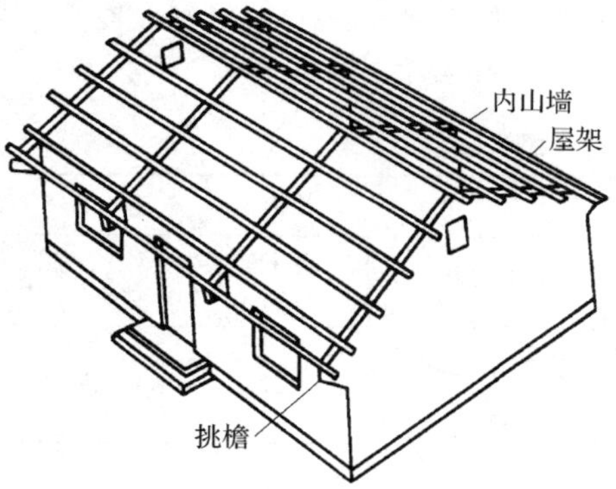

图 10.34　横墙承重

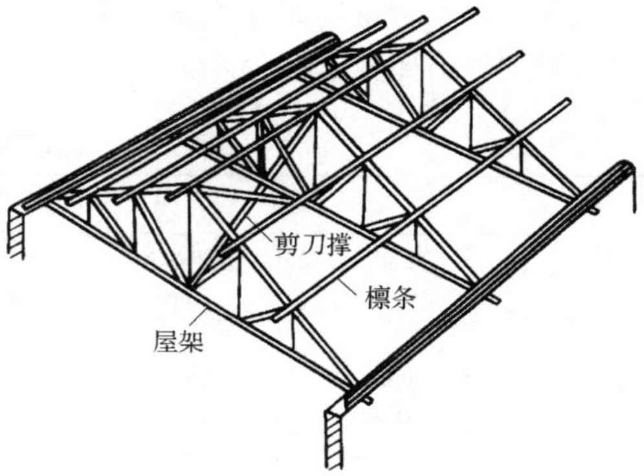

图 10.35　屋架承重

屋架是用木、钢木、钢筋混凝土和钢等材料制作的，其高度和跨度的比值应与屋面的坡度一致。常用三角形屋架，构造简单，施工方便，适用于各种瓦屋面(图 10.36)。

当两个坡屋顶垂直相交时，屋架结构布置有两种方法，一种是在插入屋顶的跨度不大时，可以将插入屋顶的檩条搁在原来房屋檩条上；另一种是将斜梁或半屋架的一端搁在转角墙上，另一端搁在屋架上。其他转角和四坡屋顶的端部屋架布置基本上按此原则(图 10.37)。

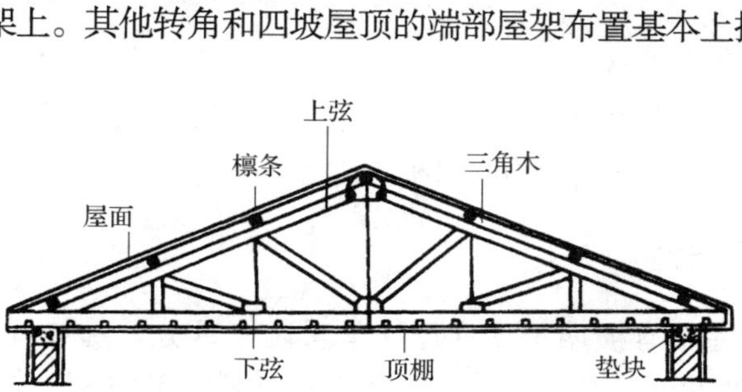

图 10.36　三角形屋架组成

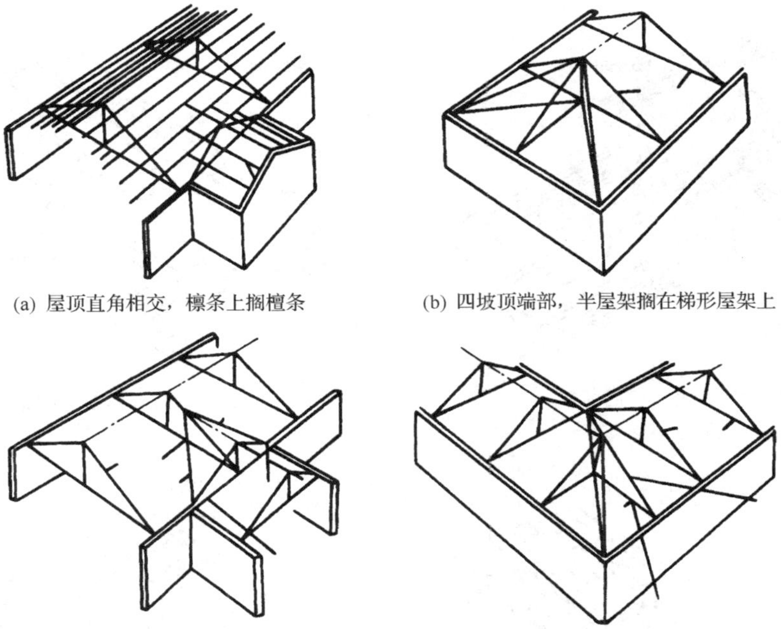

(a) 屋顶直角相交，檩条上搁檀条　　(b) 四坡顶端部，半屋架搁在梯形屋架上

(c) 屋顶直角相交，斜梁搁在屋架上　　(d) 屋顶转角处，半屋架搁在全屋架上

图 10.37　屋架布置示意

10.3.4　坡屋顶的屋面构造

在我国，常见坡屋顶屋面类型为平瓦坡屋面、波形瓦坡屋面、小青瓦坡屋面、钢筋混凝土大型屋面板坡屋面等，各种类型的坡屋顶构造如下。

1. 平瓦坡屋面构造

平瓦即黏土瓦(图 10.38)，又称机平瓦，是用黏土模压制成凸凹楞纹后焙烧而成，一般尺寸为长 380～420mm，宽 240mm，厚 20mm。平瓦设有挂钩，挂在挂瓦条上防止下滑。风速大的地区，可以用金属丝穿平瓦中部小孔绑扎于挂瓦条上。水泥瓦、硅酸盐瓦等亦属于此类。

1) 基本构造

(1) 冷滩瓦屋面，也称为空铺平瓦屋面，即在椽子上钉挂瓦条后直接挂瓦(图 10.39)，挂瓦条尺寸视椽子间距而定。冷滩瓦屋面优点是构造简单、经济性好；缺点是雨雪易飘入。

(2) 实铺瓦屋面，是在檩条或椽条上铺屋面板，屋面板上面挂瓦。屋面板是木板的称为木望板瓦屋面，其构造方法是，平毛木板上铺设卷材(如油毡等)，卷材上钉顺水条，顺水条上钉挂瓦条，挂瓦条上挂瓦。其中，平毛木板 20mm 厚，板间留缝 10～20mm。卷材在板上平行屋脊从檐口到屋脊铺设，油毡搭接长度不小于 80mm，油毡上用 30mm×10mm 的板条垂直屋脊方向钉牢，称顺水条或压毡条。然后，在顺水条上钉挂瓦条，上面挂瓦(图 10.40(a))。这种做法使从瓦缝飘入的雨水被挡在卷材之外，雨水通过挂瓦与卷材之间的空隙排出，增强了屋面的防水性能，但耗用木材多，造价偏高，适用于大量建筑中防水严格的建筑。望板也可采用钢筋混凝土屋面板，其构造方法与木望板瓦屋面构造基本相同，现使用较多(图 10.40(b))。

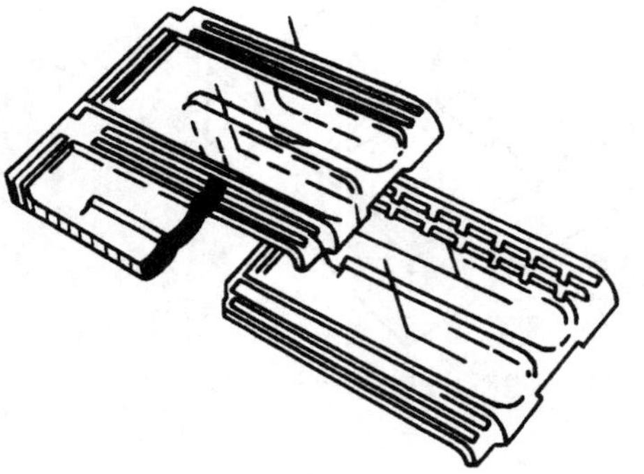

图 10.38 平瓦

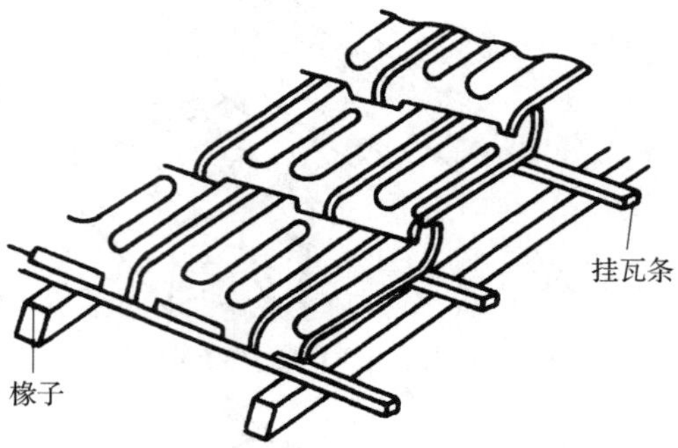

图 10.39 冷滩瓦屋面

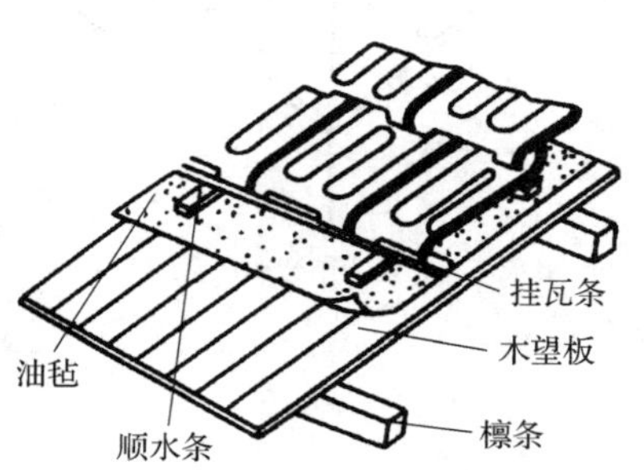

(a) 木望板瓦屋面

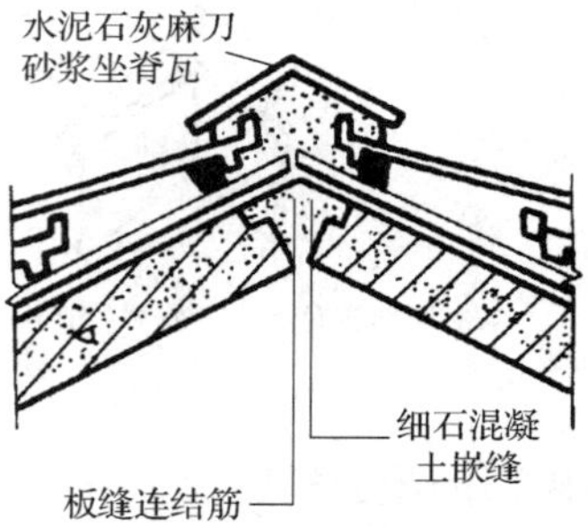

(b) 钢筋混凝土望板瓦屋面

图 10.40 实铺瓦屋面

(3) 钢筋混凝土挂瓦板平瓦屋面，用钢筋混凝土挂瓦板代替实铺平瓦屋面的檩条、望板、挂瓦条，将其直接搁置在山墙或屋架上，上面挂瓦，挂瓦板屋面坡度不小于 1 : 2.5。挂瓦板两端预留小孔套在砖墙或屋架上的预埋钢筋头上以固定，并用 1 : 3 水泥砂浆填实(图 10.41)。这种方法的缺点是在挂瓦板的板缝处容易渗水，必须注意板缝的防水处理。

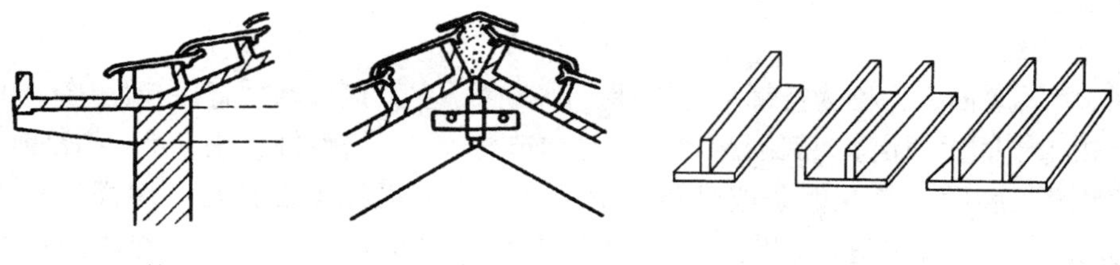

(a) 檐口　(b) 屋脊　(c) 挂瓦板

图 10.41 钢筋混凝土挂瓦板坡屋面

2) 细部构造

(1) 山墙檐口。山墙檐口可分为山墙挑檐和山墙封檐两种。

① 山墙挑檐，也称悬山，将檩条外挑形成悬山，檩条端部钉木封檐板。沿山墙挑檐的一行瓦，应用 1 : 2.5 水泥麻刀砂浆抹成转角封边(图 10.42)。

② 山墙封檐，有硬山和出山两种。硬山做法是屋面和山墙齐平，或挑出一皮砖，用

水泥砂浆抹边瓦出线(图 10.43)；出山做法是将山墙砌出屋面，在山墙和屋面交界处做泛水，常见构造有挑砖砂浆抹灰泛水、小青瓦坐浆泛水和镀锌铁皮泛水(图 10.44)。

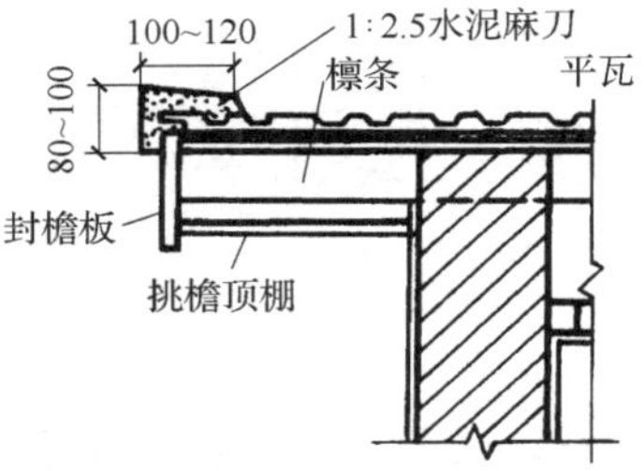

图 10.42 山墙挑檐构造

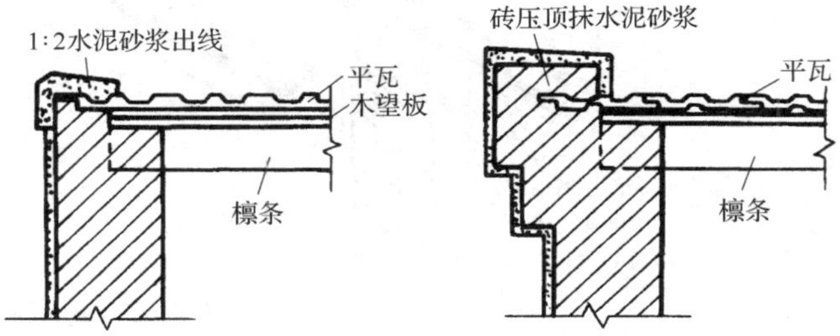

(a) 屋面和山墙平齐 (b) 屋面挑出一皮砖

图 10.43 硬山封檐构造

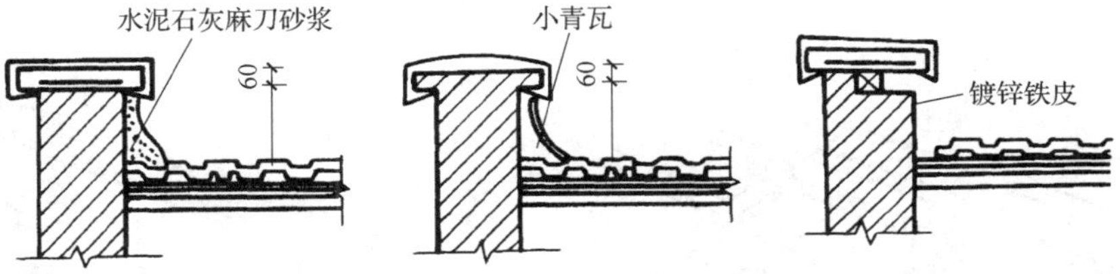

(a) 挑砖砂浆抹灰泛水 (b) 小青瓦坐浆泛水 (c) 镀锌铁皮泛水

图 10.44 出山封檐构造

(2) 纵墙檐口。纵墙檐口分为挑檐和包檐两种。

① 挑檐是指屋面挑出外墙，对外墙有保护作用。南方地区多雨，出挑大；北方地区少雨，出挑小。当出挑小时，可用比较简单的砖砌挑檐，每皮砖出挑 1/4 砖，约 60mm。一般挑出的总长不大于墙厚的 1/2(图 10.45(a))。当出挑较大时，有三种构造方法。

a. 屋面板出挑檐口。望板较薄，出挑长度不宜超过 300mm。若能利用屋架托木或在横墙砌入挑檐木与望板封檐板结合，出挑长度可适当加大(图 10.45(b)～(d))。

b. 挑椽檐口。当出挑长度大于 300mm 时，可利用椽子出挑，檐口处可将椽子外露或钉封檐板(图 10.45(e))。

c. 挑檩檐口。利用屋架下弦的托木或横墙砌入的挑檐木作为支托，檐口墙外另一檩条做成挑檩檐口(图 10.45(f))。

木挑檩构造可做成檐口顶棚，基本构造做法是在靠外墙一边砌入木砖，钉一条顶棚龙

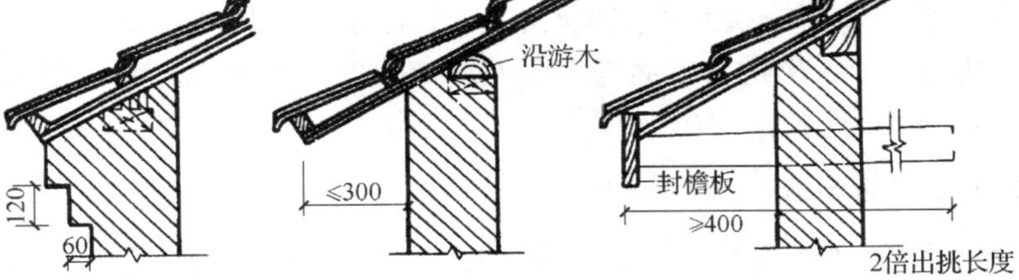

(a) 砖挑檐口 (b) 木望板挑檐 (c) 挑檐木挑檐

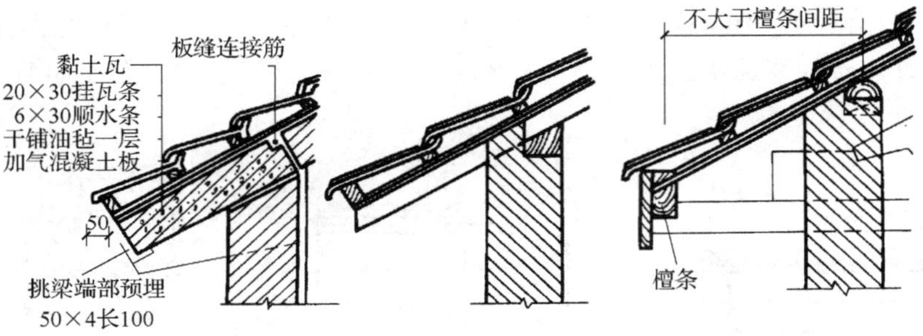

(d) 钢筋混凝土望板挑檐　(e) 挑椽檐口　(f) 挑檀檐口

图 10.45　平瓦屋顶纵墙挑檐构造

骨，靠封檐板一边，利用托木、挑木或挑椽再钉一条顶棚龙骨，在两龙骨间钉露缝板条或抹灰；也可用硬质纤维板，板条抹灰等构造(图 10.46)。挑檐做成檐沟外排水时，其构造是挑檐封檐板处挂镀锌铁皮或石棉水泥檐沟和雨水管(图 10.47)。

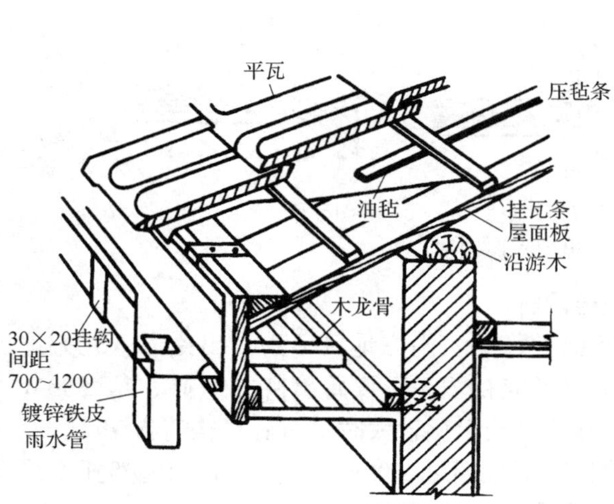

图 10.46　纵墙檐口顶棚构造

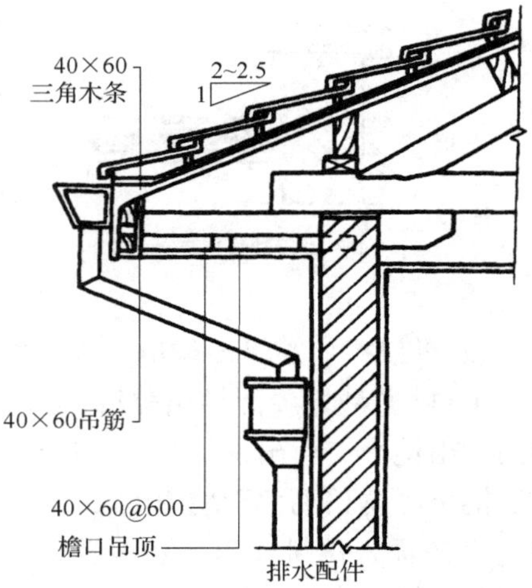

图 10.47　纵墙檐口有组织排水构造

② 包檐是指墙出屋面将檐口包住，也称为女儿墙封檐。屋架与女儿墙相接处必须设天沟。常用做法是用镀锌铁皮放在木底板上，铁皮靠墙一边做成泛水，泛水高度大于250mm，天沟一边伸入屋面油毡层底下(图 10.48)；也可采用钢筋混凝土预制天沟板，沟内铺油毡防水层。

(3) 斜天沟。一般用镀锌铁皮，铁皮下铺二层油毡，天沟应有足够的截面积起到防止溢水的作用；也可以采用弧形瓦或缸瓦铺到斜天沟，搭接处要用麻刀灰坐牢(图 10.49)。

(4) 烟囱泛水。采用檩条或木望板时，为安全防火，木檩条和木望板距烟囱内壁应大于 370mm，烟囱外壁做出挑。屋面与烟囱四周交接处均需做泛水，一般做镀锌铁皮泛水或挑砖、石灰麻刀砂浆泛水(图 10.50)。

2. *波形瓦坡屋面构造*

波形瓦坡屋面的优点是质轻、有一定刚度、块大、构造简单等，但易脆裂、保温隔热性能差，多用于不需保温隔热的建筑中。

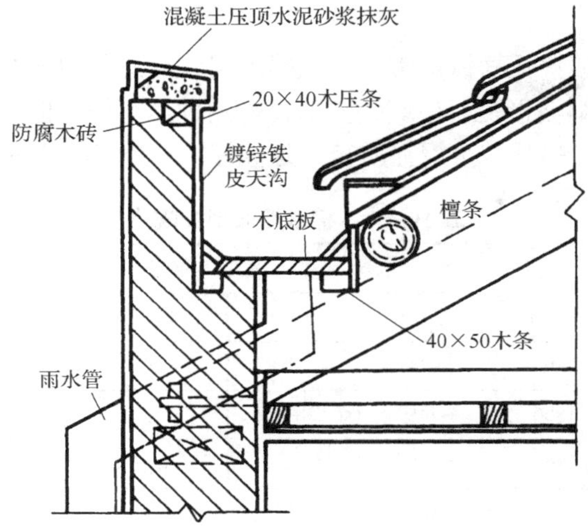

图 10.48 包檐檐口构造

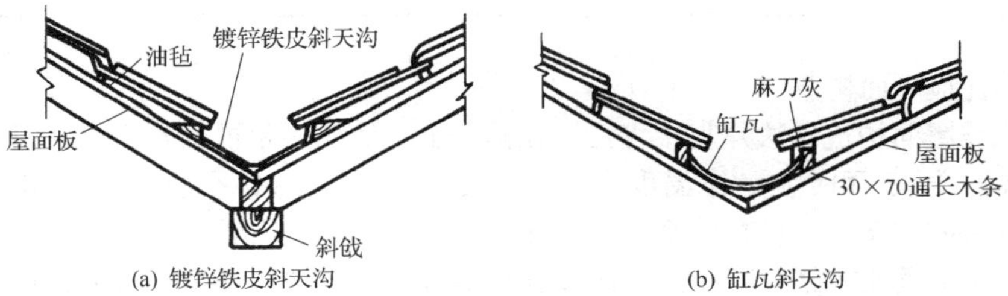

图 10.49 斜天沟构造

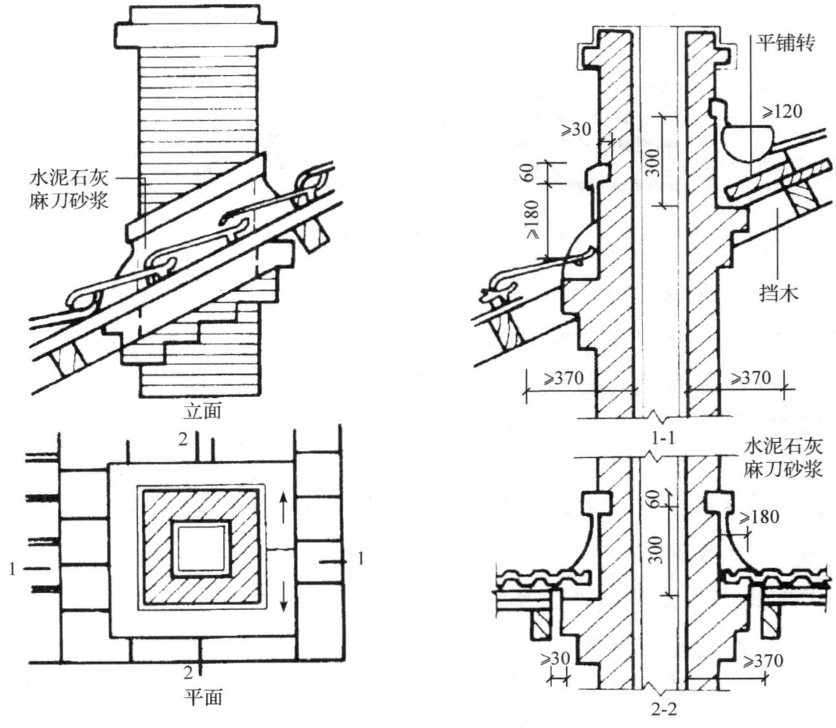

图 10.50 烟囱构造

1) 瓦的种类

石棉水泥波形瓦和镀锌瓦楞铁最常用，石棉水泥波形瓦分为大波、中波、小波三种，见表 10.2。波形瓦还有塑料波形瓦、玻璃钢波形瓦等品种，它们不但质轻，而且强度高、透光性好，可兼作采光天窗。另外，金属瓦质轻、延性好，目前已在工业建筑中大量使用。

表 10.2　石棉水泥波形瓦规格

瓦材名称	规格					
	长/mm	宽/mm	厚/mm	弧高/mm	弧数/个	重量/(kg/块)
石棉水泥大波瓦	2800	994	8	50	6	48
石棉水泥中波瓦	1800	745	6	33	7.5	14.2
石棉水泥小波瓦	1800	720	8	14～17	11.5	20
石棉水泥脊瓦	850	180×2	8	—	—	4
石棉水泥平瓦	1820	800	8	—	—	40～50

2) 波形瓦坡屋面构造

波形瓦坡屋面构造做法是直接将瓦钉在檩条上，檩条间距视瓦长而定，每张瓦至少有三个固定点，固定瓦时应考虑温度变化而引起的变形，故钉孔直径应比钉直径大 2～3mm，并加装防水垫，孔设在波峰上。石棉水泥瓦上下搭接长度大于 100mm，左右两张之间，大波、中波瓦至少搭接半个波，小波瓦至少搭接一个波。瓦之间只能搭接而不能一钉二瓦(图 10.51)。

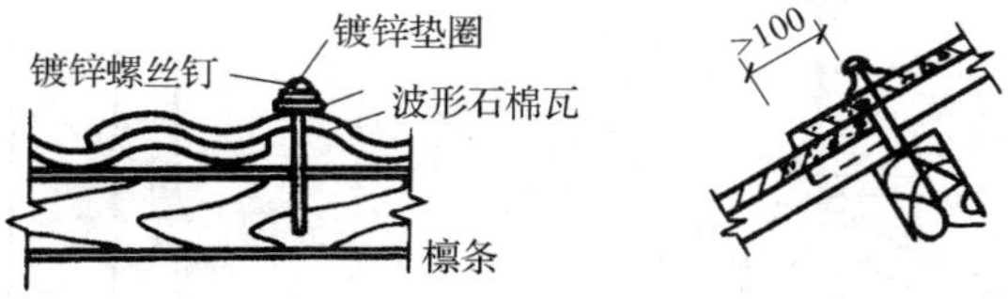

图 10.51　石棉水泥瓦屋面构造

3. 小青瓦坡屋面构造

在我国旧居民建筑中常用小青瓦(板瓦、蝴蝶瓦)做屋面。小青瓦端面呈弓形，一头较窄，尺寸规格不一，宽度为 165～220mm。有俯铺、仰铺两种铺瓦方式，俯盖成陇，仰铺成沟。盖瓦搭设底瓦约 1/3，上、下两皮瓦搭接长度在少雨地区为搭六露四，多雨地区为搭七露三。露出长度不宜大于瓦长的 1/2。一般在木望板或芦席、苇箔上铺灰泥，然后铺瓦。在檐口瓦的尽头处铺滴水瓦。小青瓦块小，易漏雨，需经常维修，现除旧房维修及少数民族地区民居外已不使用(图 10.52)。

4. 钢筋混凝土大型屋面板坡屋面构造

钢筋混凝土大型屋面板多用于工业建筑中，在大型公共建筑中也有采用。屋面板跨度有 6m、12m 等，一般直接搭在钢或钢筋混凝土屋架上。在大量的民用建筑中尚有钢筋混凝土槽形板、F 形板等。槽形板垂直于屋脊方向单层或双层铺设，下面用檩条支撑。单层

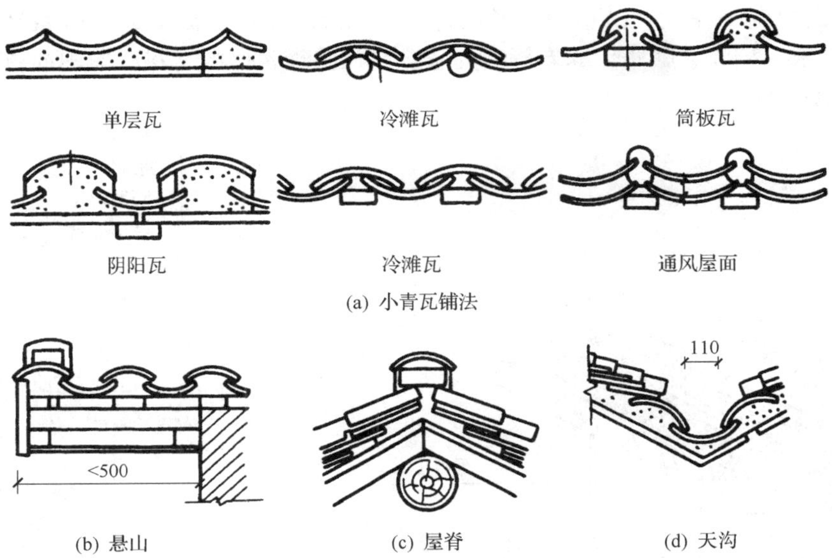

图 10.52　小青瓦坡屋面构造

铺放时槽口向上，两块板肋之间的缝用脊瓦盖住，以防板缝漏水；双层铺设时将槽形板正反搁置互相搭盖，板面多采用防水砂浆或涂料防水。正反两块板之间形成通风孔道，从檐口进风，屋脊处出风，成为通风屋顶，在南方气候炎热地区常采用此种屋顶。F 形板也可直接搭在屋架或檩条上，板按顺水方向互相搭接，板缝用砂浆嵌填(图 10.53)。

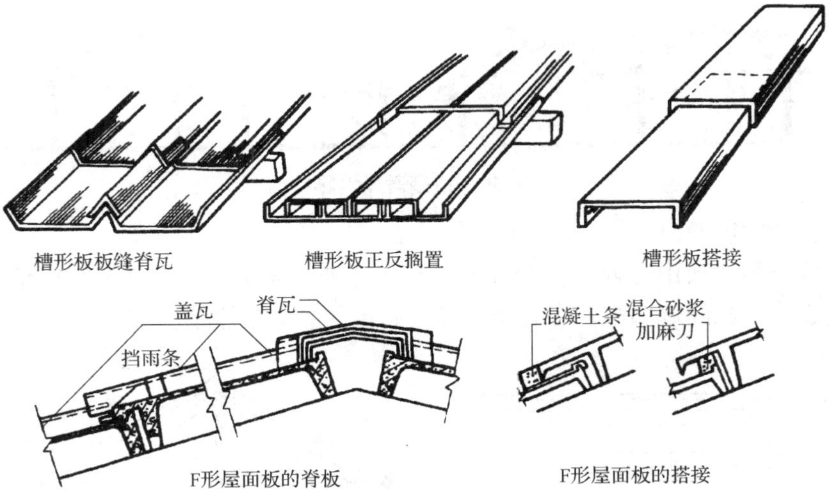

图 10.53　钢筋混凝土大瓦屋面

10.3.5　坡屋顶的保温和隔热

1. 坡屋顶的保温

坡屋顶的保温有屋面保温和顶棚保温两种。

(1) 屋面保温：屋面保温是将保温层放在屋面结构层之上(图 10.54)。保温材料多使用聚苯乙烯板、聚氨酯等板材，其构造与平屋顶相近。

(2) 顶棚保温：在设有吊顶的坡屋顶，常将保温层设在顶棚上面，保温材料可选散状材料，如锯末、稻壳、膨胀珍珠岩等。为防止蒸汽渗透，保温材料下面用油毡或油纸做一层隔气层(图 10.55)。

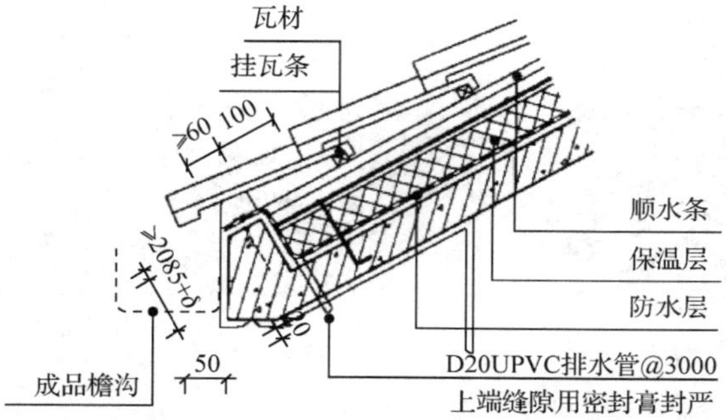

图 10.54　坡屋顶屋面保温构造

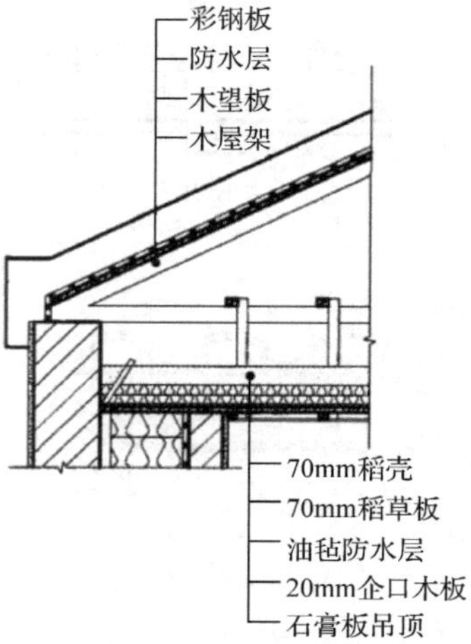

图 10.55　顶棚保温屋面构造

2. 坡屋顶的隔热

炎热地区坡屋顶中设置进气口，利用屋顶内外热压差和风压差，组织空气对流，形成屋顶内的自然通风，带走热量，降低屋面温度(图 10.56)。

图 10.56　顶棚通风隔热屋面

1) 气窗、老虎窗通风

气窗常设于屋脊或山墙处。屋脊气窗是在屋脊处加盖小屋面，其侧窗窗扇多采用百叶窗，也可做成能采光的玻璃窗。小屋面支撑在屋顶的屋架或檩条上(图 10.57)。

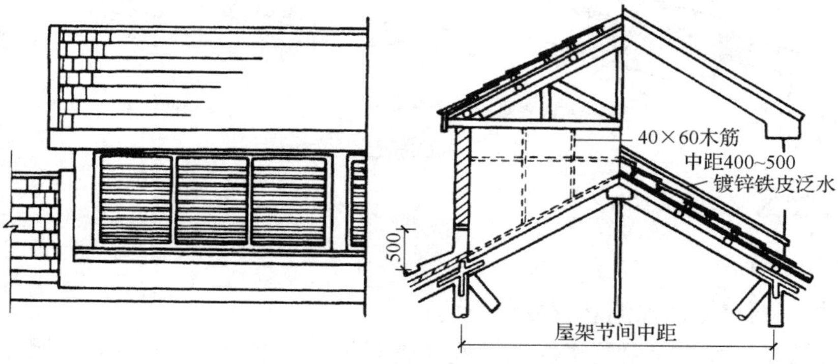

图 10.57　气窗通风构造

老虎窗是为改善坡屋顶建筑上部空间的室内采光与通风，在屋顶开设的立窗。老虎窗支撑在屋顶檩条或椽条上，一般是在檩条上立小柱，然后盖老虎窗的小屋面(图 10.58)。

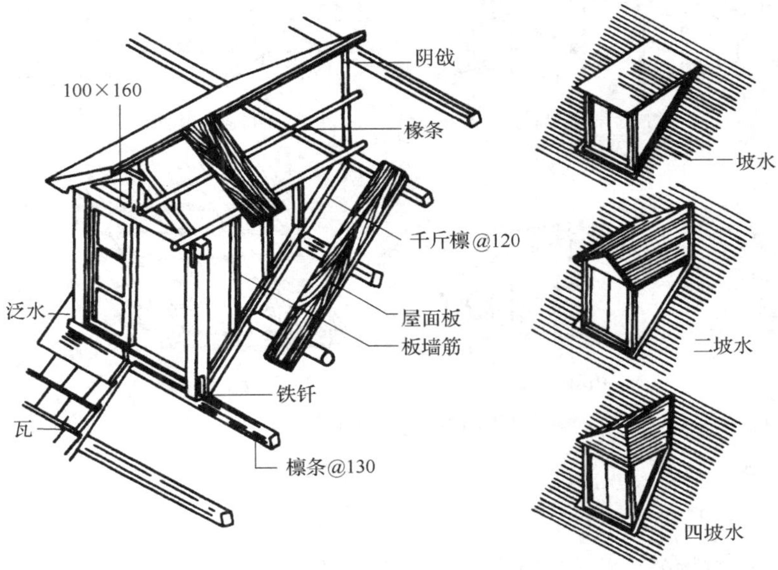

图 10.58　老虎窗构造

2) 山墙上百叶窗通风

在房屋山墙的顶部，或歇山屋顶的山花处常设百叶通风窗(图 10.59)。百叶窗后可钉纱窗，也可用砖砌成花格或预制混凝土花格装于山墙顶部做通风窗。

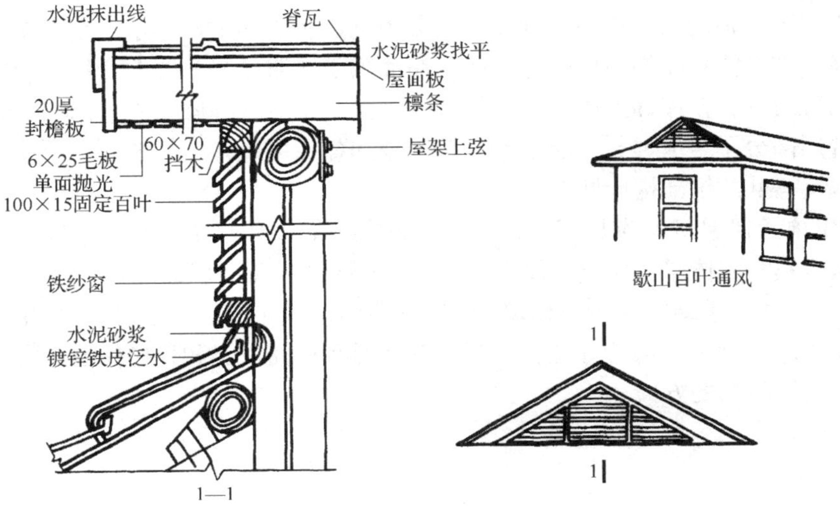

图 10.59　歇山百叶通风窗

另外，也可采用其他方式的通风构造，如檐口通风洞通风、双层瓦屋顶通风等(图 10.60)。

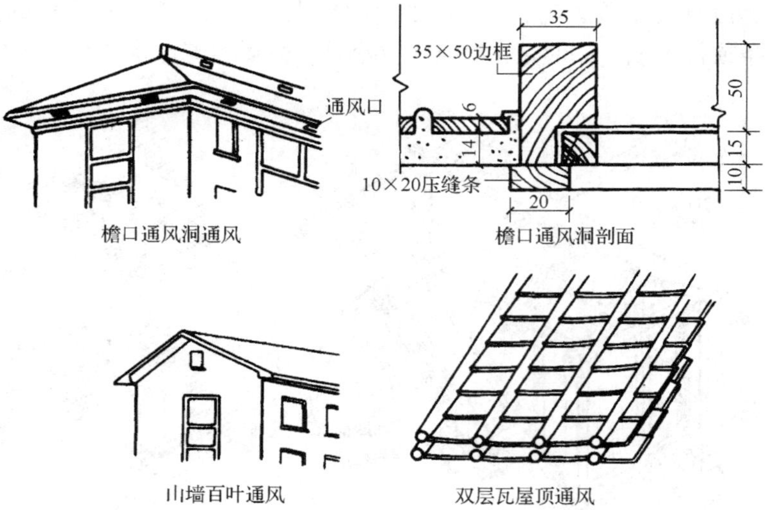

图 10.60　其他通风形式

小　　结

(1) 屋顶是建筑物的承重和围护构件，由防水层、结构层和保温层等组成。

(2) 屋顶按其外形分为坡屋顶、平屋顶和曲面屋顶等。坡屋顶坡度一般大于 10%，平屋顶坡度小于 5%，曲面屋顶的坡度随外形变化，形式多样。按屋面防水材料分为柔性防水屋面、刚性防水屋面、粉剂防水屋面、涂膜防水屋面和瓦屋面等。其中，柔性防水屋面、刚性防水屋面最常用。

(3) 平屋顶的排水方式主要有无组织排水和有组织排水两大类。有组织排水又分内排水和外排水，平屋顶的防水按材料性质不同分为刚性防水和柔性防水。刚性防水是指用防水水泥砂浆或细石混凝土做成的，这类防水屋面由于热胀冷缩或挠曲变形的影响，常使刚性防水层出现裂缝，使屋面产生漏水，所以构造上要求对这种屋面做隔离层或分格缝；柔性防水常选用高分子合成卷材、塑胶卷材等铺设和黏结而成，这类屋面主要应做好檐口、泛水和雨水口等处的细部构造处理。

(4) 平屋顶的保温材料应是容重轻、导热系数小的多孔轻质材料；平屋顶的隔热措施主要有通风隔热、实体屋面隔热、植被隔热、蓄水隔热、反射屋面隔热等。

(5) 坡屋顶的承重结构系统有山墙承重、屋架承重和屋架梁承重等，其檐口、山墙、天沟及泛水等应做好细部构造处理；坡屋顶的保温有屋面保温和顶棚保温两种方法，它的隔热常采用通风隔热的方式。

第 11 章　门　　窗

11.1　概　　述

门是在建筑空间墙体界面上安装的开关装置，是连接、分割空间场所的实体构件。窗是用于满足建筑采光、通风、换气等功能的装置。门窗与墙体、屋面共同形成了建筑空间的围护结构。建筑设计中墙体需要预留洞口进行门窗安装。门窗在当代建筑中属于成品安装环节，其材料、工艺和构造向专业化、产品化发展。

门窗是影响建筑多项性能的重要因素。门窗的主要性能包括门窗的三性(气密性、水密性及抗风压性能)、保温性能、采光性能、隔声性能等。

门窗发展大致经历了几个阶段，较早的阶段为木门窗，由工匠现场制作安装，制作安装时间较长；20 世纪 80 年代以来的钢制门窗、铝合金门窗，其热工、卫生、安全等性能均有所提升；90 年代以来出现的复合型门窗，如塑钢门窗，塑铝门窗等，热工、卫生等性能进一步提升，逐渐成为主流的门窗制品。除此以外，还有各种材料组合的门窗，如铝木复合门窗、玻璃钢(FRP 纤维增强塑料)型材门窗等。门窗的设计要求如下。

(1) 防风雨、保温、隔声。

(2) 开启灵活、关闭紧密。

(3) 便于擦洗和维修方便。

(4) 坚固耐用、耐腐蚀。

(5) 符合《建筑模数协调标准》GB/T 50002 的要求。

学习重点

重点关注：

1. 门窗的设计要求。

分析与思考：

1. 门窗的开启方式及特点。
2. 铝合金窗的特点。
3. 铝合金窗构造。

11.1.1　门的开启类型

门的开启方式主要是由使用要求决定的，通常有以下几种方式，如图 11.1 所示。

(1) 平开门：构造简单，开启灵活，可做单扇或双扇，可内开或外开，制作、安装和维修均较方便，所以使用最广泛。但其门扇受力状态较差，易产生下垂或扭曲变形，所以门洞一般不宜大于 3.6m×3.6m。门扇可以由玻璃、木、钢或钢木组合而成，门的面积大于 5m^2 时，宜采用角钢骨架。

(2) 推拉门：制作简单，开启时所占空间较少，但五金零件较复杂，开关灵活性取决于五金的质量和安装的好坏，适用于多种大小洞口的民用及工业建筑。

(3) 弹簧门：制作简单，开启灵活，采用弹簧铰链或地弹簧构造，开启后能自动关闭，适用于人流出入较频繁或有自动关闭要求的场所。

(4) 折叠门：折叠门一般门洞较宽，门由多道门扇组合，门扇可分组叠合并推移到侧边，以使门两边的空间在需要时合并为一个空间。其五金零件制作相对复杂，安装要求较高。折叠门一般有侧挂式、侧悬式和中悬式折叠三种。

(5) 转门：为三扇式四扇门连成风车形，在两个固定弧形门套内旋转的门。对防止内外空气的对流有一定的作用，可作为公共建筑及有空气调节房屋的外门。其他还有上翻门、升降门、卷帘门等，一般适用于需要较大活动空间的场所，如车间、车库及某些公共建筑的外门。

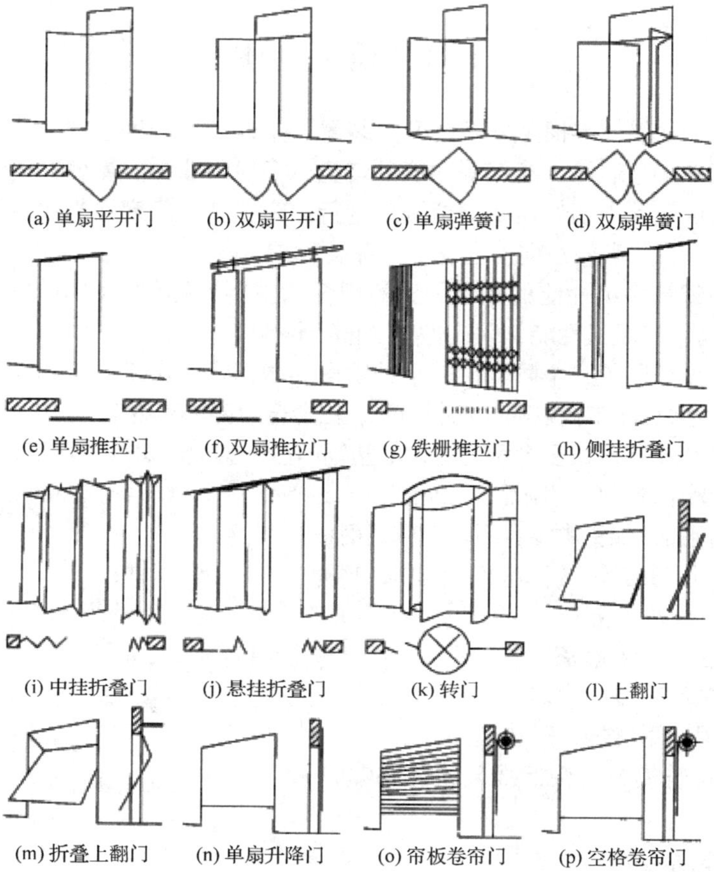

图 11.1　门的开启方式

11.1.2　窗的开启类型

窗的开启方式依据建筑的立面、房间的使用功能、防火疏散等要求进行选型，如图 11.2 所示。

(1) 固定窗：窗扇不能开启，一般将玻璃直接安装在窗框上，作用是采光、照明。

(2) 平开窗：将窗扇用铰链固定在窗框侧边，有外开、内开之分，平开窗构造简单、制作方便，开启灵活，广泛应用于各类建筑中。

(3) 悬窗：按窗的开启方式不同，分为三种：①上悬式，窗轴位于窗扇上方，外开时防雨好，但通风较差；②中悬式，构造简单、制作方便、通风较好，多用于厂房侧窗；③下悬式，此类型窗不能防雨，开启时占用室内空间，只能用于特殊房间。

(4) 立转窗：有利于通风与采光，防雨及封闭性较差，多用于有特殊要求的房间。

(5) 推拉窗：分垂直推拉和水平推拉两种，开启时不占据室内外空间，窗扇可比平开窗扇大，有利于照明和采光，尤其适用于铝合金及塑钢窗。

(6) 百叶窗：百叶窗的百叶板有活动和固定两种。活动百叶板常为遮阳和通风之用，易于调整；固定百叶窗常用于山墙顶部为通风之用，具有遮阳、防雨、通风等多种功能，但采光较差。

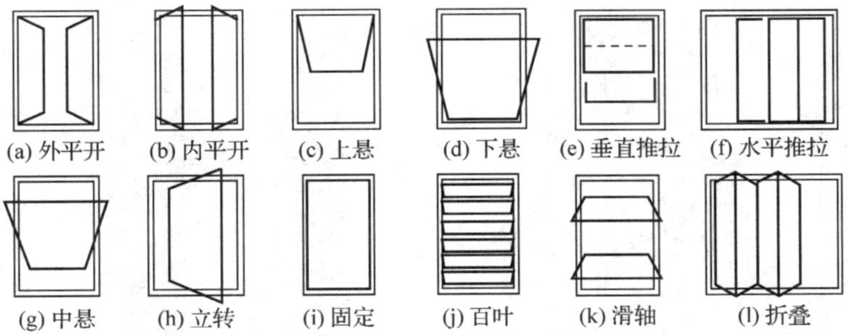

图 11.2　窗的开启方式

11.2　窗 的 构 造

学习重点

重点关注：

1. 新型节能窗。

分析与思考：

1. 简述塑钢窗的特点。
2. 简述塑钢窗的构造。
3. 简述门的尺寸和组成。

随着现代材料、技术的不断发展，以及对窗的使用要求的提高，窗的各项指标，如隔声、防火、防尘、保温、隔热等性能均大幅提升。同时，材料、工艺和制造工艺的进步，出现了很多种类型的窗，性能各有侧重点，应用范围也差异较大。

窗的选取应该针对建筑所处地域不同、气候环境不同，以及使用功能不同，来确定适宜的类型。窗通常以窗框型材命名，分为单一型材和复合型材。目前主流的窗一般为复合型材窗，包括塑钢窗、铝木复合窗等。单一型材窗包括铝合金窗、铝窗、木窗等。

11.2.1　铝合金窗

铝合金窗轻质高强，具有良好的气密性，对有隔声、保温、隔热防尘等特殊要求的建筑以及受风沙、受暴雨、受腐蚀性气体环境地区的建筑尤为适用。由于优点较多，发展迅速。用铝合金制成的窗具有光洁、美观的外表。由于强度高，可以有较大的分格，显得更加通透、明亮，铝合金窗的耐久性和抗腐蚀性能优越于钢、木窗，用成品铝合金型材组装窗工艺简单、方便，可以现场装配。

铝合金窗的施工方式是塞口方式。通过特制的钢质锚固件将门窗框与墙、柱、梁等结构连接。具体连接为采用自攻螺钉或拉锚钉将框与钢锚件连接，安装时，将锚件与墙内或钢筋混凝土内预埋的铁件焊接，施工简单方便。制作大面积铝合金窗时，需加中竖框和中横框，常采用铝合金方管。

铝合金窗玻璃尺寸较大，常采用较厚的玻璃。使用玻璃胶或铝合金弹性压条加橡胶或橡胶密封条固定。铝合金窗多用推拉式开启，铝合金窗的构造如图 11.3 和图 11.4 所示。

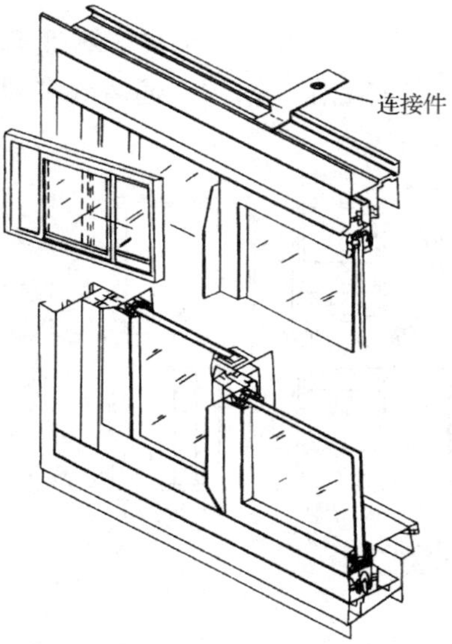

图 11.3　铝合金推拉窗构造

图 11.4　铝合金平开窗

铝合金型材由于导热系数大，因此铝合金窗的热桥问题十分突出，新式的热隔断铝型材可以切断热桥。此外，铝合金窗的价格昂贵，而且铝材用途较广，因此不能大量用于建筑门窗和民用建筑中。

11.2.2　塑钢窗

塑钢窗具有质量轻、耐腐蚀、密闭性好、美观新颖、有足够的耐久性等优点，现已大量应用于各种建筑中。其缺点是刚度较差，造价较高，塑钢窗的形式如图 11.5 所示。塑钢窗的型材断面为空腹、多空腔式。其开启方式有平开、推拉等，五金配件多采用配套的专用配件。

当窗面积较大时，常做成推拉开启的方式。为了改善刚度、强度，在塑料型材空腹内加设薄壁型钢(称为塑钢门窗)，如图 11.6 所示。塑钢窗的所有缝隙都嵌有橡胶或橡胶密封条及毛条，具有良好的气密性和水密性，如图 11.7 和图 11.8 所示。

图 11.5　塑钢窗的开启扇与窗框

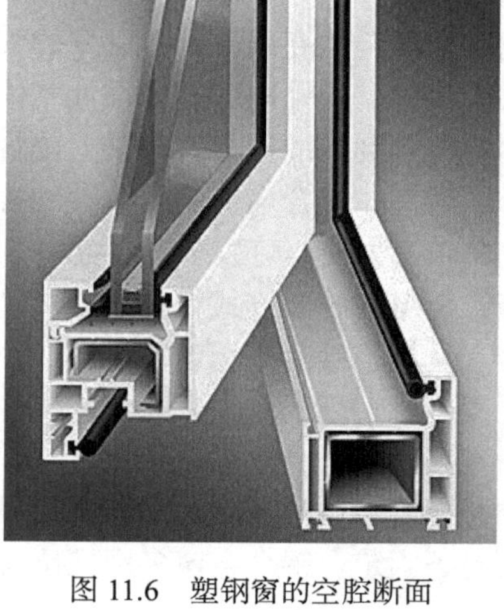

图 11.6　塑钢窗的空腔断面

塑钢窗与铝合金窗相比，保温效果好，造价经济，单框双玻璃窗的传热系数小于双层铝合金窗的传热系数，且因符合了塑料，降低了窗的造价。塑钢窗对运输、储存、加工要求严格，目前已成为主要的门窗类型之一。

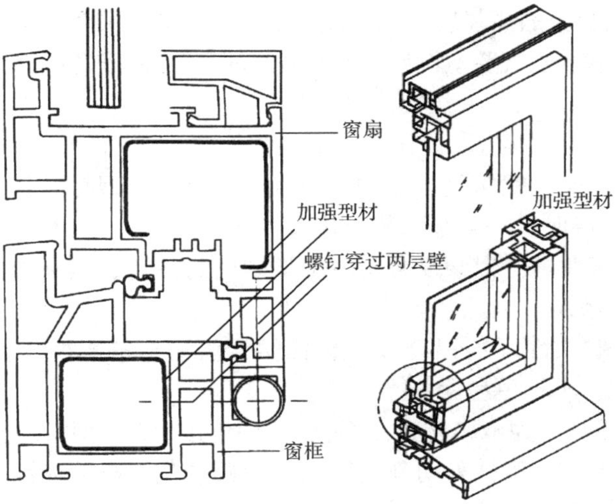

图 11.7 塑钢窗节点构造

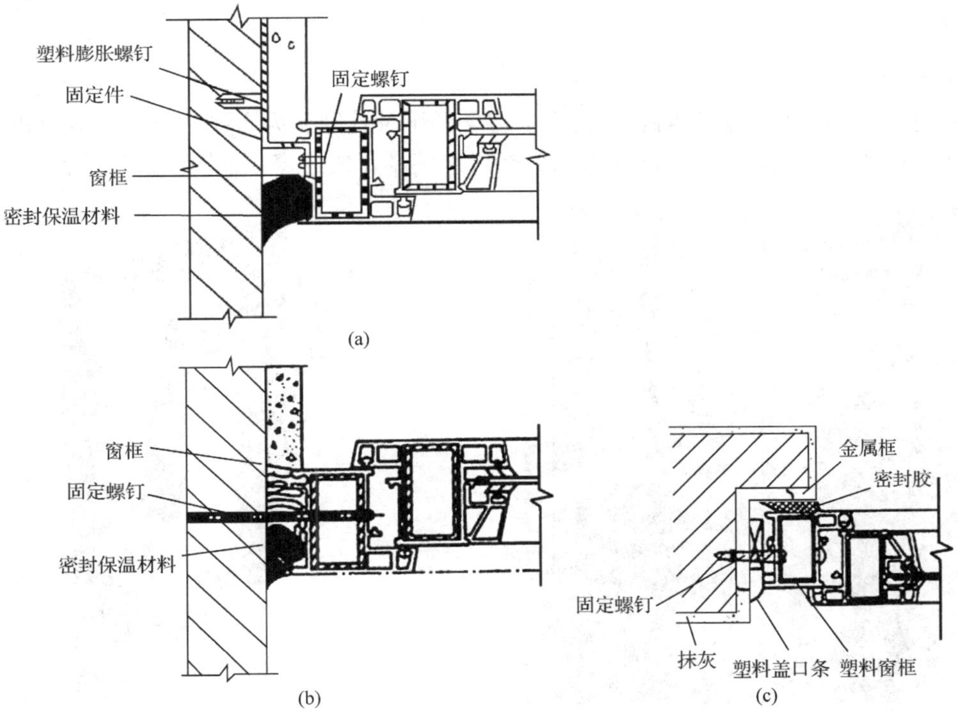

图 11.8 塑钢窗与墙体的连接构造

11.2.3 新型节能窗

门窗是建筑节能、绿色建筑和可持续建筑设计中的重要组成部分。目前以复合材料技术为特点的新型门窗，包括铝塑复合窗、玻璃钢(FRP 纤维增强塑料)型材窗、铝木复合窗等。

1. 铝塑复合窗

铝塑复合窗的内外两侧是铝合金型材，中间隔热体是改性多腔 PVC 型材和多层中空玻璃。其优点是既有铝合金的高强度，又有塑料隔热的特点，具有非常好的保温隔热效果。一般采用软密封设计和水蒸气腔室设计，具有良好的水密性、气密性和抗风压性，如图 11.9 所示。

铝塑复合窗具有以下优点。

(1) 良好的保温性能：铝塑复合窗中的改性多腔 PVC 型材导热系数低，远远优于铝材。2～3 层的中空玻璃保温效果好，节能效果明显。

(2) 气密性、水密性好：铝塑复合窗由多道软密封设计，具有防空气渗透、防雨水渗透功能，同时隔音性增强。

(3) 耐冲击性、耐久性好：铝合金型材比塑钢窗型材的耐冲击性好。抗风压性性能好，型材耐酸碱侵蚀，不褪色易保养。

(4) 防火性好：铝合金为金属材料，不燃烧。中间的 PVC 型材加有阻燃剂，不自燃。

(5) 美观卫生：铝合金型材采用静电喷涂、阳极氧化、电泳喷漆、氟炭喷涂等着色技术工艺，绚丽的色彩可以匹配多样化的建筑。

(6) 加工简洁易行：型材、玻璃及五金件可组装集成，加工方便灵活，方便了节能门窗的普及。

2. 玻璃钢型材窗

玻璃钢(FRP 纤维增强塑料)型材窗以玻璃纤维及其制品为增强材料，以不饱和聚酯树脂为基础材料，经拉挤工艺生产出型材，经过组装制作成门窗，如图 11.10 所示。

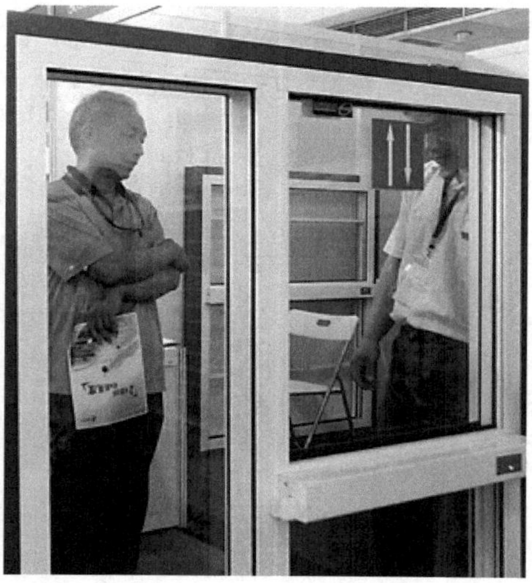

图 11.9　铝塑复合窗

图 11.10　玻璃钢型材窗

玻璃钢型材窗具有以下优点。

(1) 轻质高强：玻璃钢型材的密度在 1.7 左右，比钢轻 4～5 倍，而强度却很大，与普通碳钢接近，弯曲强度、弹性模量均较大，因而不需用钢衬加固。

(2) 节能保温：玻璃钢型材导热系数低，是金属的 1/100～1/1000，是优良的绝热材料。型材为空腹结构，结合胶条密封，因此隔热保温效果显著。

(3) 密封、隔音性能好：玻璃钢窗采用胶黏加螺接工艺安装，缝隙全部密封，结合型材空腔结构，因此密封性能、隔音性能好。

(4) 耐腐蚀、耐温性、绝缘性好：纤维增强塑料对酸碱及有机物、海水以及潮湿都有较好的抵抗能力，适合使用于多雨、潮湿和沿海地区。玻璃钢耐高温，变形温度在 200℃以上，是良好的绝缘材料，不受电磁波影响，不反射无线电波，能够承受高电压而不损坏。在特定的建筑及通信建筑设施中具有特殊的用途。

(5) 尺寸稳定、减震性能好：玻璃钢型材的线膨胀系数低于钢和铝合金，是塑料的 1/15。温度的变化不会影响门窗的开关功能。玻璃钢型材具有较高的减震频率，树脂与纤维结合，具有吸震和抗震能力。

(6) 美观、卫生、色彩丰富：玻璃钢型材可以进行各种涂装，制成各种颜色的门窗，以适应多样化的建筑外观效果。

3. 铝木复合窗

铝木复合窗是以铝合金挤压型材为框、梃、扇的主料作为受力杆件，承受并传递自重和荷载，另一侧覆以实木装饰制作而成的窗。它满足了建筑物内外侧窗材料的不同要求，既保留了纯木窗的隔热、隔声、天然装饰等特性和功能，同时也保留铝合金窗优良的耐候性。外层铝型材便于保养，且对窗起到了保护作用，同时可以进行多种颜色的喷涂处理，提升了建筑物的外观效果，如图 11.11 和图 11.12 所示。

铝木复合窗对选材、工艺及五金件均有较高要求，制作工艺要求较高，造价也比一般门窗高，适用于高档、高标准的建筑装修。

图 11.11　铝木复合玻璃门窗

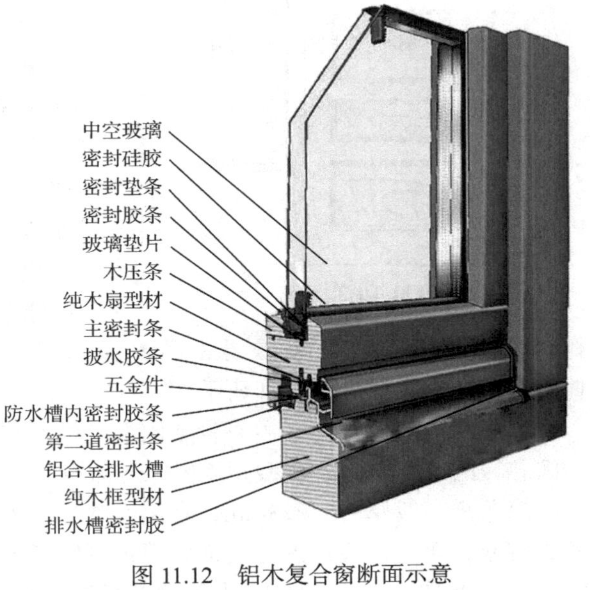

图 11.12　铝木复合窗断面示意

11.3 门的构造

11.3.1 门的尺寸和组成

1. 门的尺寸

学习重点

重点关注：

1. 常用门的构造。

分析与思考：

1. 简述镶板门和夹板门的构造。
2. 简述弹簧门的构造和适用范围。

门的尺寸主要根据通行、疏散以及立面造型的需要设计，并应符合国家颁布的门窗洞口尺寸系列标准。在一般的民用建筑中，对于门的宽度，单扇门为800～1000mm；双扇门为1200～1800mm；次要的房间门，如厨房、卫生间等可以为650～850mm。门扇的高度一般为1900～2100mm。个别的门，如储藏门、管井检修门可根据实际情况减小。亮窗的高度的一般为300～600mm。对于有特殊需要的门，则应根据实际需要扩大尺寸设计。门按开启类型参见窗的分类方式。

2. 门的组成

门主要由门框、门扇、亮窗和五金配件等部分组成。一般来说，门窗厂家还会提供门口装饰装修的配套服务。

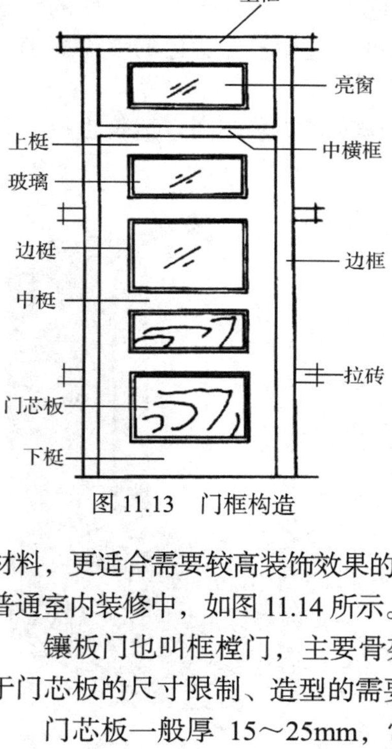

图 11.13　门框构造

门框通常选用与门板相同或相协调的材质配套安装。门扇一般有金属门扇、玻璃门扇、木门扇等。亮窗又称亮子，在门的上方，可供通风、采光用。形式上可固定，可开启。亮窗是为走道、暗厅提供间接采光的一种主要方式。五金配件常用的有合页、门锁、插销、拉手等。

1）门框

门框一般由上框和边框组成，如果门上设有亮窗，则应设中横框；当门扇较多时，需设中竖框；外门及特种需要的门有些还设有下槛，可作防风、防尘、防水以及保温、隔声之用，如图 11.13 所示。

2）门扇

门扇分为镶板门和夹板门。镶板门因其复杂的结构和材料，更适合需要较高装饰效果的场所，而夹板门由于其轻便和价格低廉的特点，广泛应用于普通室内装修中，如图 11.14 所示。

镶板门也叫框樘门，主要骨架由上下横挺和两边边挺组成框子，中间镶嵌门芯板。由于门芯板的尺寸限制、造型的需要，还需设几根中横框或中竖挺。

门芯板一般厚 15～25mm，常用实木板、人造板等拼接，常见的断面形式为中凸出，四边较薄，而且铲线角进行装饰。门板可以有多种风格式样，对门板及压缝条线脚可做多种装饰性处理。镶板中的门芯板换成其他材料，即成为金属门、玻璃门、纱门、百叶门等。不同材料配合不同的工艺，构造上基本相同，如图 11.15 所示。

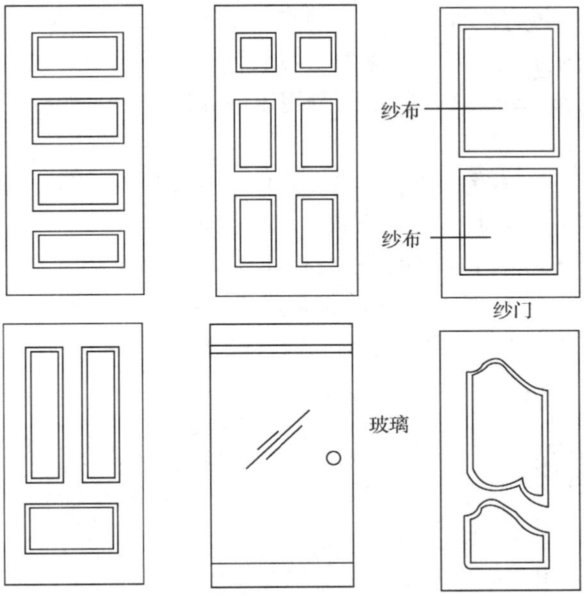

图 11.14　门扇的类型

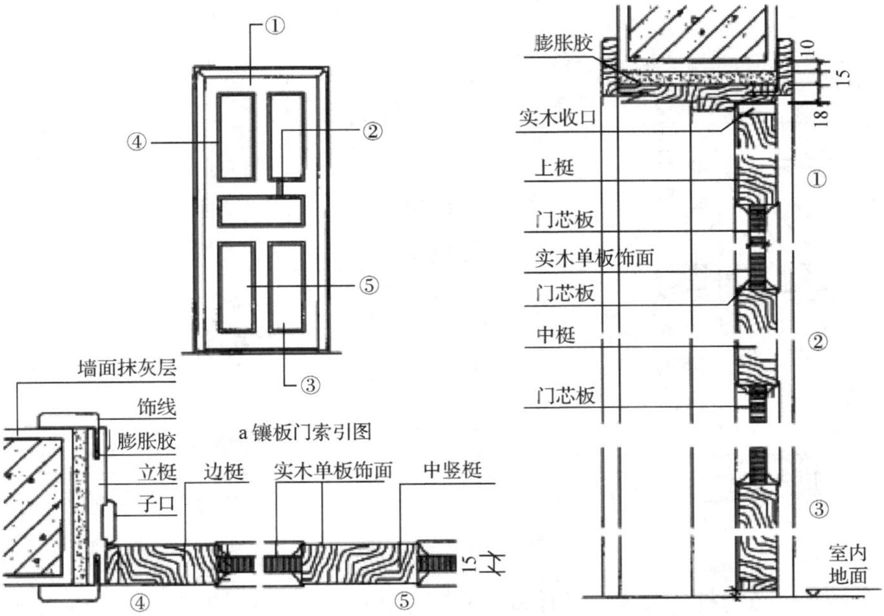

图 11.15　镶板门构造

夹板门由中间轻型骨架组成框格，表面钉或粘贴薄板。夹板门的骨架用料较小，外框用料一般为 35mm×(50～70)mm，可根据门扇大小、五金配件需要决定，内框用料的宽度与外框料的厚度通常一致，或减少到面板厚度的二分之一。而厚度可以更薄一些，可以使用短料拼接，在钉面板之后，整扇门即可获得足够的刚度。夹板门的面板一般采用胶合板、硬质纤维板、塑料板或金属薄板，不宜暴露于室外，不宜用于外门。

夹板门的特点是，用料省、重量轻、表面整洁美观、经济，框格内如果嵌填一些保温、隔声材料，能起到较好的保温、隔声效果。夹板门表面刷防火漆料、外包镀锌铁皮，可以达到二级防火门的标准。因功能需要，夹板门上可镶嵌玻璃或百叶等，需将镶嵌处四周做成木框并铲口，镶玻璃时，一侧或两侧用压条固定玻璃，如图 11.16 所示。

3) 门口装饰构造

门的组成部件中还有一部分属于装饰性附件，如贴脸板、筒子板等，这些装饰性附件在许多建筑中都是与门一体设计、施工的。

(1) 贴脸板。贴脸板是在门洞四周所钉的木板，其作用是掩盖门框与墙的接缝，也是由墙到门的过渡，如图 11.16 所示，贴脸板常用 20mm 厚、木板宽 30～100mm。为节省木材，现在也采用胶合板、刨花板等，或多层板、硬木饰面板替代木板。

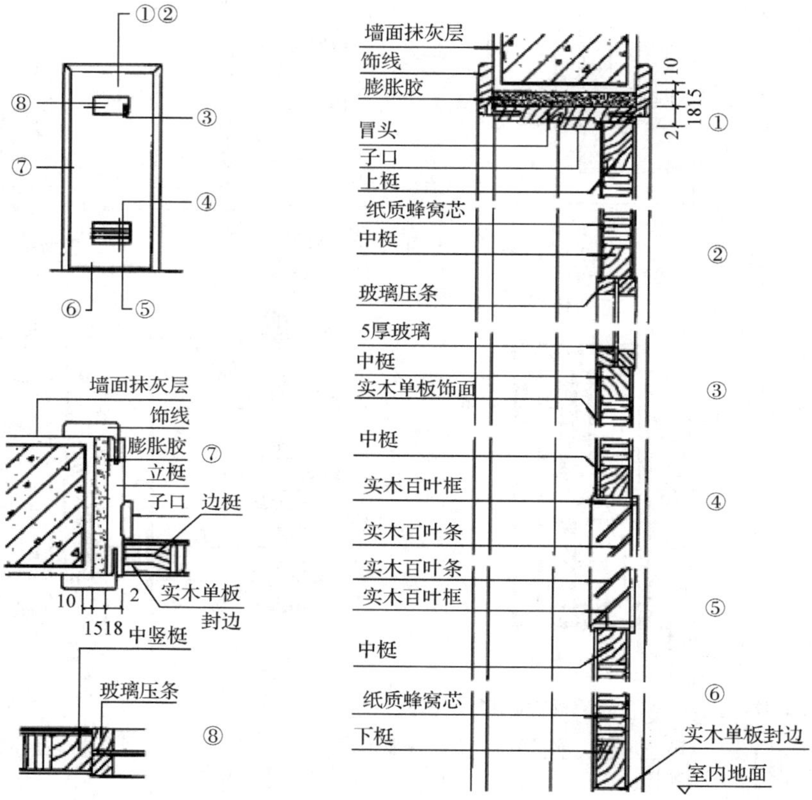

图 11.16　夹板门构造

(2) 筒子板。当门框的一侧或两侧均不靠墙面时，除了将抹灰嵌入门框边的铲口内或者同压缝条盖住与墙的接缝，也往往包钉木板(称为筒子板)，如图 11.17 所示。

贴脸板、筒子板门框之间应连接可靠，高标准建筑中，贴脸板与筒子板均依照设计铲线角，或用木线嵌压。

11.3.2　常用门的构造

目前主流的门主要包括金属门、木门、玻璃门、复合门等。金属门适合作外门，木门一般用于住宅居家的分室门，玻璃门常用于写字楼、办公室隔断。

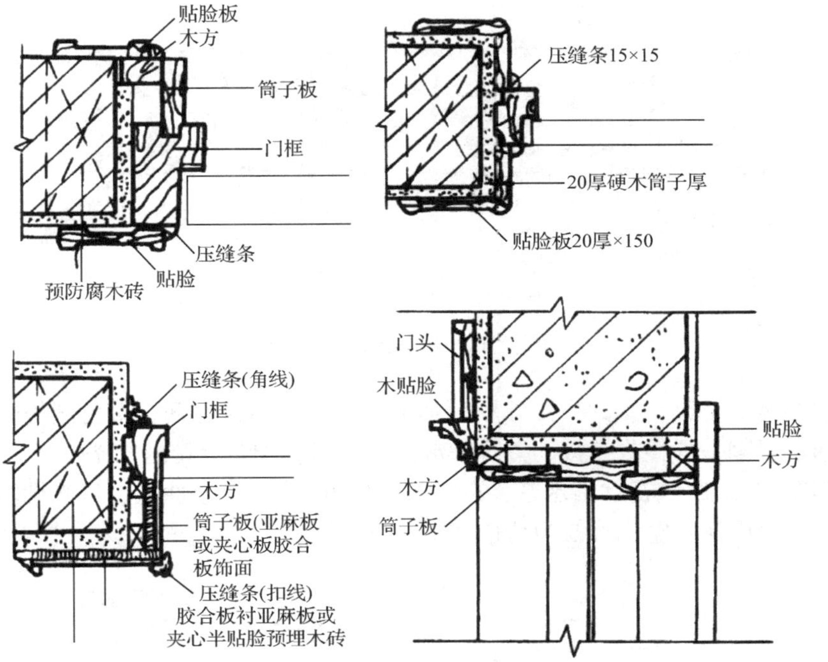

图 11.17　门口装饰构造

金属门包括铝合金门、铜门、钢门等；木门包括木板门、实木门等；玻璃门包括弹簧门、自动感应门、伸缩门等；复合门由多种材料组合而成，如塑钢门、塑铝门等。

门的构造主要是从选材的特性、适应性入手，结合建筑、房间的需要来进行设计。一般来说，首先是门的开启灵活、安全耐久、美观卫生的需求，同时还包括门的保温性能、防火性能、隔声性能等。下面列举几种类型门的构造。

1. 铝合金平开门构造

铝合金门具有质量轻、强度高、耐久性强、安全性好，以及便于清洁和加工、经济成本低的特点，应用比较广泛。缺点是金属导热快，热工性能较差，有保温要求的建筑不适用。铝合金平开门构造如图 11.18 所示。

2. 塑钢推拉门构造

塑钢是发挥塑料与钢材两种材料的组合优势，钢板作衬外包塑料，中间多空腔。塑钢

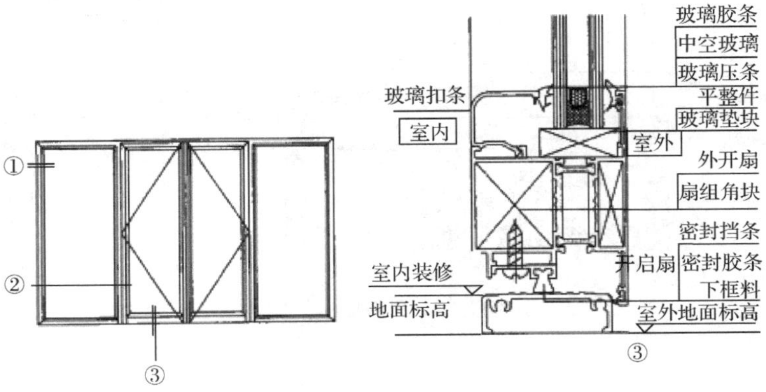

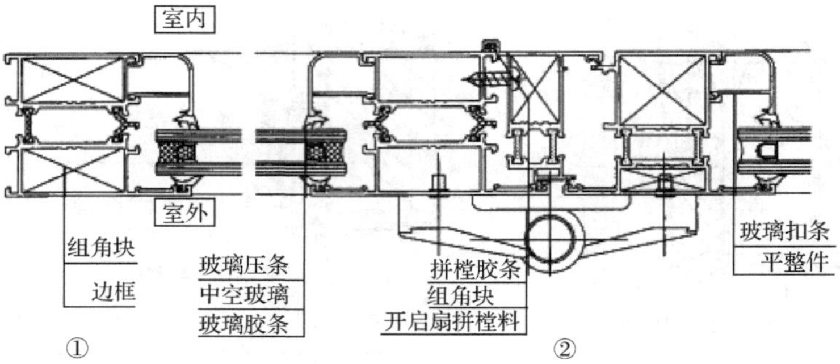

图 11.18　铝合金平开门构造

门是以聚氯乙烯(PVC)树脂为主要原料，加上一定比例的稳定剂、着色剂等，经挤出成型材，然后通过切割、焊接或螺接的方式制成门窗框扇，配装上密封胶条、五金件等。

塑钢门窗的三性(气密性、水密性以及抗风压性能)、保温性能、采光性能、隔声性能等均较好，应用广泛。塑钢推拉门构造如图 11.19 所示。

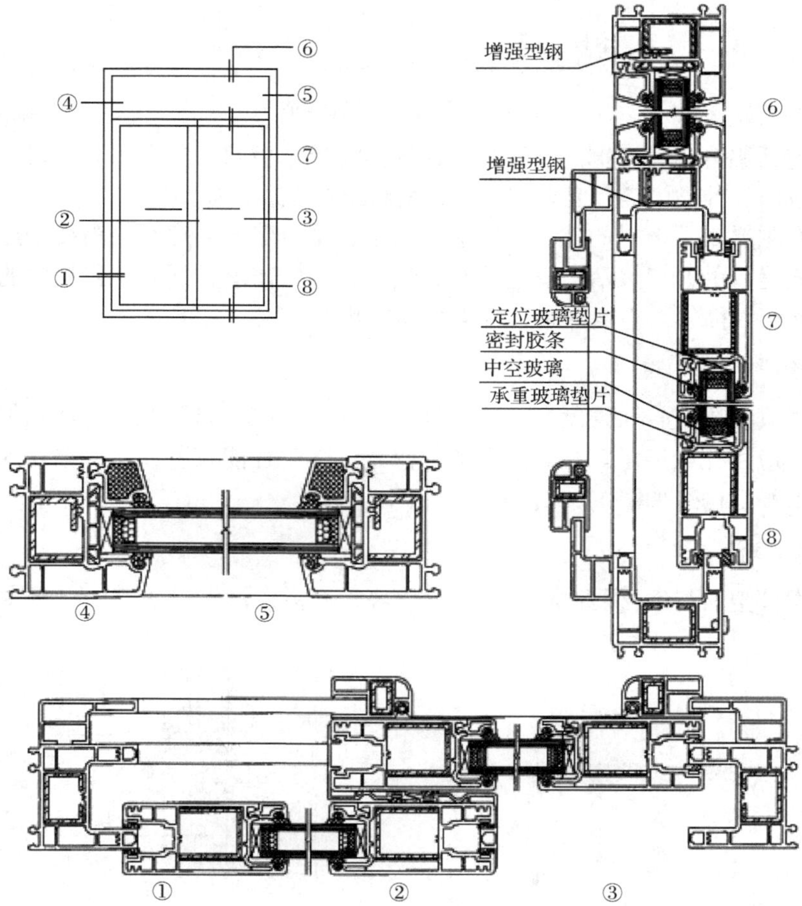

图 11.19　塑钢推拉门构造

3. 木质保温门构造

木质保温门构造视不同保温需求，其内部填充的保温材料及厚度也不同。木质保温门的基本构造是：门框用经阻燃处理的木材制作，门扇两面面板为阻燃板，板内侧通常会内衬无机防火材料，门扇内的骨架经阻燃处理，内填充保温材料(硅酸铝纤维棉、岩棉、矿棉等)。门扇镶玻璃或亮窗，采用与门相同的耐火等级，门框槽口及门扇中缝处安装密封材料(防火膨胀密封条、石棉绳、硅酸铝纤维绳等)，详见图 11.20。若作为疏散门或防火门，还会安装不同功能的防火锁、防火铰链、防火闭门器、顺序器等。

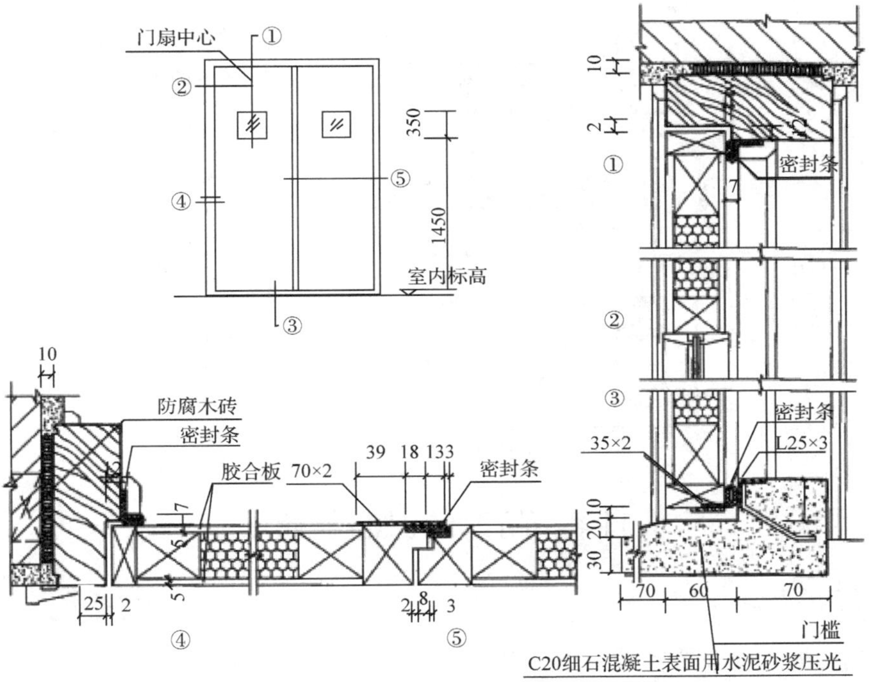

图 11.20　木质保温门构造

4. 弹簧门构造

弹簧门是用普通镶板门或夹板门改用弹簧合页，开启后能自动关闭。

弹簧门使用的合页有单面弹簧、双面弹簧和地弹簧之分。单面弹簧门常用于需有温度调节及气味要遮挡的房间，如厨房、卫生间等；双面弹簧门常用于公共建筑的门厅、过厅以及出入人流较多、使用较频繁的房间门。弹簧门不适于幼儿园、中小学出入口处。

为避免人流出入时碰撞，弹簧门上须安装玻璃门。弹簧门的合页安装在门侧边，地弹簧的轴安装在地下，顶面与地面平齐，只剩下铰轴与铰辊部分，开启时也较隐蔽。地弹簧适合于高标准建筑中入口处的大面积玻璃门等，弹簧门的构造如图 11.21 所示。

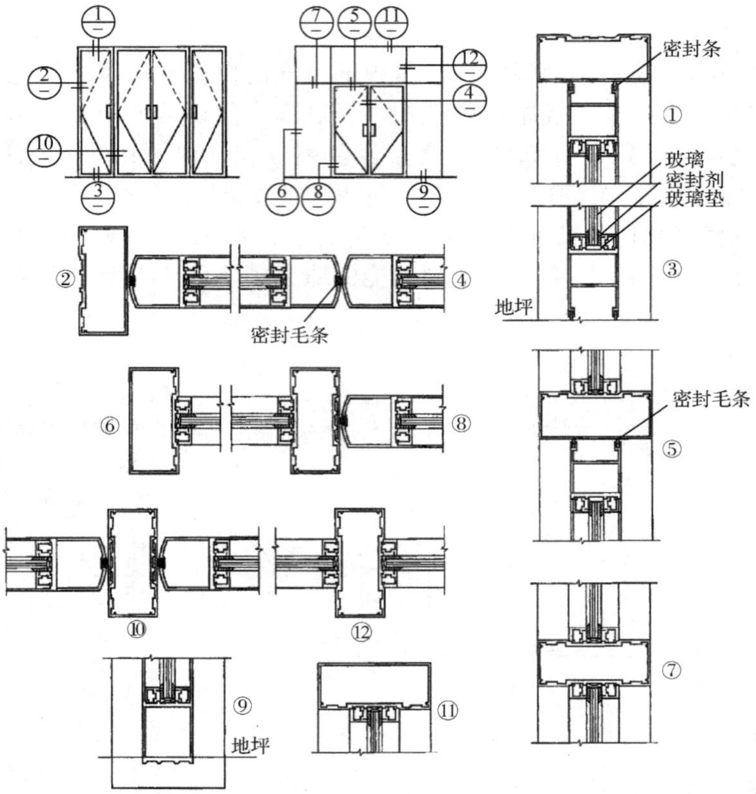

图 11.21　弹簧门构造

11.4　门窗的保温与遮阳

11.4.1　门窗的保温

> **学习重点**
>
> **重点关注：**
>
> 1. 门窗的保温措施。
> 2. 门窗的遮阳形式。
>
> **分析与思考：**
>
> 1. 遮阳板有几种基本形式？
> 2. 简述遮阳板的特点及适用范围。

门窗热损失有两个途径：一是门窗面由于热传导、辐射以及对流造成热损失；二是通过门窗各种缝隙冷风渗透造成热损失。因此，门窗保温可以从以上两个方面采取构造措施。

(1) 增强门窗的保温。寒冷地区外窗可以通过增加窗扇层数和增加玻璃层数来提高保温性能，以及采用特种玻璃，如中空玻璃、吸热玻璃、反射玻璃等措施达到节能要求。

(2) 减少门窗缝的长度。门窗缝隙是冷风渗透的根源，因此为减少冷风渗透，可采用大窗扇，扩大单块玻璃面积以减少门窗缝隙；合理减少可开窗扇的面积，在满足夏季通风的条件下，扩大固定窗扇的面积。

(3) 加强密封和密闭措施。框和墙间的缝隙密封可用弹性软材料聚氨酯发泡剂、聚乙烯泡沫、密封膏以及边框设灰口等。框与扇间的密闭可用橡胶条、橡塑条、泡沫密闭条以及高低缝、回风槽等。扇与扇之间可用密闭条、高低缝及缝外压条等。窗扇与玻璃之间的密封可用密封膏、各种弹性压条等。

(4) 减小门窗面积。在满足室内采光和通风的前提下，在我国寒冷地区的外窗尽量缩小门窗面积，以达到节能要求。

11.4.2　门窗的遮阳

遮阳是为了防止直射阳光照入室内，减少太阳辐射热，避免夏季室内过热以及保护室内物品不受阳光照射而采取的一种措施。用于遮阳的方法很多，如在窗口悬挂窗帘、利用门窗构件自身遮光以及窗扇开启方式的调节变化等，利用窗前绿化、雨篷、出檐、阳台、外廊及墙面花格也都可以达到一定的遮阳效果，如图 11.22 所示。

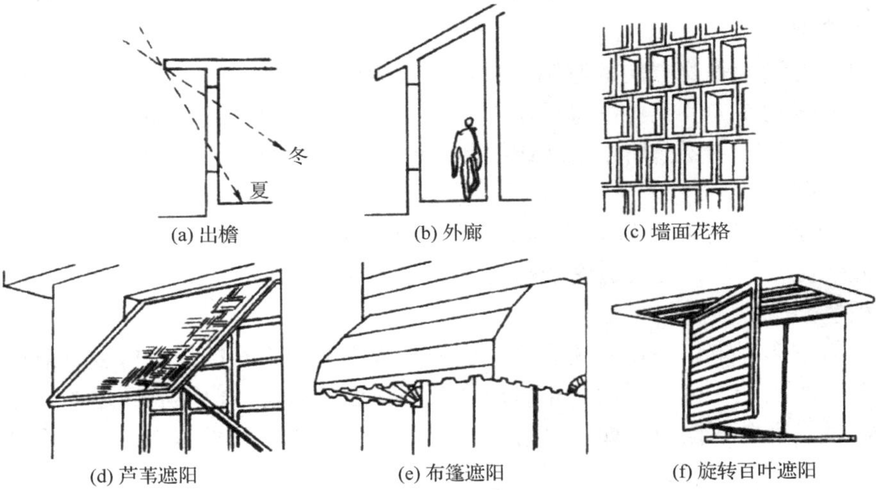

图 11.22　几种遮阳形式

设置遮阳设施时应对采光、通风、日照、经济、美观进行慎重考虑，以达到功能、技术、艺术的统一，如图 11.23 所示。窗户遮阳板按其形状可分为水平遮阳、垂直遮阳、综合遮阳及挡板遮阳四种形式，如图 11.24 所示。

图 11.23　遮阳板与立面结合效果

1) 水平遮阳

在窗口上方设置一定宽度的水平方向遮阳板，能够遮高度角较大、从窗口上方照射下来

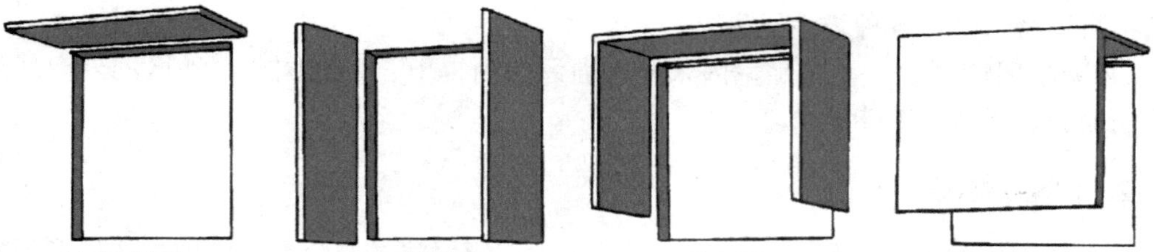

(a) 水平遮阳　(b) 垂直遮阳　(c) 综合遮阳　(d) 挡板遮阳

图 11.24　遮阳板基本形式

的阳光，适用于南向及其附近朝向的窗口。水平遮阳板可做成实心板式百叶板，较高大的窗口可在不同高度设置双层多层水平遮阳板，以减少板的出挑宽度，如图 11.24(a)所示。

2)垂直遮阳

在窗口上方设置垂直方向的遮阳板，能有效遮挡高度角较小、从窗口两侧斜射过来的阳光。根据光线的来向和具体处理的不同，垂直遮阳板可以垂直于墙面，也可以与墙面形成一定的垂直夹角，主要适用于偏南或偏西的窗口，如图 11.24(b)所示。

3)综合遮阳

综合遮阳板是以上两种遮阳板的综合，能够遮挡从窗口左右两侧及前上方射来的阳光，遮阳效果比较均匀，主要适用于南向、东南、西向的窗口，如图 11.24(c)所示。

4)挡板遮阳

在窗口前方离开窗口一定距离设置与窗户平行方向的垂直挡板，可以有效遮挡高度较小的正射窗口的阳光，主要适用于东、西向及其附近的窗口。但不利于通风，且遮挡了视线，故可以做成隔栅式挡板，如图 11.24(d)所示。基于以上四种形式，可以组合成各种各样的形式，如图 11.25 所示。

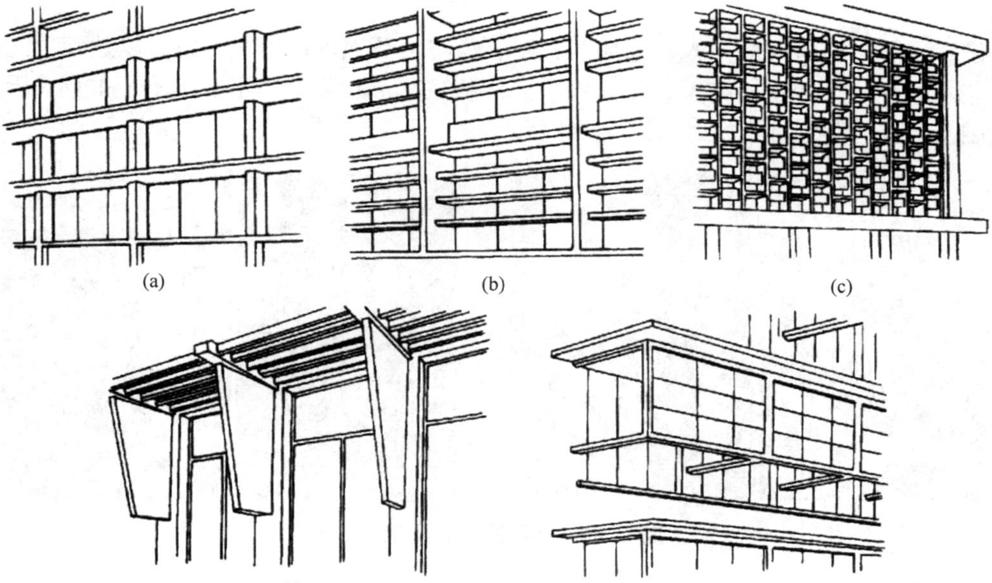

(a)　(b)　(c)　(d)　(e)

图 11.25　遮阳板形式

这些遮阳板可以做成固定的，也可以做成活动的。后者可以灵活调节，遮阳、通风、采光效果较好，但构造复杂需经常维护。固定式遮阳板坚固、耐用、经济，设计时应根据不同的使用要求，采用不同的形式，满足不同的要求。

5）智能遮阳

建筑遮阳与设备系统、智能控制的结合越来越紧密，智能呼吸的双层表皮、光感自动遮阳设备等已经在很大的程度上降低了能源的消耗。传统的固定百叶，只能够起到部分的遮阳，不能达到完全随时遮阳的效果。自动感光遮阳百叶的出现，实现了真正的人工智能的飞跃，可节约能源 35%。如图 11.26 所示，某建筑采用可自动调节的百叶，可以随着光线的变化进行自动调节，能达到完全遮阳。国外某研究中心采用了智能幕墙，主立面用框架和滤光器的手法处理采光，并覆盖隔栅，可以根据阳光进行精确调节，达到采光和遮阳的目的。可控光线的幕墙犹如一种类似相机镜头快门的遮阳装置，在每一个单元格中，控制调节的电子线路板清晰可见。外墙光滤器在光伏电池的控制下能根据光线的强弱收缩或舒张，控制太阳辐射量。建筑使用了纤细和精巧的金属节点，采用一种对反射、折射和逆光效果都敏锐的装置，创造了采光和遮阳的奇迹，由于其光孔可变，它带来更多的光线的戏剧性效果，体现了节能技术和创作艺术的完美结合，如图 11.27 所示。

图 11.26　可自动调节的百叶

图 11.27　可自动收放的窗子

小　　结

(1) 门窗的设计要求：①防风雨、保温、隔声；②开启灵活、关闭紧密；③便于擦洗和维修方便；④坚固耐用、耐腐蚀；⑤符合《建筑模数协调统一标准》的要求。

(2) 窗的开启方式包括固定窗、平开窗、旋窗、立转窗、推拉窗、百叶窗扇等。

(3) 门的开启方式包括平开门、推拉门、弹簧门、折叠门等。

(4) 门由门框、门扇、五金件等组成；窗由窗框、窗扇、五金件及附件组成。

(5) 窗户遮阳板按其形状可分为水平遮阳、垂直遮阳、综合遮阳及挡板遮阳四种形式。

第 12 章　变　形　缝

12.1　变形缝的种类、作用及要求

为防止建筑物由于受到温度变化、地基不均匀沉降以及地震作用的影响而产生的裂缝或破坏，沿建筑物长度方向相隔一定距离预留垂直缝隙即为变形缝。变形缝是采取“阻”或“让”这两种措施，“阻”是通过加强建筑物的整体性，使其具有足够的强度与刚度，以阻止这种破坏；“让”是在这些变形敏感部位将结构断开，使建筑物各部分能自由变形，以减小附加应力，以退让的方式避免破坏。

学习重点

重点关注：

1. 变形缝的概念。
2. 三种变形缝的构造做法。
3. 三种变形缝的设置原则。

分析与思考：

1. 简述伸缩缝的定义及设置原则。
2. 伸缩缝需断开哪些部位?
3. 砖石结构伸缩缝的最大间距是多少?
4. 钢筋混凝土结构伸缩缝的最大间距是多少?
5. 简述沉降缝的定义及设置做法。
6. 沉降缝可以代替抗震缝吗?
7. 简述抗震缝的定义及设置原则。

12.1.1　变形缝的种类及设置

变形缝按其所起作用不同分为伸缩缝、沉降缝和抗震缝。

1) 伸缩缝

伸缩缝又叫温度缝，建筑物处于昼夜、冬夏的温度变化环境中，由于热胀冷缩，结构内部产生温度的应力和应变，并随着建筑物的长度增加而增加，当应力和应变达到一定数值时，建筑物将会出现开裂甚至破坏。为避免这种情况的发生，常常沿建筑物长度方向，每隔一定距离或结构变化较大处预留缝隙，将建筑物断开。这种由于温度变化而设置的缝隙称为伸缩缝。

伸缩缝要求把建筑物的墙体、楼板层、屋顶等地面以上的部分全部断开，基础部分因受温度变化影响较小而不必断开。

伸缩缝的最大间距，即建筑物的允许连续长度与结构的形式、材料、构造方式及所处的环境有关。相关结构设计规范对砌体结构及钢筋混凝土结构建筑物中伸缩缝的最大间距所做规定见表 12.1 和表 12.2。另外，也有采用附加应力钢筋加强建筑物的整体性，来抵抗可能产生的温度应力，使之少设缝或不设缝，具体应经过计算确定。

表 12.1　砌体房屋伸缩缝的最大距离

屋盖或楼盖类别		间距/m
整体式或装配整体式钢筋混凝土结构	有保温层或隔热层的屋盖、楼盖	50
	无保温层或隔热层的屋盖	40

续表

屋盖或楼盖类别		间距/m
装配式无檩体系钢筋混凝土结构	有保温层或隔热层的屋盖、楼盖	60
	无保温层或隔热层的屋盖	50
装配式有檩体系钢筋混凝土结构	有保温层或隔热层的屋盖	75
	无保温层或隔热层的屋盖	60
瓦材屋盖、木屋盖或楼盖、轻钢屋盖		100

注：① 本表摘自《砌体结构设计规范》GB 50003—2011。

② 对烧结普通砖、烧结多孔砖、配筋砌块砌体房屋，取表中数值；对石砌体、蒸压灰砂普通砖、蒸压粉煤灰普通砖、混凝土砌块、混凝土普通砖和混凝土多孔砖房屋，取表中数值乘以 0.8 的系数。当有实践经验并采取有效措施时，可不遵守本表规定。

③ 在钢筋混凝土屋面上挂瓦的屋盖应按钢筋混凝土屋盖采用。

④ 按本表设置的墙体伸缩缝，一般不能同时防止由于钢筋混凝土屋盖的温度变形和砌体干缩变形引起的墙体局部裂缝。

⑤ 层高大于 5m 的烧结普通砖、烧结多孔砖、配筋砌块砌体结构单层房屋，其伸缩缝间距可按表中数值乘以 1.3。

⑥ 温差较大且变化频繁地区和严寒地区不采暖的房屋及构筑物墙体的伸缩缝的最大间距，应按表中数值予以适当减小。

⑦ 墙体的伸缩缝应与结构的其他变形缝相重合，缝宽度应满足各种变形缝的变形要求；在进行立面处理时，必须保证缝隙的变形作用。

表 12.2　钢筋混凝土结构伸缩缝的最大距离　（单位：m）

结构类别		室内或土中	露天
排架结构	装配式	100	70
框架结构	装配式	75	50
	现浇式	55	35
剪力墙结构	装配式	65	40
	现浇式	45	30
挡土墙、地下室墙壁等类结构	装配式	40	30
	现浇式	30	20

注：① 本表摘自《混凝土结构设计标准》GB/T 50010—2010。

② 下列情况宜适当减小伸缩缝间距：a. 柱高(从基础顶面算起)低于 8m 的排架结构；b. 屋面无保温或隔热措施的排架结构；c. 位于气候干燥地区、夏季炎热且暴雨频繁地区的结构或经常处于高温作用下的结构；d. 采用滑模类施工工艺的剪力墙结构；e. 材料收缩较大、室内结构因施工外露时间较长等。

③ 下列情况宜适当加大伸缩缝间距：a. 混凝土浇筑采用后浇带分段施工；b. 采用专门的预加应力措施；c. 采取能减小混凝土温度变化或收缩的措施。当增大伸缩缝间距时，尚应考虑温度变化和混凝土收缩对结构的影响。

2)沉降缝

沉降缝是为了防止由于地基的不均匀沉降，结构内部产生附加应力引起的破坏而设置的缝隙。为了满足沉降缝两侧的结构体能自由沉降，要求建筑物从基础到屋顶的结构部分全部断开。凡符合下列情况之一者应设置沉降缝。

(1)当建筑物建造在不同的地基上，又难以保证不出现不均匀沉降时。

(2)同一建筑物相邻部分的层数相差两层以上或层高相差超过 10m、荷载相差悬殊或结构形式变化较大时。

(3)新建建筑物与原有建筑相毗邻时。

(4) 当建筑平面形式复杂、连接部位又较薄弱时。

(5) 相邻的基础宽度和埋置深度相差较大时。

沉降缝一般与伸缩缝合并设置，兼起伸缩缝的作用，但伸缩缝不能代替沉降缝。沉降缝及伸缩缝设置实例见图 12.1。

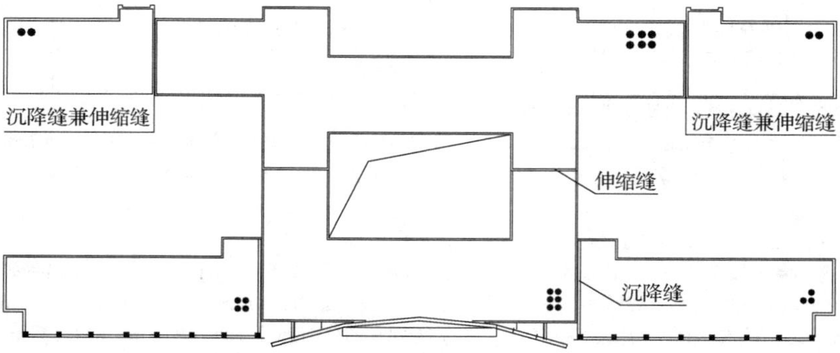

图 12.1　沉降缝及伸缩缝设置示意图

3) 抗震缝

建筑物在受地震作用时不同部位将具有不同的振幅和振动周期，因此地震时在这些不同部位的连接处很可能会产生裂缝、断裂等现象。抗震缝是为了防止建筑物各部分在地震时相互撞击引起破坏而设置的缝隙，通过抗震缝将建筑物划分成若干个体形简单、结构刚度均匀的独立单元，防止在地震波作用下相互挤压、拉伸，造成变形和破坏而设置的为抗震缝。图 12.2 和图 12.3 为立面体形及平面形式的简单与复杂的比较。

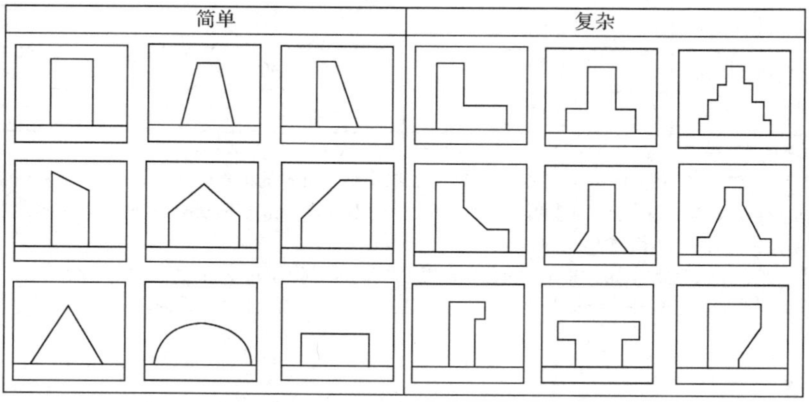

图 12.2　对抗震有影响的建筑物立面体形

设置抗震缝部位需根据不同的结构类型来确定。

(1) 对于多层砌体建筑，8°和 9°设防区有下列情况之一时，宜设置抗震缝：

① 建筑立面高差在 6m 以上；

② 建筑有错层且楼层高差较大(超过层高 1/3 或 1m)；

③ 各部分刚度、质量和结构形式截然不同，砌体建筑的抗震缝两侧均应设置墙体。

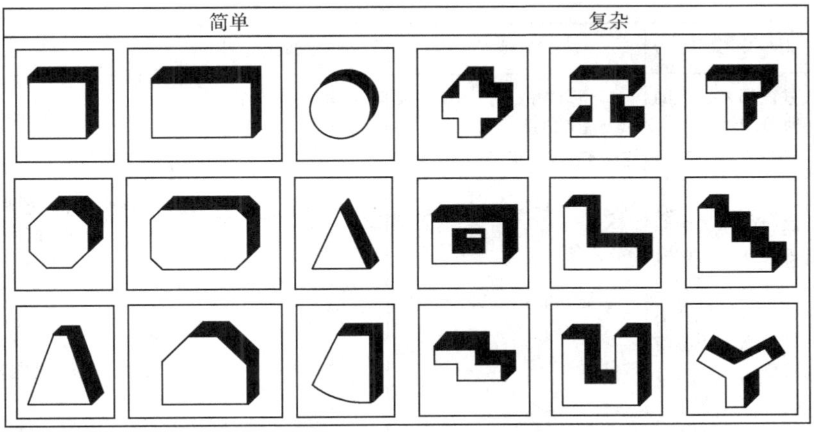

图 12.3　对抗震有影响的建筑物平面形式

(2) 对于钢筋混凝土结构的建筑物，遇下列情况时宜设抗震缝：

① 建筑平面不规则且无加强措施；

② 建筑有较大错层时；

③ 各部分结构的刚度或荷载相差悬殊且未采取有效措施时；

④ 地基不均匀、各部分沉降差过大，需设置沉降缝时；

⑤ 建筑物长度较大，需设置伸缩缝时。

抗震缝应沿建筑物全高设置，并用双墙使各部分结构封闭。通常基础可不分开，但对于平面复杂的建筑物，或与沉降缝合并考虑时，基础也应分开，如图 12.4 所示。

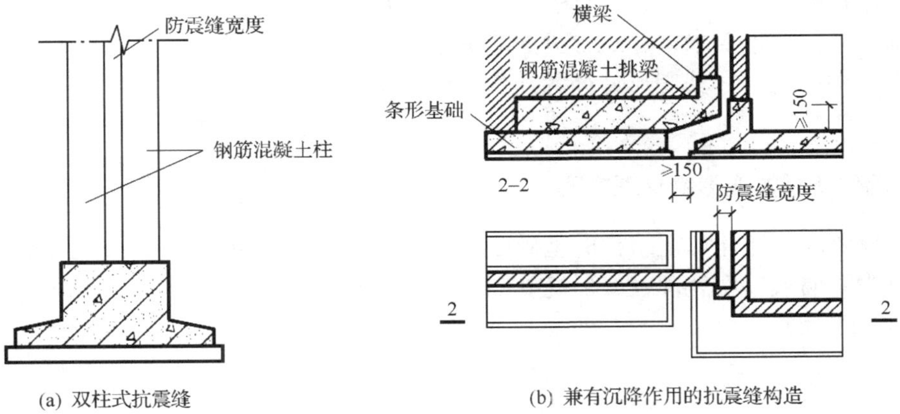

图 12.4　基础抗震缝构造

12.1.2　变形缝的宽度及设置

变形缝的宽度与变形缝的种类、建筑结构的形式、高度及地基的类型有关，各种变形缝的宽度及设置如表 12.3 所示。

表 12.3　各种变形缝设缝比较

变形缝类别	对应变形原因	设置依据	断开部位	缝宽
伸缩缝	昼夜温差引起的热胀冷缩	按建筑物的长度、结构类型与屋盖刚度	除基础外沿全高断开	20～30mm
沉降缝	建筑物相邻部分高低悬殊、结构形式变化大、基础埋深差别大、地基不均匀等引起的不均匀沉降	地基情况和建筑物的高度	从基础到屋顶沿全高断开	一般地基 建筑物高度<5m，缝宽 30mm 5～10m，缝宽 50 mm 10～15m，缝宽 70mm 软弱地基 建筑物 2～3 层，缝宽 50～80mm 4～5 层，缝宽 80～120mm ≥6 层，缝宽>120mm 沉陷性黄土，缝宽≥30～70mm
抗震缝	地震作用	设防烈度、结构类型和建筑物高度(8°、9°设防且房屋立面高差相差在 6m 以上，或错层楼板相差 1/3 层高或 1m，毗邻部分各段刚度、质量、结构形式均不同时设置)	沿建筑物全高设缝，基础可断开，也可不断开	多层砌体建筑，缝宽 50～100mm 框架框剪建筑 当建筑物高≤15m 时，缝宽 70mm 当建筑物高>15m 时，6°、7°、8°、9°设防，高度每增高 5m、4m、3m、2m，缝宽加大 20mm

12.2　变形缝处的结构布置

在建筑物设置变形缝的部位，为了使变形缝两侧的主体结构断开，可以在结构合理的前提下满足各自结构单元的变形要求，建筑常见的墙体承重和框架承重结构类型中，其变形缝处的结构布置方案如下。

学习重点

重点关注：

1. 变形缝处的结构布置方案。

分析与思考：

1. 何为双墙基础方案？
2. 何为单墙基础方案？
3. 框架结构的变形缝处理方案有哪些？

12.2.1　墙体承重的变形缝处理方案

沉降缝要求将墙体承重结构的基础断开，缝两侧一般可为双墙或单墙处理，变形缝处墙体结构平面图如图 12.5 所示。

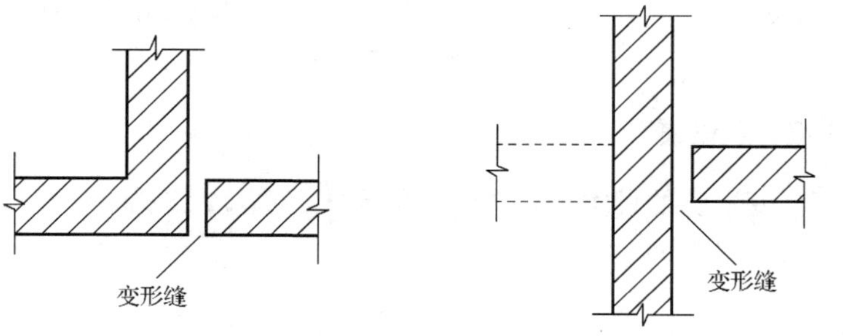

(a) 单墙基础方案1　　(b) 单墙基础方案2

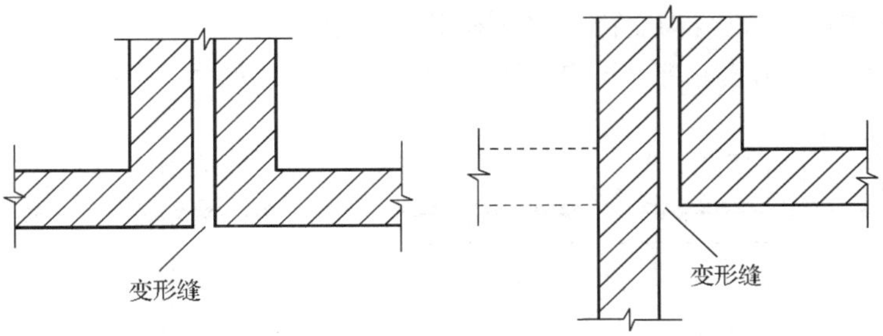

(c) 双墙基础方案1　　(b) 双墙基础方案2

图 12.5　变形缝的基础墙体方案

(1) 双墙基础方案。双墙双条形基础，地上独立的结构单元都有封闭连续的纵横墙，结构空间刚度大，但基础偏心受力，并在沉降时相互影响，如图 12.6 所示。

(2) 单墙基础方案。单墙基础方案也叫挑梁式方案，即一侧墙体正常做条形受压基础，而另一侧也做正常条形受压基础，两基础之间互不影响，用上部结构出挑实现变形缝的要求宽度，如图 12.7 所示。这种做法尤其适用于新旧建筑毗连时，处理时应注意旧建筑与新建筑的沉降不同对楼地面标高的影响，一般要计算新建筑的预计沉降量。

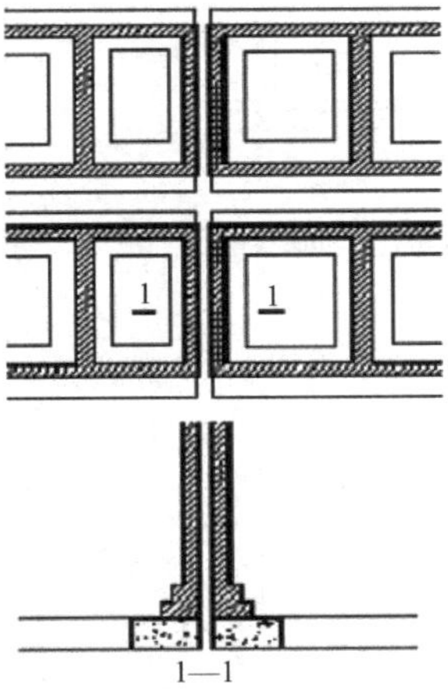

图 12.6　双墙基础墙体方案

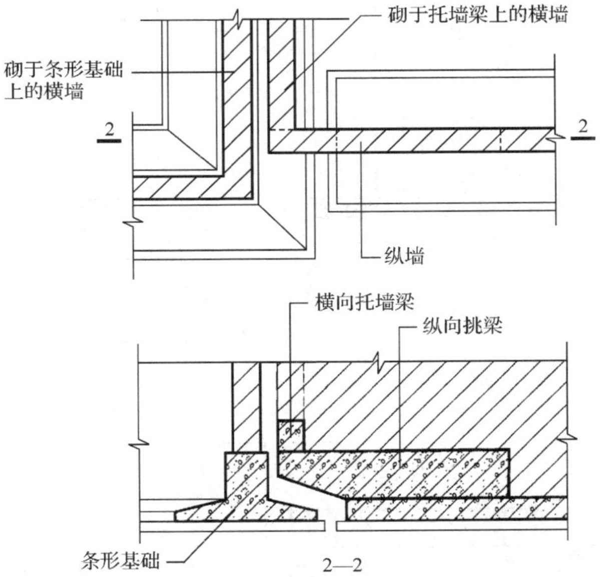

图 12.7　单墙基础挑梁方案

12.2.2　框架承重结构的变形缝处理方案

框架结构在伸缩缝处主要考虑主体结构部分的变形要求，最简单的办法是将楼板的中间分开，如图 12.8 (a) 所示，也可以采用双柱双梁、双柱牛腿简支式等方案，如图 12.8 (b)、(c) 所示，但这些方案施工较复杂，耗用材料较多。工程中根据具体情况而定，如图 12.8 (d)

所示，为砖混结构与框架结构交接处采用框架单侧挑梁的方法。砖混结构与框架结构交接处的基础沉降缝采用两侧基础断开的方法处理，如图 12.9 所示。

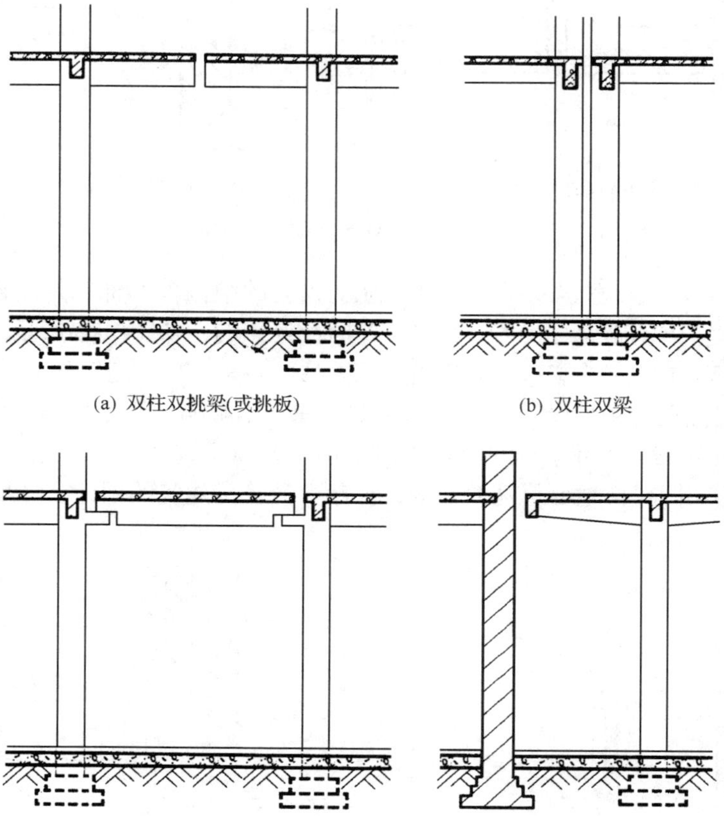

(a) 双柱双挑梁(或挑板)　(b) 双柱双梁

(c) 双柱牛腿简支式　(d) 砖混与框架交接处单挑梁

图 12.8　框架结构变形缝方案

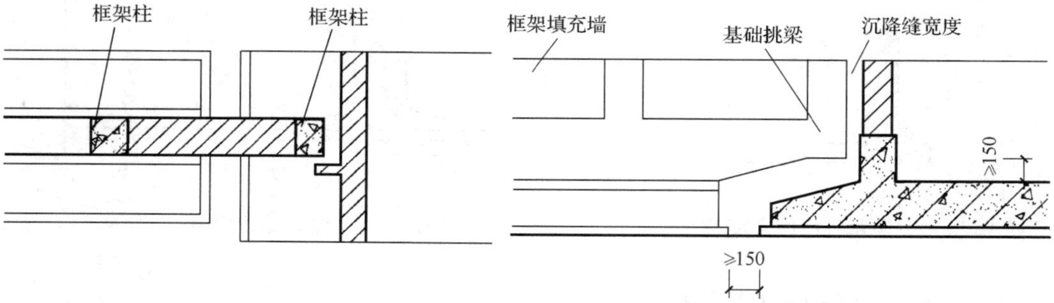

(a) 框架基础沉降缝平面　(b) 框架基础沉降缝剖面

图 12.9　框架结构基础沉降缝平面及剖面

12.3　变形缝的构造

变形缝的构造设置既满足其变形需要，根据其构造部位的功能还需满足防水、防火、保温、美观等要求。变形缝内需填塞止水带、阻火带和保温带，并采用镀锌铁皮、铝合金板、不锈钢板或橡胶条及各种专用胶条等做盖缝处理。

学习重点

重点关注：

1. 墙身变形缝的构造做法。
2. 楼地层变形缝的构造做法。
3. 屋顶变形缝的构造做法。

分析与思考：

1. 简述外墙三种变形缝构造做法的区别。
2. 简述外墙外保温变形缝的构造做法。
3. 绘图说明顶棚变形缝构造特点。
4. 楼地层变形缝的接缝材料有哪些?
5. 绘图说明楼地层变形缝构造特点。
6. 简述屋顶变形缝构造要点。
7. 绘图说明柔性防水屋顶变形缝构造做法。
8. 绘图说明上人屋面出口处变形缝构造。

12.3.1　墙体及顶棚变形缝

根据墙的厚度，变形缝可做成平缝、错口缝或企口缝，如图 12.10 所示。墙体较厚时应采用错口缝或企口缝，有利于保温和防水。但抗震缝应做成平缝，以便适应地震时的摇摆。

外墙体变形缝的构造特点是保温、防水和立面美观。根据缝宽的大小，缝内一般应填塞具有防水、保温和防腐性的弹性材料，如沥青麻丝、橡胶条、聚苯板、油膏等。变形缝外侧常用耐气候性好的镀锌铁皮、铝板等覆盖。但应注意金属盖板的构造处理，要分别适应伸缩、沉降或震动摇摆的变形需要，如图 12.11 所示。

当外墙为保温节能墙体构造做法时，外墙变形缝构造更应注意选择盖缝板的材料及构造方式，如图 12.12 所示。

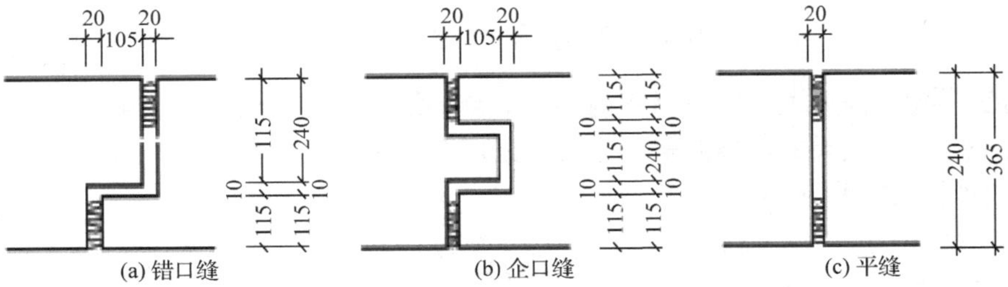

图 12.10　墙身变形缝的接缝形式

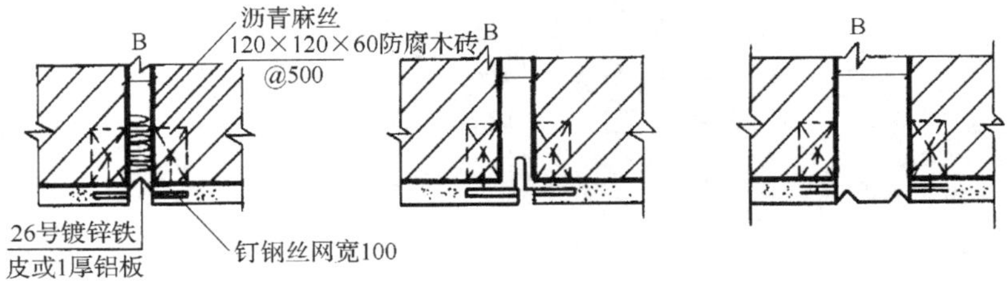

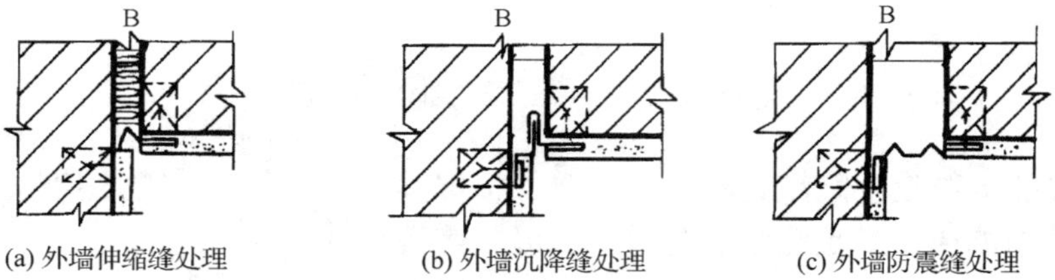

图 12.11　外墙变形缝的构造做法

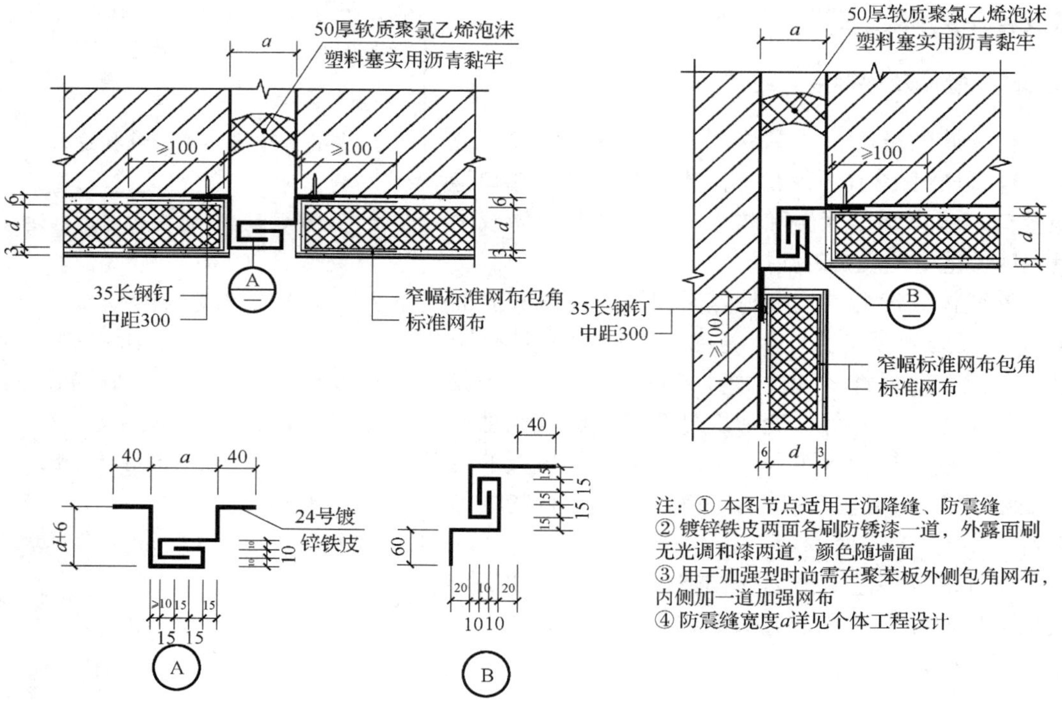

图 12.12　外保温墙体变形缝的构造做法

内墙变形缝的构造主要应考虑室内环境的装饰协调，有的还要考虑隔音、防火。一般采用具有一定装饰效果的木条遮盖，也可以采用金属板盖缝，但都要注意能适应不同的变形要求，如图 12.13 所示。

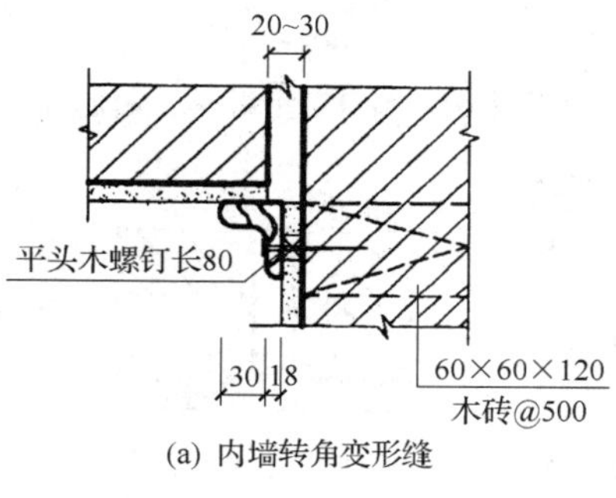

(a) 内墙转角变形缝

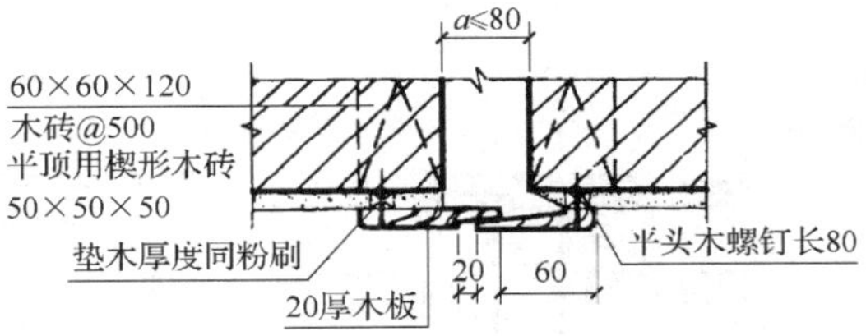

(b) 内墙变形缝

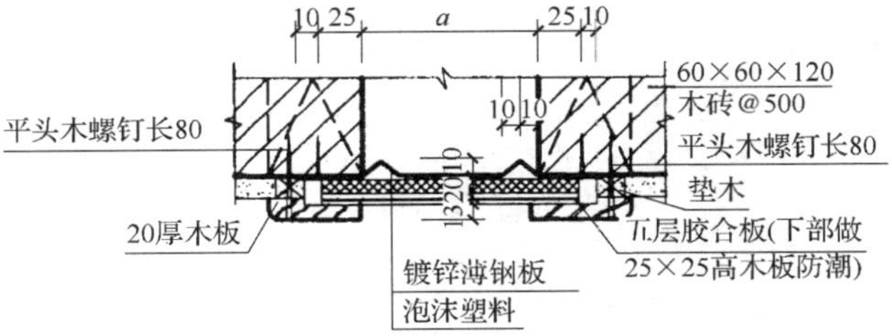

(c) 内墙、平顶变形缝1

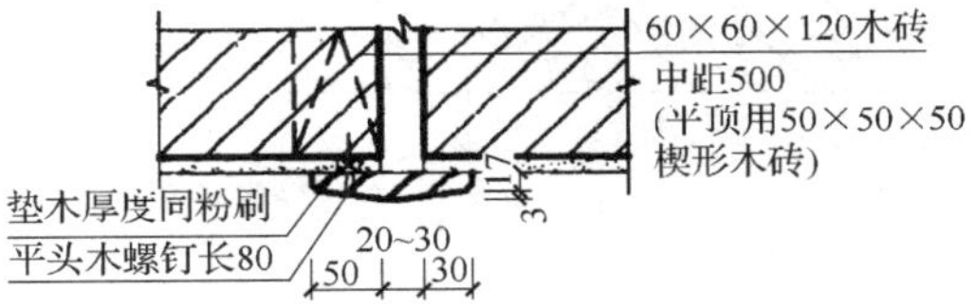

(d) 内墙、平顶变形缝2

图 12.13　内墙和顶棚的构造做法

顶棚处的变形缝可用木板、金属板或其他吊顶材料覆盖，但构造上应注意不能影响结构的变形，若是沉降缝，则应将盖板固定于沉降较大的一侧。顶棚变形缝构造做法与内墙相似。

12.3.2　楼地层变形缝

楼地层变形缝的位置与宽度应结合建筑变形缝(伸缩缝、沉降缝、抗震缝)设置。其构造特点为方便行走、防火和防止灰尘下落，卫生间等有水环境还应考虑防水处理。楼地层的伸缩缝、沉降缝内常填塞具有弹性的油膏、沥青麻丝、金属或橡塑类调节片等，铝合金盖缝板楼面变形缝构造如图 12.14 所示。楼地层变形缝上通常铺与地面材料相同的活动盖板、金属板或橡胶片等，如图 12.15 所示，其中 ES 表示盖缝板宽。

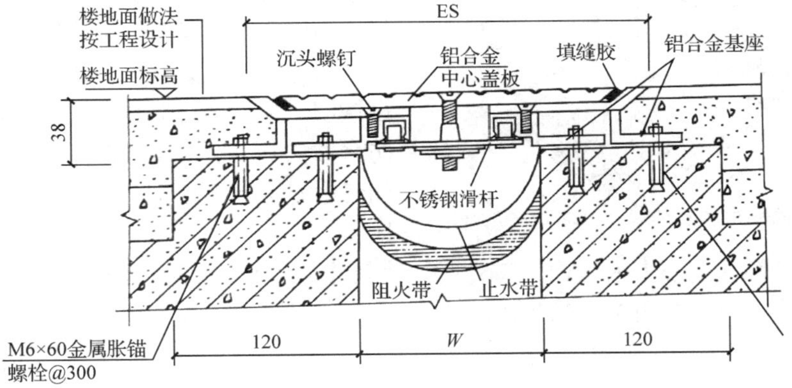

图 12.14　铝合金盖缝板楼面变形缝的构造

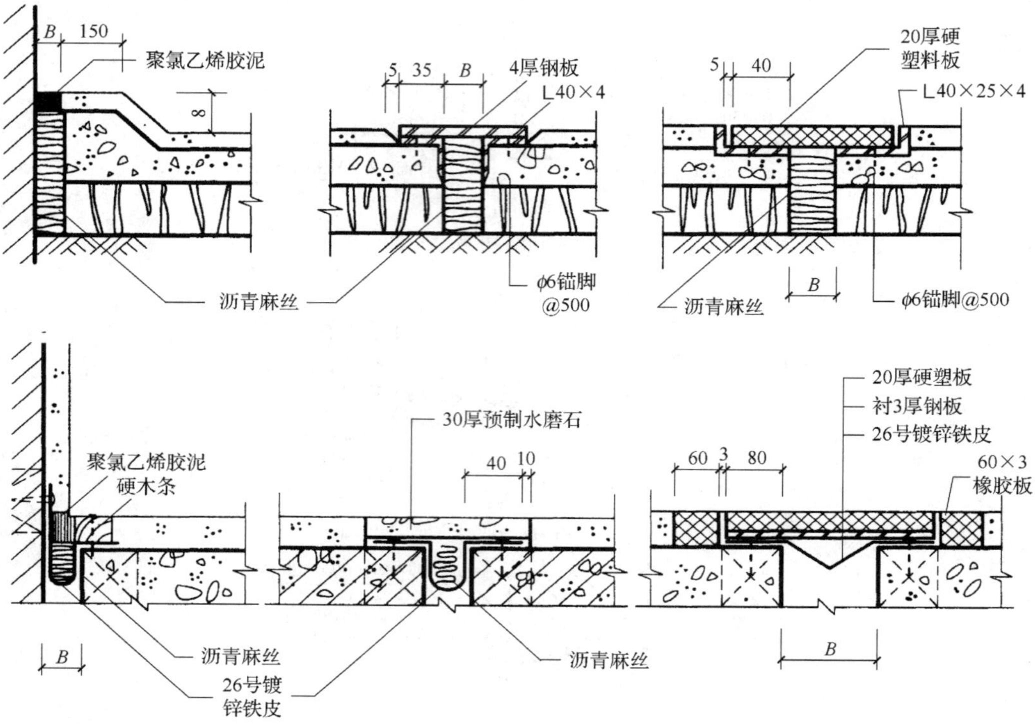

图 12.15　楼地层变形缝的构造做法

12.3.3　屋顶变形缝

屋顶变形缝在构造上主要解决好防水、保温等问题。屋顶变形缝一般设于建筑物的高低错落处，也见于两侧屋面同一标高处。不上人屋顶通常在缝的一侧或两侧加砌矮墙或做混凝土凸缘，高出屋面至少 250mm，再按屋面泛水构造要求将防水层沿矮墙上卷，固定于预埋木砖上，缝口用镀锌铁皮、铝板或混凝土板覆盖。盖板的形式和构造应满足两侧结构自由变形的要求，屋面变形缝与外墙变形缝结合的关系示意图如图 12.16 所示。寒冷地区为了加强变形缝处的保温，缝中应填塞沥青麻丝、岩棉、泡沫塑料等具有一定弹性的保温材料。

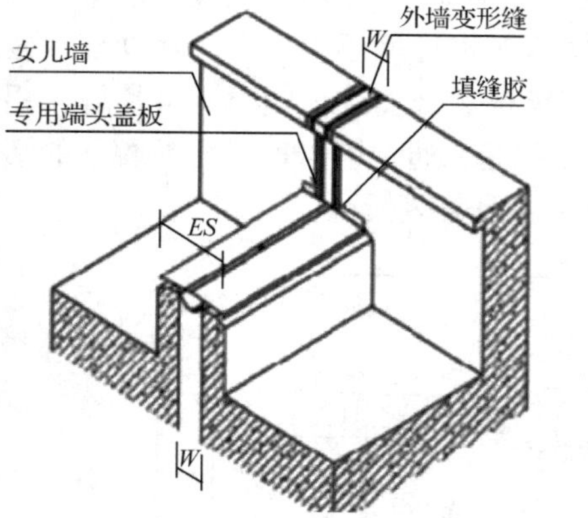

图 12.16　屋面变形缝与外墙变形缝结合示意图

当屋面为上人屋面，因使用要求，一般不设矮墙，但应做好防水，避免渗漏。平屋顶因防水做法的不同，柔性防水屋面及刚性防水屋面变形缝构造略有不同，如图 12.17 和图 12.18 所示。

当屋顶变形缝处于上人屋面出口处时，为防止人活动对变形缝盖缝措施的损坏，需加设缝顶盖板等措施，如图 12.19 所示。

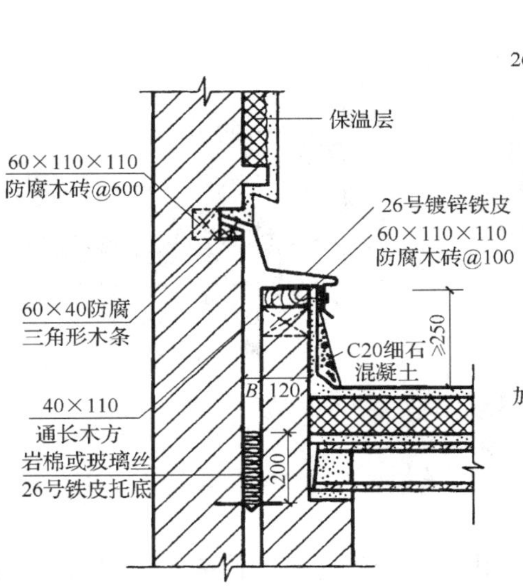

(a) 不等高屋面变形缝

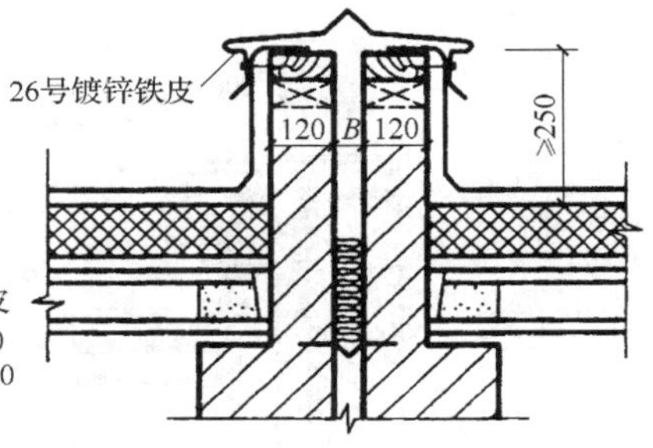

(b) 等高屋面变形缝

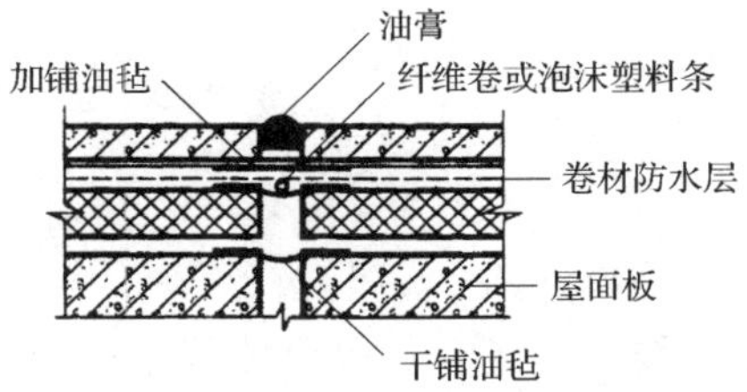

(c) 上人等高屋面变形缝

图 12.17　柔性防水屋顶变形缝构造

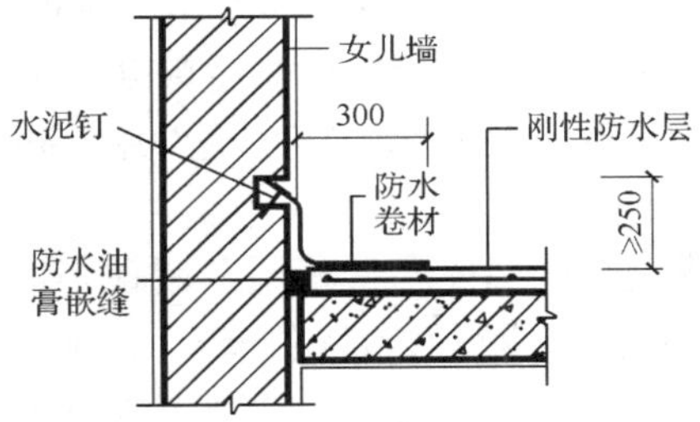

女儿墙泛水

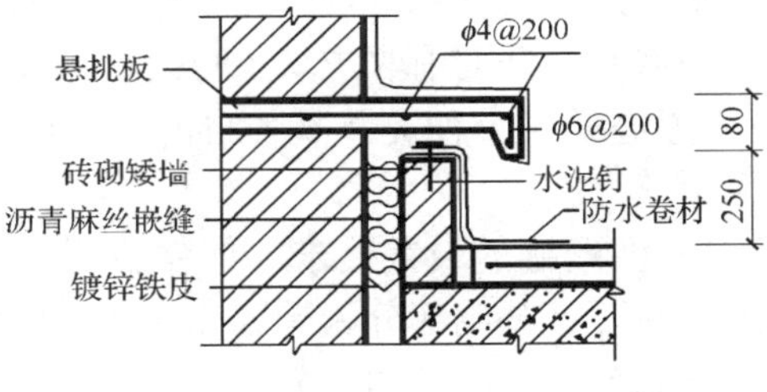

高低屋面变形缝泛水

(a) 不等高屋面变形缝

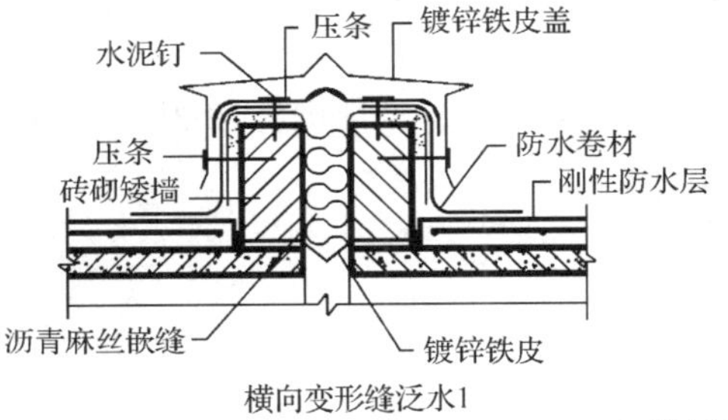

横向变形缝泛水1

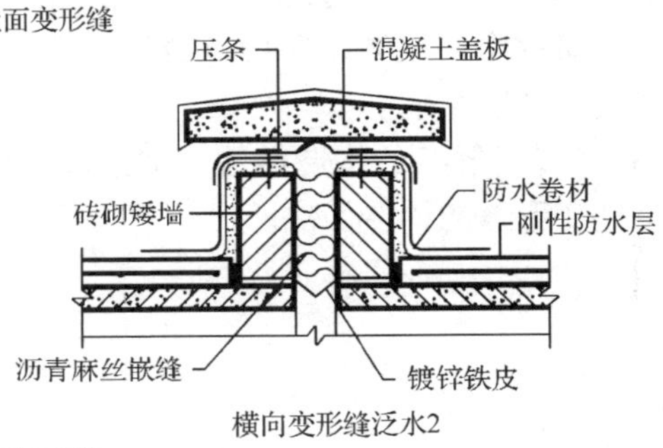

横向变形缝泛水2

(b) 等高屋面变形缝

图 12.18　刚性防水屋顶变形缝构造

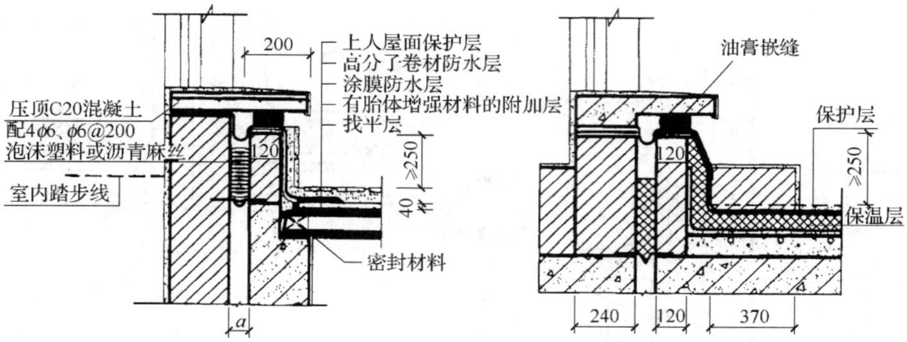

图 12.19　上人屋面出口处变形缝构造

小　结

本章主要讲述了有关民用建筑变形缝的内容。变形缝分为伸缩缝、沉降缝、抗震缝三种，分别是为了防止建筑物因温度变化、地基不均匀沉降及地震引起的建筑物裂缝或破坏而设置的。变形缝因其功能不同，缝的宽度设置要求也不同，但其构造设计的要点基本相同，即要求在产生位移和变形时不受阻，不破坏建筑物的结构和建筑饰面层。同时，应根据其部位和需要，分别采取防水、防火、保温等措施。在学习过程中应注意以下几方面。

(1) 变形缝的三个种类及其各自的设置原则。重点了解不同的建筑类型中，设置伸缩缝的最大距离。

(2) 三种变形缝的设置要求。伸缩缝要求把建筑物的墙体、楼板层、屋顶等地面以上的部分全部断开，基础部分因受温度变化影响较小而不必断开，且缝宽较小；沉降缝要求建筑物从基础到屋顶的结构部分全部断开，缝宽受地基土质、建筑物高度或层数的影响。当伸缩缝和沉降缝合并考虑时，沉降缝可以代替伸缩缝，而伸缩缝不能代替沉降缝；抗震缝应沿建筑物全高设置，并用双墙使各部分结构封闭，通常基础可不分开，缝宽受建筑物高度和抗震烈度影响。

(3) 掌握变形缝的构造做法，能绘图说明变形缝在墙体、楼地面、顶棚、屋面以及屋面出口处变形缝的构造做法。

第 13 章　绿色建筑设计概论

13.1　概　　述

学习重点

重点关注：

1. 绿色建筑的基本概念与评价标准。
2. 绿色建筑评价指标体系。
3. 绿色建筑的设计流程。
4. 绿色建筑的设计文件要求。

分析与思考：

1. 何为绿色建筑？
2. 建筑的绿色性能包括哪几个方面？
3. 我国绿色建筑划分为几个等级？

党的二十大报告提出："推动绿色发展，促进人与自然和谐共生""我们要推进美丽中国建设，坚持山水林田湖草沙一体化保护和系统治理，统筹产业结构调整、污染治理、生态保护、应对气候变化，协同推进降碳、减污、扩绿、增长，推进生态优先、节约集约、绿色低碳发展。"这是基于加快发展方式绿色转型的战略部署，为建筑业的发展指明了方向。

绿色建筑即在全寿命周期内，节约资源、保护环境、减少污染，为人们提供健康、适用、高效的使用空间，最大限度地实现人与自然和谐共生的高质量建筑。绿色性能是涉及建筑安全耐久、健康舒适、生活便利、资源节约(节地、节能、节水、节材)和环境宜居等方面的综合性能。

绿色建筑包括两个方面，从使用者角度看，绿色建筑是安全、健康、舒适、高效、适宜且满足使用者生活与工作需求的建筑；从环境角度看，绿色建筑是低耗、无废、无污、资源节约、环境影响小的建筑。可见，绿色建筑从建设、使用到拆除的全过程都应做到无害化，使人、建筑与自然生态环境之间形成一个良性系统。建筑物从开始设计到施工建造，再到运营及最后拆除，形成一个全寿命周期。因此，不仅在规划设计阶段充分考虑并利用场地原有自然条件，还应确保施工过程中对环境产生的影响最低，并在运营阶段为人们提供低耗、无害、舒适、健康的活动空间，在拆除阶段也应将对环境的危害降到最低。

绿色建筑设计应追求在建筑全寿命周期内的技术经济合理性和效益最大化。为此，设计的各个环节都应从促进建筑与环境可持续发展的视角出发，综合考虑安全耐久、健康舒适、生活便利、资源节约、环境宜居等性能，采用最适宜的场地布局、建筑形式、建筑技术、建筑设备和建筑材料等，从建筑全寿命周期的各个阶段综合评估建筑场地、建筑规模、建筑形式、建筑技术与投资之间的相互影响，避免过度追求奢华的形式或配置，以实现经济效益、社会效益和环境效益的统一。

13.1.1　绿色建筑评价标准

在绿色建筑的建设与发展过程中，《绿色建筑评价标准》GB/T 50378—2019 对保障绿色建筑质量、规范和引导我国绿色建筑的健康发展发挥了极其重要的作用。

我国各地区在气候、环境、资源、经济发展水平与民俗文化等方面都存在较大差异，而因地制宜又是绿色建筑建设的基本原则，因此对绿色建筑的评价，也应综合考量建筑所在地域的气候、环境、资源、经济和文化等条件和特点，对建筑的安全耐久、健康舒适、生活便利、资源节约、环境宜居等性能进行综合评价。

1. 评价指标体系

绿色建筑评价指标体系遵循以人民为中心的发展理念，以四节一环保为基本约束，由安全耐久、健康舒适、生活便利、资源节约、环境宜居五类指标组成。其特点体现如下：①符合目前国家新时代鼓励创新的发展方向；②指标体系名称易懂、易理解和易接受；③指标名称体现了新时代所关心的问题，能够提高人们对绿色建筑的可感知性。每类指标均包括控制项和评分项。为了鼓励绿色建筑采用提高、创新的建筑技术和产品，评价指标体系统一设置提高与创新加分项。其体系构成如图 13.1 所示。

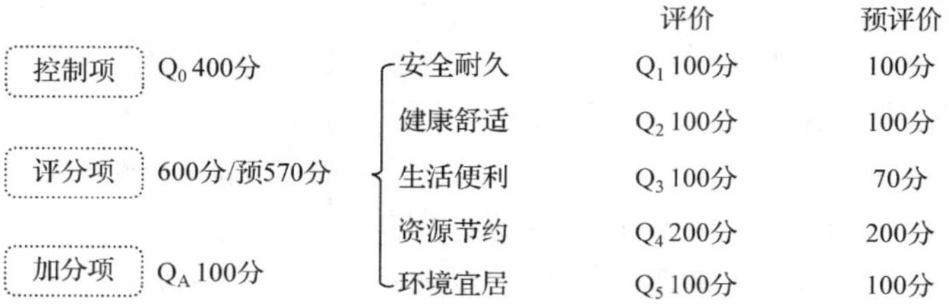

图 13.1　绿色建筑评价指标体系

2. 评价方法

控制项的评定结果为达标或不达标；评分项和加分项的评定结果为分值。该标准分别设有针对住宅建筑和公共建筑的条文款项，对于同时具有住宅和公服功能的建筑，则需按这两种功能分别评价后再取平均值。总体原则如下：①只要有涉及即全部参评；②系统性、整体性指标应总体评价；③所有部分均满足要求才能得分；④递进分档的条文按照就低不就高的原则确定得分。绿色建筑评价的分值设定应符合表 13.1 的规定。

表 13.1　绿色建筑评价分值

评价项	控制项基础分值	评分项满分值					加分项满分值
		安全耐久	健康舒适	生活便利	资源节约	环境宜居	
预评价	400	100	100	70	200	100	100
评价	400	100	100	100	200	100	100

注：① 预评价时，本标准第 6.2.10、6.2.11、6.2.12、6.2.13、9.2.8 条不得分。
② 本表摘自《绿色建筑评价标准》。

其中，生活便利指标中物业管理为建筑项目投入运行后的技术要求，因此预评价时，生活便利指标的满分值有所降低。绿色建筑评价应在建筑工程竣工后进行，对于刚刚竣工后即评价的建筑，部分与运行有关的条文仍无法得分。

绿色建筑评价的总得分按下式进行计算：

$$Q=(Q_0+Q_1+Q_2+Q_3+Q_4+Q_5+Q_A)/10$$

式中，Q 为总得分；Q_0 为控制项基础分值，当满足所有控制项的要求时取 400 分；Q_1～Q_5 分别为评价指标体系 5 类指标(安全耐久、健康舒适、生活便利、资源节约、环境宜居)评分项得分；Q_A 为提高与创新加分项得分。

我国的绿色建筑划分为基本级、一星级、二星级、三星级 4 个等级。控制项是绿色建筑的必要条件，当满足全部控制项要求时，绿色建筑等级为基本级。绿色建筑星级等级按下列规定确定。

(1) 一星级、二星级、三星级 3 个等级的绿色建筑均应满足本标准全部控制项的要求，且每类指标的评分项得分不应小于其评分项满分值的 30%。

(2) 一星级、二星级、三星级 3 个等级的绿色建筑均应进行全装修，全装修工程质量、选用材料及产品质量应符合国家现行有关标准的规定。

(3) 当总得分分别达到 60 分、70 分、85 分且满足表 13.2 的要求时，绿色建筑等级分别为一星级、二星级、三星级。

表 13.2　一星级、二星级、三星级绿色建筑的技术要求

技术要求	一星级	二星级	三星级
围护结构热工性能的提高比例，或建筑供暖空调负荷降低比例	—	围护结构提高 5%，或负荷降低 3%	围护结构提高 10%，或负荷降低 5%
严寒和寒冷地区住宅建筑外窗传热系数降低比例	5%	10%	20%
节水器具水效等级	3 级	2 级	
住宅建筑隔声性能	—	卧室分户墙和卧室分户楼板两侧房间之间的空气声隔声性能(计权标准化声压级差与交通噪声频谱修正量之和 $D_{nT\cdot w}+C_{tr}$)≥47dB，卧室分户楼板的撞击声隔声性能(计权标准化撞击声压级 $L'_{nT\cdot w}$)≤60dB	卧室分户墙和卧室分户楼板两侧房间之间的空气声隔声性能(计权标准化声压级差与交通噪声频谱修正量之和 $D_{nT\cdot w}+C_{tr}$)≥50dB，卧室分户楼板的撞击声隔声性能(计权标准化撞击声压级 $L'_{nT\cdot w}$)≤55dB
室内主要空气污染物浓度降低比例	10%	20%	
绿色建材应用比例	10%	20%	30%
碳减排	明确全寿命周期建筑碳排放强度，并明确降低碳排放强度的技术措施		
外窗气密性能	符合国家现行相关节能设计标准的规定，且外窗洞口与外窗本体的结合部位应严密		

注：本表摘自《绿色建筑评价标准》。

13.1.2　绿色建筑设计流程与设计文件要求

1. 设计流程

绿色建筑设计流程应符合建筑设计的基本流程。在方案设计、初步设计和施工图设计各阶段，均应落实建筑的绿色性能，实现建筑的绿色设计目标。各专业设计人员在各阶段应围绕统一的绿色建筑定位与目标协同工作。

1）方案设计阶段

(1) 进行项目调研与资料分析，设定总体目标与分项目标。

(2) 进行方案构思与多方案比选，进行绿色性能模拟分析与经济性分析，进行绿色设计方案评价。

(3) 验证绿色设计方案与总体目标的契合度和技术措施的适宜性。

(4) 撰写绿色设计方案说明，编制投资估算。

2）初步设计阶段

(1) 根据方案设计确认函与修改意见，进一步明确项目定位与目标。

(2) 根据设计目标，进行多专业的协同设计，确定绿色性能限制条件和技术方案的可能性，确认绿色设计的技术路线以及优化措施，生成绿色性能设计的综合性技术方案。

(3) 进行技术适宜性和成本的比较研究与适时评价，整合、集成多专业成果，基本完成绿色性能技术的综合性解决方案。

(4) 验证技术方案与设计目标的契合度和适宜性，提供经济分析、专项性能模拟报告和计算报告，进一步验证与调整、优化绿色性能设计技术方案。

(5) 撰写绿色设计专篇，编制工程概算。

3）施工图设计阶段

(1) 根据初步设计批复，输入绿色建筑的施工图设计条件。

(2) 汇总绿色性能设计技术措施，协同研讨与分析绿色性能问题，界定绿色设计任务。多专业相互配合，将绿色性能设计技术措施具体化，循环互提条件，逐一解决所有绿色设计问题，落实达到具体目标的绿色性能技术措施和所有规格参数。

(3) 验证绿色设计成果与设计目标的契合度和技术的适宜性，提供经济分析、专项性能模拟报告和计算报告，再次验证与调整、优化绿色设计技术措施。

(4) 撰写施工图绿色设计专篇，编制工程预算，输出完整的绿色施工图设计文件。

2. 设计文件要求

绿色建筑设计文件应全面落实绿色技术措施在各专业的应用，包括以下内容。

(1) 项目建议书应包括绿色设计专项内容。编制应结合地方情况，提出需达到的绿色建筑设计目标，并将绿色建筑的增量成本列入项目投资估算。

(2) 项目可行性研究报告应设绿色设计专篇。编制应结合地方情况和项目建议书确定的绿色建筑设计目标，并依据《绿色建筑评价标准》提出的要求，对绿色设计实施的可行性进行全面的分析论证。

(3) 方案设计应依据绿色建筑设计要求编制绿色设计专篇。

(4) 初步设计应根据政府主管部门对方案报批文件中绿色设计的审查意见进行设计。设计说明中应编制绿色设计专篇，专篇应体现各专业相关绿色建筑设计内容，项目投资概算应包含绿色建筑经济指标。

(5) 施工图设计应编制绿色设计专篇。该专篇应由建筑专业项目负责人综合协调，应分专业说明相关专业的绿色建筑技术措施以及在施工和运营中的技术要求，明确主要材料、部品、部件、设备的技术指标要求，质量要求和施工安装要求。专篇应附有相应的设计计算书或技术论证报告。

13.2　场地设计要点

学习重点

重点关注：

1. 绿色建筑场地设计要点。

分析与思考：

1. 绿色建筑的场地设计中，如何削减建设对自然生态造成的负面影响？
2. 侧重冬季防寒的热环境设计要点有哪些？
3. 侧重夏季防热的热环境设计要点有哪些？
4. 常用环境噪声控制措施有哪些？

场地规划设计应顺应当地气候特征和自然地理条件，以改善室外环境质量和提高生态效益为目标，遵循科学规划空间、绿色组织交通、合理利用资源、注重生态环境、节约使用土地的思路，综合分析场地资源，合理控制开发强度，采用适宜技术，优化建筑规划布局。建筑建设时，应避免周边环境对建设项目产生不良影响以及建设项目对周边环境造成负面影响。同时，不应破坏当地文物、自然水系、湿地、基本农田、森林和其他保护区，应通过场地规划，合理地改善并提升场地环境品质。

1. 场地安全

(1) 绿色建筑场地应选择安全、适宜的地段，避免地质灾害风险。首先，应避开洪水、滑坡、泥石流、地下矿产采空区、水土侵蚀区等地质危险地段；其次，场地应无危险化学品、自然灾害、易燃易爆危险源的威胁，应无电磁辐射、含氡土壤危害。涉及地质灾害多发的地段，应进行工程地质、水文地质、地震灾害、地质灾害条件的安全性评估。对场地中不利地段或潜在危险源应采取必要的避让、防护或控制、治理等措施，以保证场地对可能产生的自然灾害或次生灾害有充分的抵御能力，对于易发生洪涝的地区应设有可靠的防洪涝基础设施。

(2) 场地环境质量不应影响人体的健康安全。建筑场地内不应存在未达标排放或者超标排放的气态、液态或固态的污染源，例如，易产生噪声的运动、娱乐和营业场所，油烟未达标排放的厨房，污染物排放超标的垃圾堆等。若有污染源，应积极采取相应的治理措施并达到无超标污染物排放的要求。设计应满足但不限于以下现行标准，包括《大气污染物综合排放标准》GB 16297、《饮食业油烟排放标准》GB 18483、《污水综合排放标准》GB 8978、《医疗机构水污染物排放标准》GB 18466、《污水排入城镇下水道水质标准》GB/T 31962 等。

废气排放污染源，主要包括地下车库、餐饮类、医院和学校、科研机构实验室的废气等，应在确保废气排放达标的同时，避免废气排放口朝向人员密集区或者敏感区域。重点应关注学校、研发机构实验室及医院的污水排放是否达标。

固体废弃物主要包括生活垃圾、餐厨垃圾、医疗垃圾和办公用品垃圾等。重点关注住宅、餐饮、医疗、学校和科研机构的固体废弃物收集处理点，同时在垃圾储存、运输、处理过程中避免环境污染。

建筑建设时，场地内及周边不应存在污染源，对于既有的污染源必须进行防护、治理；建成后，不应产生新的污染源。

(3) 建筑场地宜选择在市政基础设施良好的地段，并根据市政设施承载能力对场地建设容量进行复核。

市政基础设施包括供水、供电、供气、通信、道路交通和排水排污等，建设容量的指标包括使用人群数量、紧急疏散场地、动静态交通容量及建筑容积率是否合理等。

(4) 场地内宜采取人车分流措施，且针对步行和自行车交通系统应配有充足的照明。

建筑场地内的交通状况直接关系着使用者的人身安全。人车分流是将行人和机动车完全分离开，互不干扰，可避免人车争路的情况，充分保障行人尤其是老人和儿童的安全。

步行和自行车交通系统如果照明不足，往往会导致人们产生不安全感。充足的照明可以消除不安全感，对降低犯罪率、防止发生交通事故、提高夜间行人的安全性有重要作用。步行和自行车交通系统照明应以路面平均照度、路面最小照度和垂直照度为评价指标，其照明标准值应不低于现行行业标准《城市道路照明设计标准》CJJ45 的有关要求。

2. 生态保护与资源利用

绿色建筑的场地应保护已有的生态环境，全面分析既有生态系统，削减建设对自然生态造成的负面影响。

(1) 保护场地生态环境，降低开发活动对环境产生的不利影响，应充分利用场地原有的地形、地貌，优化场地规划与设计，保护区域生态环境，并应妥善回收、保持和利用无污染的地表土。

(2) 满足传统人文环境可持续发展的需求，应与地区特色文脉、特色城市肌理相适应，满足上位国土空间规划的法规及各类保护区、文物古迹的保护和建设控制要求。在保护既有历史建筑的基础上，宜采用适宜地区特色的建筑风貌设计，传承地域建筑文化，并充分利用尚可利用或有保护价值的老建筑，在延续城市历史文脉的基础上，根据城市发展要求赋予新的使用功能。

(3) 减少场地交通负荷，充分利用公共交通，限制汽车停车场容量，并设置自行车停车场，绿色建筑选址与场地的交通设计如图 13.2 所示。

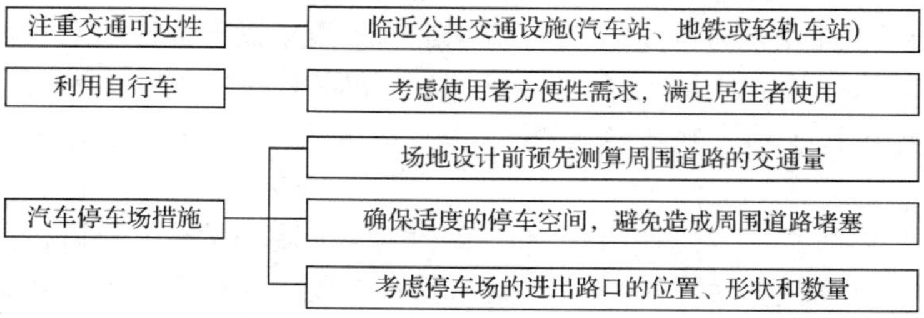

图 13.2　绿色建筑选址与场地的交通设计

(4) 进行合理的雨水规划，利用场地空间设置绿色雨水基础设施。采用透水地面以减少硬化地面的不利影响，透水地面设计措施如图 13.3 所示；设置雨水收集系统，再利用有限的水资源，建筑场地雨水规划如图 13.4 和图 13.5 所示。

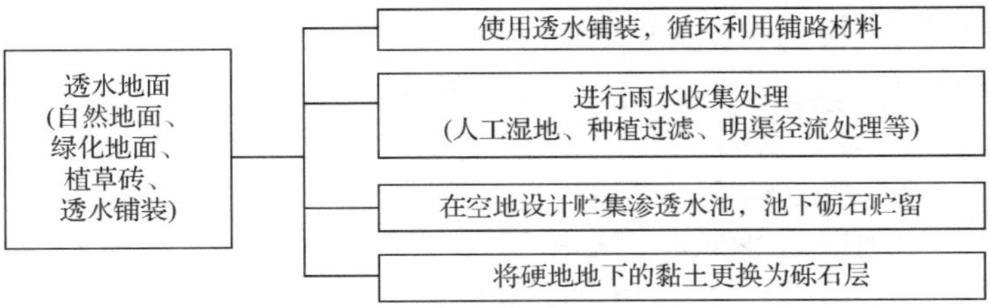

图 13.3　透水地面设计措施

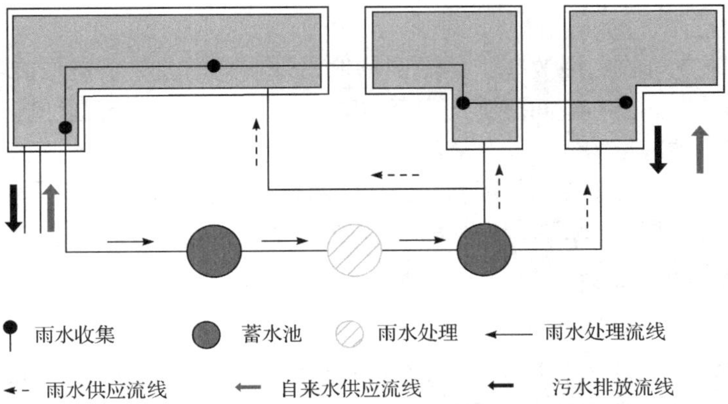

图 13.4　建筑场地雨水规划平面示意图

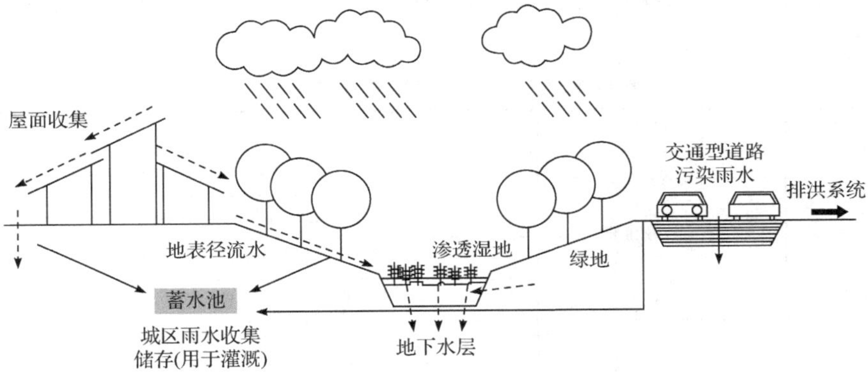

图 13.5　建筑场地雨水规划剖面示意图

(5) 根据低质低用、高质高用的用水原则，对场地用水量和水质进行调查和评估，合理制定水资源利用方案，提高城市再生水资源利用率。对于寒冷地区，应在适宜的开阔场地充分考虑对冬季冰雪的储存和利用，减少向场地外的运输。

(6) 结合当地气候和自然资源条件充分利用可再生能源。利用太阳能时，应根据场地及建筑条件，确定合理的太阳能利用方式；利用地热能时，应对场地内的地热能进行调查和评估，确定合理的利用方案，地热能的开采不应对邻近的地下空间、土壤、水体、地下生态环境产生影响；利用风能时，应对场地周边风力资源进行调查和评估，风力发电设施的选型及安装应避免噪声干扰。

3. 节约用地

(1) 场地规划应紧凑布局，节约集约利用土地。节约集约利用土地是绿色建筑规划设计的重要原则。住宅街坊人均住宅用地指标应符合现行国家标准《城市居住区规划设计标准》GB 50180 的相关规定，公共建筑容积率不宜小于 50%。

(2) 合理规划设计地下空间。地下空间开发宜与地上建筑、停车场库、商业服务设施或人防工程等功能空间紧密结合，统一规划。轨道交通枢纽地区和城市大型公共服务设施集中区，应进行地上与地下空间的一体化设计。住宅建筑的地下建筑面积与地上建筑面积比例不宜小于 5%，公共建筑的地下建筑面积与其用地面积之比不宜小于 50%。

(3) 机动车停车应满足节约用地的要求。优先采用地下停车，鼓励采用立体停车，停车不占人群活动空间。

(4) 提高场地空间的利用效率，并做到场地内及周边的公共服务设施和市政基础设施的集约化建设与共享。公共空间资源及配套辅助设施，包括公共步行通道、公共活动场地、公共开放空间、运动健身场所、停车场等，宜与周边区域共享和互补，且宜全时或错时向公众开放。就节地而言，对于受条件限制或自身需求容积率不可能高的建设项目，可以通过精心的场地设计，创造更高的绿地率以及提供更多的开敞空间或公共空间等方面进行平衡。

4. 优化场地的物理环境

1) 热环境设计

热环境直接影响人们户外活动的热安全性和热舒适度。场地设计时，应充分考虑场地内热环境的舒适度，通过合理的场地规划、景观绿化设计以及场地遮阳设施等配置，改善场地风环境、热湿环境、日照环境等，从而提高环境舒适度。场地热环境设计要点如表 13.3 和表 13.4 所示。

表 13.3　侧重冬季防寒的热环境设计要点

工作阶段	目的	设计要点
场地选址	冬季争取日照	向阳平地或向阳坡地
		南向力求无遮挡或少遮挡
		建筑满足最佳朝向范围
		群体布局考虑日照间距和经济性
	减小建筑热损失	不宜放置在凹形基地内，避“霜洞”
		避免产生“局地疾风”“漏斗风”
		避免“雨雪堆积”
规划布局	建立气候防护单元	紧凑群体布局，发挥风影效应，避免侵袭后排建筑
		建筑群体高度宜一致，避免下冲气流
	合理日照间距	日照时间满足相关要求
	群体组合	建筑物长边与冬季主导风平行
		加大相邻建筑距离，避免产生局部峡谷风
	抵御冬季寒风	植物防护林
		防风构筑物

表 13.4　侧重夏季防热的热环境设计要点

工作阶段	目的	设计要点
场地选址	减弱太阳和环境热辐射	合理选择用地，避免西晒
		避开玻璃幕墙反射和建构筑物蓄热体的“辐射范围”
		积极选择绿化环境条件好、环境热辐射低的场地
	争取自然通风	环境条件有利于建筑利用夏季主导风
		利用地形地貌、植被、建构筑物等引导夏季主导风
	避免热源	避免靠近空调散热器、锅炉房等热源
规划布局	通风降温	群体布局考虑夏季主导风到达每栋建筑长边
		避免新老建筑热源对彼此的不利影响
	改造地表防热	地表乔灌木绿化手段遮阴与水体蒸发降温
		绿化、建筑遮阳，减小太阳辐射得热及地表辐射作用
		场地宜采用透水铺装，材料反射率 0.3～0.6

2) 声环境设计

进行场地设计时，应结合现状合理考虑建筑的布局和间距，群体组合宜采用混合式布置，连墙成片，形成声屏障。平面布置应动静分区，合理组织房屋朝向，利用构筑物、微地形、绿化配置、住宅与道路之间的夹角等元素减噪降噪。场地声环境设计原则如下：

(1) 绿色建筑声环境设计一方面要求防止周围环境噪声对建设项目的影响，另一方面要求建设项目在施工及使用过程中的噪声排放不能超过环境噪声限值。

(2) 项目设计前应对建设用地及周边环境噪声现状进行调查，掌握主要噪声源及其噪声大小、频率特性等。

(3) 当建设用地靠近交通干线、工厂、机场等强噪声源时，建筑场地总平面设计应采取有利于降低噪声影响的平面布局，并采取相应的噪声控制措施。

(4) 建设项目中锅炉房、冷却塔、热泵等噪声较大设施的设置应考虑噪声控制要求，使噪声排放达到标准。

(5) 当建设用地靠近铁路等强振动源时，需要对振动现状进行调查，并采取相应的振动控制措施。

(6) 可考虑各种声音特性，主动营造声环境。

常用的环境噪声控制措施及效果如表 13.5 所示。

表 13.5　常用环境噪声控制措施及效果

环境噪声控制措施	降噪效果
远离噪声源	对于点声源，距离增大 1 倍，降低 6dB； 对于线声源，距离增大 1 倍，降低 3dB
设置隔声屏障	降低 5～25dB
在场地与噪声源之间设绿化	降低 1～6dB
利用不怕吵的建筑物作声屏障	降低 10～30dB
吸声（透气）路面	降低 1～6dB

3)光环境设计

进行场地设计时，应通过日照和采光模拟进行建筑规划布局和建筑形态的优化设计，合理布局场地内建筑，最大限度地利用自然光，从而降低人工照明能耗。同时，还应合理设计夜间照明设施，避免眩光和光污染。

5. 绿色出行与全龄友好

建筑与公共交通联系的便捷程度是引导居民绿色出行的重要条件。为便于选择公共交通出行，在选址与场地规划中应重视建筑场地与公共交通站点以及公共服务设施的便捷联系，合理设置出入口。500m 是步行 10min 距离，800m 是步行 15min 距离，公交站点距离控制在 500m 以内，可以使人更愿意选择步行方式出行。

场地公共开放空间应兼顾老、中、青、幼等全年龄段人群的活动需求，宜考虑各个季节及全天候使用，并遵循全龄化规划原则，即基于不同年龄段人群的活动特点、运动习惯、锻炼强度等进行设计和建设，使其满足分时段使用、分区域使用、分人群使用、分项目使用需求，从而实现场地多功能空间的整合使用。同时，均应满足无障碍设计要求，场地内人行通道及场地内外联系的无障碍设计是绿色出行的重要组成部分，是保障各类人群方便、安全出行的基础。无障碍设计在满足现行国家标准《无障碍设计规范》GB 50763 的基本要求外，还应保证无障碍步行系统使用的连续性，应与城市道路、场地内道路、建筑主要出入口、场地公共绿地和公共空间等相连通。

13.3 建筑空间布局与体形设计要点

绿色建筑设计应综合考虑建筑所在的地域特点、周边环境和场地条件等，以“四节一环保”为基本约束，以“以人为本”为核心要求，综合考虑场地及建筑内外的各种因素，优化建筑空间布局与空间尺度、建筑形体、围护结构等，体现安全耐久、健康舒适、生活便利、资源节约和环境宜居等方面的综合性能，促进建筑全寿命周期内的技术经济合理性和效益最大化。

> **学习重点**
>
> **重点关注：**
>
> 1. 绿色建筑的空间布局设计要点。
> 2. 不同气候条件下的建筑空间布局要点。
> 3. 绿色建筑体形设计要点。
> 4. 体形系数。
>
> **分析与思考：**
>
> 1. 如何通过合理的空间布局促进建筑采光与日照？
> 2. 如何通过合理的空间布局有效组织室内通风？
> 3. 如何通过合理的空间布局营造舒适且节能的热环境？
> 4. 体形系数与建筑能耗的关系如何？

13.3.1 建筑空间布局

建筑空间的大小、形态、组合方式以及隔断、开口形式、位置等形成了建筑空间布局。建筑空间布局包括建筑平面布局、建筑剖面布局以及建筑开口布置，好的布局设计可促进建筑室内自然采光和日照，有效组织风压热压通风，形成合理的热环境分区及获得良好的室内声环境等。

1. 促进采光与日照的建筑空间布局

不同的空间布局、房间进深都会对建筑的采光与日照产生影响。短进深房间可保证侧面采光(图 13.6(a))；利用平面错位、剖面错位或错层可争取更多的采光与日照(图 13.6(b)、(g)、(h)、(i)、(j)、(k)、(m)、(n)、(p))；利用中庭、天井或反光檐可为大进深房间和相邻房间提供采光(图 13.6(c)、(d)、(e)、(f)、(i)、(l)、(m)、(o))；小房间可以向相邻大房间或高房间借光(图 13.6(l)、(m)、(p))；采光要求高的活动区应靠近采光口布置等。

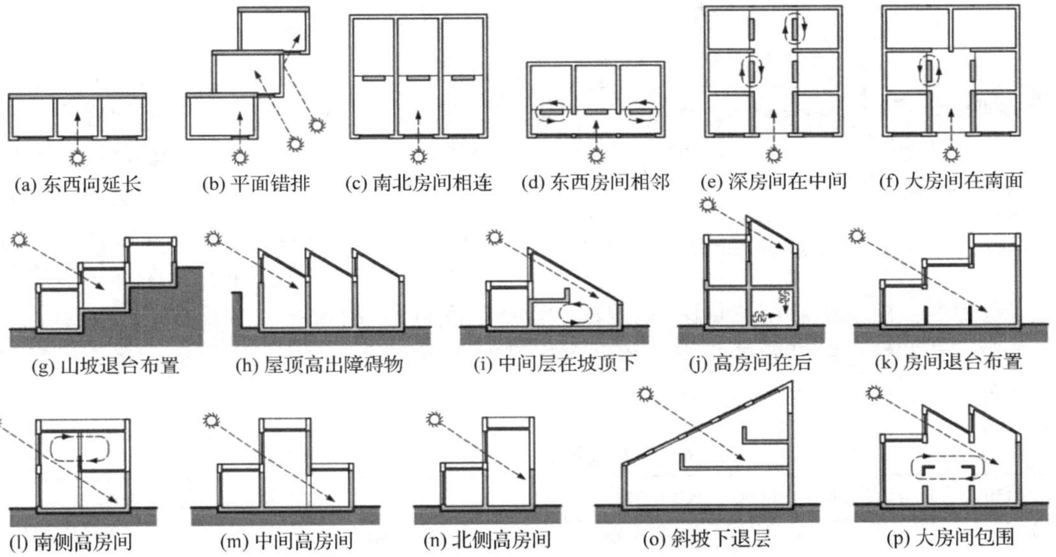

图 13.6　促进建筑采光与日照的建筑空间布局

2. 有效组织通风的建筑空间布局

1) 平面空间布局

合理的平面空间布局可有效组织风压通风。如图 13.7(a)所示，单廊式、小进深的建筑空间可获得理想的穿堂风；大进深的内廊式建筑通过组织有效进、出风口或导风墙可获得穿堂风，如图 13.7(b)～(e)所示。此外，容易产生异味的建筑空间尽量布置在下风向或设置单独的通风通道。

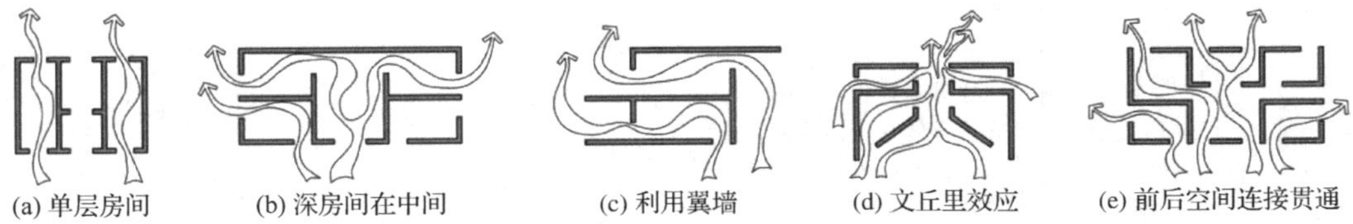

图 13.7　有效组织风压通风的建筑平面空间布局

2) 剖面空间布局

合理的剖面空间布局可有效组织热压通风。剖面空间布局可利用现有竖向空间(如楼梯间和风塔)进行热压通风(图 13.8(a)、(e))；通过提高室内竖向通高空间可产生热压拔风效应(图 13.8(b))；通过室内通风横截面积渐缩产生文丘里效应，可加大热压拔风效果(图 13.8(c)、(d))。

3. 利于热舒适与节能的建筑空间布局

建筑的功能分区应与建筑空间的热特性及其温度分区相适宜。如图 13.9 所示，进行空

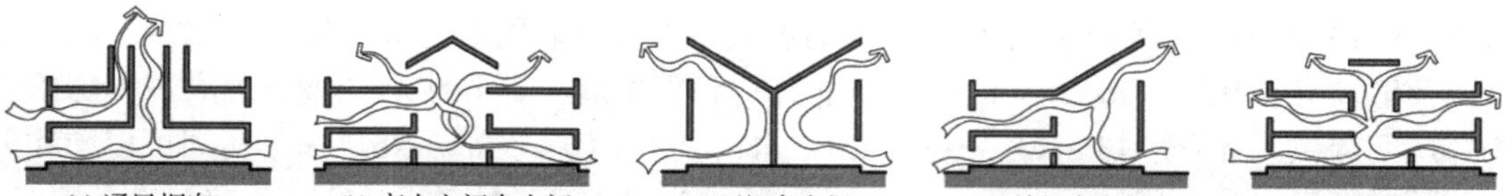

(a) 通风烟囱　(b) 高大空间在中间　(c) 两侧高房间　(d) 单侧高房间　(e) 利用楼梯间

图 13.8　有效组织热压通风的建筑剖面空间布局

(a) 围合式　(b) 半开敞式　(c) 两侧式

图 13.9　适应建筑空间热特性的空间布局

间布局时，应把对热舒适性有较高要求的主要用房(如起居室、卧室等)布置在太阳辐射得热的南向或偏南向；对于热舒适性要求不高或无要求的辅助用房则应布置在西北侧；将能经受温度波动的空间(如楼梯间、储藏空间等)设置为热缓冲区；在有采暖需求的建筑空间中，应合理利用产热区(如厨房、设备房间)产生的热能。

为了营造舒适的建筑热环境，不同气候区对空间布局的要求是不同的，各气候区的建筑空间布局要点详见表 13.6。

表 13.6　不同气候条件下的建筑空间布局要点

气候区	代表城市	地理范围	建筑空间布局要点
严寒地区和寒冷地区	北京、哈尔滨、拉萨	主要分布东北、华北、西南地区和海拔 3000m 以上的青藏高原地区	① 室内空间整体布局紧凑； ② 建筑开口朝向尽量设置在能够充分得到太阳辐射的方位； ③ 建筑迎风侧利用能经受温度波动的房间或者区域设计适宜的缓冲区，并减少迎风侧开窗面积； ④ 建筑出入口处做门斗，防止冷风侵入； ⑤ 建筑向阳侧设计被动式太阳房以创造比较舒适的室内热环境
	乌鲁木齐(寒冷干热地区)	主要分布在我国新疆中部环吐鲁番盆地区，相当于建筑气候区划的Ⅶ区	① 建筑室内空间宜采用紧凑型布局； ② 封闭庭院围合布局，利用遮阳和蒸发冷却的组合，使得庭院地面处温度低于室外气温； ③ 可变式门廊空间设计，调节建筑外皮表面积，应对昼夜热量差渗透
夏热冬冷地区	上海、重庆、武汉、南京、南昌	主要分布在我国的中东部地区，具体为陕西南部、湖北、湖南、江苏、安徽大部和上海、四川东南部，浙江、江西全省	① 通过建筑相互遮蔽或建筑自遮阳方式减少从建筑开口进入的太阳辐射； ② 采用狭长形平面的空间布局，并辅以开敞廊道，利于建筑内部每个房间获得独立的自然通风条件； ③ 通透的建筑空间，结合不同的开敞平面和剖面产生风压通风、热压通风或两者兼有的混合通风； ④ 建筑迎风面开口尽量和夏季主导风风向之间的夹角在 30°～120°，并保证冬季室内空间的太阳能采暖和采光
夏热冬暖地区	广州、南宁、海口、香港	主要分布在海南全省、福建南部，广东、广西大部及云南南部，台湾省	① 通过建筑相互遮蔽或建筑自遮阳方式减少从建筑开口进入的太阳辐射； ② 利用建筑开口形成通风口，组织贯通室内水平向穿堂风的建筑开口，有利于形成建筑前后压差； ③ 利用竖向倒斗空间形成室内外热压通风
温和地区	昆明、贵阳	主要分布在云南大部分地区和贵州、四川西南部以及西藏南部	① 室内空间布局较为自由； ② 建筑开口适中而避免引入太多热流； ③ 建筑平面以长条形、浅进深平面为主，且留有中庭、回廊以供双面通风之用

4. 利于隔声降噪的建筑空间布局

绿色建筑可通过建筑空间布局和体形避免室外环境噪声的影响，为室内营造舒适的声环境，如图 13.10 所示。

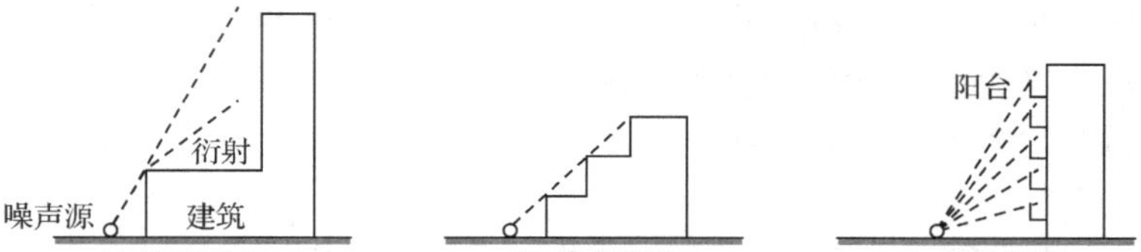

(a) 裙楼降噪 (b) 退台降噪 (c) 阳台降噪

图 13.10 利于隔声降噪的建筑空间布局和体形

13.3.2 建筑体形设计

1. 基本概念

建筑体形指建筑物在三维空间中呈现的外部轮廓形态，包括建筑的形状、大小、比例及组合关系等，它既受功能、材料、技术等制约，又有艺术审美价值。建筑体形对能耗影响显著，因此在建筑节能设计中采用体形系数来评估建筑的节能性。体形系数是建筑物与室外大气接触的外表面积与其所包围的体积的比值，其中外表面积不包括地面和非采暖楼梯间内墙和户门的面积。体形系数反映了建筑外形的复杂程度以及外围护结构的面积大小，在其他条件相同的情况下，减小体形系数可减少建筑围护结构与室外空气的接触面积，降低建筑的传热耗热量，对建筑节能有利。

因此，绿色建筑的体形设计应结合建筑造型、朝向布置、太阳辐射、通风采光等多种因素，通过调节建筑的平面形状(面宽与进深之比等)、建筑层高及层数等参数来对体形系数进行控制，确定有利于减小体形系数的建筑体形。相同体积条件下，不同建筑平面形状与建筑体形系数的关系见表 13.7。

表 13.7 相同体积条件下平面形状与建筑体形系数的关系

	正方形	长方形	细长方形	L 形	回字形	U 形
建筑平面形状	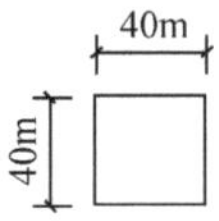	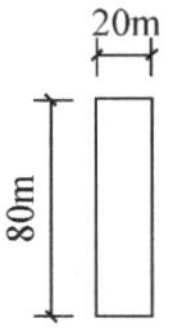	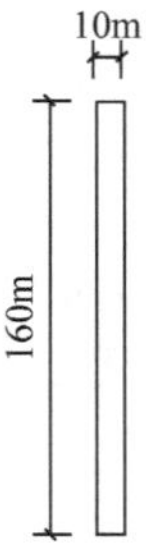	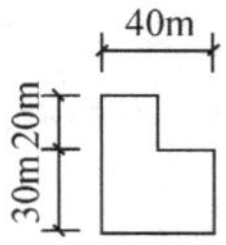	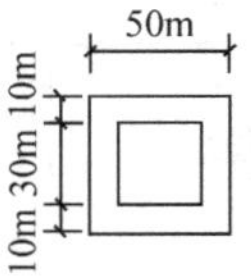	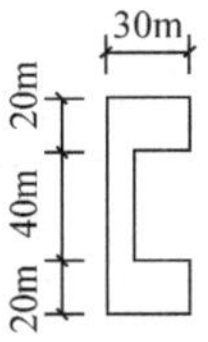
建筑外表面/m²	4480	5200	7700	4300	7360	5560
体形系数 $\Sigma F/V$	0.156	0.18	0.268	0.174	0.256	0.193

注：① 表中所示各种平面形状的建筑高度统一为 18m，建筑占地面积和体积相同；
② 当建筑物高度和长度一定时，宽度越大，体形系数越小，而且减小的幅度比较大；
③ 当建筑物周长减小(减少建筑立面凹凸变化)时，体形系数减小；
④ 当建筑面积相同且总高度相同时，建筑长宽比越小则体形系数越小，建筑长宽比越大，朝向对最大冷负荷影响就越明显；
⑤ 当体形系数不能满足规范要求时，改变底面长度和底面宽度的比例，增大建筑物进深(宽度)，可控制体形系数。

2. 设计要点

(1) 建筑单体的体形设计应适应不同地区的气候条件。严寒、寒冷气候区的建筑宜采用紧凑的体形，减小体形系数，从而减少热损失；干热地区建筑的体形宜采用紧凑或有院落、天井的平面，易于封闭、减少通风，以减少极热天气时热空气的进入；湿热地区建筑的体形宜主面长，进深小，以利于通风与自然采光。

(2) 不同气候区应满足各自区域内的建筑节能设计标准的有关规定，确定最佳的建筑体形系数。

(3) 在建筑物总体积一定的情况下，建筑体形设计应综合考虑建筑物的长宽比、朝向和日辐射得热量。

(4) 在建筑物体形系数的设计中还应综合考虑到建筑造型、平面布局和采光通风的要求。

13.4　建筑围护结构设计要点

围护结构包括透明围护结构（外窗、玻璃幕墙）和非透明围护结构（外墙、屋面、楼地面等）。不同气候区对围护结构的要求不同，所以围护结构应根据各气候区的气候特征、资源条件、施工技术水平等进行综合设计，其设计原则见表 13.8。

学习重点

重点关注：

1. 绿色建筑围护结构设计原则。
2. 外墙保温构造做法。
3. 屋面保温构造。
4. 楼地面保温构造。

表 13.8　各气候区围护结构设计原则

气候分区	设计原则
严寒、寒冷地区	① 必须满足冬季保温的要求； ② 避免出现热桥，防止围护结构内表面结露； ③ 优先采用外保温技术； ④ 宜避免凸窗和屋顶天窗，外窗或幕墙面积不应过大； ⑤ 部分寒冷地区适当兼顾夏季防热
夏热冬冷地区	① 应满足夏季防热，兼顾冬季保温； ② 设置遮阳措施，优先采用活动外遮阳
夏热冬暖地区	① 应满足夏季防热要求； ② 宜优先采用活动或固定外遮阳设施； ③ 围护结构的外表面宜采用浅色饰面材料
温和地区	① 应注意冬季保温； ② 设置遮阳措施

关于墙体、楼地面及屋面的构造设计已经在第 7、8、10 章有详细的介绍，在此不再赘述。绿色建筑的围护结构还应满足国家及地方相关的节能设计要求，常见的外墙保温构造做法详见表 13.9，屋面保温构造做法详见表 13.10，楼地面的保温构造做法详见表 13.11①。

---

① 摘自《建筑设计资料集(8)》(第三版)。

表 13.9 外墙保温构造

类型	外墙构造做法			备注
夹心保温		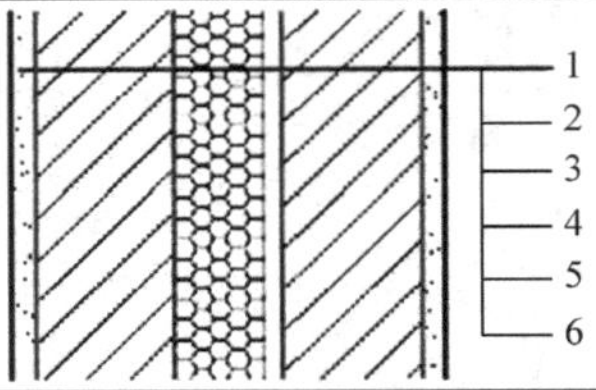	1 外饰面 2 墙体 3 保温板 4 空气层 5 墙体 6 混合砂浆	适宜严寒、寒冷地区
外保温系统	外黏锚保温隔热板体系	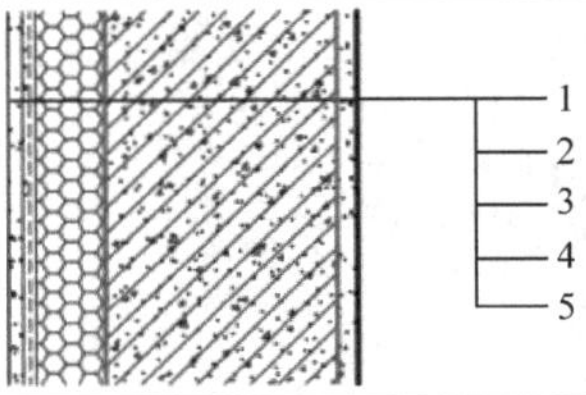	1 聚合物砂浆 2 网格布 3 保温材料 4 混凝土墙 5 内墙面抹灰	适宜严寒、寒冷以及夏热冬冷地区
	墙体外抹保温隔热浆料体系	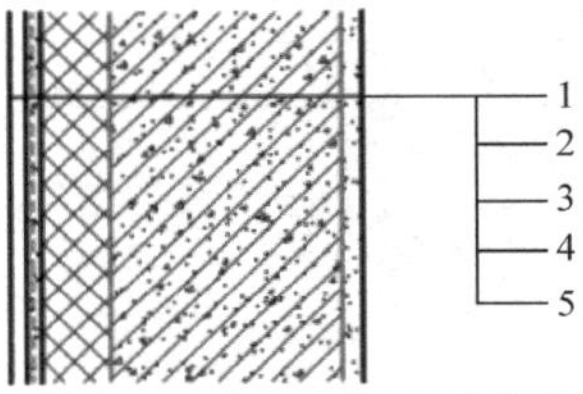	1 外装饰层 2 聚合物砂浆（压入耐碱网格布） 3 保温浆料 4 混凝土墙 5 内墙面抹灰	
	现浇混凝土外保温体系	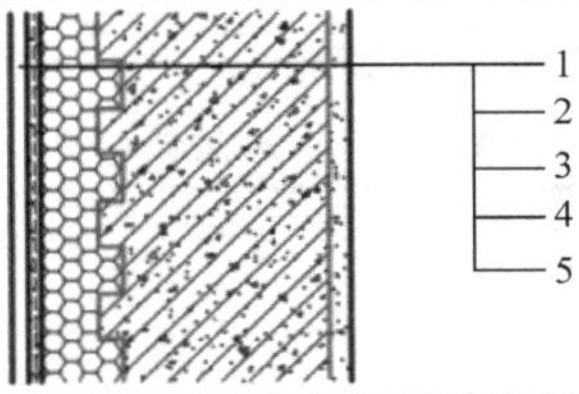	1 外饰面 2 聚合物砂浆（玻纤网格布） 3 保温材料（XPS 或 EPS） 4 混凝土墙 5 内墙面抹灰	
内保温系统	保温板复合粉刷石膏加强玻纤网	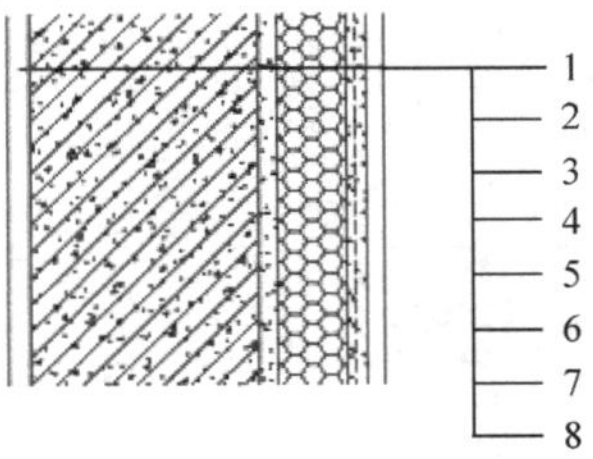	1 外饰面 2 墙体 3 水泥砂浆 4 专用黏结剂 5 EPS 或 XPS 6 粉刷石膏 7 玻纤网格布 8 内饰面	适宜夏热冬冷、夏热冬暖及温和地区
	纸面石膏板复合内保温技术	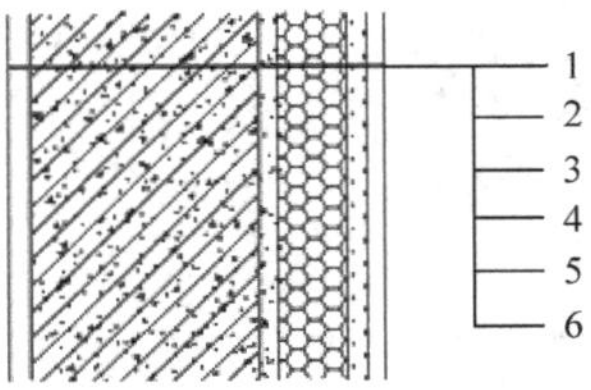	1 外饰面 2 墙体 3 水泥砂浆 4 专用黏结剂 5 EPS 或 XPS 复合纸面石膏板 6 内饰面	
	无机保温浆料内保温技术	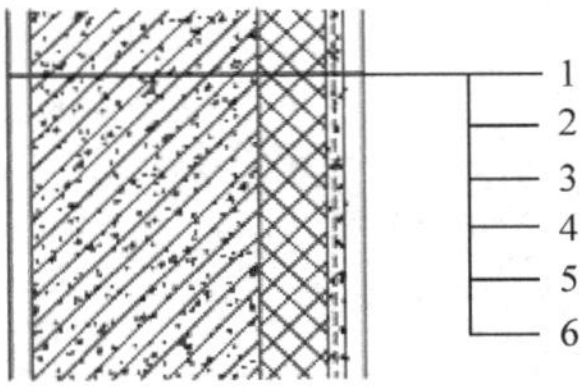	1 外饰面 2 墙体 3 界面砂浆 4 无机保温材料 5 聚合物砂浆（压入耐碱网格布） 6 内饰面	

续表

类型	外墙构造做法			备注
自保温系统	混凝土空心砌块夹心保温系统	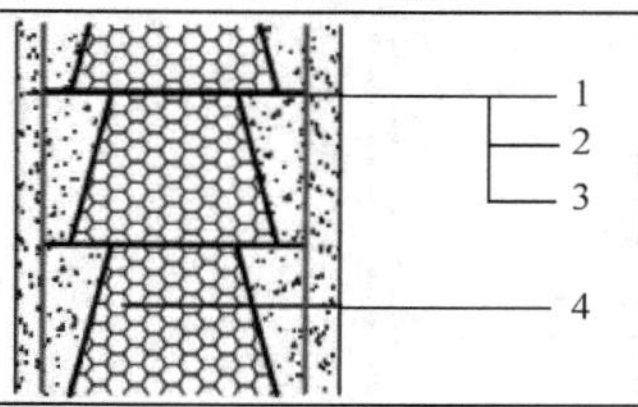	1 外抹灰层 2 混凝土空心砌块 3 内抹灰层 4 夹心保温材料	适宜夏热冬冷、夏热冬暖及温和地区
	加气混凝土自保温体系	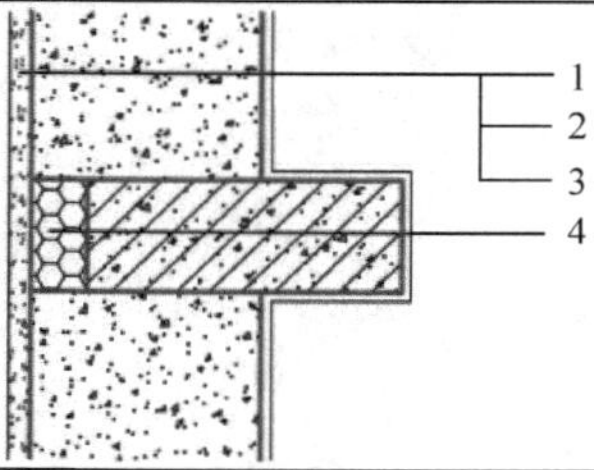	1 外装饰层 2 加气混凝土 3 内抹灰层 4 断热桥保温材料层	
	复合保温隔热墙板系统	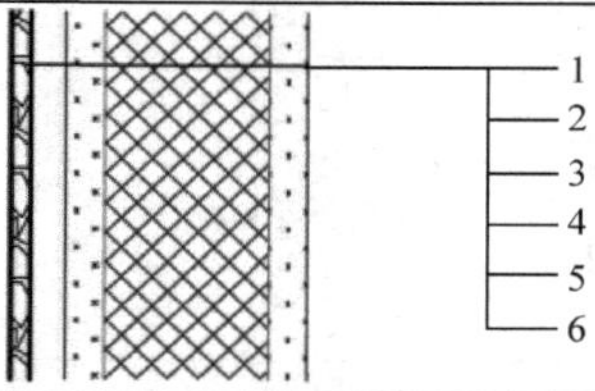	1 外饰面 2 空气层 3 纸面石膏板 4 轻钢龙骨 5 保温层 6 纸面石膏板	

注：XPS 表示挤塑聚苯乙烯泡沫板，EPS 表示或聚苯乙烯泡沫板。

表 13.10　屋面保温构造

类型	屋面构造做法		备注
木屋架坡屋面	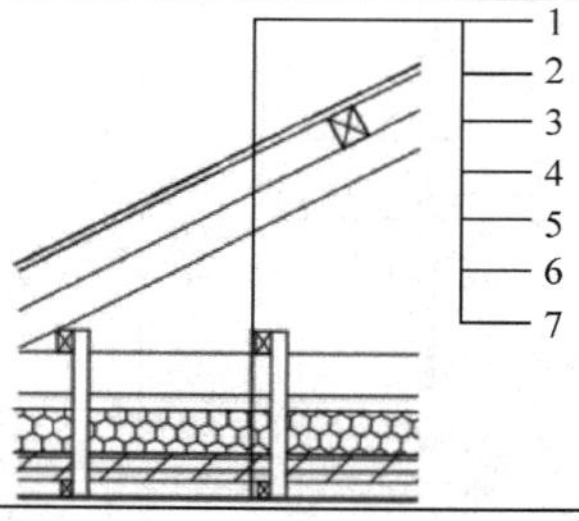	1 屋面饰面层 2 防水层 3 木结构面层 4 木屋架结构 5 保温层 6 棚板 7 吊顶层	适宜严寒和寒冷地区
钢筋混凝土坡屋面	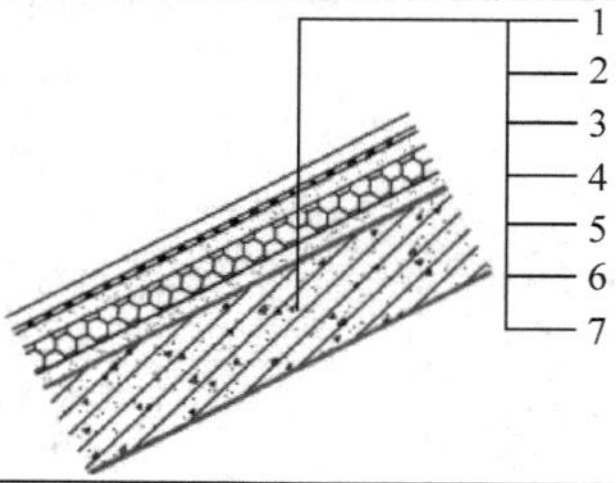	1 面层 2 防水层 3 水泥砂浆 4 保温层 5 隔气层 6 水泥砂浆 7 屋面板	适宜各气候区
正铺法钢筋混凝土平屋面	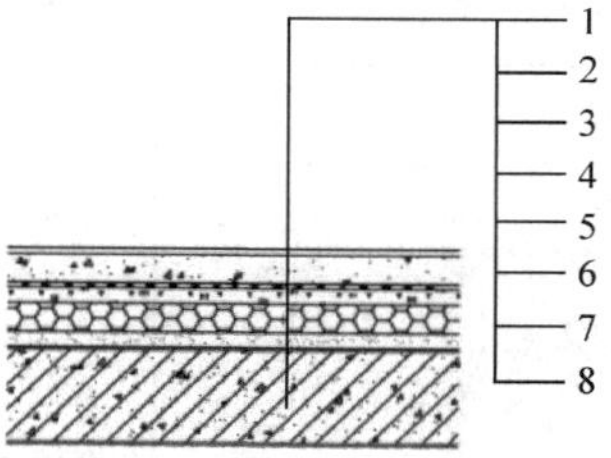	1 面层 2 细石混凝土 3 防水层 4 找坡层 5 保温层 6 隔气层 7 水泥砂浆 8 屋面板	适宜各气候区

续表

类型	屋面构造做法		备注
倒铺法钢筋混凝土平屋面	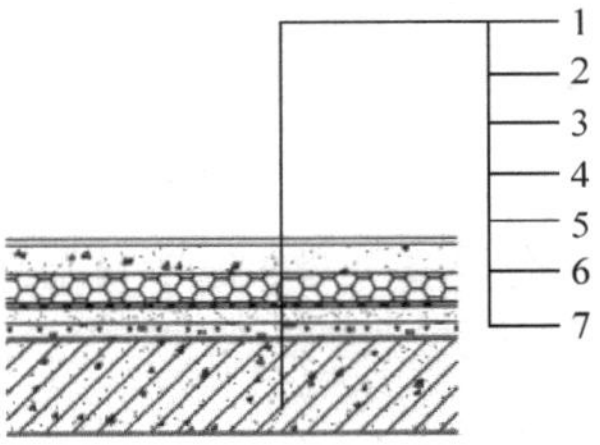	1 面层 2 细石混凝土 3 保温层 4 防水层 5 水泥砂浆 6 找坡层 7 屋面板	保温层为憎水型材料(可采用 XPS 或泡沫玻璃)
通风隔热屋面	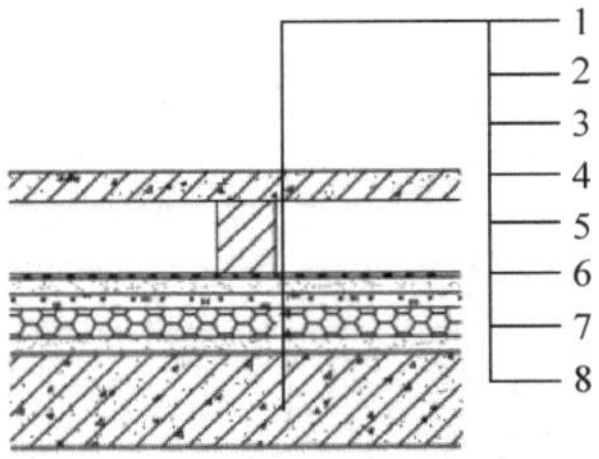	1 细石混凝土 2 架空层 3 防水层 4 水泥砂浆 5 找坡层 6 保温层 7 水泥砂浆 8 屋面板	适宜夏热冬冷和夏热冬暖地区
蓄水屋面	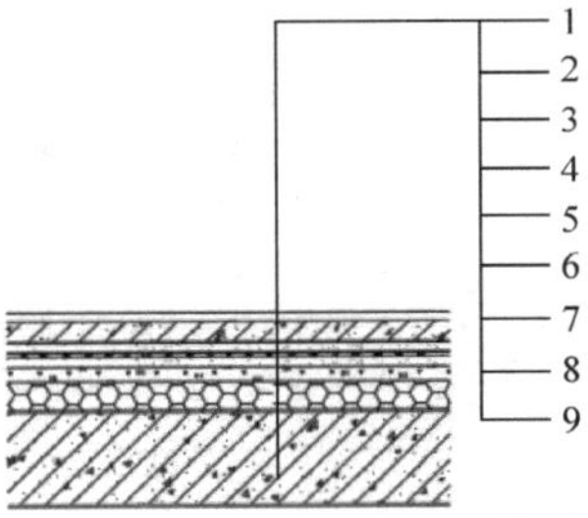	1 蓄水 2 防水砂浆 3 钢筋混凝土水池 4 水泥砂浆 5 防水层 6 水泥砂浆 7 找坡层 8 保温板 9 屋面板	适宜夏热冬冷和夏热冬暖地区
续种植屋面	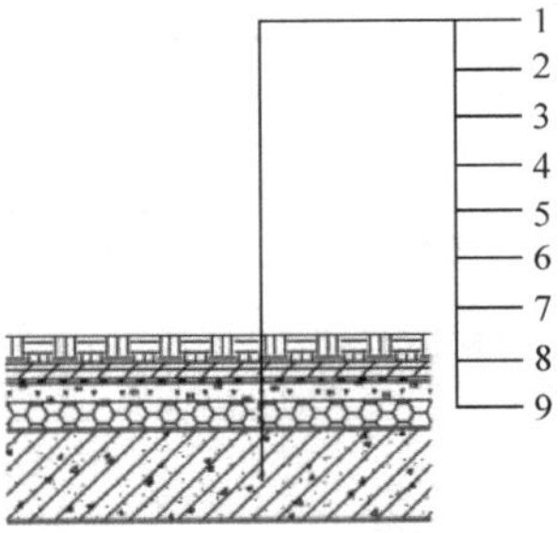	1 种植土 2 土工布过滤层 3 凹凸型排(蓄)水板 4 防水保护层 5 耐根穿刺防水层 6 普通防水层 7 找平层兼找坡层 8 保温层 9 屋面板	适宜各气候区

表 13.11　楼地面保温构造

类型	楼地面构造做法		备注
层间楼板 1	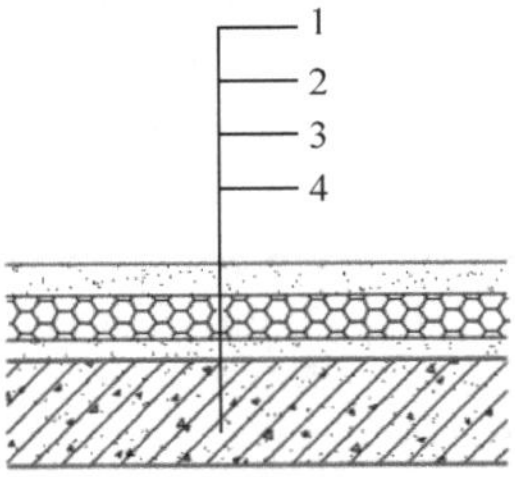	1 水泥砂浆 2 保温层 3 水泥砂浆 4 钢筋混凝土板	保温层为 XPS、复合硅酸盐板、高强度珍珠岩板等

续表

类型	楼地面构造做法		备注
层间楼板 2	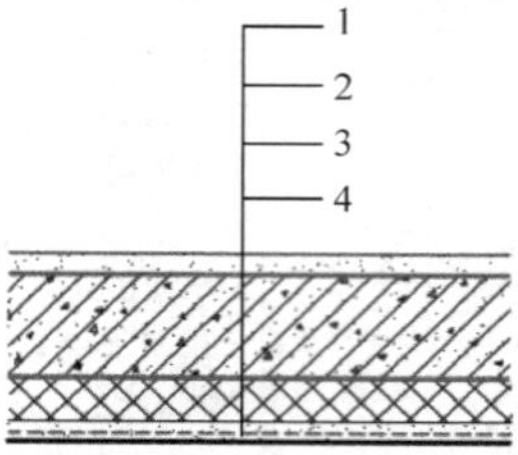	1 水泥砂浆 2 钢筋混凝土楼板 3 保温层 4 5mm 厚抗裂石膏(压入网格布)	保温层为保温砂浆或聚苯颗粒等
架空楼板 1	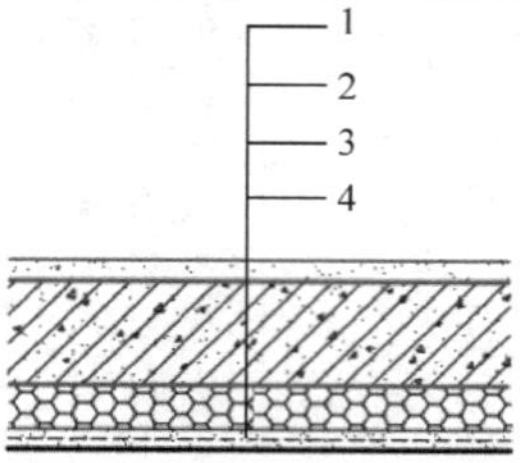	1 水泥砂浆 2 钢筋混凝土板 3 保温板(黏结剂粘贴) 4 3mm 聚合物砂浆(压入网格布)	保温板为 EPS 或 XPS 等
架空楼板 2	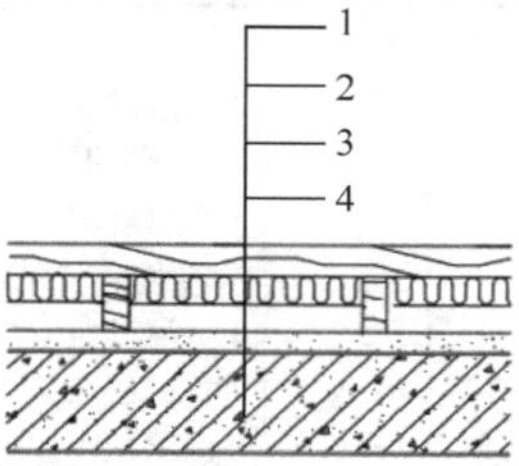	1 实木地板 2 木龙骨(岩棉或玻璃棉板) 3 水泥砂浆 4 钢筋混凝土板	
架空楼板 3	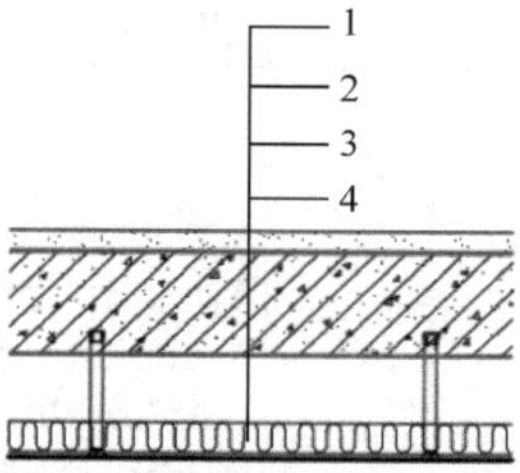	1 水泥砂浆 2 钢筋混凝土板 3 空气层 4 轻钢龙骨岩棉或玻璃棉板吊顶	
辐射采暖地板	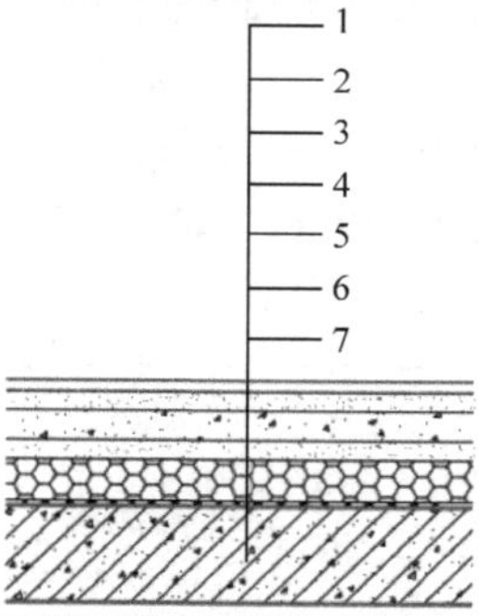	1 楼地板饰面 2 水泥砂浆找平层 3 埋于细石混凝土层中的循环加热管 4 水泥砂浆保护层 5 聚苯板 XPS 6 防水层 7 钢筋混凝土	用于底层地面时，钢筋混凝土楼板应改为底层地面垫层(一般为细石混凝土)

小　　结

(1)绿色建筑即在全寿命周期内，节约资源、保护环境、减少污染，为人们提供健康、适用、高效的使用空间，最大限度地实现人与自然和谐共生的高质量建筑。

(2)绿色建筑评价指标体系遵循以人民为中心的发展理念，以“四节一环保”为基本约束，由“安全耐久、健康舒适、生活便利、资源节约、环境宜居”五类指标组成。

(3)绿色建筑设计流程应符合建筑设计的基本流程，在方案设计、初步设计和施工图设计的各个阶段，落实建筑的绿色性能，实现建筑的绿色设计目标。各专业设计人员在各阶段应围绕统一的绿色建筑定位与目标协同工作。

(4)场地规划设计应顺应当地气候特征和自然地理条件，以改善室外环境质量和提高生态效益为目标，遵循科学规划空间、绿色组织交通、合理利用资源、注重生态环境、节约使用土地的思路，综合分析场地资源，合理控制开发强度，采用适宜技术，优化建筑规划布局。

(5)建筑空间的大小、形态、组合方式，以及隔断、开口形式、位置等形成了建筑空间布局。建筑空间布局包括建筑平面布局、建筑剖面布局和建筑开口的布置，好的布局设计可促进建筑室内自然采光和日照、有效组织风压热压通风、形成合理的热环境分区及获得良好的室内声环境等。

(6)体形系数是建筑物与室外大气接触的外表面积与其所包围的体积的比值，其中外表面积不包括地面和非采暖楼梯间内墙和户门的面积。绿色建筑的体形设计应通过调节建筑的平面形状(面宽与进深之比等)、建筑层高及层数等参数来对体形系数进行控制，同时结合建筑造型、朝向布置、太阳辐射、通风采光等多种因素，确定具有节能优势的建筑体形。

(7)围护结构包括透明围护结构(外窗、玻璃幕墙)和非透明围护结构(外墙、屋面、楼地面等)。绿色建筑的围护结构应根据各气候区的气候特征、资源条件、施工技术水平等进行综合设计。

参 考 文 献

陈薇, 2004. 苏州博物馆新馆[J]. 世界建筑(1): 4

《建筑设计资料集》编委会, 2017. 建筑设计资料集[M]. 3 版. 北京: 中国建筑工业出版社.

金虹, 2011. 房屋建筑学[M]. 2 版. 北京: 科学出版社.

李兴钢, 张音玄, 张哲, 等, 2014. 绩溪博物馆[J]. 城市环境设计(1): 4.

同济大学建筑城规学院, 2005. 城市规划资料集: 第 7 分册 城市居住区规划[M]. 北京: 中国建筑工业出版社.

王素卿, 2003. 全国民用建筑工程设计技术措施 规划・建筑[M]. 北京: 中国计划出版社.

张锦秋, 郑犁, 徐嵘, 等, 2024. 文济秦岭——西安国家版本馆设计[J]. 世界建筑(5): 16-21.

智海设计学社, 2025. 漫谈外国建筑史(十)法国古典主义建筑[J/OL]. 广东: 智海设计学社. [2025-03-27]. https://mp.weixin.qq.com/s/n5JaIia3rVp64Xkrp4wTGw.

中国建设科技集团, 崔愷, 刘恒, 2021. 绿色建筑设计导则(建筑专业)[M]. 北京: 中国建筑工业出版社.